中国石油气藏型储气库丛书

板南储气库群建设与运行管理实践

赵平起 刘存林 等编著

石油工业出版社

内 容 提 要

本书重点介绍了板南储气库建设启动以来，从方案设计、施工建设到运行管理方面的技术与经验，内容包括板南储气库建库条件、注采运行实践、运行风险管控、储气库建设组织管理及信息化管理模式等。

本书可供储气库相关科研和管理人员阅读，也可作为大专院校相关专业师生的参考用书。

图书在版编目(CIP)数据

板南储气库群建设与运行管理实践/赵平起等编著.
—北京：石油工业出版社，2021.12
（中国石油气藏型储气库丛书）
ISBN 978－7－5183－2610－5

Ⅰ.①板… Ⅱ.①赵… Ⅲ.①地下储气库－天然气开采－滨海新区 Ⅳ.①TE822

中国版本图书馆CIP数据核字(2021)第177777号

出版发行：石油工业出版社
（北京安定门外安华里2区1号楼 100011）
网 址：www.petropub.com
编辑部：(010)64523757 图书营销中心：(010)64523633
经 销：全国新华书店
印 刷：北京中石油彩色印刷有限责任公司

2021年12月第1版 2021年12月第1次印刷
787×1092毫米 开本：1/16 印张：17.5
字数：420千字

定价：180.00元
（如出现印装质量问题，我社图书营销中心负责调换）
版权所有，翻印必究

《中国石油气藏型储气库丛书》编委会

主　　任：赵政璋

副 主 任：吴　奇　马新华　何江川　汤　林

成　　员：（按姓氏笔画排序）

丁国生　王　平　王建军　王春燕　王皆明
毛川勤　毛蕴才　文　明　东静波　卢时林
申瑞臣　冉蜀勇　付建华　付锁堂　刘存林
刘国良　刘科慧　李丽锋　李　彬　吴安东
何光怀　何　刚　张刚雄　陈显学　武　刚
罗长斌　罗金恒　郑得文　赵平起　赵爱国
班兴安　袁光杰　董　范　谭中国　熊建嘉
熊腊生　霍　进　魏国齐

《板南储气库群建设与运行管理实践》
编委会

主　　任：赵平起
副 主 任：刘存林　马小明　赵爱国　武　刚　赵　刚
　　　　　刘科慧　李国韬
成　　员：（按姓氏笔画排序）

于永生	于英俊	万　丽	卫　晓	王东军
王立辉	王军恒	王　芳	王其可	王　昊
王艳丽	王铁军	王　雪	方海波	尹　磊
邓　刚	石松林	叶　萍	代晋光	白　刚
毕思明	朱广海	刘天恩	刘长生	刘在同
刘　贺	刘晓传	刘　跃	刘　薇	齐行涛
齐德珍	关　勇	孙　飞	孙晓华	孙景涛
苏立萍	杨　宇	杨忠高	杨树合	杨　艳
李卫东	李红军	李　杰	李秋媛	李　彦
李　辉	李德宁	吴　辉	何　山	何雄涛
余贝贝	汪　赟	张凡磊	张风采	张红虎
张　博	张朝晖	张　强	陈　博	苗永斌
苑宗刚	周春明	赵志民	郝　晨	施金伶
袁　军	聂芬意	翁　博	唐颖娜	曹作为
韩世庆	韩梦晨	靳　鑫	潘岸柳	薛继忠
戴　滨	魏永生			

《板南储气库群建设与运行管理实践》
编写与审稿人员名单

章	编写人员	审稿人员
第一章	于英俊　白　刚　孙晓华　尹　磊　潘岸柳　薛继忠　刘　跃 石松林　孙　飞　杨忠高	赵　刚
第二章	苏立萍　杨树合　余贝贝　杨　艳　李　辉　何雄涛　唐颖娜 张凡磊　李秋媛　苑宗刚	马小明
第三章	刘　贺　刘天恩　朱广海　孙景涛　刘在同　张　强　齐行涛 郝　晨　王军恒　曹作为　王艳丽　张红虎　于永生　代晋光 王立辉	李国韬
第四章	王东军　卫　晓　李　彦　齐德珍　戴　滨　万　丽　王　昊 李卫东　陈　博　方海波　张　博　靳　鑫　韩梦晨　王　慧	刘科慧
第五章	叶　萍　杨　宇　王　芳　王　雪　聂芬意　李德宁　王铁军 汪　赟　苗永斌　赵志民	刘存林
第六章	韩世庆　邓　刚　袁　军　赵志民　张风采　王其可　翁　博 刘长生　刘晓传　魏永生	武　刚
第七章	关　勇　张朝晖　杨　宇　李　杰　李红军　吴　辉　毕思明 刘　薇　施金伶　周春明	赵爱国

丛书序

进入21世纪,中国天然气产业发展迅猛,建成四大通道,天然气骨干管道总长已达7.6万千米,天然气需求急剧增长,全国天然气消费量从2000年的245亿立方米快速上升到2019年的3067亿立方米。其中,2019年天然气进口比例高达43%。冬季用气量是夏季的4~10倍,而储气调峰能力不足,严重影响了百姓生活。欧美经验表明,保障天然气安全平稳供给最经济最有效的手段——建设地下储气库。

地下储气库是将天然气重新注入地下空间而形成的一种人工气田或气藏,一般建设在靠近下游天然气用户城市的附近,在保障天然气管网高效安全运行、平衡季节用气峰谷差、应对长输管道突发事故、保障国家能源安全等方面发挥着不可替代的作用,已成为天然气"产、供、储、销"整体产业链中不可或缺的重要组成部分。2019年,全世界共有地下储气库689座(北美67%、欧洲21%、独联体7%),工作气量约4165亿立方米(北美39%、欧洲26%、独联体28%),占天然气消费总量的10.3%左右。其中:中国储气库共有27座,总库容520亿立方米,调峰工作气量已达130亿立方米,占全国天然气消费总量的4.2%。随着中国天然气业务快速稳步发展,预计2030年天然气消费量将达到6000亿立方米,天然气进口量3300亿立方米,对外依存度将超过55%,天然气调峰需求将超过700亿立方米,中国储气库业务将迎来大规模建设黄金期。

为解决天然气供需日益紧张的矛盾,2010年以来,中国石油陆续启动新疆呼图壁、西南相国寺、辽河双6、华北苏桥、大港板南、长庆陕224等6座气藏型储气库(群)建设工作,但中国建库地质条件十分复杂,构造目标破碎,储层埋藏深、物性差,压力系数低,给储气库密封性与钻完井工程带来了严峻挑战;关键设备与核心装备依靠进口,建设成本与工期进度受制于人;地下、井筒和地面一体化条件苛刻,风险管控要求高。在这种情况下,中国石油立足自主创新,形成了从选址评价、工程建设到安全运行成套技术与装备，建成100亿立方米调峰保供能力，在提高天然气管网运行效率、平衡季节用气峰谷差、应对长输管道突发事故等方面发挥了重要作用，开创了我国储气库建设工业化之路。因此，及时总结储气库建设与运行的经验与教训，充分吸收国外储气库百年建设成果，站在新形势下储气库大规模建设的起点上，编写一套适合中国复杂地质条件下气藏型储气库建设与运行系列丛书，指导储气库快速安全有效发展，意义十分重大。

《中国石油气藏型储气库丛书》是一套按照地质气藏评价、钻完井工程、地面装备与建设和风险管控等四大关键技术体系，结合呼图壁、相国寺等六座储气库建设实践经验与成果，编撰完成的系列技术专著。该套丛书共包括《气藏型储气库总论》《储气库地质与气藏工程》《储气库钻采工程》《储气库地面工程》《储气库风险管控》《呼图壁储气库建设与运行管理实践》《相国寺储气库建设与运行管理实践》《双6储气库建设与运行管理实践》《苏桥储气库群建设与运行管理实践》《板南储气库群建设与运行管理实践》《陕224储气库建设与运行管理实践》等11个分册。编著者均为长期从事储气库基础理论研究与设计、现场生产建设和运营管理决策的专家、学者，代表了中国储气库研究与建设的最高水平。

本套丛书全面系统地总结、提炼了气藏型储气库研究、建设与运行的系列关键技术与经验，是一套值得在该领域从事相关研究、设计、建设与管理的人员参考的重要专著，必将对中国新形势下储气库大规模建设与运行起到积极的指导作用。我对这套丛书的出版发行表示热烈祝贺，并向在丛书编写与出版发行过程中付出辛勤汗水的广大研究人员与工作人员致以崇高敬意！

中国工程院院士

2019年12月

前　言

　　1999年,中国第一座商业储气库——大张坨储气库开始投入全面建设,拉开了中国地下储气库建设的序幕。20年多来,中国储气库实现了从无到有、从小到大、从简单到复杂、从小规模应用到大规模产业形成。特别是在经历了南方2008—2009年冻雨等自然灾害下冬季天然气严重短缺的不利局面以来,中国石油加快了地下储气库建设步伐,自2010年开始仅用了3至4年时间即在天津市大港油田先后建成了六座地下储气库,建成中国第一座储气库群——大张坨储气库群,开拓了我国复杂地质条件下储气库建造创新之路。

　　大港油田板南储气库群是中国石油于2010年开始建设的六座储气库(群)之一,位于天津市滨海新区大港油田,由板G1、白6、白8三个枯竭油气藏改建而成,地处天然气需求旺盛的环渤海区域,其功能定位为京津冀天然气保供、陕京管线季节调峰。该储气库群于2013年1月15日开工建设,2014年6月18日开始注气运行。截至2021年3月,历经七注六采周期,累计注气$18.14 \times 10^8 m^3$,累计采气$14.79 \times 10^8 m^3$,实现最高日采气$402 \times 10^4 m^3$,最高日注气$310 \times 10^4 m^3$。

　　除正常调峰外,板南储气库群还在特殊应急情况、极端严寒条件下发挥了巨大作用。2016年初受极寒天气影响,渤海湾海水结冰,LNG供气船无法靠港,京津冀地区民用天然气告急,板南储气库群高效完成了日增采气$100 \times 10^4 m^3$的应急任务;2017年初,板南储气库群延长采气期,增采天然气$2000 \times 10^4 m^3$,为保障国家两会期间北京地区供气稳定发挥了积极作用;2018年初,板南储气库群圆满完成日采气$220 \times 10^4 m^3$的应急调峰任务,缓解了因中亚天然气断供和城市燃煤改燃气工程造成的京津冀地区天然气供应紧张的局面,彰显了板南储气库群区域价值、政治价值。

　　近年来,我国天然气消费量在以年均15%～20%的速度持续增长,天然气对外依存度不断攀升,且受地缘政治影响,风险难以控制,而国内地下储气库等储气设施工作气量仅占全国天然气消费量的4%,远低于12%的国际平均水平,保障国家天然气能源安全迫在眉睫。2018年开始,党中央、国务院强力推动建立天然气产供储销体系,加强天然气战略储备,而地下储气库作为稳定、绿色、安全、经济的储气设施,有着无可比拟、无可替代的战略地位。以中国石油为代表的天然气生产供应企业,坚决贯彻执行党中央决策部署,以壮大综合国力、促进经济社会发展、保障和改善民生为己任,规划了东北、华北、中西部、西北、西南、中东部六个区域储气中心,制定了"达容一批、新建一批、评价一批"的工作部署,充分挖掘储气库扩容达产潜力,加快推进储气库建设,中国地下储气库又迎来了一个新的建设高峰期。

为全面总结"十二五"以来中国石油气藏型储气库建设技术和经验,提高设计、运行和管理水平,指导今后储气库设计、建设和生产运营,中国石油组织编写了《中国石油气藏型储气库丛书》。《板南储气库群建设与运行管理实践》为该丛书分册之一,重点介绍了板南储气库群建设启动以来,从方案设计、施工建设到运行管理方面的技术与经验,注重理论与实践的结合。

《板南储气库群建设与运行管理实践》由赵平起、刘存林等编著,由赵平起、刘存林主审,具体分工见本书编写与审稿人员名单。

在本书编写过程中得到了有关领导和技术人员的大力支持和帮助,在此致以由衷的感谢!

鉴于编者水平有限,书中难免有不完善之处,诚望广大读者批评指正。

目 录

第一章　概述 (1)
　第一节　地区天然气调峰设施现状与调峰需求 (1)
　第二节　板南储气库群建设的必要性及功能定位 (2)
　第三节　建库关键技术难点 (3)
　参考文献 (5)

第二章　地质与气藏工程 (6)
　第一节　气藏地质情况 (6)
　第二节　气藏开发概况 (33)
　第三节　建库地质方案 (40)
　参考文献 (82)

第三章　老井处理及钻完井工程 (83)
　第一节　老井处理 (83)
　第二节　储气库钻新井 (95)
　第三节　注采井固井工程 (103)
　第四节　注采井完井工程 (109)
　第五节　钻完井 QHSE 管理 (127)
　第六节　建设回顾、思考与展望 (133)
　参考文献 (135)

第四章　地面工程 (136)
　第一节　地面工程特点及难点 (136)
　第二节　大港地区管网及储气库布局 (139)
　第三节　建设规模的确定 (144)
　第四节　注采集输系统 (145)
　第五节　注采装置设计 (153)
　第六节　设备选型选材 (159)
　第七节　站场三化设计 (166)
　第八节　公用工程 (172)
　第九节　储气库环保工程设计 (185)
　第十节　地面工程建设 QHSE 管理 (193)
　第十一节　专项评价验收管理 (201)

第十二节　建设回顾、思考与展望 ································· (213)
　　参考文献 ··· (216)
第五章　注采运行实践 ·· (217)
　　第一节　建库投入试运行 ··· (217)
　　第二节　储气库运行动态监测 ··· (221)
　　第三节　储气库注采运行情况 ··· (230)
　　第四节　注采动态分析与评价 ··· (234)
　　参考文献 ··· (242)
第六章　全生命周期运行风险管控 ·· (243)
　　第一节　风险管控技术体系 ·· (243)
　　第二节　气藏完整性管理 ··· (249)
　　第三节　井完整性管理 ·· (250)
　　第四节　地面完整性管理 ··· (253)
　　参考文献 ··· (258)
第七章　储气库建设组织管理及数字化管理模式 ······················ (259)
　　第一节　建设组织管理 ·· (259)
　　第二节　数字化管理 ··· (264)
　　参考文献 ··· (266)

第一章 概　　述

板南储气库群位于天津市滨海新区内,距天津市区约为40km。地形以平原为主,平均海拔约为3m,属温带大陆性季风气候,四季多风,且风向随季节变化明显,年平均降水量在750mm左右,年平均温度为12℃左右,地下水位在地平面以下0.60~1.00m。

板南储气库群设计库容量$7.82×10^8 m^3$,工作气量$4.27×10^8 m^3$,压力区间13~31MPa,平均日注气$194×10^4 m^3$,平均日采气$356×10^4 m^3$,峰值日采气$427×10^4 m^3$,2014年6月18日建成试运投产。

第一节　地区天然气调峰设施现状与调峰需求

截至2021年,大港油区已建成与陕京输气系统配套建设的七座储气库,分别为大张坨储气库、板876储气库、板中北储气库、板中南储气库、板808储气库、板828储气库、板南储气库,在每年夏季用气淡季,陕京线和陕京二线所输天然气可经港清线和港清复线输送到大港储气库分输站,通过大港储气库分输站和地下储气库之间的双向天然气管线输送到地下储气库,也可经港清三线输至大港末站,最终输至板南储气库群。在冬季调峰采气期,大港各地下储气库采出气经集注站露点控制装置脱水、脱烃处理后,汇入陕京输气系统。在陕京线系统出现事故的情况下,即使在注气期,该地下储气库也能投入采气,确保应急供气。

1999年大港油区大张坨地下储气库的建设,正式揭开了我国大型城市调峰型地下储气库建设的序幕,随后几年,相继将大港油区的板876气藏、板中北高点气藏、板中南高点气藏和板808油气藏、板828油气藏改建成地下储气库,并将华北油田的京58气藏、永22气藏改建成地下储气库,建成了与陕京线、陕京二线配套的地下储气库群。从总的库容指标上看,我国地下储气库已具备了一定调峰能力,但仅占全国输气管道年输气量的3%左右,离世界主要能源消费国15%的储气能力还有相当大的差距。

京津冀天然气市场需求旺盛,陕京线系统来气在永清分输站通过多条管道供应北京,通过港清线系统供应天津、河北、山东部分市场,通过永唐秦管道供应天津、河北、辽宁部分市场,但本工程主要还是服务于京津冀等地区市场。

京津冀地区储气库季节调峰尤为重要,其表现为季节的不均匀性。月调峰系数的高值出现在冬季,这是由于气温低、水温低,居民耗能较大所致。京津冀地区居民用户的月调峰系数详见表1-1-1。由表1-1-1可见,用气高峰出现在2月,调峰系数为1.15,用气低峰出现在8月,调峰系数为0.84。

表 1-1-1　京津冀地区居民用户月调峰系数表

月份	1	2	3	4	5	6
调峰系数	1.12	1.15	1.1	1.08	0.95	0.88
月份	7	8	9	10	11	12
调峰系数	0.86	0.84	0.93	0.95	1.05	1.09

随着京津冀地区经济的快速发展和居民生活水平的不断提高，天然气消费量迅猛增长。此外，煤改气政策不断落地，促使部分工业燃煤锅炉改用燃气，农村燃煤散户也改用燃气，驱动能源消费结构向天然气倾斜，天然气需求量进一步增加。2007—2010 年天然气需求量从 74.1 $\times 10^8 \mathrm{m}^3$ 增加到 204.4 $\times 10^8 \mathrm{m}^3$。相比于发达国家平均水平，京津冀地区人均天然气需求水平仍有进一步上升的空间。

第二节　板南储气库群建设的必要性及功能定位

据有关资料统计，美国地下储气库总储备量达到了天然气管道总输量的 20% 左右，荷兰接近 40%，世界平均水平约为 12%。按照天然气工业的发展速度，我国地下储气库的总储备量应达到全国输气管网总输量的 15% 左右，而目前我国已建地下储气库的储备能力远未达到此指标。

当今世界整体相对和平稳定，但局部地区冲突时有发生，不稳定因素依然存在。地下储气库除具备季节调峰功能外，还是长输管道发生各种意外故障停输情况下，确保安全供气的有力保障。纵观当前国内外政治局势，战略储备的重要性提高到了新的高度，地下储气库作为国家战略能源储备手段，对我国社会稳定和发展发挥了重要作用。

大港油区距离首都北京仅 100 多千米，距离天津仅 40 多千米，地理位置十分便利，在陕京输气管道发生故障或其他紧急情况下，大港地下储气库可立即投运，在极短的时间内发挥应急供气功能，消除突发事故造成的不利影响。

储气库建设进一步满足了京津冀地区的季节调峰用气需求，在一定程度上解决了陕京线事故时紧急安全供气的需要，可使供气状况得到改善，供气安全得到有力保障，同时对京津冀的大气环境治理发挥了重要作用，具有良好的社会效益和经济效益。储气库的建设将进一步增强调峰储备能力，对冬季高峰向京津冀地区安全稳定供气发挥了重要保障作用。

板南储气库群同目前已经建立的大港地下储气库群一样，主要目的是向京津冀等市场供气，并作为调峰保供的重要支撑。在注气期注入来自陕京管线气源的天然气，在采气期作为主要供气气源，满足滨海新区及周边市场的用气需求后，富余气通过港清双线自永清进入陕京输气系统，也可通过港清三线自霸州进入陕京线系统。因此储气库设计运行注气应以陕京管线气源为基础，采气应以满足京津冀地区用气规律与调峰需要为目标。

第三节　建库关键技术难点

我国天然气田多分布在中西部地区，主要消费市场位于中部和东部沿海地区。中东部地区断陷盆地形成复杂破碎的断块构造，储层复杂多变的陆相河流相沉积，使浅层难以寻找到合适的构造与储层用来改建储气库；东部地区气藏少，没有足够的气田用于建设地下储气库，而利用油藏改建储气库的经验尚不成熟；老油田开采井网密集，多有复杂井、套变井，增加了储气库建设难度；中东部地区经济发达、人口密集、厂矿林立，为地面选址增加了难度。

我国第一座储气库——大张坨地下储气库位于天津市大港油区板桥油气田。大张坨地下储气库由大张坨凝析气藏改建而成，于1994年6月进行了大张坨凝析气藏循环注气开发实验项目，利用2口井采出凝析气，同时利用2口井回注脱油后的干气，目的是通过循环注采实现部分保压，减少凝析油的地下损失，提高凝析油采收率。该项目的实施，开创了我国凝析气藏注气保压开采的先例，同时地质特征描述技术、动态储量计算技术、单井产能评价技术、流体特征评价技术、钻井与固井质量保障技术、注气井井身设计技术、注气压缩机选型、地面气油水脱液设施、矿场运行管理、安全环保保障、生产监测、人员培养与资料采集等全过程技术体系得到攻关建立，不仅支撑了循环注气开发实验项目的成功设计与实施，而且为后续的改建储气库工作奠定了坚实的技术基础和资料储备，开拓了国内储气库建设新领域。

一、库址的筛选与评价技术难点

库址筛选应主要遵循以下原则：一是地质条件适用性的原则，即库址的地质条件符合建库要求；二是技术条件适用性的原则，即应用现有的储气库研究与设计技术和储气库建设工艺技术能够实现建库要求；三是环保条件适宜性的原则，即储气库建设符合安全环保的建库要求；四是经济效益条件适宜性的原则，即储气库建设的投资与效益回报符合经济指标的建库要求。尽管在不同的地区或不同的历史时期，优先次序可能不同，但通常采用经济性原则作为确定库址的最终原则。

对于复杂的地质问题或多因素的方案评价问题，大多属于模糊性评价范畴，很难兼顾多因素进行全面的评价比选。往往选取1~2个关键指标进行比较和取舍，貌似合理实则往往偏颇。如何减少或避免以往凭借经验作决策的失误和设计错误，如何将模糊问题变为清晰问题、将地质问题变为数学问题、将模糊判断变为定量判断，需要引入模糊数学的方法，即模糊综合评判法。该方法不仅定量地解决了多库址质量优劣排序问题，而且引入归一化处理方法后，可以在统一标尺下定量评价库址综合质量数值，实现精准化评价[1]。

大港油田地下构造为复杂破碎的断块构造，断层数量多、断块小，如何准确评价断层的静态封闭性，尤其面对储气库多周期高低压往复变化状态下，如何准确评价断层的动态封闭性是建库的关键问题。当明确了断层的封闭压力界限时，对确定储气库的上限运行压力，既能保障安全生产，又能最大程度发挥储气库功能十分重要。目前开展评价断层封闭性的方法在定性上有阿兰图法（砂泥岩对接法）、泥岩涂抹系数法、动态验证法等，定量上有岩石力学分析法等。

通过上述的库址筛选及断层的综合评价，选定板南地区的板G1断块、白6断块、白8断块作为板南储气库建库库址。

二、钻井工程储层保护及固井质量技术难点

板南地区的板G1断块、白6断块、白8断块经多年开采形成异常低压,压力系数分别仅为0.36、0.31、0.20,在钻完井过程中较容易形成井漏,造成储层伤害,影响注采生产能力。同时板G1断块、白6断块技术套管均下入到储层段上部大段泥岩盖层内,生产套管段还存在多个不同压力梯度油气层,上部部分地层压力系数达到1.15,目的层段高低压共存,钻井液密度较高,固井压稳与防漏共存,固井质量难以保证。如板G1断块,技术套管封至沙一段下亚段大段泥岩内,目的层滨Ⅳ一下地层压力系数仅为0.36,而沙一段下亚段地层压力系数1.15,滨Ⅱ、滨Ⅲ压力系数为1.09,同一井段内高低压共存,施工风险较大。

在钻井施工过程中,通过采用油层专打和屏蔽暂堵技术相结合的方法实施储层保护,充分保护了储气层。固井前进行承压堵漏实验,确保井眼承压能力达到固井施工要求,同时采用冲洗型加重隔离液、韧性水泥浆体系等,有效压稳油气层,保证了固井质量。

三、钻井工程保持井眼稳定技术难点

板南储气库群3个断块在东营组以下均有较长的泥岩井段,在钻井过程中均采用ϕ177.8mm套管完井,井眼尺寸采用ϕ241.3mm,机械钻速较慢,同时裸眼段长度均在800m左右,使得钻进时间长,在钻井中容易造成井眼缩径、井壁剥落及坍塌等失稳现象,会导致划眼、卡钻等影响正常钻进的复杂情况,甚至会影响到固井质量。

针对可能存在的井壁稳定性差问题,采用抑制性高、防塌性能高的KCl聚合物钻井液体系,有效防止井壁失稳。同时应用老井测井数据建立地层三压力剖面,为钻井液密度设计提供参考依据,保证了安全可靠施工。

四、注采工程完井储层保护技术难点

板南储气库群地层能量偏低,射孔后射孔液难以从井底全部排出,注采井一旦注气,射孔液将被注入地层,形成储层伤害。为了保护油气层,缩短施工周期,降低作业成本,板南储气库群采用射孔—完井管柱工艺,射孔管柱连接在完井管柱底端,实现射孔、完井联作一次性完成[2]。

为尽量减小射孔液进入储层引起的伤害,采用与该区块目的层配伍的无固相水基射孔液,液体中的无机盐改变了体系中的离子环境,降低了离子活性,减少了黏土的吸附能力。该体系配制简单,施工方便,成本较低,生产测试表明该射孔液对储层起到了很好的保护作用。

五、老井处理工程封堵技术难点

板南储气库群储层渗透率为14.22~4099.94mD,非均质性强,层间物性差异大。封堵这些老井时如不采取有效措施,易出现堵剂沿单层突进现象,造成储层封堵不均匀,严重影响老井封堵质量。

板南储气库群涉及老井井龄均较长,完钻层位较深,以板深30井为代表的套漏、套变问题井多达6口,井身质量普遍偏差,老井井筒情况复杂,封堵难度较大。此外,老井管外水泥环长

时间经历压力、温度以及矿化度的影响,第一、第二界面的胶结状况有所降低,容易出现微裂缝和微裂隙,尤其是在射孔层附近,受到射孔弹剧烈的冲击,射孔层附近水泥环会产生放射性裂缝,这样势必破坏管外水泥环的完整性,增加老井管外气窜的风险。

针对板南地区储层非均质性强,物性差异大这一地质特点,首先优选了平均粒径为 $6.62\mu m$ 的高强度堵剂体系,使堵剂粒径与储层孔隙半径很好匹配,可以保证施工过程中绝大多数的堵剂顺利进入地层孔隙,保证封堵半径;施工工艺方面,采用挤水泥桥塞分层高压挤堵所有射开层位,试压合格后打多级水泥塞封堵井筒的工艺,彻底切断天然气从地层到井筒的气窜通道,保证了老井储层的封堵效果,提高老井安全系数。

针对老井管外水泥胶结程度降低,胶结质量可能变差这一特点,优选的高压挤堵工艺在挤封储气层位的同时,因选用堵剂体系粒径小,堵剂具有较强的穿透能力,挤注的堵剂沿管外固井质量较差井段的微间隙可上下延伸,对管外水泥环和第一、第二界面的裂缝孔隙进行有效地弥补,从而提高了管外环空的密封效果,保证了老井管外的封堵效果。

井筒高强度封堵方面,主要是处理套损、套变或井下落物后,采用 G 级油井水泥加压 15MPa 注连续井筒水泥塞施工工艺及正向试压与反向试压相结合封堵效果验证方式。通过注连续井筒水泥塞,可以在井筒内形成有效屏障,防止注入的天然气通过井筒上窜至井口或下窜至其他非目的层,有效避免了天然气地下窜流造成注入气损失,确保了老井井筒封堵质量。

六、地面工程调峰与盐池建站技术难点

根据其功能定位,储气库采气期需满足高压外输(外输陕京线系统,外输压力 10MPa)及低压外输(外输周边地区,外输压力 4MPa)两种工况,由此造成在每个采气周期内外输不同压力等级用户时,系统压力能出现富余和不足的情况,因此储气库露点控制装置的变工况设计及经济运行,解决系统压力能有效利用是储气库采气装置设计的主要技术难点。

不同断块及构造部位的单井随注气过程推进运行压力变化趋势存在差异,天然气流向分布不均即出现偏流,注气末期难以完成注气任务,造成压缩机选型设计困难,注气末期需通过提高注气压差、调整运行方式完成注气任务,致使运行能耗增加。根据注采井分布特点及天然气渗流规律,实时调控单井注气流量及注气压力,是该储气库注气装置设计的主要技术难点。

储气库建站地位于盐池地区,双向输气管道敷设需穿越大量盐池、河流,穿越段为淤泥质黏土层,成孔困难,回拖难度大,部分河流穿越段出土端无管道预制场地,对管道设计及施工要求高。

盐池建站造成的地面装置盐雾腐蚀、场地填方等方面也是本工程设计难点。

参 考 文 献

[1]马小明,赵平起. 地下储气库设计实用技术[M]. 北京:石油工业出版社,2011.
[2]金根泰,李围韬,等. 油气藏型地下储气库钻采工艺技术[M]. 北京:石油工业出版社,2015.

第二章 地质与气藏工程

板桥油田地质背景属于中—新生代断陷盆地基础上沉积而成，以多套砂泥岩薄互层分布为特征，加之后期剧烈的构造运动，形成了具有中国东部特色的复杂断块油气田。断层多、断块小、构造破碎、圈闭规模小。油气藏分布呈现多断块多层系富集，板南储气库群由板G1断块、白6断块和白8断块构成。

经过20余年的储气库技术探索、创新与完善，建立了储气库选址综合评价技术、地质特征描述技术、三维地质建模技术、盖层断层密封性评价技术、库容量评价与扩容技术、运行压力优化技术、气井产能地质工程一体化设计技术、市场运行与气库指标耦合设计技术、井位部署与监测系统整体设计技术等，有效地支撑了板南储气库群方案的设计，设计指标符合率、建设与运行有效率、安全环保保障率达到95%以上。

第一节 气藏地质情况

一、地层特征

(一) 地层层序

板南储气库群地层自上而下有第四系平原组，新近系明化镇组和馆陶组，古近系东营组和沙河街组，主要目的层为沙河街组。

1. 第四系平原组

地层厚度为250m左右，上部为土黄色、浅灰色黏土夹粉细砂岩，下部为浅灰色、褐黄色砂岩，富含钙质团块。

2. 新近系明化镇组

为曲流河环境的砂泥岩互层沉积，地层厚度为1400m左右，岩性以浅棕色、暗棕色泥岩为主，夹中厚层灰绿粉细砂岩。

3. 新近系馆陶组

地层厚度为300m左右，为辫状河环境沉积的灰绿色、棕红色泥岩与灰色砂岩互层。底部一套高电阻厚层杂色砾岩层，为区域性标志层。馆陶组底部与下伏地层在整个渤海湾盆地呈区域性不整合接触。

4. 古近系东营组

东营组地层划分为三段，地层厚度为520m左右，按沉积旋回划分为东一段、东二段和东三段。东一段和东三段岩性粗，东二段岩性细。岩性为浅灰色、灰色粉砂岩与绿灰色、灰色泥岩、砂质泥岩薄互层为主，砂岩普遍含钙。

5. 古近系沙河街组

沙河街组是板南储气库群主要生油岩系和含油气目的层,地层厚度超过1500m,自上而下分成沙一段、沙二段和沙三段,又细分成14个亚段和油组。沙一段岩性较细,是本区重要生油岩和区域性盖层,也是储气库建库层位,如图2-1-1所示沙二段岩性较粗,是重要储层,沙一段和沙二段构成上部大型沉积正旋回,如图2-1-2所示。下部沙三段岩性上细下粗,为正旋回沉积,其中上部的岩性细段是本区主要烃源岩。

1)沙一段(分为上、中、下部)

(1)沙一段上、中部:厚350m左右,岩性为大套灰绿色、深灰色和褐灰色泥岩,含大量介形虫化石,是重要烃源岩和良好的区域性盖层。沙一段中部细分成板0和板1油组,岩性为深灰色、褐灰色泥岩段,夹薄层油页岩,白云质灰岩。

板0油组岩性以大段深灰色泥岩为主,夹薄层灰色、浅灰色砂岩、粉砂岩,为一反旋回沉积,电阻率较低,厚度达200~321m。板0油组内部主要发育两套砂体,第一套砂体在中上部地层中,上部泥岩盖层在100m左右,第二套砂体在中下部地层中,这两套砂体具有典型"泥包砂"的特点。

板1油组岩性为大段深灰色泥岩夹灰色砂岩为主,顶部含有生物灰岩,底部细,顶部粗,为一反旋回沉积,电阻率曲线为箱形低电阻率,自然电位曲线低平,该区厚度分别为92~105m。

(2)沙一段下部:厚450m左右,自上而下地层细分为板2油组、板3油组、板4油组和滨Ⅰ油组,岩性以灰色、深灰色带褐色泥岩、砂质泥岩为主夹薄层泥质粉砂条带。

板2油组岩性为深灰色、灰色砂岩、粉砂岩、泥岩组合,底部岩性细,顶部较粗,为一反旋回沉积特征,局部地区顶部含有生物灰岩,底界为一段泥岩的底。电阻率曲线为箱形低电阻率,自然电位曲线较平,厚度为103~131m。

板3油组岩性为深灰色、灰色砂岩、粉砂岩、泥岩互层组合。底部细,顶部粗,为一反旋回沉积特征,平均厚度在90m左右。

板4油组又细分为板4$_下$和板4$_上$两个油层段。板4$_下$为一正旋回沉积特征,岩性为深灰色、灰色砂泥岩互层,相对较粗,电阻率曲线表现为箱形高电阻率,自然电位起伏明显,平均厚度在150m左右。而板4$_上$油组明显有别于板4$_下$油组,它的底部为一套较厚深灰色泥岩,为反旋回沉积特征,而上部为深灰色、灰色砂泥岩互层,电阻率曲线为箱形高电阻率,而自然电位曲线起伏不明显,平均厚度也在150m左右。

滨Ⅰ油组岩性为深灰色、灰色厚层状砂泥岩组合,底部较粗,顶部以泥岩为主,具有正旋回特点,电阻率曲线在底部表现为齿状曲线,顶部电阻率值较低,自然电位曲线起伏明显,平均厚度在100m左右。

2)沙二段

沙二段厚330m左右,砂岩由上至下逐渐增厚,上部泥质中多为泥质粉砂岩,中部为灰色粉砂岩与深灰色粉砂质泥岩互层,中间夹杂少量白色粉砂岩,下部为浅灰色细砂岩为主,带深灰色泥岩。地层细分为滨Ⅱ油组、滨Ⅲ油组、滨Ⅳ油组,其中滨Ⅲ油组厚100m左右,上部为大套正旋回砂岩,滨Ⅳ油组厚110m左右,下部为浅灰色细砂岩,是主要含油气目的层之一(图2-1-2)。

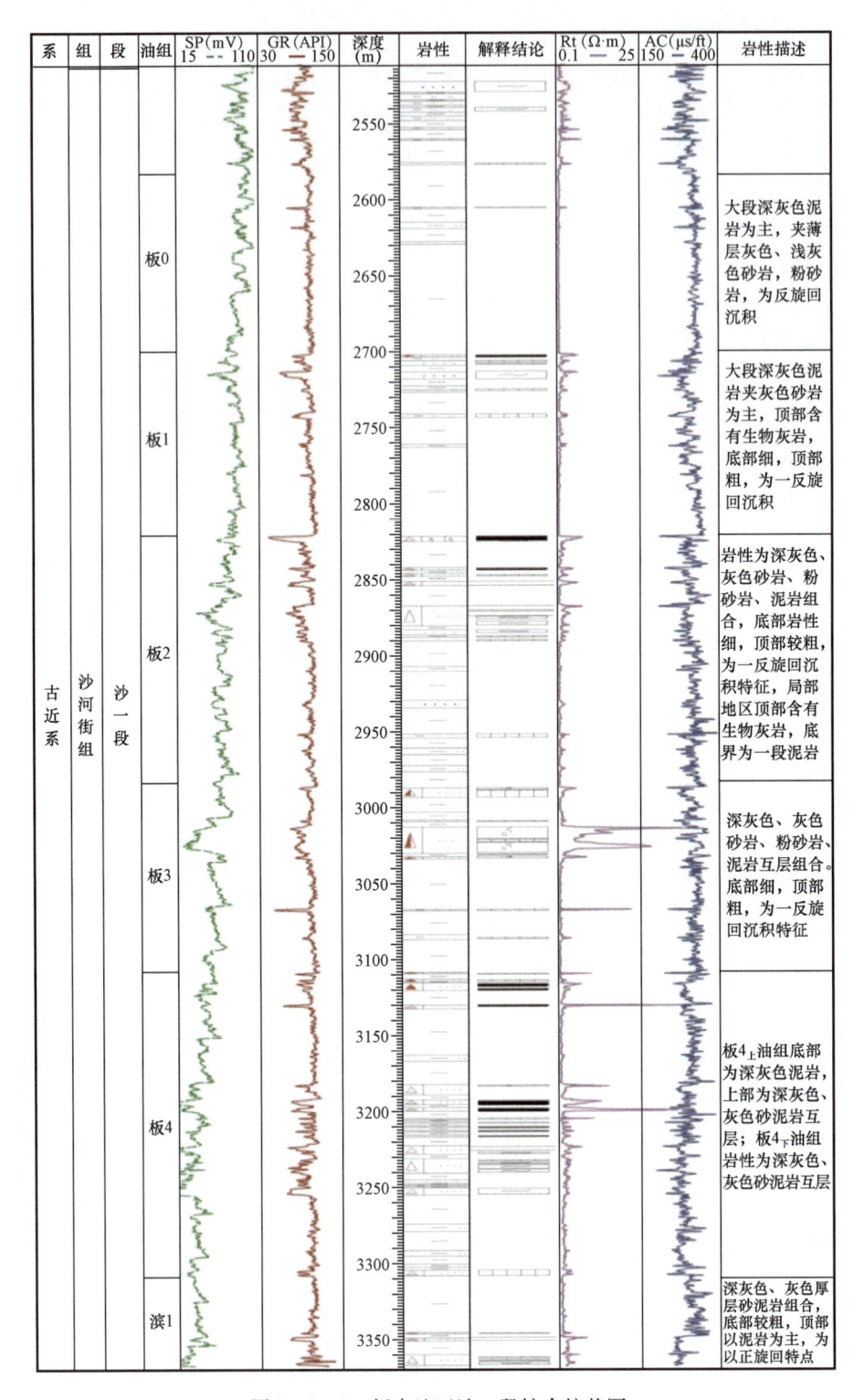

图 2-1-1　板南地区沙一段综合柱状图

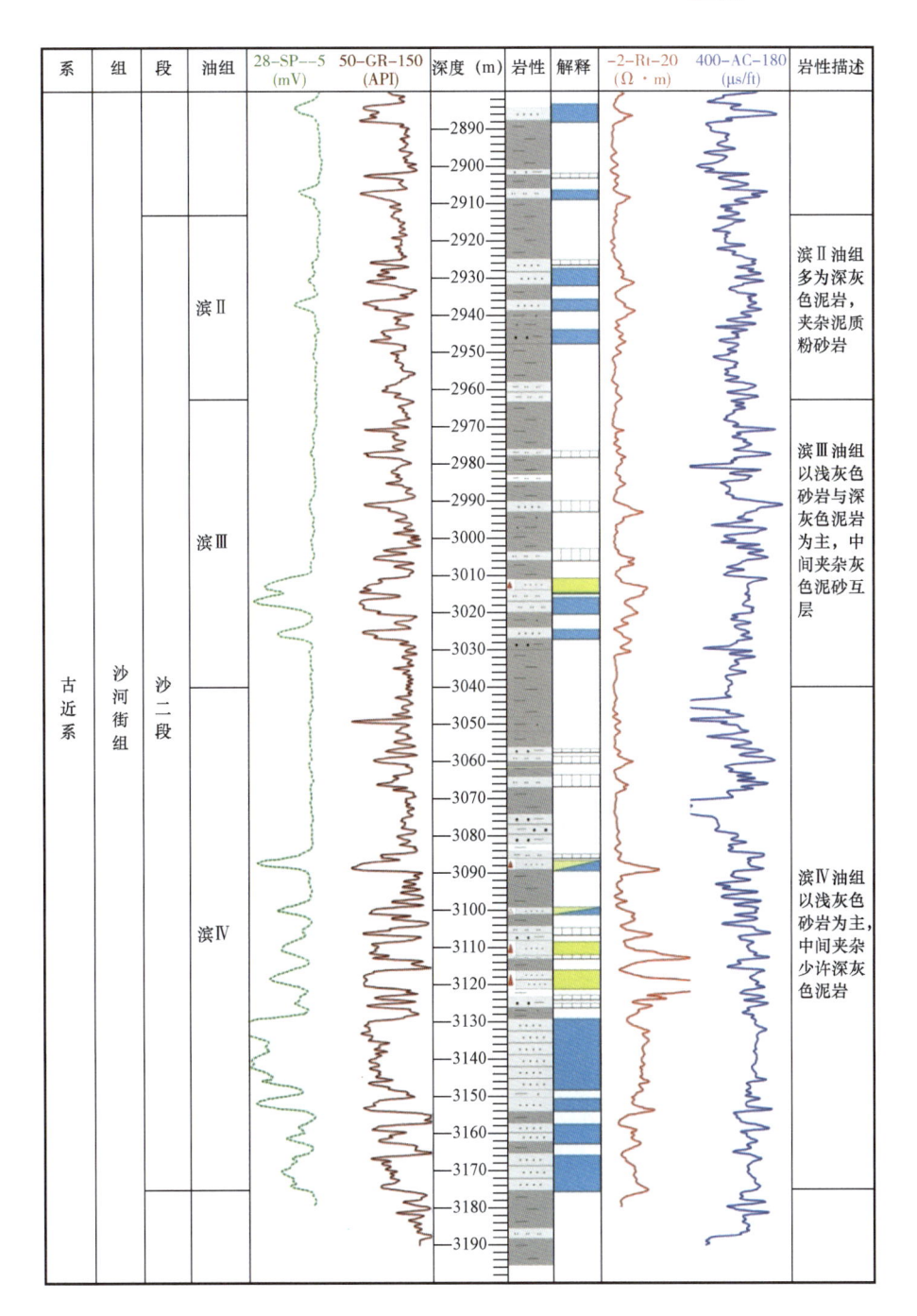

图 2-1-2　板南地区沙二段综合柱状图

3）沙三段

沙三段分为沙三$_1$油组、沙三$_2$油组和沙三$_3$油组，厚度在310m以上，岩性为深灰色泥岩与浅灰色细砂岩、粉砂岩等厚互层，泥岩、砂岩均为块状，局部夹砂质泥岩和泥质砂岩。

(二)精细地层对比

精细地层对比在地层层序划分基础上,遵循"油组—小层"细分的原则,寻找岩性和测井曲线相似特征,采用标志层对比、旋回控制、分级对比等方法进行研究;同时利用生产动态资料和生产实践来校验调整油组、小层的划分对比方案。

1. 油组对比

根据地层旋回性,应用测井曲线,通过建立纵横对比剖面的桥式对比和相邻三口井对比的三角网对比方法对油组进行对比。

(1)选取钻遇地层全、岩电特征明显的井作为地层划分标准井,建立电性标志层和辅助标志层。选择标志层的原则是等时性即标志层是同时期的沉积、稳定性即分布稳定而广泛和特殊性即岩性和电性特殊。按此原则,根据多条测井曲线组合(自然电位、0.4m 电阻率、2.5m 电阻率和真电阻率等)的测井响应和岩性组合,综合确定单井标志层。

(2)以标准井为中心,由点到线建立骨架对比剖面及其网络,采用沉积旋回对比油层组,最后闭合标志层。

2. 小层对比

在油组对比结果的控制下,应用岩性组合和电性组合,通过桥式对比和三角网对比,分别对小层进行精细划分对比。地层对比应用了 GPTMAP 与石文软件,进行交叉剖面互动对比,实现了分层数据库的同步更新,可以方便地任意选取剖面进行质量控制。

对全区 57 口井进行了小层级别统层对比,根据砂体发育情况及旋回特征,将板 1 油组自下而上分为板 1_3、板 1_2、板 1_1 共 3 个小层;将板 3 油组自下而上分为板 3_3、板 3_2、板 3_1 共 3 个小层;将滨Ⅳ油组自下而上分为滨Ⅳ$_4$、滨Ⅳ$_3$、滨Ⅳ$_2$、滨Ⅳ$_1$ 共 4 个小层;各小层间隔层稳定。

鉴于工区断层发育,地层变化快,为此在精细地层对比中,采取井资料与地震资料、动态资料交互式对比验证的方法:第一步是通过井与地震构造解释相结合,建立地层的宏观格架,首先制作合成记录将初次对比结果标注在地震剖面上并进行追踪对比;然后根据同相轴的连续性和厚度变化调整分层,再次应用到测井剖面进行对比,以确定准确的地层划分界面,这样使得测井资料与地震资料、动态资料相互印证,增加地层对比的可信度。

板 G1 断块滨Ⅳ油组较发育,油气层厚度大,反映该时期湖盆相对稳定,单砂体厚度亦较大,其中滨Ⅳ$_2$、滨Ⅳ$_3$ 是该区的主力产气层。

白 6 断块主要含油气层位是板 3 油组,按沉积旋回性特征,将该地区板 3 油组自上而下分为三个小层,1、2 小层均为砂岩段,是白 6 断块的主要油气层,3 小层以灰色泥岩为主,局部发育砂岩透镜体。

白 8 断块主要含油气层位是板 1 油组,按沉积旋回可以细分为三个小层,其中,1 小层地层厚度为 40~50m,砂体发育程度低,仅白 8 井、白 14-1 井、白 20-2S 井有分布,大部分井砂体不发育;2 小层地层厚度为 40~50m,砂体较发育;3 小层地层厚度为 50~60m,砂体不发育,自然电位平直,可与上部的板 0 油组底部稳定泥岩段一起作为本区的标志层。

二、构造特征

(一) 构造位置

板南储气库群位于板桥油田东部,东南临歧口生油凹陷,西南与港中油田相邻,南与唐家河开发区接壤,滨Ⅳ油组构造主体为夹持于白水头断层和大张坨断层之间的地垒,主要构造圈闭集中于港8井断层下降盘与白水头断层上升盘附近。西部发育大张坨断层和港8井断层,由深至浅次级断层增多,构造复杂,地层总体产状北东倾,局部产状多变。中部台阶区发育一组北东走向南掉断层,具雁列式展布特征。受这组断层控制,在深层形成反向断块圈闭,浅层则没能形成较大规模圈闭,西部总体表现为受港8井断层控制的背斜构造,东部受白水头断层控制,依附于白水头断层上升盘,形成一系列低幅度、小面积反向断鼻圈闭,并且由深到浅继承性发育。

(二) 构造特征

板南储气库群的滨Ⅳ油组是夹持于白水头断层和大张坨断层之间的地垒结构,主要构造圈闭集中于大张坨断层上升盘附近,南至白水头断层,各级断层呈现向西收敛,为一单斜构造,区域内发育一系列近东西向低序级断层,将研究区分割成多个复杂含油气断块,主要断块有:板G1断块、板885断块、板885北断块、板深76断块,如图2-1-3所示。

各断块圈闭要素详见表2-1-1。

表2-1-1　板南储气库群圈闭要素表

圈闭名称	层位	圈闭类型	圈闭面积 (km²)	闭合高度 (m)	高点埋深 (m)
板G1断块	滨Ⅳ	断块	3.21	80	-2930
白6断块	板3	断块	2.36	140	-2720
白8断块	板1	断块	1.50	400	-2820

板G1断块油气分布在滨Ⅳ$_2$、滨Ⅳ$_3$小层,夹持在港8井断层与板G1井断层之间,为典型断鼻构造,气藏高点埋深2930m,圈闭幅度80m,圈闭面积3.21km²,如图2-1-4所示。

白6断块板3油组构造为大张坨断层、白水头断层、白6断层和板904X2断层所围限,整体为夹持于大张坨断层和白水头断层之间的垒块构造,地层西抬东倾,构造上倾方向被大张坨断层和白6井断层所遮挡,板3油组顶界高点埋深-2720m,圈闭幅度140m,圈闭面积2.36km²,如图2-1-5所示。

白8断块板1油组位于白水头断层下降盘,为一个夹持于白水头断层与白14-1井断层之间的单斜构造,其构造高点位于白8井西南,地层具有西南高、东北低的特点,板1油组顶界高点埋深-2820m,圈闭幅度400m,圈闭面积1.5km²,地层向北东方向倾斜,如图2-1-6所示。

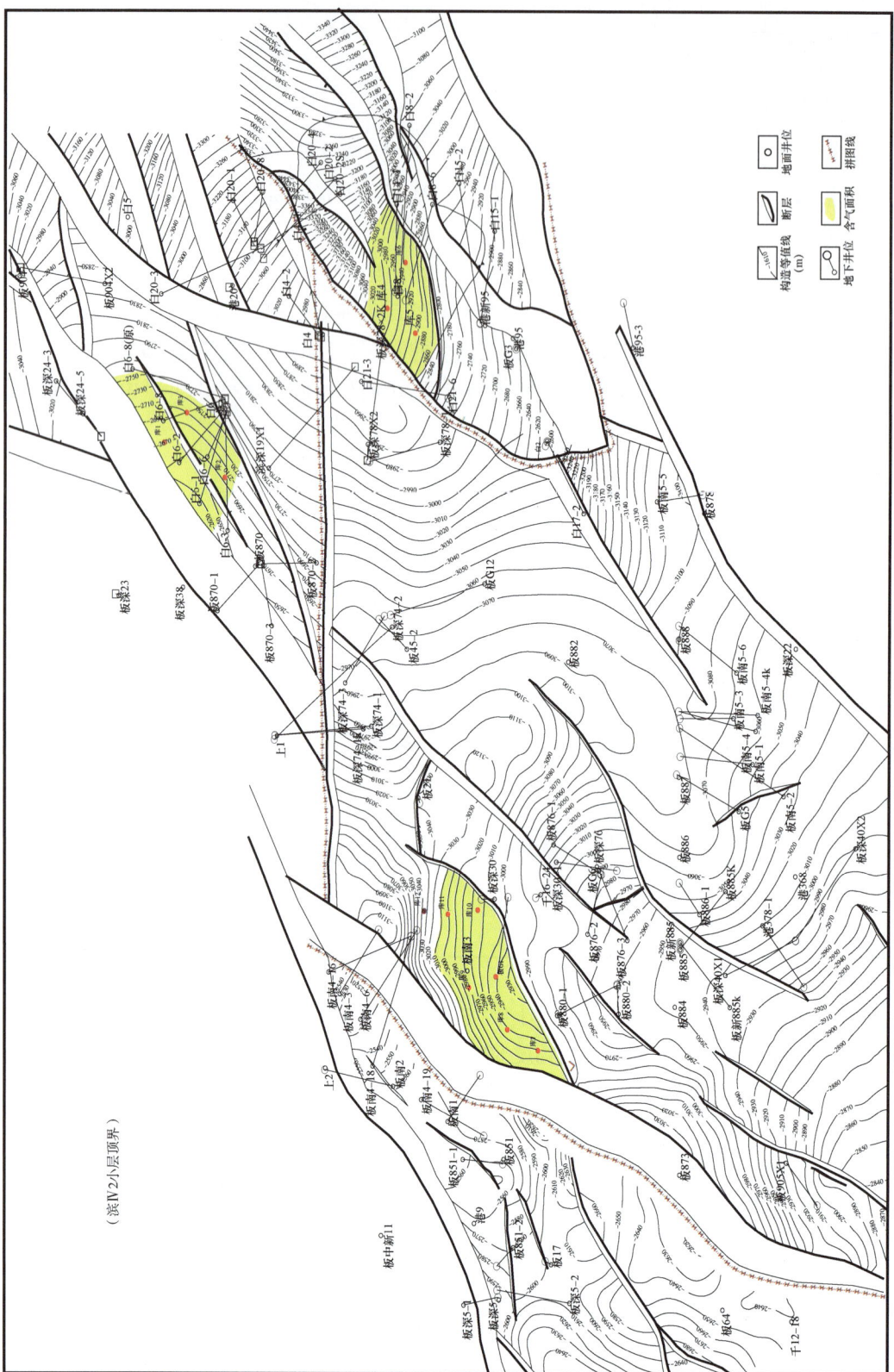

图 2-1-3 板南储气库群含气面积叠加图

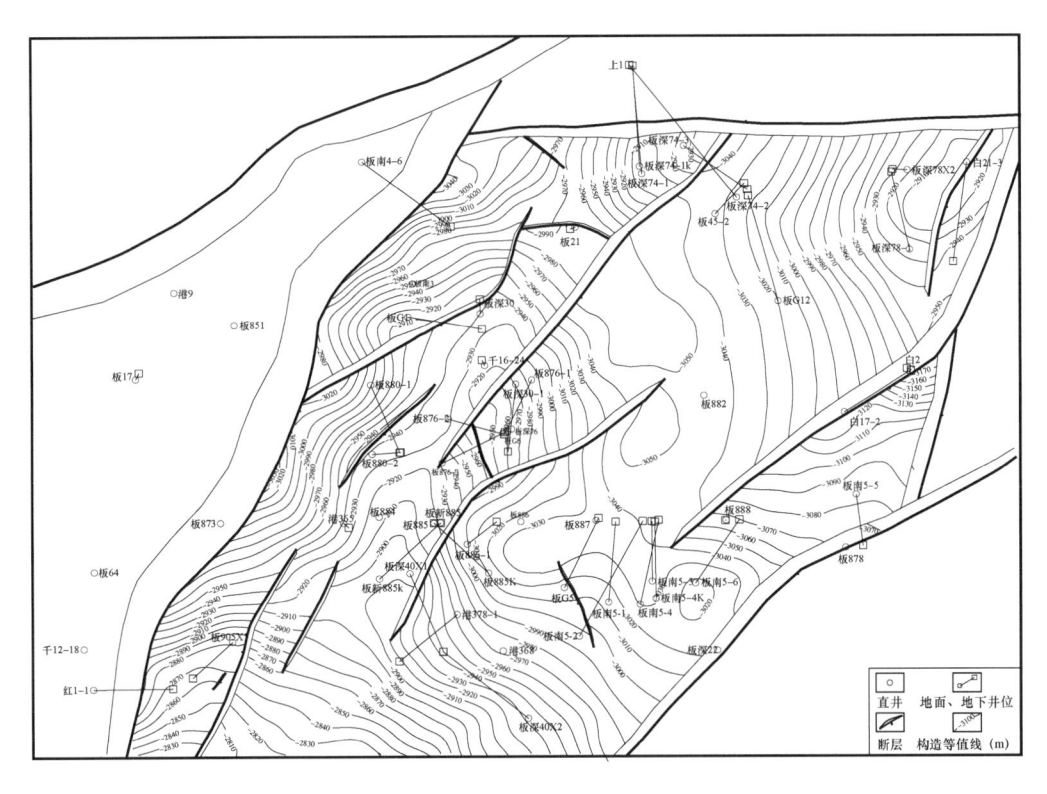

图 2-1-4 板 G1 断块滨Ⅳ₁小层顶界构造井位图

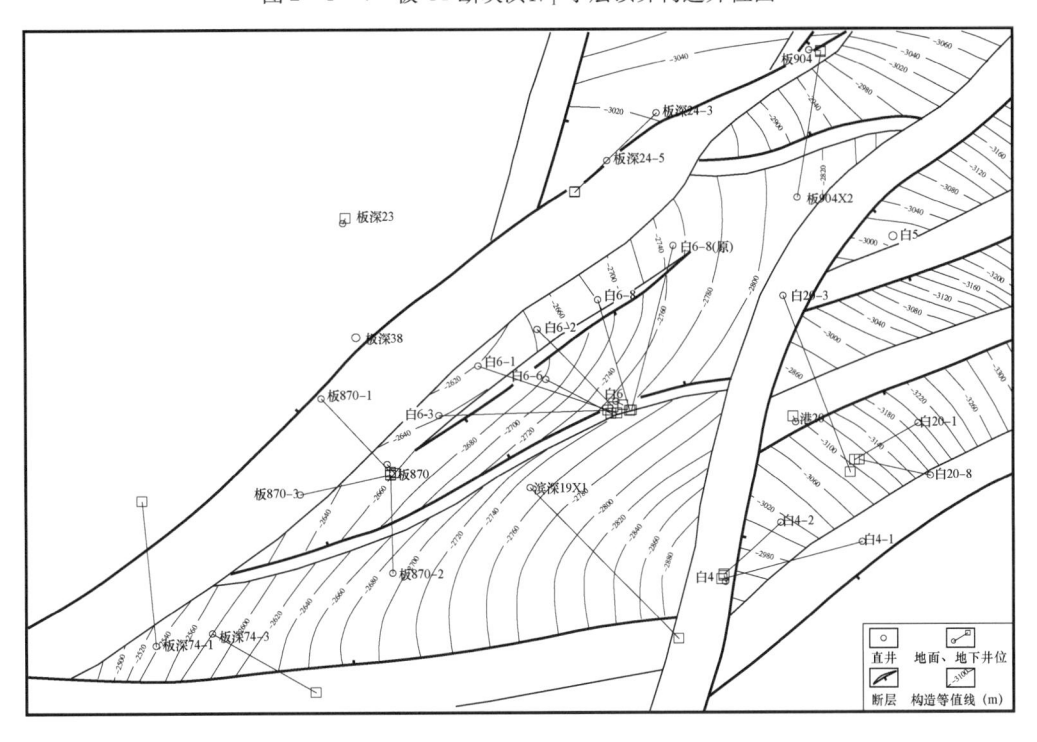

图 2-1-5 白 6 断块板 3 油组顶界构造图

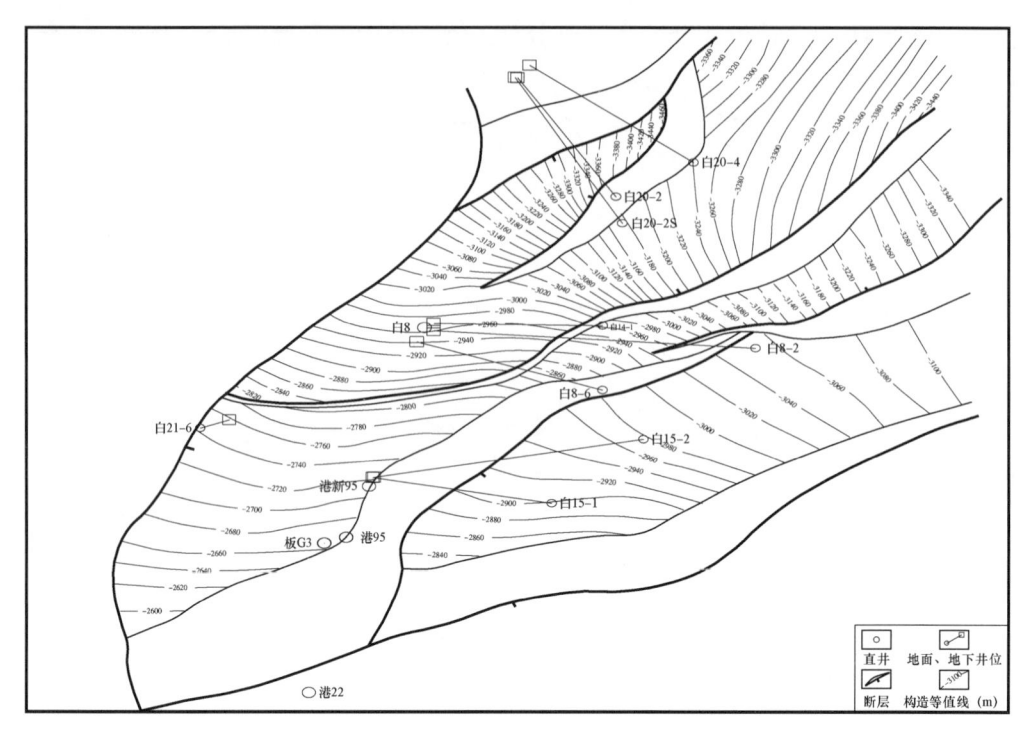

图 2-1-6　白 8 断块板 1 油组顶界底界构造图

三、圈闭密封性

(一)断裂发育特征

板南储气库群为板桥断裂构造带构造最复杂的区块之一,边界断层为北部的大张坨断层与南部的白水头断层,这两条断层为长期发育的同沉积正断层,控制板南油气田构造形成和地层的沉积及油气分布。板南储气库群内部断层发育,目的层断层有 20 条,其中平面延伸在 1km 以上、控制形成圈闭的断层 9 条。断层走向分为两组即北东走向、近南北走向,规模较大的断层纵向上具有一定的继承性。根据断层规模分为三级:二级断层包括大张坨断层、白水头断层,其特点是发育时间长,断距大,延伸距离长,控制构造格局、地层沉积和油气分布;三级断层包括港 8 井断层、大张坨前缘断层、上 1 井断层等,它们是各断块之间的分界断层,一般活动期较二级断层短,断距小,延伸短,对局部油气分布起控制作用;四级断层一般为大断层的派生断层,包括白 14-1 井断层、白 6 井断层等,它们发育时间较短,断距小,延伸长度短,分布在各断块内,将开发区块切割成大小不等的自然断块,使局部构造和油气水关系复杂化。

大张坨断层,长期发育,走向北东,倾向北西,断距由上向下增大,是典型的同生断层。断层活动时间早、发育时间长,控制板南地区构造发育、储层分布及油气聚集。

白水头断层,长期发育,是本区的主要断层,延伸长,走向北东,倾向南东,剖面呈上陡下缓,断距由上向下增大,为同生断层。断层从沙三段沉积时期开始活动至明化镇组沉积时期结束,控制了板南地区构造形态、砂体分布、油气运移和富集。

港 8 井断层,沙三段开始发育,馆陶组沉积末期停止活动,具有同生性质,断距较大,其北段被大张坨断层切割,走向北北东,倾向南东,将板南地区构造分割成两个含油气断块构造,港 8 井断层的分割封堵作用对板南南北两个断块的成藏起控制作用。

上 1 井断层,走向近东西,倾向近北,断层在沙三段沉积时期活动,至沙一段沉积时期停止活动组,控制了板南地区构造形态、油气运移和富集。

板 G1 井断层,沙三段开始发育,东营组沉积末期停止活动。断层西端断距 30~60m,往东断层变小,消失在板 21-6 井附近,该断层控制板 G1 断鼻的油气分布。

大张坨前缘断层,大张坨断层的分支断层,研究区内该断层长 6km,总体走向北东,倾向北西,断面倾角上大下小,断距上小下大,为典型生长断层,控制了沙一段地层沉积。

白 6 井断层和板 904×2 井断层均为低序级断层,走向北东东,倾向北北西,在沙一段沉积时期发育,后期停止活动,是白 6 断块的边界断层。

白 6-6 井断层是断块内部小断层,走向北东,倾向南东,对断块内部地层产状有一定影响。

港 80 断层、港 20 断层、白 5 井断层是白水头断层的派生断层,走向北东东,倾向南东,断面倾角上陡下缓,控制了沙一$_上$及东营组沉积,并将滨海断层下降盘分割成多个独立的条带状构造,对油气运聚成藏起了一定控制作用。

白 14-1 井断层、白 20-2S 井断层是白水头断层下降盘反向调节断层,与白水头断层一起形成 Y 字形断裂组合,该断层走向北东东,倾向北北西,在沙一段沉积时期发育,后期停止活动,白 14-1 井断层是白 8 断块高部位的边界断层。各断层要素详见表 2-1-2。

表 2-1-2 板南储气库群断层要素表

断层名称	走向	倾向	倾角(°)	延伸(km)	断距(m)
大张坨断层	北东	北西	45~60	6	0~400
白水头断层	北东	南东	45~80	5	600~800
大张坨前缘断层	北东	北西	45~60	6	0~400
港 8 井断层	北东	南东	35~55	6.5	200~410
白 5 井断层	北东东	南南东	50~80	5.5	40~100
白 6 井断层	北东东	北北西	45~55	3	20~40
白 6-6 井断层	北东	南东	50~60	1.7	0~40
板 G1 断层	北东	南东	35~55	2.5	10~30
板 904×2 井断层	北东东	北北西	50~60	1.5	80~120
港 20 井断层	北东东	南南东	50~80	5.5	60~260
港 80 井断层	北东东	南南东	50~60	6	60~160
港新 95 井断层	北东	南东	40~60	4	80~180
白 14-1 井断层	北东东	北北西	50~60	4	20~150
白 15-1 井南断层	北东东	南南东	50~60	3.2	30~160
白 20-2S 井断层	北东	北西	50~60	1.2	0~240
白 4-1 井断层	北东东	南南东	45~55	3	50~100
白 8-2 井北断层	北东东	南东	40~80	2	0~160

(二)断层封闭性

1. 断层封闭机理与型式

1)断层封闭机理

断层封闭机理主要包括两个方面:一是静态封闭性,运用毛细管力封闭机理,即致密岩性(如泥岩)的毛细管力高于非致密岩性(如砂岩)毛细管力,当储层砂岩接触封挡地层泥岩时,因岩性毛细管压力差而形成的侧向静态封闭;二是动态封闭性,运用水利封闭机理,即断层面所受到的剪切力等于断层面的固结力时断层面产生滑移破坏趋势。断层面的固结力由断层面岩石颗粒间分子引力与颗粒间摩擦力构成,通常认为岩石颗粒间分子引力由岩性决定近似恒定值,而颗粒间摩擦力则与地层有效正应力正相关,地层有效正应力等于水平地应力减去流体压力,当流体压力升高即气库地层压力升高时,地层有效正应力减小造成颗粒间摩擦力降低,相应断层面的固结力减弱,当固结力减小到剪切应力值时,则断层处于临界滑动状态。

2)断层封闭型式

断层两侧砂岩—泥岩对接封闭,即断层内储气库一盘的砂岩储层与断层外另一盘的不渗透泥岩地层相接触,因岩性毛细管压力差而形成的侧向封闭。对于已经形成油气聚集的圈闭,边界断层在原始状态下肯定是封闭的。

3)断层破坏条件

破坏断层的方式现场主要有两类:一是断层附近压裂改变了局部应力场与储层岩石结构,即降低了储层毛细管力也易造成出砂,而且过度压裂会形成断层面泥岩裂缝,同样降低毛细管力,严重时破坏断层的静态封闭性;二是气库高压力注气形成流体压力升高,造成断层面有效正应力降低,进而断层岩石固结力降低到剪切应力以下时发生动态破坏。

4)防止破坏断层封闭的方法

一是避免在断层附近过度压裂;二是储气库注气压力不能过高,如保持在原始压力附近。

2. 断层封闭性研究

1)板G1断块断层封闭性研究

港8井断层:该断层将板17断块与板G1断块分割,断距较大,延伸距离较长,断层两侧气藏的分布层系不同,港8井下降盘沙二段滨Ⅳ油组对应上升盘沙三段泥岩地层,处于砂岩—泥岩对接状态,说明断层静态封闭性较好。港8井断层的分割封堵作用对断块的成藏起控制作用,断层封堵性好。

板G1井断层:断层在沙三段沉积时期活动,至沙一段停止活动,控制了板南地区构造形态、油气运移和富集。根据对板G1断块构造与油藏的综合分析,在滨Ⅳ油组,板G1井断块砂岩地层与板880-1井断块泥岩地层直接接触,断层两侧板G1断块气水界面在-2997m,板885井断块的气水界面为-2975m,气水界面相差22m证实两气藏不连通断层具有良好的封闭性。从生产动态上分析,板G1井于1993年投产滨Ⅳ油组,原始地层压力32.27MPa,一直正常自喷生产17年,生产特点反映生产压差始终小于0.5MPa,且气井基本不产水,体现为定容封闭性气藏特征,封闭性也比较好。

2)白6断块断层封闭性研究

白6断块气藏边界断层主要分三类。

一类是该断块的控沉积、控藏断层,主要是大张坨断层,断层断距在200m以上,断层上下盘对应的岩性和含油气特征明显不同,大张坨断层上升盘板3油组气水界面为-2763m,下降盘板1油组气水界面为-2750m,该断层封闭性强。

二类是断块边界的次级断层,主要为白6断层和板904×2断层。

白6断层,断层两盘为砂泥对接,两盘储层不接触;另外统计的板3油组砂泥比为0.05~0.2,泥岩涂抹性好,综合来看白6断层封闭性好。

板904×2断层,断层两盘为砂泥对接,白6断块整体为弱边水特征,白6-2、白6-1等井单井平均日产水小于$2m^3$,而板904×2断层下降盘为水体,可见上下盘水体不连通,板904×2断层封闭性强。

三类断层是气藏内部的低序级小断层,有白6-6断层,该断层的上下两盘亦为砂泥对接,计算得板3油组砂泥比为0.1~0.3,断层是封闭的。但由于白6-2等井的长期生产、白6断块气藏压力较低,白6-6井钻井过程中钻井液漏失,气藏内储层整体是连通的,白6-6井断层对断块内部油气分布没有影响。

3)白8断块断层封闭性研究

根据对白8断块构造与油藏的综合分析,白水头断层为控制沉积的断层,白水头断层两侧板1油组地层与上升盘的沙三段泥岩段直接接触,具有良好封闭性。白14-1井断层断距为20~60m,部分位置上升盘板1_1小层与下降盘板1_2小层砂岩直接接触,没有直接证据能够证明上升盘板1_1小层与下降盘板1_2小层气水界面一致,因此推测白14-1井断层封闭性较弱。

对于白14-1井断层的封闭性主要从生产动态数据得出佐证:白8井板1_1小层的4号层于1977年1月试油,地层压力为40.0MPa,压力系数为1.39,4号层试油后单采,一直生产至1980年5月,不出后关井(累计产气$1.02×10^8m^3$,累计产液$1.535×10^4m^3$),1979年11月测静压7.19MPa;白14-1井板1_1小层24号、25号、27号、28号、29号层于1991年12月试油,地层压力38.37MPa,压力系数1.31,仍为原始地层压力。综合考虑到白8断块、白14-1断块气藏均为弱边水气藏,且在白8井生产后,白14-1井仍然没有地层卸压现象,认为白14-1井断层具备封闭性。

但同时也考虑到证明该断层封闭性所用的白14-1井断层下降盘的压力数据不是直接来自板1_2小层,因此该断层的封闭性仍然存在一定的不确定因素,建议在白14-1断块高部位的老井(港新95井、白21-6井、港95井、板G3井、白2井)在气库建设之前封堵,以确保气库的安全运行。

(三)盖层特征

盖层的厚度、岩性、孔隙结构及平面稳定性是影响盖层封闭性的重要因素。

1. 盖层宏观特征

盖层的厚度及平面连续性是影响盖层封闭性的两个重要因素。据苏联专家涅斯捷罗夫研究,油气通过1m厚的黏土盖层所需压力差达12MPa,而对气层封闭建议泥岩盖层在5m以上,砂泥岩盖层在10m以上。埋深对盖层的封闭性起着重要作用。泥质岩盖层会随着埋深的增加,其压实程度增高,孔隙度、渗透率随之减小,排驱压力增大,其封闭性能不断提高。据苏联专家研究,泥岩在1500~2500m区间具有最佳封闭能力。

板G1断块滨Ⅲ油组下部及滨Ⅳ顶部发育一套泥岩,平均厚度大于30m,直接覆盖在滨Ⅳ油组气藏之上,起到良好的封闭作用,是理想的盖层。同时,板南沙二段滨Ⅲ、滨Ⅳ油组气藏埋深都在2500~3100m,压实程度高,封闭能力强。

白6断块盖层为板2油组下段泥岩段,大部分为较纯的泥岩,仅局部地区发育规模很小的砂岩透镜体,且平面分布稳定、圈闭范围内泥岩平均厚度为53m,泥岩埋深为2560~2750m,封闭能力强,因此板2油组下段泥岩直接覆于板3油组气藏之上,盖层封闭性好。白水头白8断块盖层为板0油组泥岩,总厚度为250~300m,岩性以深灰色泥岩为主,夹薄层灰白色粉细砂岩,板0油组泥岩分布范围广且稳定,是区域性盖层,埋深为2550~2900m,封闭能力强,能有效地封闭板1油组的气藏。

2. 盖层的微观特征

影响盖层封闭能力的参数主要有岩石的排驱压力、孔隙度、渗透率、孔隙中值半径、突破压力等,借用板桥油田同一物源、同一类型沉积环境下的取心井资料进行分析。对于滨Ⅲ油组、板2油组泥岩微观特征分别借用的是板884井、板817井、板820井、板57井滨Ⅱ油组、板2油组资料进行论证。

1) 孔隙特征

据本区取心井板884岩心分析资料(表2-1-3):板884井滨Ⅱ油组泥岩孔隙度为0.7%,渗透率为2.45mD,扩散系数为0.000217cm^2/s(年扩散0.68m^2),粒度中值为0.009μm,饱和水的突破压力为2MPa,排驱压力为0.1MPa,各项参数均反映板G1断块滨Ⅲ油组泥岩微观封闭性能好。

根据邻区板817井、板820井样品分析,板2油组泥岩盖层的渗透率0.01715mD,孔隙度10.05%,属特低渗透封闭性能好的盖层,反映白8断块、白6断块的板2油组、板0油组泥岩微观封闭性能较好。

表2-1-3 板南储气库群气藏盖层微观特征参数统计表

井号	层位	井深(m)	渗透率(mD)	孔隙度(%)	扩散系数(cm^2/s)	粒度中值(μm)	突破压力(MPa) 饱和煤油	突破压力(MPa) 饱和水	排驱压力(MPa)
板884	滨Ⅱ	2711	2.45	0.7	0.000217	0.009		2	0.1
板817	板2	2742	0.0333	10.7			4	10	
板820	板2	2984	0.001	9.4			8	15	

2) 比表面吸附特性

由于板中北与白水头地区同属板桥油田,板2油组泥岩特征相同,故借用板中北板2油组泥岩分析资料。主要用比表面—孔径分布试验结果来研究岩样的孔隙分布特点,并判断其封堵能力。一般泥岩盖层的孔隙分布形态有四种类型(图2-1-7),依照集中型→分散型→双峰型→不规则型顺序,微小孔隙含量减少,优势孔隙向较大直径偏移及孔隙变得不规则,岩石的突破压力变低,封闭能力相对减弱。据板中北板 2 油组泥岩分析,孔隙分布为强集中型,优势孔隙范围 29.8~48μm,优势孔隙含量 37.4%,反映孔隙分布集中且偏细,封闭性强,盖层岩样在饱和煤油时突破压力 10MPa,突破时间 14.4a/m,相当于饱和水时突破压力 16.5MPa,突破时间 23.8a/m。

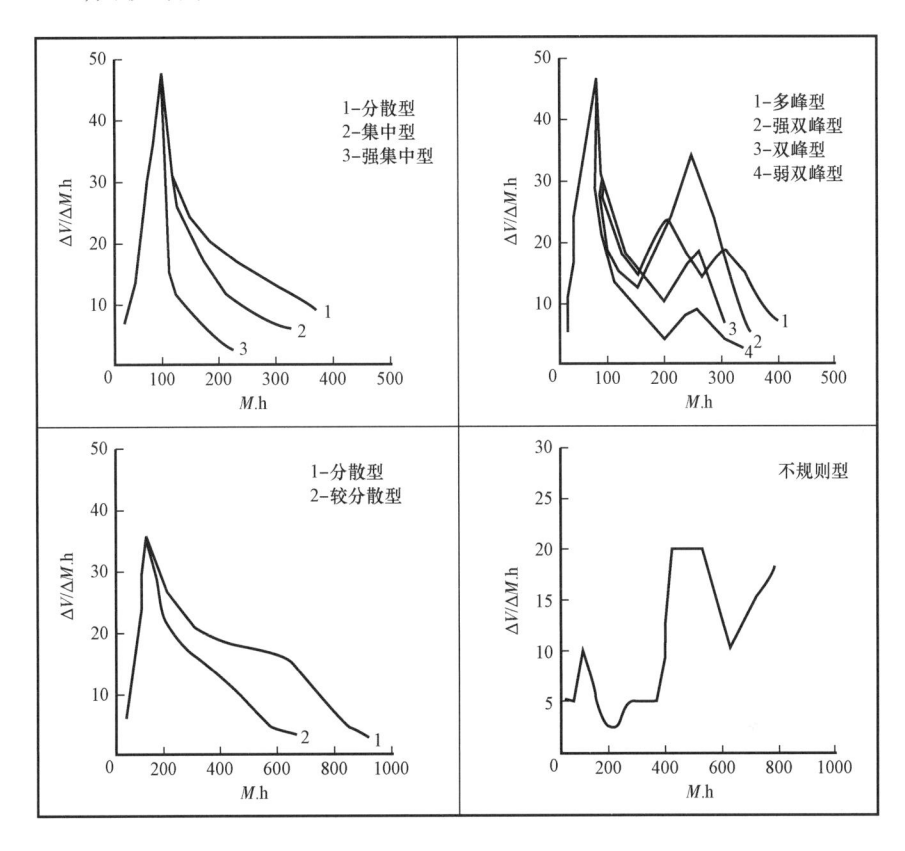

图 2-1-7 微观孔隙结构分布形态图

3)扩散特征

扩散是天然气运聚成藏的主要因素之一,同时也是气藏被破坏的原因之一,因此岩石对于烃类的扩散能力也是评价盖层的重要指标,主要参数有岩石的扩散系数、溶解系数和扩散渗透率三种。据板 57 井板 1 油组岩样分析,盖层岩样的扩散系数为 $9.14 \times 10^{-6} cm^2/s$(年扩散 $0.29 m^2$)。扩散系数越小封盖性越好,扩散系数较一般层位和深度近似的气藏盖层封盖性能好,属好盖层。

四、沉积相

(一)沉积环境

沉积相带是控制储层分布的首要因素,优势相带又是控制优质储层分布的首要因素,因此明确沉积微相的类型以及各种微相的分布规律,能够有效指导储层研究。板桥地区物源主要来自北东(燕山)和北西(沧县隆起)两个方向,沙三段沉积早期本区凹陷接受沉积,沙三段沉积末期部分地区抬升水体退缩,形成了古地形变化较大的古地貌特征。沙二段沉积时期即滨海油组沉积时期,整个坳陷为下沉间歇期,坳陷周边逐渐抬升,出现了坡长而缓的湖岸与统一的中央大凹陷,板南地区由于地势较高,在湖水波浪和沿岸水流的作用下,沉积水动力以湖浪作用为主,形成了沙坝—半封闭湾沉积环境。沙一段板桥油组沉积时期,板桥地区受大张坨、板桥同生断层的影响,水体明显变深,从而形成了重力流水道沉积,体现在大套暗色泥岩中局部发育块状具递变层理的砂体。由板1油组沉积环境图(图2-1-8)可见,白水头地区在板1油组沉积时期处于一种密度流沉积环境,所形成的砂体是在河口岸外由河流洪水产生的密度流所携带的沉积负载堆积在湖盆低洼处形成的一种砂体,主要为来自西北小站物源的浅水重力流水道沉积。

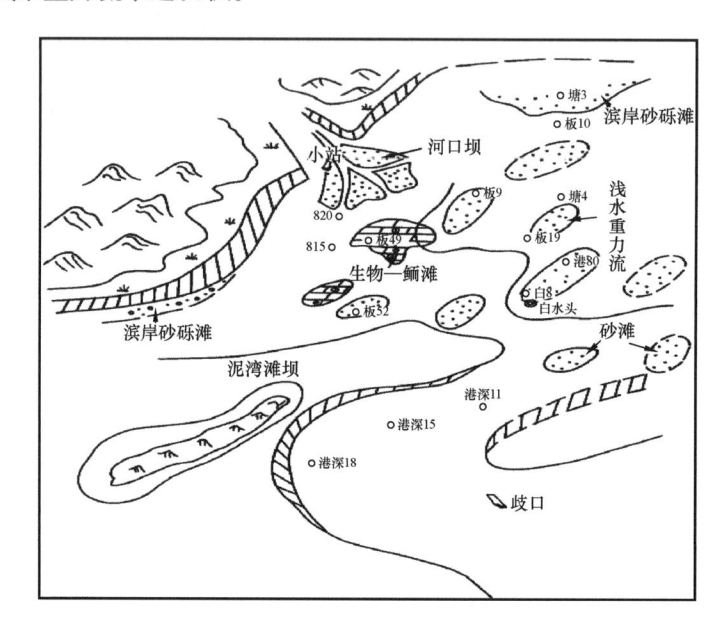

图2-1-8 板1油组沉积环境简图

为了进一步明确研究区的沉积环境,开展了测井、岩心、录井等多信息多角度研究,通过对取心井板884井岩心观察分析,板884井滨Ⅳ油组岩心中平行层理及板状交错层理比较发育,属于典型的滩坝沉积,坝中心砂体物性好,侧翼较差,夹层较多。通过对粒度资料进行分析,结果表明:滩坝沉积物的粒度概率曲线总的特点是具有明显的两段式并出现过渡带,以跳跃总体为主,反映流体的牵引作用性质,并且 CM 图也表现为典型的牵引流特征,如图2-1-9所示。 C 为1%粒径,M 为中值。

板1油组岩心粒度概率曲线总的特点是具明显的两段式并出现过渡带,以跳跃总体为主,反映流体的牵引作用性质。CM 图形为一平行于 $C=M$ 基线的长条形,即 QR 段,属递变悬浮,为浊积沉积特点,如图2-1-10所示。

(二)微相划分

根据对板G1断块滨Ⅳ油组沉积微相研究,板南地区沉积砂体以滨浅湖亚相的滩坝砂为

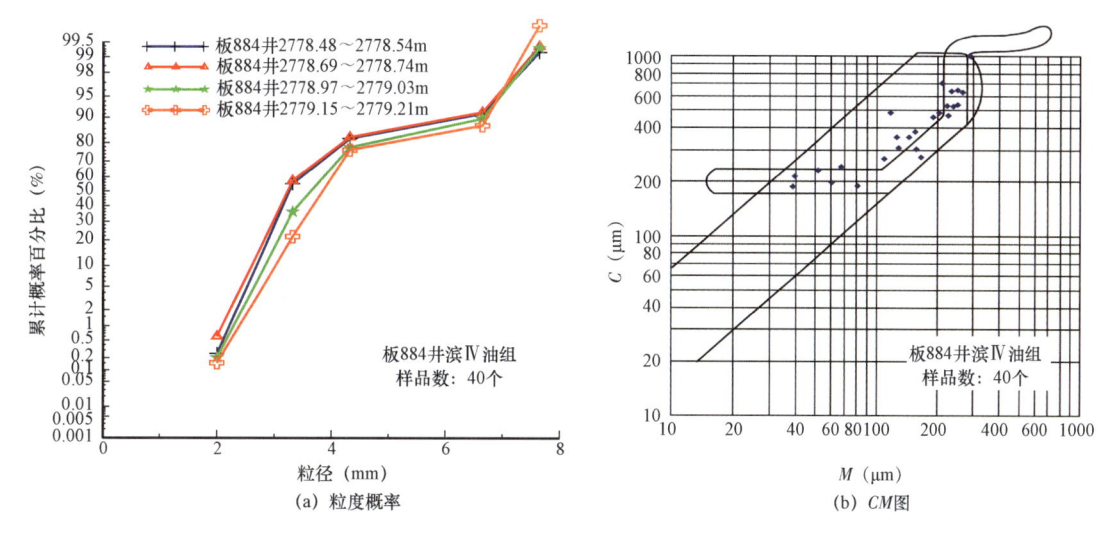

图 2-1-9　滨Ⅳ油组粒度概率图及 CM 图

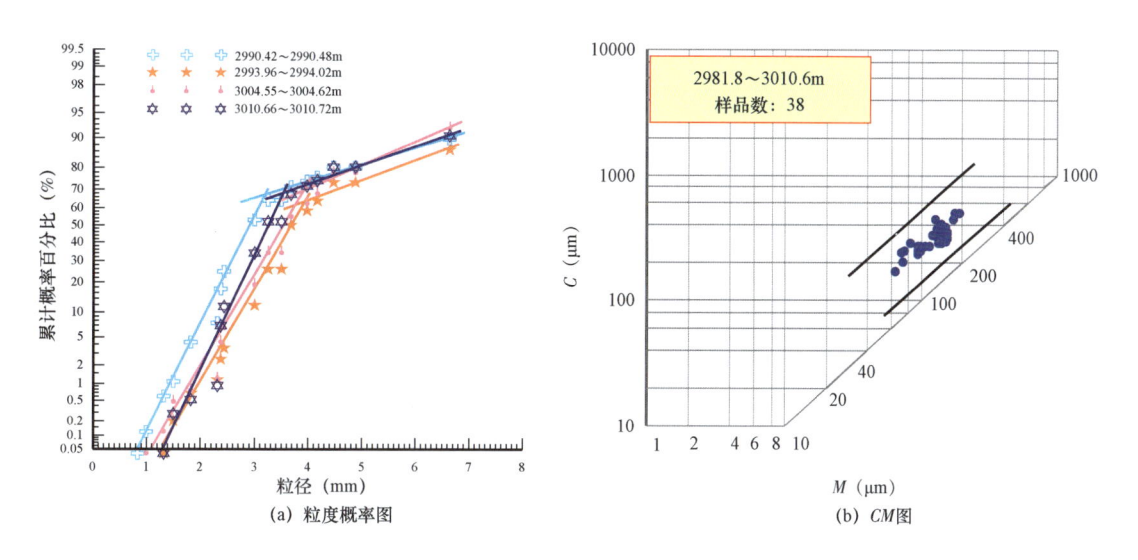

图 2-1-10　板 1 油组粒度概率图及 CM 图

主。其中坝砂在北东方向呈席状分布,滩沙则位于前缘,呈大面积连片分布。根据岩心观察、沉积构造、岩相特征及砂体的平面形态将滩坝沉积分为滩砂、沙坝中心、沙坝侧翼、湖泥四种微相。沉积砂体以重力流的分支水道砂为主,大面积连片分布,呈北东向展布,是主要储层。水道前缘位于中南部,大面积连片分布。湖盆泥位于西南部,分布面积较小。根据对白 8 断块板 1 油组岩性、沉积构造、砂体形态、层序特征、电测曲线形态等分析,结合单井相分析,总体上分为重力流水道、水道侧翼和湖盆泥三种微相。

1. 滩砂

滩砂是在湖盆滨湖环境,呈条带状或席状与岸线平行分布的砂体类型,垂向上砂岩与泥岩频繁互层,且砂层厚度相对较薄,多为向上变粗的反韵律特征,但往往并不明显。滩砂岩性以从泥质粉砂、粉细砂、粉砂至细砂,具小型交错层理,其曲线特征表现为异常幅度较高的"尖刀状"指形密集组合如图 2-1-11 和图 2-1-12 所示。

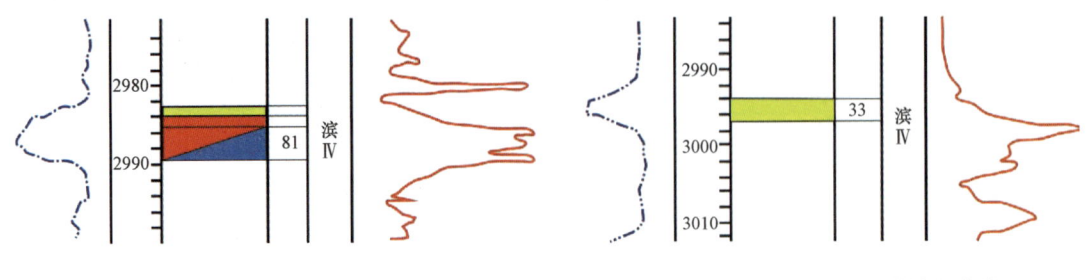

图 2-1-11　板深 30-1 井特征曲线　　　　图 2-1-12　板深 30 井特征曲线

2. 沙坝中心

沙坝指分布于浅湖环境,长条形或呈不规则椭圆形砂体,可以是平行于岸线的,也可以是"砂嘴"的形式垂直于岸线的,其沉积砂泥比较高,SP 曲线异常幅度大,形态具有底部急反向,上部渐变漏斗形特征。纵向上坝核部位砂岩厚度较大,横剖面则呈底平顶凸或双凸型的透镜体。粒序多为反韵律的特征。坝砂通常分布在滩砂中,岩性以粉砂岩到中砂岩为主,含少量含砾砂岩、泥质粉砂。其曲线特征表现为平滑的高幅漏斗形、箱形或箱状漏斗形如图 2-1-13 和图 2-1-14 所示。

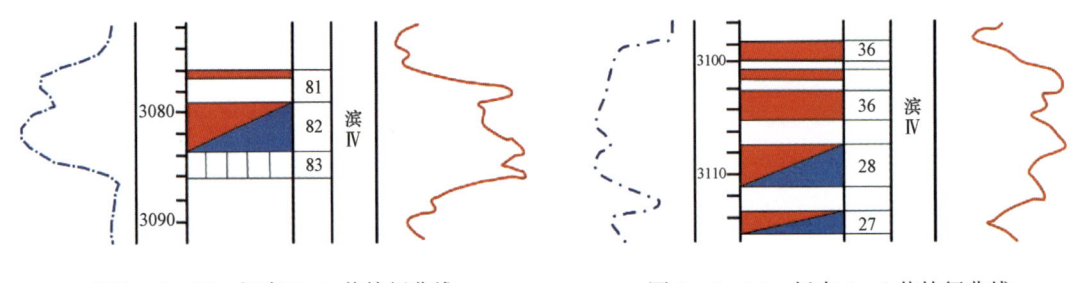

图 2-1-13　板南 5-1 井特征曲线　　　　图 2-1-14　板南 5-6 井特征曲线

3. 沙坝侧翼

沙坝侧翼位于沙坝主体两侧,岩性与沙坝主体无多大区别,灰色细粉砂岩,有泥质夹层,具水平层理和波状交错层理,砂泥比降低,但是由于后期的成岩作用、胶结作用,自然电位曲线多呈不规则状的起伏,SP 曲线一般为锯齿形。

4. 重力流水道

为储层分布的主体部分,总体上呈带状定向分布,岩性主要由相互叠置的块状中细砂岩、具平行层理或递变层理的粉细砂岩、波状交错层理粉砂岩组成,与下伏地层为侵蚀突变接触,电测曲线表现为箱形或钟形形态。

5. 水道侧翼

为洪水扩展的水道及水道两侧的天然堤坝,岩性以平行层理和板状交错层理细砂岩、粉细砂岩为主。电性特征是自然电位曲线幅度小,多带有反旋回特征,平面上呈条带状分布于水道砂两侧,一侧与水道微相砂体接触,一侧与水道间沉积物和湖盆泥接触,相变为致密砂岩和泥岩。

6. 湖泥

湖泥岩性以灰色、灰褐色泥岩为主,具有不明显的水平纹层,自然电位曲线形态多为不起伏的平直特征。主要分布在滩砂前缘。

五、储层特征

(一) 砂体平面展布

充分考虑古物源、古水流方向等区域沉积特征,利用各井点的测井资料,分析单砂层的电测曲线特征,以各小层砂岩厚度分布为定量标准,以砂体平面展布趋势和曲线形态为定性指导,进行微相平面展布分析。各小层平面相带分布特点如下:

滨$Ⅳ_1$小层:目标区块在该小层大多位于湖盆泥沉积区,北端在板21井周围发育有连片滩砂,砂体波及范围有限,到板886处有少许分布,南端沿白水头断层滩砂呈条带分布,带宽较窄,本小层无沙坝沉积分布。

滨$Ⅳ_2$小层:该小层沙坝沉积主要有三块,即板885井北断块、板17—板G1断块和板G5断块,沙坝呈席状孤立分布,周围发育有沙坝侧翼沉积,滩砂发育较少,只在沿大张坨断层、板深30-1井区及板G12井区有分布,研究区西南部为成片湖泥沉积区。

滨$Ⅳ_3$小层:该小层沙坝最为发育,其次为坝缘沉积。沙坝从上1井断层开始向西南至板884井前缘呈条带连片分布,分布面积较大,在板17断块、板G5断块及板南5-5井周边孤立零星分布,坝缘以沙坝为中心环状分布,周边为滩砂。

滨$Ⅳ_4$小层:目标区该小层砂体较薄,主要以沙坝侧翼和滩砂沉积,沙坝在北东向板G12井区大片分布,砂体在板深30-1井至板876-2井少有分布,在板南5-6井出处有少量分布,单井控制范围很小。

板3油组:水道前缘位于中南部,大面积连片分布,湖盆泥位于西南部,分布面积较小。

板1_1小层:重力流水道呈北西方向展布,分布比较局限。白8井、白14-1井至白9井一线处于重力流水道微相区,白20-4井至港20井一线处于水道侧翼微相区,其他井区处于湖盆泥微相区。

(二) 岩石特性

板南储气库群滨Ⅳ油组主要为浅灰色细砂岩为主,带深灰色泥岩,石英含量为30%~60%,平均44%;长石含量为20%~47%,平均为31.7%;岩屑含量为7%~40%,平均为22.1%。磨圆度以次圆状、次尖状为主,其次为次尖状—次圆状,分选系数为1.246~2.123,平均为1.82,粒度中值0.04~0.76mm,平均为0.18mm。胶结类型以接触—孔隙为主,其次为接触—孔隙式孔隙—接触式。泥质含量为1%~20%,平均为7.0%,胶结物含量为2%~30%,平均为12.5%。

板3油组岩性主要为浅灰色细砂岩、粉砂岩,中砂岩也见粉砂质泥岩。以白6井井壁取心的薄片分析,储层砂岩中碎屑占70%,其中石英占40%,长石占28%,岩石碎屑占32%,岩性以浅灰色砂岩为主，胶结物以次生结晶方解石充填孔隙为主，占30%，颗粒大小在0.10～0.25mm，磨圆度为次圆状，分选好，风化程度中等，胶结类型以孔隙式胶结为主。镜下鉴定观察岩性为钙质细粒混合砂岩，细砂状结构，石英清洁，有的具包裹体、正长石泥化及斜长石消光回化现象，岩块以酸性喷出岩、中性喷出岩、花岗岩等为主，有溶蚀颗粒，常见粒间孔、洞。

板1油组薄片资料统计，石英含量为34%，长石含量为39%，为低成熟度砂岩。胶结物含量较少，泥质和碳酸盐含量微少，钙质含量为2%，白云岩含量为1%，高岭石含量为2%。砂岩一般为细—中砂岩，粒度中值为0.11，分选中—好，分选系数为1.72，磨圆度为次圆状—次棱状，结构成熟度中等。

(三) 储层分布

板南储气库群滨Ⅳ油组储层砂岩以滨浅湖亚相的滩坝为主，滩坝沉积展布特征受不同沉积时期湖浪方向及强度控制，呈席状分布。坝砂分布较广，厚度较大，由滨Ⅳ₄至滨Ⅳ₁砂层，坝砂范围呈逐渐减小的趋势。2、3小层砂体平面上大面积分布，在板G5井、板876-2井、板885井北断块一带存在厚度中心，气藏主体部位砂岩总厚度达30m。滨Ⅳ₁小层沙坝仅在局部发育，滩砂分布范围也有所减小。

板3油组储层砂岩以重力流分支水道砂为主，1、2小层砂体主要沿分支水道分布，厚度较大，一般为5～10m，最厚达27.7m，连通性好，储层物性好，是主要的油气产层；砂体分布范围自上部的1小层到下部的2小层明显扩大，砂层厚度也增大，具明显的反旋回特征。白6断块气藏主体部位的1、2小层均有砂岩发育，砂体分布均匀，向西南大张坨方向砂岩由厚层块状到砂泥互层状，最后尖灭。垂向上相邻小层间由于有泥质隔挡，上下各层油气水系统；平面上，砂体呈席状分布，砂体连通性较好，气藏主体1小层砂岩厚度在3.0m以上，2小层砂岩厚度在15.0m以上。总体说来，各小层砂体分布特征相似。

板1油组砂岩分布受沉积相带控制明显，砂体分布在重力流水道和水道侧翼微相区内，呈北西方向展布，完钻井钻遇板11砂体厚度为12～22.4m，最高值为白8井的22.4m，低值为白20-4井，平均砂岩厚度为15m。

各小层砂体分布特征分析见表2-1-4。

表2-1-4 板南油气藏板3油组、滨Ⅳ油组各小层砂体统计表

区块名称	小层	砂体厚度分布（m）	砂体平均厚度（m）	砂岩有效厚度（m）
板G1断块	滨Ⅳ₁	0～6.0	3	0
	滨Ⅳ₂	17.0～22.0	19.5	11.25
	滨Ⅳ₃	17.0～20.0	18.5	3.75
	滨Ⅳ₄	2.0～7.0	4.5	1.5
白6断块	板3₁	0.2～23.2	5.4	4.1
	板3₂	3.5～27.7	14.3	12.3

滨Ⅳ₁小层砂体：砂岩厚2.0～10.0m，平均为6.0m，砂体主要来自北东方向，以沙坝为主，砂体在研究区分布范围较小，只在板深74-1井到板深30井呈条带分布较厚。

滨IV₂小层砂体:砂岩厚 7.0~35.0m,平均为 21.0m,砂岩分布范围大,以北东方向物源为主,砂体走向北东东,多为孤立的零星滩砂,砂体最厚在板 G5 井区,最厚达到 30m 以上,其次是板 851-2 井区、板 876-2 井区、板深 74-1 井区,该小层较滨IV1 小层砂体厚度及范围明显增大。

滨IV₃小层砂体:该小层砂体分布在研究区滨IV油组最大,砂岩厚 12.0~35.0m,平均为 23.5m,主要为滩砂沉积,砂体来自北东方向,以板深 74-3 井、板 880-2 井和板 887 井为中心,砂体最厚都在 27m 以上,是板南储气库群重要油气储层。

滨IV₄小层砂体:砂体分布范围较大,砂岩厚 2.0~27.0m 平均砂岩厚度为 14.5m,以来自北西向的滩坝沉积为主,砂体以板 G12 井区为中心北东向分布,其他断块砂体较薄。

板 3₁ 小层砂体:砂岩厚 0.2~23.2m,平均为 5.4m,渗透性砂岩厚度为 4.1m,白 6-6—白 6—板 904×2 井一带为厚度中心,在白 6 井砂体最厚达 10.4m,气藏主体砂岩厚度 3.2m。砂体主要来自北东方向,为分支水道砂,砂体分布范围较大。

板 3₂ 小层砂体:砂岩厚 3.5~27.7m,平均为 14.3m,渗透性砂岩厚度为 12.3m,白 6-1—白 6-2—白 6-8—板 904×2 井一带为厚度中心,在白 6-2 井砂体最厚,达 27.7m,气藏主体砂岩厚度为 18.8m。砂岩分布范围大,以北东方向物源为主,砂体走向北东东向,为分支水道砂。

总体看来,垂向上滨IV油组 2、3 小层砂体厚度较大,平均厚度都在 20m 以上;平面上滨IV油组 2、3 小层砂体平面上大面积分布,在板 G5 井、板 876-2 井、板 885 井北断块一带存在厚度中心,砂体彼此连通性较差,气藏主体部位砂岩总厚度达 30m。

(四)储层物性

储集岩的微观孔隙结构指储集岩所具有的孔隙喉道几何形态、孔喉的大小分布及其相互连通的关系,是影响储集岩储渗能力、驱油效率和采收率的关键。

根据取心井板 884 井分析资料,孔喉特征,最大孔隙半径达 4.0~16.0μm,平均为 7.5μm,峰位 2.29~6.4μm,平均为 4.06μm,峰值为 14.3%~34.1%,平均为 25.9%,连通孔喉为 9.2~11.1、平均为 10.2,分选系数 2.54~3.5、平均为 3.2,毛细管压力曲线特征大部分表现为分选差歪度略粗,局部表现为分选差细歪度(图 2-1-15)。

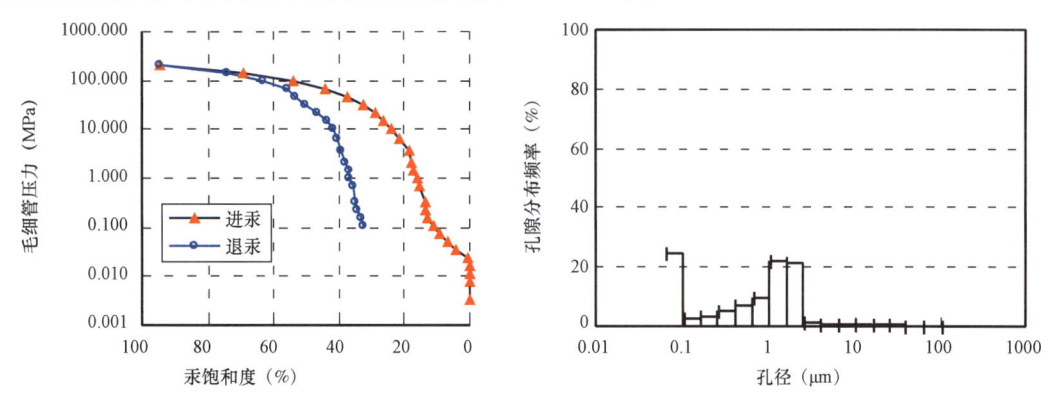

图 2-1-15 板 884 井滨II 毛细管压力曲线图

根据压汞分析资料统计,板1油组1砂组储层孔隙结构较好,所做样品平均孔隙度为20.17%,平均渗透率为65.6mD,分析结果:平均孔隙喉道均值为10.89μm,平均喉道半径为7.25μm,最大连通孔喉半径为6.15μm,饱和度中值半径为0.29μm,平均排驱压力为0.25MPa,饱和度中值压力为2.84MPa,喉道分选系数为2.99,相对分选系数为0.28,储层非均质性较弱,喉道分选系数和相对分选系数小,见表2-1-5。

表2-1-5 白水头地区白8井区板1油组孔隙结构数据表

井号	油组	渗透率（mD）	孔隙度（%）	孔隙喉道均值 X	吼道分选系数 S_p	相对分选系数 D	平均喉道半径 R（μm）	饱和度中值压力 p_{50}（MPa）	饱和度中值半径 R_{50}（μm）	排驱压力 p_d（MPa）	最大连通孔隙半径 R_d（μm）
白14-1	板1	61.8	25.9	10.54	3.53	0.34	7.29	2.52	0.29	0.08	9.41
			17.2	11.66	2.14	0.18	6.73	3.73	0.2	0.65	1.14
		122.5	23.9	10.12	3.64	0.36	6.7	1.52	0.49	0.07	10.32
		12.55	13.7	11.25	2.63	0.23	8.26	3.59	0.21	0.2	3.74
	平均	65.62	20.2	10.89	2.99	0.28	7.25	2.84	0.29	0.25	6.15

据取心及测井资料统计,板南储气库群滨Ⅳ油组储集砂岩平均孔隙度为15.1%,渗透率为170mD,为中孔中渗储层(表2-1-6);板3油组储集砂岩物性较好,根据井壁岩心分析资料,平均孔隙度为21.5%,平均渗透率为39mD。从各小层储层物性的平面分布看,储层物性与沉积微相具有明显的配置关系,分支水道储层物性较好,湖盆泥、水道前缘储层物性较差。由于实验分析的白6断块板3油组岩心渗透率数据仅有两个,所以应用该区的测井解释资料进行统计分析,结果为平均孔隙度为22%,平均渗透率为233.3mD,本区板3油组为中孔中渗储层,为较好储层;板1油组储层物性较好,孔隙度为16.6%~28%,平均为22.3%;平均渗透率为72mD,属于中孔中渗储层,测井解释孔隙度9.2%~25%,平均16.5%,渗透率为2.9~150mD,平均为81mD。

表2-1-6 板南储气库群滨Ⅳ油组小层物性统计表

区块名称	小层	砂岩厚度（m）	孔隙度（%）	渗透率（mD）
板G1断块	滨Ⅳ$_1$	6.2	6.25	1.4
	滨Ⅳ$_2$	12.55	14.87	809.22
	滨Ⅳ$_3$	17.95	14.32	426.51
	滨Ⅳ$_4$	5	7.34	7.83
	平均	10.43	10.69	311.24

从各小层储层物性的平面分布看,储层物性与沉积微相有明显的配置关系,沙坝储层物性较好,滩砂次之,各小层具体情况如下:

滨Ⅳ$_1$小层:该小层平均孔隙度为7.5%,渗透率为90mD,孔隙度分布范围为18%~23%,

渗透率为 1.4~300mD,该小层高值区主要分布在板 886 井区,渗透率区间为 150~600mD。

滨Ⅳ$_2$小层:该小层平均孔隙度为 19%,渗透率 240mD,沙坝中心处油气井储层物性较好,气藏范围内孔隙度分布范围 12%~26%,渗透率 120~360mD,气藏主体部位板 886 井、板南 5-3 井附近孔隙度大于 20%,渗透率大于 300mD。

滨Ⅳ$_3$小层:该小层平均孔隙度为 21%,渗透率 170mD,沙坝中心处油气井储层物性较好,气藏范围内孔隙度分布范围 18%~26%,渗透率 50~400mD,气藏主体部位板 G1 井、板 887 井附近孔隙度大于 24%,渗透率大于 350mD。

滨Ⅳ$_4$小层:该小层平均孔隙度为 13%,渗透率 180mD,孔隙度分布范围 2%~24%,渗透率 7.8~360mD,在板 885 井、板深 74-1 井附近孔隙度大于 22%,渗透率大于 300mD。

板 3$_1$小层:分支水道处油气井储层物性较好,平均孔隙度 16.5%,渗透率 103.1mD。气藏范围内孔隙度分布范围 10%~15%,渗透率 50~150mD,气藏主体部位孔隙度大于 20%,渗透率大于 150mD。

板 3$_2$小层:分支水道处油气井储层物性较好,平均孔隙度 22.0%,渗透率 233.3mD。气藏范围内孔隙度分布范围 10%~25%,渗透率 150~750mD,气藏主体部位白 6-2 井处孔隙度大于 30%,渗透率大于 800mD。

板 1$_1$小层:沿重力流水道方向,油气井储层物性较好,平均孔隙度 20.0%,渗透率 81mD。气藏主体部位白 8 井孔隙度大于 20%,渗透率大于 150mD。

(五)储层非均质性

储层非均质程度直接影响着储气库的渗流能力以及注采能力的大小,它是储气库设计需考虑的重要因素之一,通常使用渗透率变异系数(V_k)、渗透率突进系数(T_k)以及渗透率级差(J_k)表征。

渗透率变异系数是单砂层渗透率的标准偏差与其平均值的比值,其定义如下:

$$V_k = \frac{\sqrt{\sum_{i=1}^{n}(K_i - \overline{K})^2/n}}{\overline{K}} \qquad (2-1-1)$$

式中 V_k——单砂层渗透率变异系数;
K_i——层内某样品渗透率值,$i = 1,2,3,\cdots,n$;
$\overline{K}$——层内所有样品渗透率的平均值;
n——层内样品个数。

渗透率突进系数表示砂层中最大渗透率与砂层平均渗透率的比值:

$$T_k = K_{\max}/\overline{K} \qquad (2-1-2)$$

式中 $K_{\max}$——层内最大渗透率。

渗透率级差是最大渗透率与最小渗透率的比值,表明渗透率的分布范围及差异程度:

$$J_k = K_{\max}/K_{\min} \qquad (2-1-3)$$

级差越大,表明孔隙空间的非均质性越强,越接近 1,储层孔隙空间的均质性越好。

总之,一般来说,V_k、T_k、J_k越大,储层非均质性越强,反之则越弱。国内碎屑岩储层非均质性划分标准主要是采用中国石油天然气集团有限公司颁布的标准见表2-1-7。

表2-1-7 储层非均质性划分标准

非均质类型	变异系数	突进系数	级差
均质型	<0.5	<2	<2
较均质型	0.5~0.7	2~3	2~6
不均质型	>0.7	>3	>6

储层的非均质性主要从三个方面,即层间非均质性、层内非均质性、平面非均质性。三个方面进行研究。

1. 层间非均质性特征

1)隔层特征

隔层指地层中分割砂层、阻止或控制流体流动的岩层,即遮挡层或阻渗层。岩心资料表明,构成本区隔层的岩性主要是泥岩和粉砂质泥岩,其特征主要表现为:没有含油气产状,渗透率小于1mD,厚度通常大于2m,电性具明显低值特征。板南储气库群滨Ⅳ油组共分为4个小层,砂体比较发育,小层内砂体间隔层厚度比较小,一般为2~3m。小层间隔层厚度稍大,隔层厚度一般大于8m,3小层以下各小层隔层厚度比较大。

2)层间非均质性

层间非均质性指各砂层组内小层或单砂层之间的垂向差异性,包括层组的旋回性、各小层或单砂层渗透率的非均质程度、隔层的分布等,是对一套砂泥岩互层的含油层系的总体研究。

层间非均质性研究中,运用全区取心井资料及电测解释砂岩厚度结论,以各小层为评价单元,选择渗透率变异系数、渗透率突进系数、渗透率级差来表征单砂体的层间分异程度,对板南储气库群滨Ⅳ油组层间非均质性进行综合评价。从表2-1-8可见,板南储气库群小层内渗透率变异系数为0.61~1.87,渗透率突进系数大于1.2,表明小层层间属不均质性类型。

表2-1-8 板南储气库群滨Ⅳ油组储层层间非均质参数表

层位	渗透率变异系数 区间值	渗透率变异系数 平均值	渗透率突进系数 区间值	渗透率突进系数 平均值	渗透率级差 区间值	渗透率级差 平均值
滨Ⅳ	0.23~1.87	1.08	1.2~5.3	3.3	1.6~2078.8	348.6

板3油组纵向上,各小层砂体厚度变化明显,2小层砂体厚度最大,最厚可达27.7m,1小层次之,3小层以泥岩为主。1、2小层间发育5~10m的泥质或致密层夹层,致使两个小层纵向上不连通。气藏区砂体均处于两期河道的水道主体区,所不同的是1小层所处的河道范围明显变窄、规模变小,两个小层的孔隙度和渗透率存在一定差异。1、2小层的层间渗透率变异系数为0.39,层间渗透率突进系数为1.39,层间渗透率级差为2.26,层间非均质性较弱。

2. 层内非均质性

层内非均质性指由于沉积韵律的变化而引起的储层物性的差异性,主要体现在层内渗透率差异上,通常用渗透率变异系数、渗透率突进系数、渗透率级差等来反映渗透率纵向非均质程度。

滨Ⅳ油组:板南储气库群各个断块滨Ⅳ油组砂体多为泥砂互层,其层内的物性变化相对较小,平面上受砂体沉积时所形成的层理及韵律影响,内部存在低渗的泥质粉砂岩夹层,各断块间连通性较差,纵向上由于低渗透泥质夹层的不稳定性,导致局部区域层内砂体纵向连通。据岩心资料分析,渗透率级差14.22~4099.94,单突系数2.85~5.3,渗透率变异系数在1.0以上。因此,滨Ⅳ油组层内属不均质性类型,见表2-1-9。

表2-1-9 板南储气库群储层层内非均质参数表

井号	层位	平均渗透率（mD）	渗透率级差	渗透率突进系数	渗透率变异系数	非均质程度
板21	滨Ⅳ	231.72	1890.57	5.3	1.87	极不均质
板884	滨Ⅳ	408.38	14.22	2.85	1	不均质
板887	滨Ⅳ	520.19	4099.94	3.78	1.19	不均质
板深5	滨Ⅳ	122.36	61.98	4.47	1.35	不均质

板3油组分支水道砂体多为厚层块状砂岩,由于重力流水道的多期性,各砂体间均见到泥质隔层或致密层,但泥质隔层或低渗致密层存在不稳定性,局部区域砂体纵向是连通的,如从白6-8井到白6-2井,单层砂体增厚且纵向连通。由于实验分析的白6断块板3油组岩心渗透率数据仅有两个,所以本书以测井解释资料为主来定量表征层内渗透率非均质性。据白6-2井测井解释资料,渗透率级差26.5,渗透率突进系数2.0,渗透率变异系数0.7,综合分析板3油组非均质程度中等—弱,属较好储层。

3. 平面非均质性

平面非均质性指由于砂体的几何形态、规模、连续性、孔隙度和渗透率的平面变化所引起的非均质性,与沉积微相具有明显配置关系,不同相带砂岩的物性不同,其非均质程度也不同。

板南储气库群滨Ⅳ油组各小层微相有所不同,小层渗透率平面等值线图显示本区渗透率具有明显的方向性,与坝砂方向基本一致,高渗带沿沙坝的主流线成条带状分布。主流线对流体的平面流动影响较大,坝砂的孔隙度、渗透率相对较高,坝缘和滩砂砂体物性相对较差。总体看滨Ⅳ油组储层属较均质类型,见表2-1-10。

表2-1-10 板南储气库群滨Ⅳ油组储层平面非均质参数表

层位	砂体类型	孔隙度(%) 最大	孔隙度(%) 最小	孔隙度(%) 平均	渗透率(mD) 最大	渗透率(mD) 最小	渗透率(mD) 平均	非均质性 级差	非均质性 突进系数	非均质性 变异系数	非均质程度
滨Ⅳ	坝中心	17.8	20.5	18.9	1034.2	217.6	450.2	206.8	2.3	0.67	较均质
滨Ⅳ	坝侧翼	22.5	19.4	20.6	1435.5	73	358.9	264.8	2.95	1.13	不均质
滨Ⅳ	坝内缘	21.7	18.7	20.3	201.3	104	143.5	1.9	1.4	0.29	均质

板 3 油组以分支水道砂为主，其次为水道前缘。顺水道延伸方向砂体的厚度和宽度变化较小，横切水道方向靠近大张坨断层一侧砂体变化不大，但向另一侧则减薄尖灭。水道前缘砂体发育程度低，测井解释多为干层，表明物性变差。据测井解释资料，该地区分支水道相砂岩的渗透率普遍在 130～180mD 之间，白 6-2 井附近渗透率最高为 844mD。白 6 断块板 3 油组的平面非均质性较弱。综合以上分析，板 3 油组储层非均质性程度相对较弱，为较好储层。

（六）黏土矿物

据板南地区沙河街组统计资料分析，滨Ⅳ油组储层的黏土矿物为伊利石型，其中伊利石含量为 46.4%、高岭石含量为 5.2%、绿泥石含量为 4.6%。

白 6 断块及周边板 3 油组取心井未做黏土矿物分析，因此借用邻块板中地区板 22 井资料。据板 22 井资料分析，板 3 油组储层黏土矿物为伊/蒙混层型，黏土矿物含量见表 2-1-11。

表 2-1-11　板 22 井板 3 油组黏土矿物统计表

井号	层位	黏土矿物含量（%）					混层比（%）
		高岭石	伊利石	绿泥石	伊/蒙混层	蒙皂石
板 22	板Ⅲ	3	24	3	70	55
		3	16	2	79	60

对白 8 断块板 1 油组岩心进行的 X 射线衍射分析表明，本区黏土矿物类型有：伊/蒙混层、高岭石、伊利石、绿泥石，其中伊/蒙混层含量达 55%，见表 2-1-12。

表 2-1-12　白 20-2 井板 1 油组黏土矿物含量表

井号	样品号	层位	黏土矿物含量（%）					岩性
			伊/蒙混层	伊利石	高岭石	绿泥石	混层比	
白 20-2	22	板 1	55	37	4	4	66	深灰色泥岩

六、气藏特征

（一）油气层分布特征

板南油气藏的油气分布主要受断层、构造、储层物性三方面综合影响，整体上受构造控制，局部岩性因素也起到一定作用。油气藏的分布规律为：(1) 油气成带分布；(2) 北东走向断裂两侧的局部构造高点是油气聚集区；(3) 渗砂岩尖灭线控制了油气藏的分布。板南油气藏分布面积较小，受断层和砂体双重因素控制，研究区各油组油气分布特征分述如下：

滨Ⅳ油组为一级正旋回的底部，储层较发育，因此含油气性较好。滨Ⅳ油组共分为 4 个小层，油气垂向上主要分布在滨Ⅳ$_2$、滨Ⅳ$_3$ 小层，板 G1 断块主要受断层、构造控制，属构造油气藏，处在坝砂、滩砂部位，以浅灰色细砂岩为主，储层发育，油气层在滨Ⅳ$_2$ 和滨Ⅳ$_3$ 小层均有分布，气水界面在 -3010m 附近。

白6断块板3油组共分三个小层,滨$Ⅳ_{13}$、滨$Ⅳ_2$小层为主要含油气层,滨$Ⅳ_3$小层为泥岩段。

板3_2小层:该小层储集砂体以分支水道砂为主,受构造及沉积作用共同影响,在白6-1—白6-2—白6-8井一带油砂体发育,有效厚度较大,分布范围为8.4~17.2m,白6-2井达到最厚,统计计算平均有效厚度为11.9m。

板3_1小层:该小层储集砂体以分支水道砂为主,受构造及沉积作用共同影响,在白6-6—白6-8井一带油砂体发育,有效厚度较大,分布范围为0.6~3.1m,白6-8井达到最厚,统计计算平均有效厚度为1.9m。

白8断块板1油组目前钻遇油气层的井仅1口(白8井),含气井段较为单一,分布于板1油组顶部的1砂组,气层的分布受构造和沉积微相的影响,白8井处于构造和沉积最为有利部位,单井钻遇气层厚度22.4m,高部位,由于岩性向上倾尖灭,厚度逐渐减薄,低部位受构造控制油气界面在-3038m。

(二)流体特征

流体性质是影响油田开发效果的重要因素,也是制定储气库方案,采取增产措施必须考虑的因素之一。本气藏原始流体为凝析气。

凝析油特征:凝析油性质较好,密度低,黏度小,凝析油密度为0.765~0.7915g/cm³,黏度为0.87~3.24mPa·s,凝固点为6~30℃。

天然气特征:气层气甲烷含量为79.17%~88.96%,相对密度为0.6490~0.7166,含少量的CO_2、H_2S。溶解气相对密度为0.6490~0.7166g/cm³,甲烷含量为73.38%~81.43%。

地层水特征:水型单一,为$NaHCO_3$水型,氯离子含量为1170~5000mg/L,总矿化度为6800~13300mg/L,见表2-1-13。

表2-1-13 板南储气库群各断块流体性质统计表

断块	层位	地面原油(50℃) 相对密度	地面原油(50℃) 黏度(mPa·s)	地面原油(50℃) 凝固点(℃)	天然气相对密度 相对密度	天然气相对密度 甲烷含量(%)	天然气相对密度 乙烷含量(%)	地下水 水型	地下水 总矿化度(mg/L)	地下水 Cl^-含量(mg/L)
板G1	滨Ⅳ	0.771	1.09		0.69	85.26	6.38	$NaHCO_3$		
白6	板3	0.7667	0.87	<-30	0.71	79.17	11.13	$NaHCO_3$		
白8	板1	0.7915	1.19	6	0.642	88.96		$NaHCO_3$	8704	4148

(三)温度压力系统

板南油气藏各个断块原始地层压力各有不同,板G1断块滨Ⅳ油组压力系数为1.05~1.07,属于正常温度压力系统。白6断块板3油组原始地层压力30.92MPa,压力系数1.06,地层温度100.95℃,地温梯度3.46℃/100m,为正常温度压力系统。白8断块板1油组原始地层压力为40.0MPa,压力系数1.39,静温116℃,地温梯度3.4℃/100m,属异常高压、常温系统,见表2-1-14。

表 2-1-14　板南储气库群各断块温压系统统计表

断块	层位	原始地层压力（MPa）	压力系数	地层温度（℃）	地温梯度（℃/100m）
板G1	滨Ⅳ	32.28	1.07	118	3.3
白6	板3	30.92	1.06	100.95	3.46
白8	板1	40.0	1.39	116	3.4

(四) 边水特征

板南气藏总体特征是边水不活跃,板G1断块滨Ⅳ油组水体体积达 $114.44 \times 10^4 m^3$,水体体积与天然气地下体积之比为0.98:1,属弱边水特征;白6断块板3油组水体体积为 $251.58 \times 10^4 m^3$,水体体积与天然气地下体积之比为1.54:1,属弱边水特征;白8断块板1油组水体体积 $105.97 \times 10^4 m^3$,水体体积与天然气地下体积之比为0.98:1,属弱边水特征。具体计算结果见表2-1-15。

表 2-1-15　板南储气库群各断块圈闭体积及水体体积计算表

断块	圈闭面积（km²）	砂层厚度（m）	孔隙度（%）	含油气饱和度（%）	天然气地下体积（$10^4 m^3$）	水体体积（$10^4 m^3$）	圈闭体积（$10^4 m^3$）
板G1	1.6	7.9	17	65	116.73	114.44	231.17
白6	1.83	12.5	19.3	65	163.09	251.58	286.97
白8	1.5	9.3	22	70	107.3	105.97	213.3

七、油气藏类型

综合以上特征,板G1断块属构造气藏,有统一的气水界面,气水界面在-2997m;白6断块油气分布主要受构造控制,同时受储层影响,白6断块1、2小层均到白6-3尖灭,为构造—岩性气藏,板3油组1、2小层气水界面不同,1小层气水界面-2770m,2小层气水界面为-2763m;白8断块气藏低部位受构造控制,上倾部位受岩性尖遮挡,为构造—岩性气藏,气水界面为-3038m。

板南储气库群板G1断块属构造油气藏,白6断块、白8断块属构造—岩性油气藏。

板G1断块滨Ⅳ油组圈闭面积 $2.81 km^2$,按砂层厚度7.9m、孔隙度18.3%、含油气饱和度65%计算,天然气地质储量为 $4.92 \times 10^8 m^3$,圈闭体积 $231.17 \times 10^4 m^3$。

白6断块板3油组圈闭面积 $1.83 km^2$,按砂层有效厚度12.5m、孔隙度19.3%、含气饱和度65%计算,圈闭范围内可储存天然气的地下体积为 $286.97 \times 10^4 m^3$,折合为地面天然气体积 $6.89 \times 10^8 m^3$。气顶面积 $1.04 km^2$,可储存天然气地下体积为 $163.09 \times 10^4 m^3$,折合为地面天然气体积 $3.91 \times 10^8 m^3$。

白8断块板1油组圈闭面积 $1.5 km^2$,按1小层圈闭内平均有效砂岩厚度11.3m、孔隙度22%、含气饱和度70%计算,圈闭范围内可储存天然气的地下体积为 $213.27 \times 10^4 m^3$,折合为地面天然气体积 $5.5 \times 10^8 m^3$。圈闭范围内含气面积 $0.67 km^2$,气体体积 $2.87 \times 10^8 m^3$,折合为

地下体积 $107.3 \times 10^4 m^3$。

探明地质储量：板 G1 断块滨Ⅳ油组天然气储量为 $2.77 \times 10^8 m^3$；白 6 断块板 3 油组天然气储量为 $1.71 \times 10^8 m^3$；白 8 断块板 1 油组天然气地质储量为 $5.15 \times 10^8 m^3$。总计探明天然气地质储量为 $9.63 \times 10^8 m^3$。

第二节 气藏开发概况

板南储气库群由板 G1、白 6、白 8 三个断块型已开发凝析气藏改建而成，三个气藏均采用衰竭式开发，其开发特征与动静态资料为改建储气库提供了认识基础与资料保障，也为储气库库容评价、产能评价、方案部署提供了设计依据。

一、开发历程与现状

截至 2009 年底，板桥油田板南三个断块共有 8 口井试油获工业油气流，见表 2-2-1。总体上看，板南气井自喷能力较强，生产压差较小，反映储层物性较好。

板 G1 断块在滨Ⅳ油组仅有板 G1 井生产，于 1993 年 11 月滨Ⅳ油组试油获高产，射开 3079.6～3115.5m，使用 5mm 油嘴求产，日产油 24.4t、气 $4.98 \times 10^4 m^3$，无水，气油比 2040m^3/t，流压 31.51MPa，静压 32.27MPa，生产压差 0.76MPa。

白 6 断块板 3 油组共有试油井 5 口（白 6、白 6-1、白 6-2、白 6-6、白 6-8），其中白 6-1 井与白 6-8 井简化试油。白 6 于 1975 年 4 月至 1975 年 6 月共进行过两次试油，均无工业开采价值。白 6-2 井于 2005 年 1 月射开板 3（50 号层）试油，射孔井段 2914.0～2927.0m，射开厚度 26.5m/1 层，使用 6mm 油嘴自喷 5h，累计产油 4.35t、产气 $4.65 \times 10^4 m^3$，无水，折日产油 16.3t，日产气 $6.29 \times 10^4 m^3$。测地层压力为 30.92MPa，井底流压为 30.72MPa，生产压差 0.2MPa。

表 2-2-1 板南气藏试油数据统计表

区块	井号	层位	射孔井段（m）	射开厚度（m）	试油日期	工作制度（mm）	日产量 油（t）	日产量 气（m^3）	日产量 水（m^3）	气油比（m^3/t）	压力 流压	压力 静压	压力 压差	Δp^2	比采气指数 [m^3/(MPa²·m·d)]
板 G1	板 G1	滨Ⅳ	3079.6～3115.5	20.9	1993.11.4	5	24.4	49784	0	2040	31.51	32.27	0.76	48.5	49.1
白 6	白 6	板 3	2776.6～2809.2	8	1975.4.19	10	0	1238	236		28.94				
	白 6-1	板 3	2987.8～3030.9	23.8	2009.4.3	投产									
	白 6-2	板 3	2914.0～2927.0	13	2005.1.28	6	16.3	62861	0	3857	30.72	30.92	0.2	12.3	392.2
	白 6-6	板 3	2754.6～2757.6	3	2010.3.27	5	2.76	42425	1.48	15371					
	白 6-8	板 3	2973.5～2986.4	11.7	2005.6.9	射孔自喷测压交井						29.43			
白 8	白 8	板 1	2977.0～299.0	11	1976.12.13	10	54.2	331290	0	6112	35.4	40	4.6	346.8	86.8

白 8 断块板 1 油组仅有白 8 井生产，于 1976 年 12 月试油获高产油气流，射开 2977.0～2999.0m，使用 10mm 油嘴求产，日产油 54.2t、气 $33.13 \times 10^4 m^3$，无水，气油比 6112m^3/t，流压

35.4MPa,静压40MPa,生产压差4.6MPa。

(一)开发历程

由于三个断块气藏的开发特征基本类似,以单井控制的板G1断块和多井控制的白6断块为例进行分析。

1. 板G1断块

板G1断块由板G1井单井生产,从投产到2000年建库前连续自喷17年。该井于1993年11月采用4mm油嘴投产,日产油21.66t,日产气$4.92 \times 10^4 m^3$,日产水$0.46 m^3$。该井保持了长达5年时间的相对稳产(日产气$6.0 \times 10^4 m^3$),表明了地层能量较充足。目前使用8mm油嘴求产,日产油3.36t、气$1.22 \times 10^4 m^3$、水$0.36 m^3$。该井曾于2003年6月测静压17.59MPa,2006年4月测流压14.04MPa,以后未再进行压力测试,目前气藏压力难以准确判定。截至建库前,该气藏累计产油$3.44 \times 10^4 t$、气$1.93 \times 10^8 m^3$、水$1400 m^3$。

2. 白6断块

白6断块于2005年2月投入开发,到2000年已有5年多的生产历史,依据气藏油、气产量变化规律(图2-2-1),大体归纳为四个阶段。

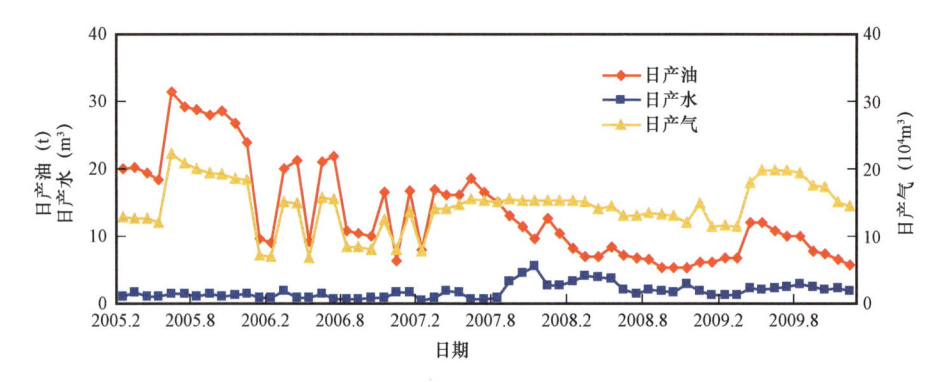

图2-2-1 白6断块开发历程图

1)产量上升期(2005年2月—2005年6月)

该阶段有白6-2井与白6-8井先后投产,断块日产油从20.1t上升到31.5t,日产气由$12.8 \times 10^4 m^3$上升到$22.18 \times 10^4 m^3$,实现了油气产量的整体上升,本阶段平均日产油21.89t、气$14.47 \times 10^4 m^3$、水$1.2 m^3$,累计产油$0.22 \times 10^4 t$、气$0.15 \times 10^8 m^3$、水$0.01 \times 10^4 m^3$。

2)产量递减期(2005年7月—2005年12月)

该阶段无新井投产,断块油气产量快速递减,日产油从31.5t下降到23.8t,日产气由$22.18 \times 10^4 m^3$下降到$18.40 \times 10^4 m^3$,天然气产量年递减为53.07%,反映了小断块凝析气藏衰竭式开采的特点,该阶段平均日产油27.55t、气$19.37 \times 10^4 m^3$、水$1.28 m^3$,累计产油$0.48 \times 10^4 t$、气$0.34 \times 10^8 m^3$、水$0.02 \times 10^4 m^3$。

3)低产稳产期(2006年1月—2009年3月)

该阶段无新井投产,断块产量在经过快速递减期以后,进入产量的低产稳产阶段,本阶段平均日产油11.27t、气$12.84 \times 10^4 m^3$、水$1.82 m^3$,累计产油$1.19 \times 10^4 t$、气$1.40 \times 10^8 m^3$、水

$0.21\times10^4\text{m}^3$。

4）产量回升期（2009年4月—2009年12月）

该阶段因新井白6-1井的投产，断块油气产量明显回升，日产油从6.8t上升到12.1t，日产气由$11.43\times10^4\text{m}^3$上升到$18.04\times10^4\text{m}^3$，本阶段平均日产油9.15t、气$17.93\times10^4\text{m}^3$、水$2.25\text{m}^3$，累计产油$0.24\times10^4\text{t}$、气$0.47\times10^8\text{m}^3$、水$0.06\times10^4\text{m}^3$。

（二）开发现状

板南三个断块先后共有6口气井投入生产，截至2010年4月，有5口井正常生产，断块日产油7.72t、气$16.80\times10^4\text{m}^3$、水$6.56\text{m}^3$，生产气油比$21762\text{m}^3/\text{t}$，水气比$0.39\text{m}^3/10^4\text{m}^3$。目前累计产油$7.02\times10^4\text{t}$、气$5.48\times10^8\text{m}^3$、水$0.62\times10^4\text{m}^3$，天然气采出程度60%，采气速度为5.87%。

板G1断块为一口井生产，从1993年11月投产，一直连续自喷生产至今17年，目前8mm油嘴日产油3.36t、气$1.22\times10^4\text{m}^3$、水0.36m^3，生产气油比$3638\text{m}^3/\text{t}$，水气比$0.29\text{m}^3/10^4\text{m}^3$。累计产油$3.44\times10^4\text{t}$、气$1.93\times10^8\text{m}^3$、水$0.14\times10^4\text{m}^3$，天然气采出程度70%。

白6断块：目前共有5口生产井，开井4口，日产油4.36t、气$15.57\times10^4\text{m}^3$、水$6.2\text{m}^3$，生产气油比$35711\text{m}^3/\text{t}$，水气比$0.40\text{m}^3/10^4\text{m}^3$，累计产油$2.18\times10^4\text{t}$、气$2.53\times10^8\text{m}^3$、水$0.35\times10^4\text{m}^3$，采出程度72.7%。

白8断块：仅一口井生产，1977年3月投产，自喷三年后停产报废，累计产气$1.02\times10^8\text{m}^3$、水$0.14\times10^4\text{m}^3$，天然气采出程度20%。

二、气藏开采特征

（一）气藏单井自喷期较长，采出程度高

从3个气藏初期生产能力分析，单井具有较强的产气能力，气井生产初期日产气在$4\times10^4\sim14\times10^4\text{m}^3$之间，平均日产气达到$8.48\times10^4\text{m}^3$，气井自喷期一般在3~5年之间。其中板G1井自喷期达17年，目前仍自喷生产；白6断块投产较晚，目前每口井都在正常自喷生产，预计各井自喷期将在5年左右。这些均表明气井生产能力旺盛，储层物性较好，单井控制范围较大。板南3个气藏累计产气$5.48\times10^8\text{m}^3$，采出程度达到了60%，白6断块更是高达72.7%。

（二）断块内井间连通性好

板南三个气藏都属于储量规模小的断块油气藏，其中板G1断块和白8断块为单井生产的气藏，白6断块为多井生产的气藏。

白6断块采用天然能量衰竭式开发，气藏先后有4口井投入生产，其中有3口井在生产过程中进行了静压测试，如图2-2-2所示，断块内各井压力呈现了同步变化特征，下降趋势一致，相关性高，反映了白6断块板3油组的储层物性良好，井间连通性好。

（三）边水能量弱

板G1块连续生产17年，日产水量小于1m^3，目前生产水气比$0.29\text{m}^3/10^4\text{m}^3$，累计生产水气比$0.07\text{m}^3/10^4\text{m}^3$，见表2-2-2；白6断块、白8断块生产情况与板G1断块类似，生产过程

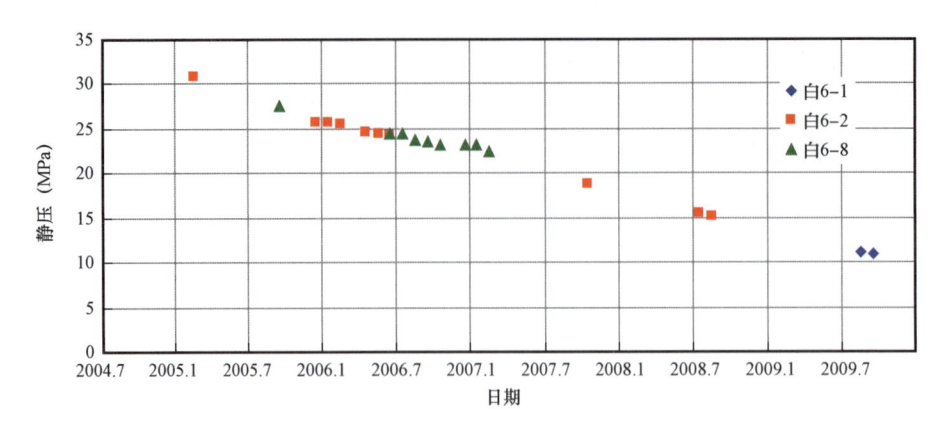

图 2-2-2 白 6 断块单井静压—时间曲线

中产水量及生产水气比低,说明断块在生产过程中没有外来能量补充,另外从气藏压降曲线如图 2-2-3 上表现为封闭定容气藏的特征,综合分析认为板 G1 断块、白 6 断块、白 8 断块为定容气藏。

表 2-2-2 板南各断块水气比统计表

断块	层位	末期日产量 油 (t)	末期日产量 水 (m^3)	末期日产量 气 (m^3)	生产水气比 ($m^3/10^4 m^3$)	累计产量 油 (10^4t)	累计产量 水 ($10^4 m^3$)	累计产量 气 ($10^8 m^3$)	累计水气比 ($m^3/10^4 m^3$)
白 6	板 3	4.36	6.2	155757	0.40	2.18	0.35	2.53	0.14
白 8	板 1	1.35	0.27	35882	0.08	1.40	0.14	1.02	0.13
板 G1	滨 4	3.36	0.36	12223	0.29	3.44	0.14	1.93	0.07
合计		9.07	6.83	203862	0.34	7.02	0.62	5.48	0.11

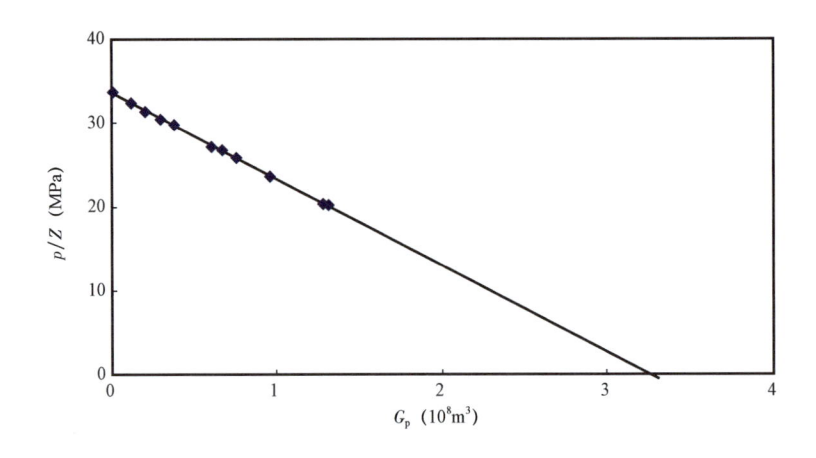

图 2-2-3 板 G1 断块压降曲线

(四)生产压差小,储层物性好

从板南气藏投产气井的生产情况来看:气井日产气一般在 $4\times10^4 \sim 10\times10^4 m^3$ 之间,生产压差在 0.08~3.3MPa 之间,平均生产压差仅 0.80MPa,比采气指数一般在 $100\sim600 m^3/(MPa^2\cdot m\cdot d)$ 之间,平均达到 $327 m^3/(MPa^2\cdot m\cdot d)$,见表 2-2-3。总体上反映板南气藏储层物性较好。

表 2-2-3 板南气井生产压差及比采气指数统计

区块	井号	层位	生产日期	射开厚度(m)	工作制度(mm)	日产量 油(t)	日产量 气(m³)	日产量 水(m³)	油气比(m³/t)	压力(MPa) 流压	压力(MPa) 静压	压力(MPa) 压差	比采气指数[m³/(MPa²·m·d)]
板G1	板G1	滨Ⅳ	1994.7	18	4	14.83	55795	0	3762	30.58	31.05	0.47	107
		滨Ⅳ	1994.11	18	4	16.21	49028	0	3025	29.49	29.71	0.22	209
		滨Ⅳ	1995.1	18	4	11.9	51294	0	4310	28.54	28.62	0.08	623
		滨Ⅳ	1995.10	18	4.2	11.35	49752	0	4383	26.47	26.94	0.47	110
		滨Ⅳ	1996.3	18	5	13.98	61053	0	4367	25.92	26.19	0.27	241
		滨Ⅳ	1997.4	18	5	9.67	59878	0	6192	23.18	23.37	0.19	376
		滨Ⅳ	1997.7	18	5	11.36	48866	0	4302	22.79	22.94	0.15	396
		滨Ⅳ	2001.6	18	6	6.67	35321	0	5296	16.74	17.13	0.39	149
白6-1	白6-1	板3	2009.9	10.8	4.5	2.08	47240	0.62	22712	10.28	10.94	0.66	312
	白6-2	板3	2005.2	13	6	20.01	127922	1.12	6393	30.47	30.81	0.34	472
		板3	2008.7	13	6	3.25	61653	0.24	18970	15.35	15.5	0.15	1025
		板3	2008.8	13	6	3.62	65624	0.29	18128	15.02	15.19	0.17	983
	白6-8	板3	2006.11	5.6	10	6.76	46076	0	6816	22.63	23.19	0.56	321
白8	白8	板1	1977.10	19.8	7	26.68	140275	0	5258	19.76	23.08	3.32	50
		板1	1978.5	19.8	7	10.18	109343	1.89	10741	13.56	16.7	3.14	58
		板1	1978.6	19.8	7	9.78	105494	2.22	10787	13.54	14.96	1.42	132
		板1	1978.11	19.8	7	6.41	82958	1.42	12942	10.33	11.74	1.41	135
		板1	1979.11	19.8	10	3.13	44711	1.33	14285	6.28	7.19	0.91	184
平均				16.6	6	10.4	69016	0.5	6612	20.1	21	0.80	327

三、地质储量复核计算

(一)容积法地质储量计算

1. 储量计算方法

本次采用容积法计算了板南储气库群各断块油气地质储量。

(1)气藏容积法储量计算公式:

$$G = 0.01 Ah\phi(1-S_{wi})(T_{sc}p_i)/(p_{sc}TZ_i) \tag{2-2-1}$$

式中　G——气田的原始地质储量,对于凝析气藏则为凝析烃储量,$10^8 m^3$;
　　　A——含气面积,km^2;
　　　h——平均有效厚度,m;
　　　ϕ——平均有效孔隙度;
　　　S_{wi}——平均原始含水饱和度;
　　　T——气层温度,K;
　　　T_{sc}——地面标准温度,K;
　　　p_{sc}——地面标准压力,MPa;
　　　p_i——气田的原始地层压力,MPa;
　　　Z_i——原始气体偏差系数。

(2)凝析气田中干气地质储量计算公式:

$$G_c = Gf_g \qquad (2-2-2)$$

式中　G_c——凝析气藏中干气地质储量,$10^8 m^3$;
　　　f_g——天然气摩尔分量。

(3)凝析油的储量计算公式:

$$N_c = 10 - 4G_c/GOR \qquad (2-2-3)$$

式中　N_c——凝析油地质储量,$10^4 m^3$;
　　　GOR——生产气油比,m^3/t。

2. 储量参数的确定

1)含气面积的圈定

含油面积是利用地震、钻井、地质、测井、试油试采、测压等资料,综合研究控制油气水分布的地质规律,确定油气藏类型、油气水界面以及断层或岩性尖灭位置,在含油气小层砂体顶界微构造构造图的基础上圈定含油气面积。

2)气层有效厚度的选值

通过岩心观察、测井解释等方法来判断可动油气层,并且要经过试油,包括增产措施验证为工业油流。根据本区井网部署特点,砂体采取算术平均法计算有效厚度。

3)其他参数

此次计算储量各项参数均采用原批准储量时的数据。天然气单储系数滨Ⅳ油组取 $0.28 \times 10^8 m^3/(m \cdot km^2)$,板3油组取 $0.35 m^3/(m \cdot km^2)$,板1油组取 $0.373 m^3/(m \cdot km^2)$。

3. 计算结果

储量计算结果:板 G1 断块滨Ⅳ油组天然气储量 $3.21 \times 10^8 m^3$,凝析油储量 $15.69 \times 10^4 t$;白6断块板3油组天然气储量 $3.48 \times 10^8 m^3$,凝析油储量 $5.45 \times 10^4 t$;白8断块板1油组天然气地质储量 $2.76 \times 10^8 m^3$。计算结果见表2-2-4。

表2-2-4 板南储气库群天然气储量计算参数表

断块名称	层位	计算面积（km²）	有效厚度（m）	有效孔隙度（%）	含气饱和度（%）	单储系数［m³/(m·km²)］	气储量（10⁸m³）	凝析油储量（10⁴t）
板G1	滨Ⅳ	1.52	15.8	17	65	0.2795	3.21	15.69
白6	板3	0.85	12.5	19.3	65	0.35	3.48	5.45
白8	板1	0.67	11.5	22	70	0.373	2.76	

（二）动态法地质储量计算

物质平衡法是利用生产动态资料计算动态地质储量的一种方法,其主要计算参数是累计产量和地层压力,其所计算的储量是反映地层有效孔隙中已动用的地质储量,它排除了容积法因地质构造及储层认识程度偏差而带来的影响,因此物质平衡方法计算结果应为气藏真实储量的下限值[1]。

气藏物质平衡方法适用于采出程度大于10%的各种气藏,它主要利用气藏动、静态资料进行地质储量和可采储量计算,在各项参数录取较为准确的情况下,该方法的计算结果可靠。

对于具有天然水侵,而且岩石和流体均为可压缩的非定容气藏,随着开采过程中地层压力的下降,净采出折气量与地层压力下降的物质平衡通式如下：

$$G_L B_{gi} = (G - G_{LP})B_g + G_L B_{gi}\left(\frac{C_{wi} + C_f}{1 - S_{wi}}\right)(p_i - p) + (W_e - W_p B_w) + G_i B_{ig}$$

(2-2-4)

若忽略岩石和束缚水的弹性膨胀时,式(2-2-4)可简化为：

$$G_L B_{gi} = (G - G_{LP})B_g + (W_e - W_p B_w) + G_i B_{ig} \quad (2-2-5)$$

消耗式开发的凝析气藏,当忽略水驱作用时,得定容凝析气藏物质平衡线性方程式：

$$p/Z = p_i/Z_i\left(1 - \frac{G_{LP}}{G_L}\right) \quad (2-2-6)$$

式中 G_L——凝析气地质储量,10⁸m³；

G_{LP}——凝析气累计产量,10⁸m³；

p_i、p——原始地层压力、当前地层压力,MPa；

Z_i、Z——凝析气在原始压力和当前压力下偏差因子,无量纲；

B_{gi}、B_g——原始和目前条件下天然气体积系数；

W_e、W_p——水侵量、累计产水量,10⁴m³；

C_{wi}、C_f——地层水、岩石压缩系数,MPa⁻¹。

板G1断块、白6断块和白8断块为定容气藏。各断块均有多年的开发历史,动态资料较丰富,气藏生产特征表现为定容气藏,因此,利用定容气藏物质平衡法(压降法)计算的储量结果较为可靠,通过计算,板南天然气地质储量7.80×10⁸m³,见表2-2-5。

表 2-2-5 板南断块储量计算结果

区块	层位	原始压力（MPa）	容积法(上报)	容积法(复核)	动态法	选值
板 G1	滨Ⅳ	32.28	2.77	3.21	3.16	3.16
白 6	板 3	30.92	1.71	3.48	3.49	3.49
白 8	板 1	40.00	5.15	2.76	1.15	1.15
合计			9.63	9.45	7.80	7.80

天然气储量($10^8 m^3$)

第三节 建库地质方案

一、气库运行参数设计

(一) 气库运行方式

板南储气库是由开发中后期的凝析气藏改建,为尽快实现气库的设计指标,应采取先注气使得气库的地层压力恢复到上限压力,然后再采气生产的运行方式。

本储气库功能定位为华北地区天然气用气市场的冬季调峰补气作用,因此,应根据华北地区冬季天然气市场的需求特点设计储气库的采气运行方式为"采气期中间产量高的单驼峰型",并在采气期内采出工作气量,如图 2-3-1 所示。

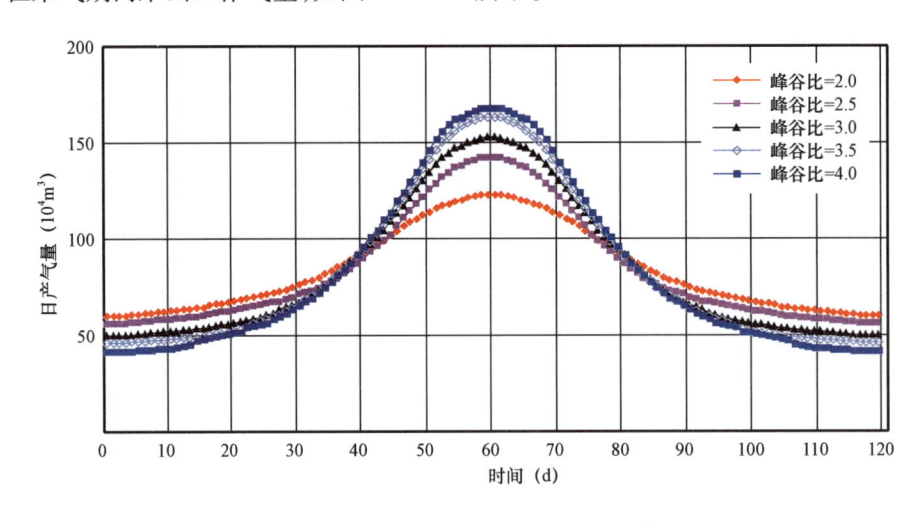

图 2-3-1 地下储气库调峰采气物理模型

(二) 气库运行周期

依据华北地区不同季节天然气的供需规律,确定板南储气库群运行周期为:

(1)注气期:3 月 26 日—10 月 31 日,共 220 天;(2)采气期:11 月 16 日—3 月 15 日,共 120 天;(3)停气期:春季 3 月 16 日—3 月 25 日,共 10 天;秋季 11 月 1 日—11 月 15 日,共

15 天。

停气期主要用于气库压力平衡、资料录取和注采设施的维护等。

二、气库运行压力

(一)上限压力

确定气库上限压力的主要原则是不破坏气库的封闭性,尽可能地增加库容和工作气量,同时获取较高的单井生产能力。根据文献调研,在以不破坏储气库封闭性的原则下,美国认为储气库压力可大于原始地层压力10%~66%,苏联认为可大于原始地层压力40%~50%。另外,如果上限压力过高,会造成地面压缩机的工作压力过高,制造难度和费用提高,而且在与其他气库并网运行时,匹配难度增大。为此,气库的上限压力选择应综合考虑。

板桥地区已建成的六个储气库,设计上限压力分别为原始地层压力的97%~114.6%,实际运行压力超过原始地层压力的6%~21%,经多周期的运行证实,气库的密封性仍较好,见表2-3-1。

表2-3-1 大港油田已建气库上限压力统计表

气库	层位	原始地层压力(MPa)	设计上限压力(MPa)	设计上限压力高出原始地层压力(MPa)	实际运行最高压力(MPa)	实际运行压力超过原始地层压力百分数(%)	实际运行压力超过设计上限压力百分数(%)
大张坨	板2	29.77	29	-0.77	31.57	6.05	8.86
板876	板2	22.69	26	3.31	27.60	21.64	6.15
板中北	板2	30.5	30	-0.5	32.87	7.77	9.57
板808	板2	29.09	30.5	1.41	33.61	15.54	10.20
板828	板4	38.04	37	-1.04	36.49	-4.07	-1.38
板中南	板2	30.32	30.5	0.18	33.32	9.89	9.25
平均		30.07	30.50	0.43	32.58	8.34	6.81

板南区块为复杂断块气藏,不同等级的断层较多,不同断块的原始地层压力也不同,为尽量维护气藏的原始状态,保持断层的封闭性,设计气库上限压力在原始地层压力附近。综合考虑,取气库的上限压力为31MPa,原因如下:鉴于板南气库为复杂断块气藏,不同等级的断层较多,为保持断层的封闭性,应尽量维护气藏的原始状态;从地面设施考虑,若板南气库上限压力过高,会造成地面压缩机的工作压力过高,矿场配套设施压力等级升高,给安全生产造成隐患,并且压缩机购置及运行费用增加。综合考虑设计气库上限压力在原始地层压力附近,选取气库的上限压力为31MPa。

(二)下限压力

气库下限压力的确定主要考虑以下因素:

(1)下限压力的选取决定了气井的最低生产能力,进而影响着气库的注采井数和气库的建设费用;

(2)下限压力的选取影响着边水向气顶的侵入程度,进而影响气库的有效库容,甚至造成气井带水采气,降低了气井生产能力;

(3)下限压力的选取决定着气井井口的剩余压力,若剩余压力低将无法达到矿场要求的最低井口外输压力;

(4)下限压力的选取应实现较合理的气库垫气量和工作气量。

综合考虑,本气库的下限压力定为13MPa,气库运行压力区间为13~31MPa。

三、库容参数的确定

板南气藏属于弱边水驱动气藏,边水作用有限,可选用定容气藏的物质平衡方程式进行储气库库容量的计算。就定容(或弱边水)气库而言,可以简化为一个封闭(或开启)的储集气(油或水)的地下容器,流体即可以从容器内采出又可以注入容器内,这种采出和注入的过程,必须保持物质和体积的平衡,而并不考虑容器中流体的空间流动状态。描述注采过程中压力、容积与物质数量的原理为物质守恒原理,其关系式为物质平衡方程式。可建立气库压力 p 与库容量 G_k 关系式。

由库容量公式可以确定某一累计采出量时的地层压力值,反之,也可以据某一阶段压力值计算相应的气库累计采出量[2,3]。当进行气库容量参数设计时,既可以根据储气库容量公式计算,也可以从储气库容量与储气库压力的关系曲线中确定。

（一）原始库容量计算

板南三个断块均为定容气藏,因此,选用定容气藏的物质平衡原理进行储气库库容量的研究。由压降法计算各断块的动态储量,计算各断块在原始地层条件下(原始地层压力、温度、流体)对应的天然气体积系数及原始天然气地下体积。考虑到气库在未来正常运行中,气库内的原气体组成与注入气组成不同。因此,借用陕京管线气源组成,对应各断块的地层温度即可计算出不同压力下的原始库容量,计算式为:

$$G_k = V_{\text{地下}} / B_{g\text{注}} \qquad (2-3-1)$$

板南储气库群各井区原始地层压力下(30.92~40.0MPa),总的原始库容量为 $8.10 \times 10^8 \text{m}^3$,各断块原始库容与气库压力关系如表2-3-2、图2-3-2所示。

表2-3-2 板南储气库群原始库容量计算结果表

压力	白6断块		白8断块		板G1断块		板南地区合计
	压力(MPa)	库容(10^8m^3)	压力(MPa)	库容(10^8m^3)	压力(MPa)	库容(10^8m^3)	(10^8m^3)
原始地层压力	30.92	3.51	40.00	1.15	32.28	3.44	8.10
气库上限压力	31.00	3.51	31.00	0.97	31.00	3.34	7.82

（二）基础垫气量

设定气藏废弃时残存的天然气量为气库的基础垫气量。将气藏废弃压力作为气库的废弃压力,所对应气库内的库容量作为基础垫气量。经综合研究,板南气藏废弃压力在6~

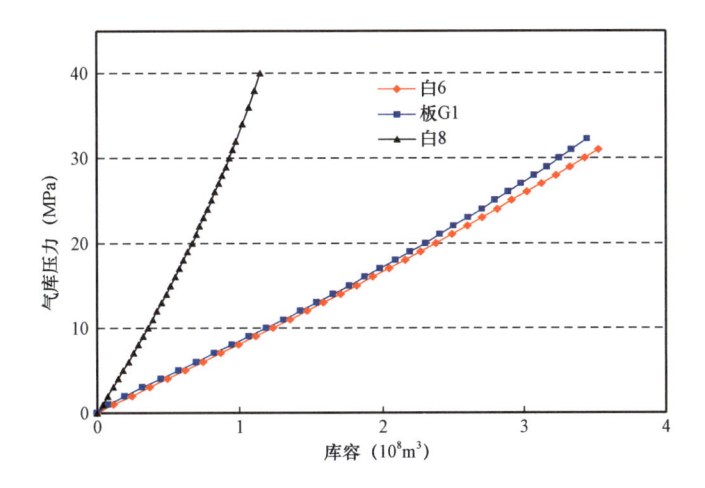

图 2-3-2　板南储气库各断块压力与原始库容量关系曲线

10.2MPa 之间，按体积加权平均为 8.0MPa，则气库对应的基础垫气量为 $2.13\times10^8\text{m}^3$。

1. 附加垫气量

在基础垫气量的基础上，为提高气库的压力水平到气库下限压力，进而保证采气井能达到最低设计产量所需增加的垫气量。根据该气库方案设计，气库运行的压力下限为 13MPa，则附加垫气量为 $1.42\times10^8\text{m}^3$。

2. 总垫气量

总垫气量为基础垫气量与附加垫气量之和，在气库压力下限值为 13.0MPa 时，板南气库总垫气量为 $3.55\times10^8\text{m}^3$。

3. 补充垫气量

补充垫气量为在建库时气库内原有的气量基础上，需要向气库内再补充注入的垫气量，数值等于总垫气量与气库内原有气量差值。板南储气库总垫气量为 $3.55\times10^8\text{m}^3$。气库内原有剩余气量 $2.32\times10^8\text{m}^3$，则需补充垫气量为 $1.23\times10^8\text{m}^3$。

4. 最大库容量和有效库容量计算

最大库容量指设计气库上限压力时气库的最大容量。

有效库容量是特指油侵或水侵型气藏改建储气库，所具有的有效孔隙空间在气库运行上限压力所储存的气体量，对应无水气藏的最大库容量。板 G1 断块、白 6 断块、白 8 断块为定容气藏，有效库容与最大库容相同，板南气库在地层压力 31MPa 时，气库有效库容量为 $7.82\times10^8\text{m}^3$。

将板南气库作为一个整体气库进行参数计算，由此计算得到板南气库压力与库容量关系曲线如图 2-3-3 所示。

5. 有效工作气量

有效工作气量是气库在上下限压力运行区间、一个采气期的总采气量。它反映储气库的实际采气规模。板南储气库压力运行区间为 13~31MPa，计算得气库的有效工作气量为 $4.27\times10^8\text{m}^3$，见表 2-3-3。

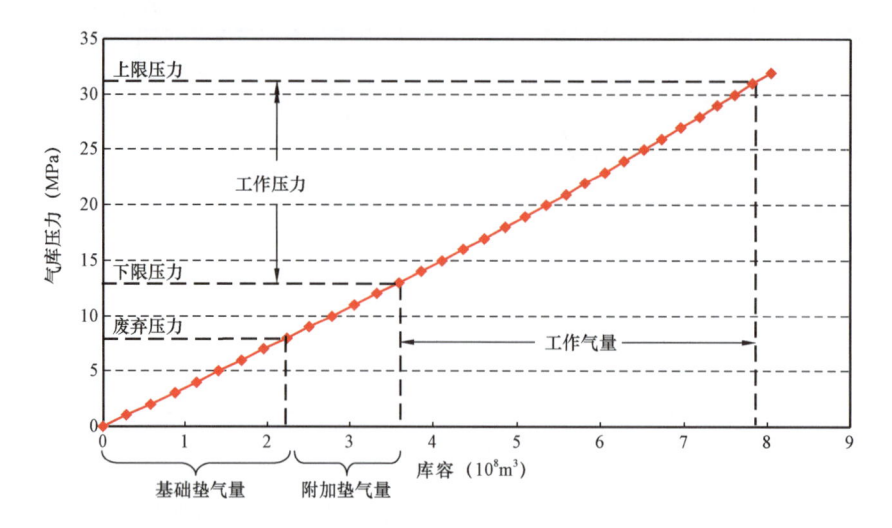

图 2-3-3 板南气库压力与库容量关系曲线

表 2-3-3 板南储气库群库容参数表

气库运行参数	板 G1	白 6	白 8	合计
压力区间(MPa)	13~31	13~31	13~31	13~31
有效库容量($10^8 m^3$)	3.34	3.51	0.97	7.82
基础垫气量($10^8 m^3$)	1.21	0.68	0.24	2.13
附加垫气量($10^8 m^3$)	0.33	0.89	0.20	1.42
总垫气量($10^8 m^3$)	1.54	1.57	0.44	3.55
有效工作气量($10^8 m^3$)	1.80	1.94	0.53	4.27
原始库容量($10^8 m^3$)	3.44	3.51	1.15	8.10

6. 调峰气量

目前通常将储气库日调峰能力称为调峰气量,由于储气库运行压力保持在上下限压力区间,对应调峰气量为气库最高日产能力与最低日产能力之间,调峰气量与气库的运行方式、运行时段的压力、单井产能、采气井数、有效工作气量等参数密切相关,因此调峰气量确定难度较大,为此大港油田的马小明与成亚斌共同创建了储气库调峰气量设计方法——马成法,并应用在板南储气库群指标设计中。

调峰气量设计技术核心为三元耦合设计技术,即将工作气量、调峰产量与采气井数的设计整合为三元耦合物理模型、微积分数学模型与"马成"计算公式,解决了气库工作气量、日调峰产量、采气井数优化匹配设计问题。马成方法与马成公式成为储气库设计的经典方法。

1) 建立地下储气库采气生产物理模型

地下储气库与用气市场的紧密相关性决定了气库生产的不均衡性。在供气期内需根据市场用气量的变化来确定气库采气量的变化。从大港储气库群已经运行的十余个周期看,在中国北方的冬季具有典型的市场用气规律,通常在11月中旬到下年度3月中旬的冬季120天内,用气市场经历了低—高—低的用气量变化过程,则储气库群相应发生了低—高—低的采气量变化过程,其储气库采气量调峰曲线近似"单驼峰型"分布,如图2-3-4所示。储气库采气量在每年1月春节期间达到高峰值,在采气期开始和结束的期间达到低谷值,其余时间为中等调峰值,高峰期与低谷期日产气量的峰谷比为2~5倍。

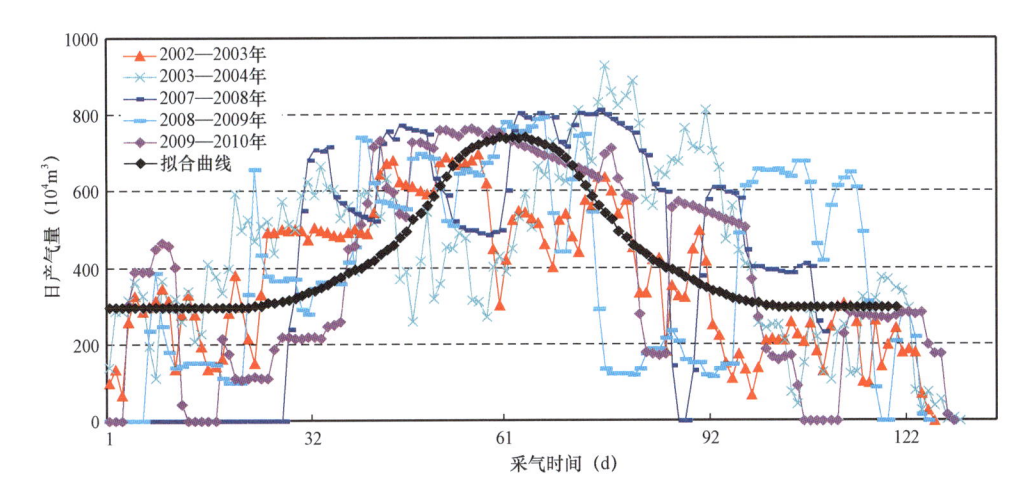

图2-3-4 板桥气库群不同采气周期调峰采气生产曲线图

2) 气库调峰采气数学模型

对应大港储气库群生产运行实际曲线,建立标准的地下储气库调峰采气物理模型,如图2-3-5所示。

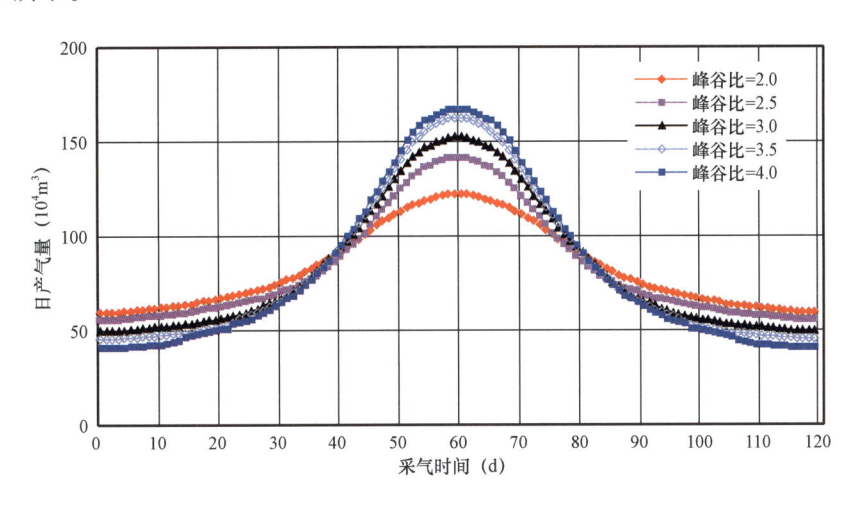

图2-3-5 地下储气库调峰采气数学模型

对应地下储气库调峰采气物理模型,建立以微积分为基础的数学模型,如图2-3-6所示,可以明确储气库调峰采气运行的关键指标与数学关系。

(1) 储气库工作气量 G_w:采气期内采气总量($10^8 m^3$),图中阴影面积,等同于气库方案确定的工作气量。

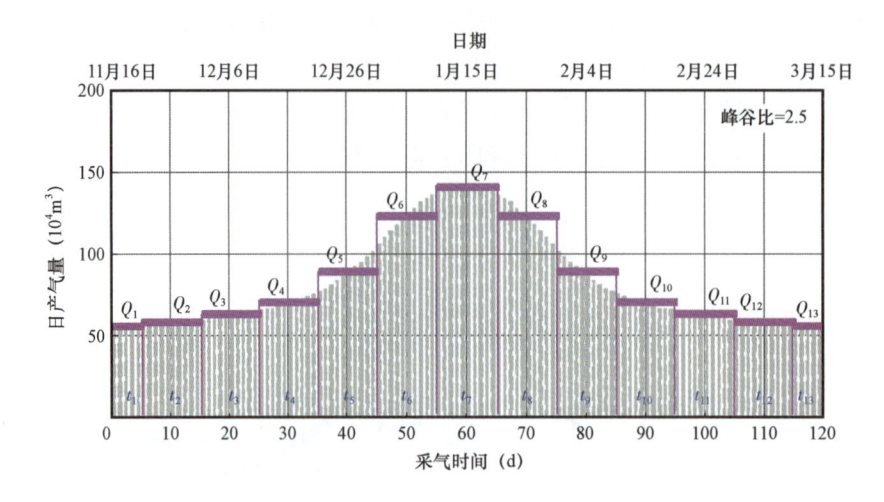

图 2-3-6 地下储气库调峰采气数学模型

（2）储气库采气期 T_i：调峰采气时间天数，对应图中横坐标长度，具体数值根据气库方案确定的采气期天数。按华北地区供气规律取 $T=120$ 天，细分为 13 个周期，第 1 与第 13 周期各为 5 天，其余每周期 $\Delta t=10$ 天。周期特征：① 各周期以中间点为基点，向两侧呈均匀对称分布；② Δt_1、Δt_{13} 周期为气库最低调峰采气周期；③ 中间 Δt_7 周期为气库最高调峰采气周期；④ 其余周期为中间过渡调峰采气周期。

（3）储气库调峰产量 Q_i：采气期内某天的日产气量（$10^4 m^3$），图中某天所对应的纵坐标值。调峰气量分布特征：① 同一周期 Δt 内，视为日产气量为一均值；② 各周期间调峰产量具有较为固定的比例关系，在 13 个计算周期内，以最末周期 Δt_{13} 平均日产气量 Q_{min} 为基数测算，即气库最低调峰气量以停止供气前的 5 天内平均日产量；③ 气库最高调峰气量以春节日为中心点的前后各 5 天内取平均日产量；④ 气库高峰采气周期平均日产气量与低峰采气周期平均日产气量的比值称为峰谷比 m，即 $m=Q_{max}/Q_{min}=Q_7/Q_{13}$。

（4）储气库合理的采气井数 N：同时满足高峰采气周期日产气量 Q_7 和低峰采气周期日产气量 Q_{13} 的所需采气井数；由于储气库采气是降压开采过程，早期 Δt_1 阶段气库压力最高、单井产气能力最强，但调峰需求气量不高，需要的气井数最少；高峰采气周期 Δt_7 阶段储气库压力中等、单井产能较强，但调峰需求气量最高 Q_{max}，需要的气井数为 N_g 口；晚期 Δt_{13} 阶段储气库压力最低单井产能最弱，但调峰需求气量最低，需要的气井数 N_d 口；N_g 和 N_d 井数不一定谁多谁少，有两种可能，一是 N_g 口井在气库调峰最末期的产量可以达到最低调峰量 Q_{13} 时，说明 N_g 口井可以实现气库各阶段指标，此时气井数合理；二是 N_g 口井在气库调峰最末期的产量不能达到最低调峰量 Q_{13} 时，说明 N_g 口井无法满足最低调峰需求，则应按满足 Q_{13} 产量的井数 N_d 口作为储气库合理的调峰井数 N。

3）储气库调峰产量 Q_i 计算

储气库工作气量 G_w 等于各周期采气量之和，而各周期采气量等于调峰产量 Q_i 与采气周期 T_i 的乘积，数学表达式为：

$$G_w = \sum_{i=1}^{n=13} Q_i T_i \qquad (2-3-2)$$

将每周期的调峰产量 Q_i 除以最后周期的调峰产量 Q_{min} 得到比例系数 m，即：

$$m = Q_i/Q_{min} \qquad (2-3-3)$$

由于用气市场调峰产量的波动性，不同采气期调峰产量的峰谷比可能不同，图 2-3-4 中列出了不同峰谷比时的比例系数值。

将式(2-3-3)代入式(2-3-2)后展开得：

$$Q_i = G_w/[(m_1 + m_2 + \cdots + m_{13}) T_i] \qquad (2-3-4)$$

此公式即为计算各周期调峰产量 Q_i 的计算公式。

4）储气库采气井数计算

储气库合理采气井数就是同时能够采出储气库工作气量与日调峰气量的最少井数，合理采气井数与储气库调峰采气规律与调峰产量直接相关，与不同采气时间对应的单井产量高低直接相关。储气库合理的采气井数 N 需要满足三个条件：（1）首先满足冬季春节前后的市场最高需气量 Q_{max}；（2）其次满足采气期末市场最低需气量 Q_{min}；（3）能够达到采气期总产气量即储气库工作气量 G_w。

由马成公式可知，满足了储气库日产气量 Q_i 的同时即可实现工作气量 G_w。因此，计算合理井数可归结为计算满足采气期日产气量的井数，但由于不同采气阶段储气库压力不同造成单井产量不同，同时市场的需气量不同，相对应的采气井数可能不同，需要分别计算高峰期气井数 N_g 和低谷期气井数 N_d，取最多井数作为合理井数 N。换言之，能够同时满足高峰期和低谷期日产气量的采气井数即为合理采气井数 N。

根据物质平衡原理[4]，储气库日调峰气量 Q_i 应等于气库 N_n 口采气井数的单井日采气量 q_i 总和。即

$$Q_i = N_n q_i \qquad (2-3-5)$$

将公式变形后，得到采气井数计算公式：

$$N_n = Q_i/q_i \qquad (2-3-6)$$

根据公式在低谷采气期采气井数计算公式：

$$N_d = Q_{min}/q_{min} \qquad (2-3-7)$$

根据公式在高峰采气期采气井数计算公式：

$$N_g = Q_{max}/q_{max} \qquad (2-3-8)$$

合理采气井数选取条件：$N \geq N_g$，$N \geq N_d$；即选取 N_g 与 N_d 中的最大值作为合理井数 N。

此公式即为计算对应调峰产量 Q_i 的所需采气井数计算公式。

5）板南储气库群调峰产量与合理采气井数计算

板南储气库群运行遵循华北地区市场用气规律可应用地下储气库调峰采气物理模型，调峰峰谷比按常见的式(2-3-4)预测。由马成公式和马成系数表计算：

(1)气库低谷期日产气量由式(2-3-4)得:

$$Q_{\min} = G_w / [(m_1 + m_2 + \cdots + m_{12})T_i] = 56G_w = 56 \times 4.27 = 239 \times 10^4 \text{m}^3/\text{d}$$

(2)气库高峰期日产气量式(2-3-4)得:

$$Q_{\max} = m_{\max}Q_{\min} = 2.5 \times 239 = 600 \times 10^4 \text{m}^3/\text{d}$$

(3)在低谷采气期采气井单井产量 $35 \times 10^4 \text{m}^3/\text{d}$,则低谷采气期采气井数为:

$$N_d = Q_{\min}/q_d = 239/35 = 7 \text{口}$$

(4)在高峰采气期采气井单井产量 $55 \times 10^4 \text{m}^3/\text{d}$,则高峰采气期采气井数为:

$$N_g = Q_{\max}/q_{\max} = 600/55 = 11 \text{口}$$

(5)合理采气井数选取条件:

$N \geqslant N_g = 11$ 口;$N \geqslant N_d = 7$ 口;选取 N_g 与 N_d 中的最大值作为合理井数,即 $N = 11$ 口;根据专家意见,将2口直井改为一口水平井代替,则采气井总数为10口。

四、气井注采气能力

(一)储气库单井采气能力设计

1. 直井采气能力计算

1)采气指数法确定生产能力

(1)计算方法。

采气指数法是矿场常用的气井生产能力确定方法,主要以实际生产参数为计算依据,计算公式:

$$Q_g = J_s h_m (p_e^2 - p_{wf}^2) \qquad (2-3-9)$$

式中 Q_g——气井日产气,$10^4 \text{m}^3/\text{d}$;

J_s——气井比采气指数,$10^4 \text{m}^3/(\text{MPa}^2 \cdot \text{m} \cdot \text{d})$;

h_m——气井有效厚度,m;

p_e——地层压力,MPa;

p_{wf}——井底流压,MPa。

(2)比采气指数确定。

根据板南储气库含气范围内5口气井实际生产数据计算结果,生产压差较小,一般为 0.08~3.3MPa,平均生产压差小于 1MPa。比采气指数 50~1025m³/(MPa²·m·d),平均为 327m³/(MPa²·m·d),见表 2-3-4。根据各断块的平均比采气指数进行新井产量预测,板 G1 断块比采气指数平均为 300m³/(MPa²·m·d),白 6 断块比采气指数平均为 500m³/(MPa²·m·d),白 8 断块气井比采气指数平均为 110m³/(MPa²·m·d)。

表 2-3-4　板南气藏单井比采气指数统计表

区块	井号	层位	生产日期	射开厚度（m）	工作制度（mm）	日产量 油（t）	日产量 气（m³）	日产量 水（m³）	油气比（m³/t）	压力（MPa）流压	压力（MPa）静压	压力（MPa）压差	比采气指数 [m³/(MPa²·m·d)]
板G1	板G1	滨Ⅳ	1994.7	18	4	14.83	55795	0	3762	30.58	31.05	0.47	107
		滨Ⅳ	1994.11	18	4	16.21	49028	0	3025	29.49	29.71	0.22	209
		滨Ⅳ	1995.1	18	4	11.9	51294	0	4310	28.54	28.62	0.08	623
		滨Ⅳ	1995.10	18	4.2	11.35	49752	0	4383	26.47	26.94	0.47	110
		滨Ⅳ	1996.3	18	5	13.98	61053	0	4367	25.92	26.19	0.27	241
		滨Ⅳ	1997.4	18	5	9.67	59878	0	6192	23.18	23.37	0.19	376
		滨Ⅳ	1997.7	18	5	11.36	48866	0	4302	22.79	22.94	0.15	396
		滨Ⅳ	2001.6	18	6	6.67	35321	0	5296	16.74	17.13	0.39	149
白6-1	白6-1	板3	2009.9	10.8	4.5	2.08	47240	0.62	22712	10.28	10.94	0.66	312
	白6-2	板3	2005.2	13	6	20.01	127922	1.12	6393	30.47	30.81	0.34	472
		板3	2008.7	13	6	3.25	61653	0.24	18970	15.35	15.5	0.15	1025
		板3	2008.8	13	6	3.62	65624	0.29	18128	15.02	15.19	0.17	983
	白6-8	板3	2006.11	5.6	10	6.76	46076	0	6816	22.63	23.19	0.56	321
白8	白8	板1	1977.10	19.8	7	26.68	140275	0	5258	19.76	23.08	3.32	50
			1978.5	19.8	7	10.18	109343	1.89	10741	13.56	16.7	3.14	58
			1978.6	19.8	7	9.78	105494	2.22	10787	13.54	14.96	1.42	132
			1978.11	19.8	7	6.41	82958	1.42	12942	10.33	11.74	1.41	135
			1979.11	19.8	10	3.13	44711	1.33	14285	6.28	7.19	0.91	184
平均				16.6	6	10.4	69016	0.5	6612	20.1	21	0.80	327

（3）生产压差的确定。

在气藏开采时，板G1断块、白6断块储层物性较好，实际生产压差小于1MPa，平均为0.4MPa，如图2-3-7所示。白8断块储层物性略差于板G1断块、白6断块，实际生产压差在1~3MPa之间。改建气库后，为了提高单井产能可适当放大生产压差，板G1断块、白6断块气井生产压差放大到1.5~2.0MPa之间，为气藏开采时实际生产压差的4~5倍；白8断块气井生产压差可放大到3~4MPa，为气藏开采时的1.5~3倍。

白8井实际生产时的最大生产压差为4.6MPa，未出砂；另外储层出砂实验结果为出砂压差大于7MPa，因此以上设计的生产压差可行。

（4）有效厚度的确定。

板南储气库储层平均有效厚度达8~12m，为稳妥起见，部署的储气库新井平均有效厚度取储层平均厚度的90%，则新井有效厚度为7~10m。

（5）计算结果。

利用上述公式和参数，分别计算各断块在不同压力下的气井产量，见表2-3-5。储气库压力在13~30MPa之间，板G1断块气井生产压差为2MPa时，气井产量可达19×10⁴~45×

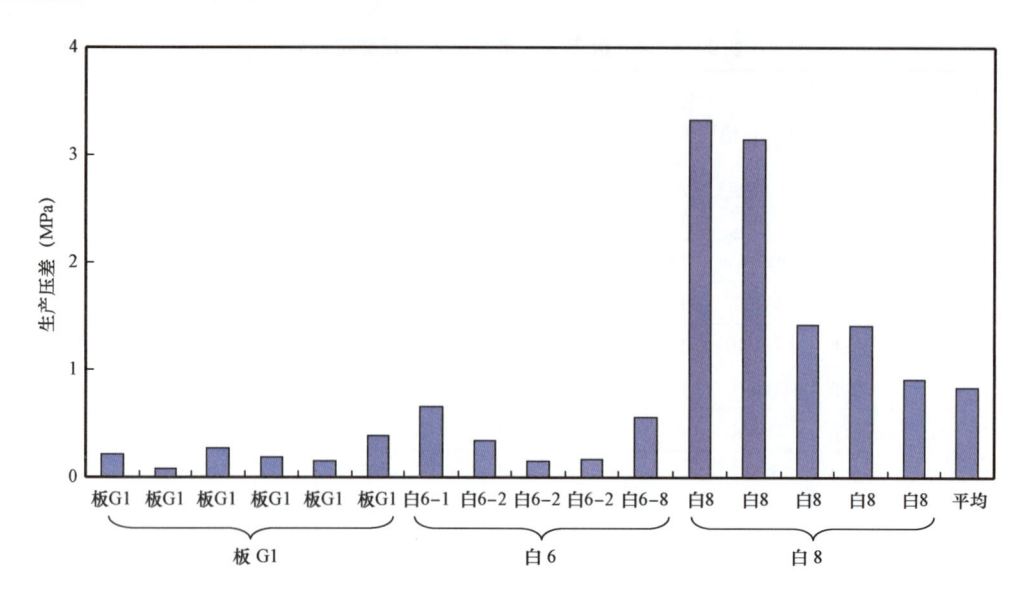

图 2-3-7 板南各断块单井生产压差统计图

10^4m^3，白 6 断块气井生产压差为 2MPa 时，气井产量为 $24×10^4 \sim 58×10^4m^3$，白 8 断块气井生产压差为 4MPa 时，气井产量为 $10×10^4 \sim 25×10^4m^3$。

表 2-3-5 板南气库气井产气能力测算表（比采气指数法）

区块	厚度（m）	静压（MPa）	流压（MPa）	压差（MPa）	日产气量（10^4m^3）	流压（MPa）	压差（MPa）	日产气量（10^4m^3）
板 G1	13	30	28.5	1.5	34	28	2	45
	13	25	23.5	1.5	28	23	2	37
	13	20	18.5	1.5	23	18	2	30
	13	15	13.5	1.5	17	13	2	22
	13	13	11.5	1.5	14	11	2	19
白 6	10	30	28.5	1.5	44	28	2	58
	10	25	23.5	1.5	36	23	2	48
	10	20	18.5	1.5	29	18	2	38
	10	15	13.5	1.5	21	13	2	28
	10	13	11.5	1.5	18	11	2	24
白 8	11	30	27	3	19	26	4	25
	11	25	22	3	16	21	4	20
	11	20	17	3	12	16	4	16
	11	15	12	3	9	11	4	11
	11	13	10	3	8	9	4	10

2）节点法计算生产能力

（1）单井采气能力的计算方法。

单井采气能力的大小,受到地层渗流能力和井筒流动能力两方面因素的影响,只有当二者流动能力协调一致时,气井的产气能力才是最高的。主要基于这一原理,在确定了反映地层渗流能力的流入动态曲线和井筒流出能力流出动态曲线后,其曲线交点所对应的气井产量即是单井最大采气能力,该产量低于冲蚀流量时,即为合理产气能力;单井最大采气能力若高于冲蚀流量,则选取略低于冲蚀流量的产量作为合理产气能力。

确定气井流入动态曲线的方法有两种,一种是利用气井系统试井资料处理分析获得气井产能方程,利用该产能方程可预测不同地层压力、不同井底流压下的气井产能变化,绘制气井不同地层压力下流入动态曲线,该方法精度较高;另一种是在没有系统试井资料情况下,利用一个单点稳定流测试数据,利用单点法确定气井的无阻流量,预测气井不同井底流压下的产能变化,绘制该地层压力下气井流入动态曲线,该方法基本可靠。

板南凝析气藏的开发过程中,没有系统试井资料,无法准确确定气井指数式或二项式产能方程。但各气藏开发多年积累了较为丰富的生产动态资料,对于气井生产过程中的每一个测压点均可利用单点法进行计算,预测对应每一个测压点的产能随井底流压的产量变化,从而绘制出气井不同地层压力下的流入动态曲线。

利用单点法计算气井产能的公式主要有:

$$\frac{Q_\mathrm{g}}{Q_\mathrm{AOF}} = \frac{\alpha\left(\sqrt{1 + 4p_\mathrm{D}\dfrac{1-\alpha}{\alpha^2}} - 1\right)}{2(1-\alpha)} \qquad (2-3-10)$$

$$Q_\mathrm{AOF} = Q_\mathrm{g}/[1.8Rp_\mathrm{D} - 0.8(Rp_\mathrm{D})^2] \qquad (2-3-11)$$

$$Q_\mathrm{AOF} = Q_\mathrm{g}/(1.0434Rp_\mathrm{D}^{0.6594}) \qquad (2-3-12)$$

$$p_\mathrm{D} = \frac{p_\mathrm{e}^2 - p_\mathrm{wf}^2}{p_\mathrm{e}^2} \qquad (2-3-13)$$

式中 R——本地区试井计算系数,一般取 0.25;

p_e——地层压力,MPa;

p_wf——井底流动压力,MPa;

Q_g——地面的产气量,$10^4\mathrm{m}^3/\mathrm{d}$;

μ_g——地层气体的黏度,mPa·s;

Q_AOF——气井无阻流量,$10^4\mathrm{m}^3/\mathrm{d}$;

p_D——无量纲压力。

式(2-3-11)基于 IPR 曲线通式推导出来的;式(2-3-12)则基于指数式产能方程推导出来,并利用四川气井常规试井取得的测试数据,并由此确定的 Q_AOF 和 p_e,由此计算出 Q_g 和 p_D 进行线性回归确定的关系式。

(2)利用生产资料确定气井 IPR 曲线。

对板南储气库各气井的生产动态进行综合分析,筛选出测压资料较多而齐全的产能数据,利用单点法的三个公式,计算了各井不同压力下的无阻流量,计算结果表明,板南四个断块各井的无阻流量差异较大,板 G1 断块和白 6 断块气井产能较高,平均无阻流量在 $100 \times 10^4\mathrm{m}^3$ 以上，白 8 断块气井无阻流量较低，平均为 $21 \times 10^4 m^3$，板南气库三个断块的气井平均无阻流量达到 $83 \times 10^4 m^3$，见表 2-3-6。

表 2-3-6 板南凝析气藏气井无阻流量表

区块	井号	日期	有效厚度（m）	油嘴（mm）	静压（MPa）	流压（MPa）	日产油（t）	日产水（m³）	日产气（10⁴m³）	生产压差（MPa）	一点法无阻流量(10⁴m³) 方法1	方法2	方法3	选值
板G1	板G1	1994.7	18	4	31.05	30.58	14.83	0	55795	0.47	59	54	105	59
		1994.11	18	4	29.71	29.49	16.21	0	49028	0.22	96	76	186	96
		1995.5	18	4	28.62	28.54	11.9	0	51294	0.08	244	150	512	244
		1995.10	18	4	26.94	26.47	11.35	0	49752	0.47	47	44	81	47
		1996.3	18	5	26.19	25.92	13.98	0	61053	0.27	90	76	167	90
		1997.4	18	5	23.37	23.18	9.67	0	59878	0.19	108	87	207	108
		1997.7	18	5	22.94	22.79	11.36	0	48866	0.15	107	82	209	107
		2001.6	18	6	17.13	16.74	6.67	0	35321	0.39	27	26	44	27
		平均	18	5	25.74	25.46	12.00	0.00	51373	0.28	97	74	189	97
白6	白6-2	2005.2	13	6	30.81	30.47	20.01	1.12	127922	0.34	177	152	327	177
		2005.12	13	6	25.76	25.59	13.41	0.54	107239	0.17	232	179	456	232
		2006.3	13	6	25.45	25.13	10.62	1.35	83932	0.32	104	92	189	104
		2006.4	13	6	24.61	24.46	10.41	0.75	80838	0.15	188	142	372	188
		2006.7	13	6	24.27	24.17	12.23	0.39	85821	0.10	285	195	582	285
		2008.7	13	6	15.5	15.35	3.25	0.24	61653	0.15	96	80	179	96
		2008.8	13	6	15.19	15.02	3.62	0.29	65624	0.17	90	77	165	90
	白6-8	2006.5	7	5	24.34	24.12	9.11	0.91	68121	0.22	112	92	212	112
		2006.11	7	5	23.22	22.63	6.76		46076	0.59	33	32	52	33
	白6-1	2009.8	11	8	11.05	10.93	3.17	0.86	66014	0.12	93	79	171	93
		2009.9	11	7	10.94	10.28	2.08	0.62	47240	0.66	18	19	24	18
		平均	12	6	21.0	20.7	8.6	0.7	76407	0.27	129.7	104	248	130
白8	白8	1977.10	20	7	23.08	19.76	26.68	0	140275	3.32	31	32	33	31
		1978.5	20	7	16.7	13.56	10.18	1.89	109343	3.14	21	21	21	21
		1978.6	20	7	14.96	13.56	9.78	2.22	105494	1.40	36	32	36	36
		1978.11	20	7	11.74	10.33	6.41	1.42	82958	1.41	20	21	23	20
		1979.6	20	7	8.56	7.57	1.23	0.2	19604	0.99	5	5	6	5
		1979.11	20	10	7.19	6.28	3.13	1.33	44711	0.91	11	11	12	11
		平均	20	8	13.71	11.84	9.57	1.18	83731	1.86	21	20	22	21
平均			16	6	20.15	19.35	10.06	0.63	70504	0.80	83	66	153	83

板南各井生产稳定，资料齐全，利用一点法公式计算出无阻流量都具有一定的代表性。但考虑到无阻流量不仅随压力的下降而降低，而且随着凝析油反凝析污染的增加而降低。因此，

不能简单地把平均无阻流量作为依据进行气井产能设计,要依据气井产出的流体状况、压力水平、凝析油反凝析程度以及产水量等进行综合分析,选择最能反映地层渗滤能力和气井产能的一组数据进行计算,才能更真实反映地层与气井的产能。

板南气藏原始凝析油含量都在 $300g/m^3$ 以上,高含量凝析气藏在降压开采过程中,低于露点压力以后将出现凝析油反凝析,对储层存在一定的污染而使地层渗滤能力下降,体现为气井产能降低;同时地层压力下降和边水侵入都使气井产能随着下降。为了求取储层真实的渗滤能力,尽量避免反凝析污染,选择气井投产初期,地层压力较高时的生产资料,用一点法计算无阻流量,在地层压力一定的情况下,给出一系列的流压值,计算出相应的 Q,回归得到二项式产能公式的 A 和 B 值,见图 2-3-8,得到本断块气藏的二项式产能公式,见表 2-3-7,根据此方程,即可得到气藏单井不同地层压力时的 IPR 曲线,如图 2-3-9 所示。

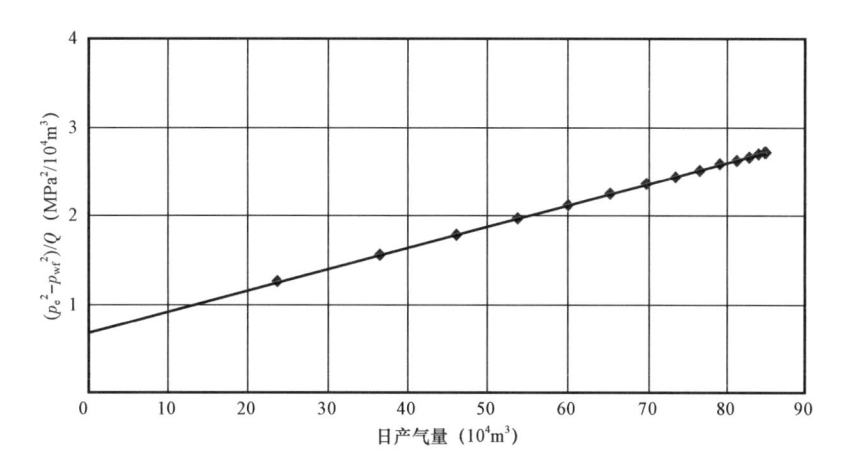

图 2-3-8　白 6-2 井产能二项式公式系数回归图

表 2-3-7　一点法回归二项式产能方程

区块	井号	日期	有效厚度(m)	油嘴(mm)	静压(MPa)	流压(MPa)	日产气(10^4m^3)	生产压差(MPa)	一点法无阻流量(10^4m^3)	二项式方程	31MPa 时无阻流量(10^4m^3)
板 G1	板 G1	1994.11	18	4	29.71	29.49	49028	0.22	96	$p_r^2 - p_{wf}^2 = 2.1634Q + 0.0636Q^2$	107
白 6	白 6-2	2005.2	13	6	30.81	30.47	127922	0.34	177	$p_r^2 - p_{wf}^2 = 0.6786Q + 0.024Q^2$	186
白 8	白 8	1977.10	20	7	14.96	13.56	105494	1.40	36	$p_r^2 - p_{wf}^2 = 3.2481Q + 0.2077Q^2$	61
平均			17	6	25.16	24.51	94148	0.65	96		118

若将各断块的地层压力恢复到 31MPa 时,气井无阻流量在 $61 \times 10^4 \sim 186 \times 10^4 m^3$ 之间,平均无阻流量达到 $118 \times 10^4 m^3$。

(3)井筒流动能力计算。

考虑到油管生产过程中的安全性,对不同井口压力、不同井底压力下的单井冲蚀流量进行了计算,并选用了低于冲蚀流速的安全流量。气井冲蚀流速采用式(2-3-13)进行计算。

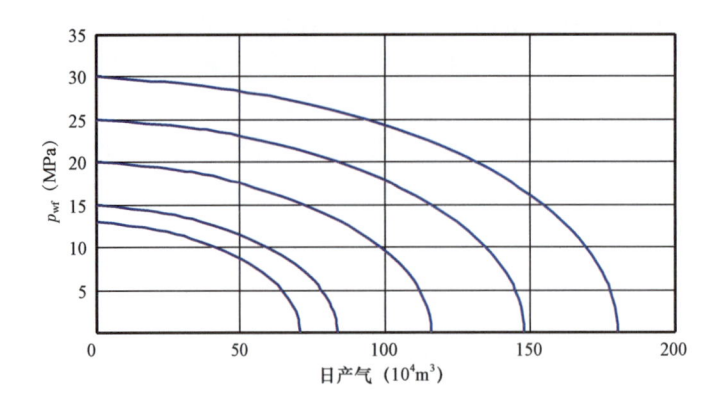

图 2-3-9　白 6-2 井单井采气能力曲线

$$Q_e = 5.164 \times 10^4 A \left(\frac{p_{wf}}{ZT\gamma_g}\right)^{0.5} \quad (2-3-14)$$

式中　Q_e——冲蚀流速，$10^4 \mathrm{m}^3/\mathrm{d}$；

　　　γ_g——气体相对密度；

　　　A——油管截面积，m^2；

　　　p_{wf}——井底流压，MPa；

　　　Z——气体压缩因子；

　　　T——油管流温，K。

将计算结果与气井 IPR 曲线进行叠加，可得气井不同地层压力下冲蚀流速，见表 2-3-8。

表 2-3-8　白 6 断块井筒流动能力计算结果

地层压力（MPa）	井底流压（MPa）	采气量（$10^4 \mathrm{m}^3$）	直径 73mm 油管井口压力（MPa）	直径 88.9mm 油管井口压（MPa）
13	12.64	10	10.08	10.33
	12.39	15	9.38	10
	12.08	20	8.27	9.52
	11.71	25	6.56	8.87
	11.27	30	—	8
	10.76	35	—	6.85
20	19.77	10	16.1	16.24
	19.41	20	15.07	15.82
	18.62	35	11.82	14.45
	18.29	40	9.95（冲蚀）	13.79
	16.52	60	—	9.53（冲蚀）
	13.86	80	—	—
	9.6	100	—	—

续表

地层压力（MPa）	井底流压（MPa）	采气量（10⁴m³）	直径73mm 油管井口压力（MPa）	直径88.9mm 油管井口压（MPa）
30	29.85	10	24.76	24.85
	29.46	25	23.67	24.42
	29.29	30	23.01	24.14
	29.10	35	22.2	23.79
	28.89	40	21.26	23.39
	27.80	60	15.26（冲蚀）	21.1
	26.31	80	—	17.53（冲蚀）
	24.33	100	—	11.54（冲蚀）

（4）节点法合理产气能力确定。

将计算获得的气井流入和流出动态曲线进行叠加，如图2-3-10所示，运用节点法进行产量分析，图中两种曲线的交点既为该井的最大产量，同时考虑油管生产过程中的安全性，将其与不同地层压力下冲蚀流速进行对比，选取低于冲蚀流速的安全流量作为气井合理生产能力。

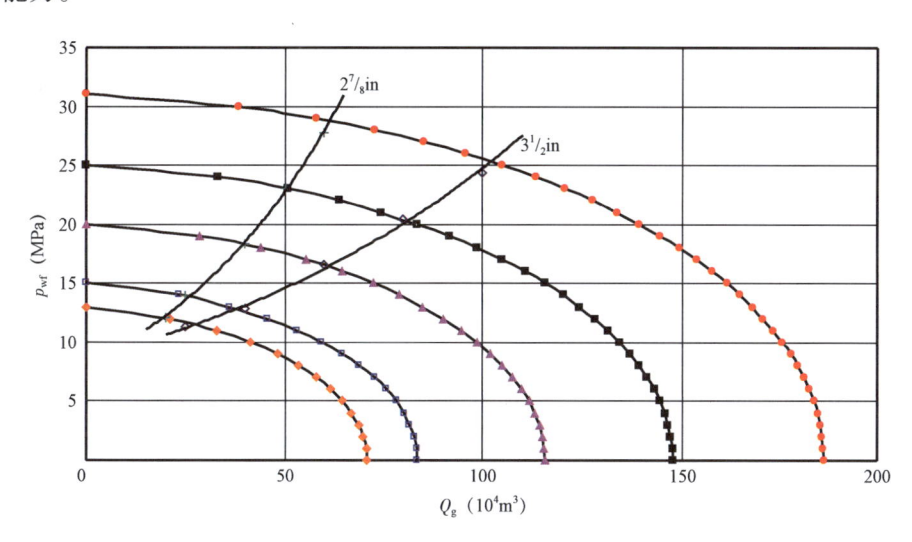

图2-3-10 白6断块气井采气能力叠加图

从图中看出，白6断块在地层压力为31MPa时，88.9mm油管的气井最大日产气能够达到 $100 \times 10^4 m^3$（生产压差5.7MPa）；在中等压力水平22MPa时，则气井最大日产气为 $65 \times 10^4 m^3$；在13MPa时日产气能够达到 $25 \times 10^4 m^3$（生产压差1.7MPa）。

该断块在开发过程中，气井压差一直较小，平均为0.4MPa左右，根据气井生产压差与产量关系曲线，见图2-3-10，当气井产量较小时，产气量与压差呈近似直线关系，随着产气量的增大，这时气井表现出明显非达西流动效应，生产压差与产量变化逐渐呈明显的曲线关系。显然，如果气井的产量过高，那么生产过程中就有部分压力消耗于非达西流效应。因此，可以把近似直线段末端的产气量作为气井合理产量，其对应的生产压差即为合理生产压差。在实际气井采气过程中，为提高产量，可在允许的非达西流能量损耗范围内，适当放大生产压差生产。由图2-3-11可以看出，白6断块生产压差大于1.5MPa时，能量消耗与产量已出现曲线关系，为提高白6断块气井产能，将生产压差适当放大到2MPa左右。依据室内岩芯出砂实验分析结果，出砂压差为7MPa，上述压差在出砂压差范围内，生产安全。

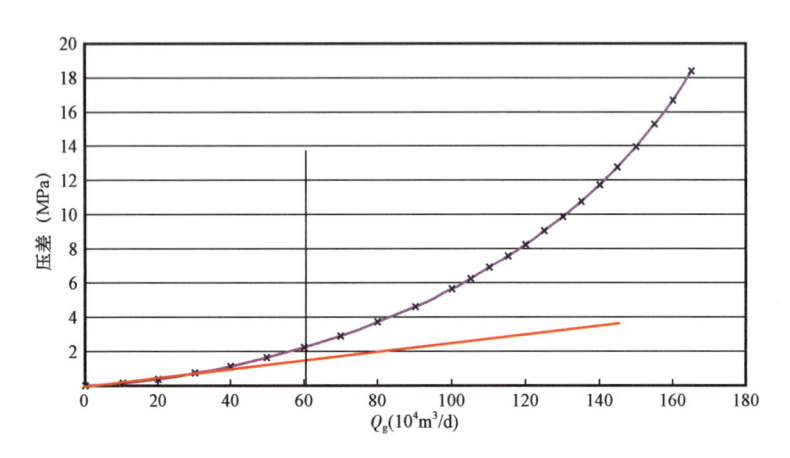

图2-3-11 白6断块气井压差与产量关系图

综合考虑，气库压力在13~31MPa之间，白6断块气井产气能力为25×10^4~$60\times10^4\text{m}^3/\text{d}$，该产能小于对应的冲蚀流量$40\times10^4$~$80\times10^4\text{m}^3/\text{d}$，按照此产能配产安全可靠。

同理，可确定板G1断块气井的合理产量为20×10^4~$45\times10^4\text{m}^3/\text{d}$，白8断块气井的合理产量为$10\times10^4$~$25\times10^4\text{m}^3/\text{d}$（图2-3-12至图2-3-15和表2-3-9）。

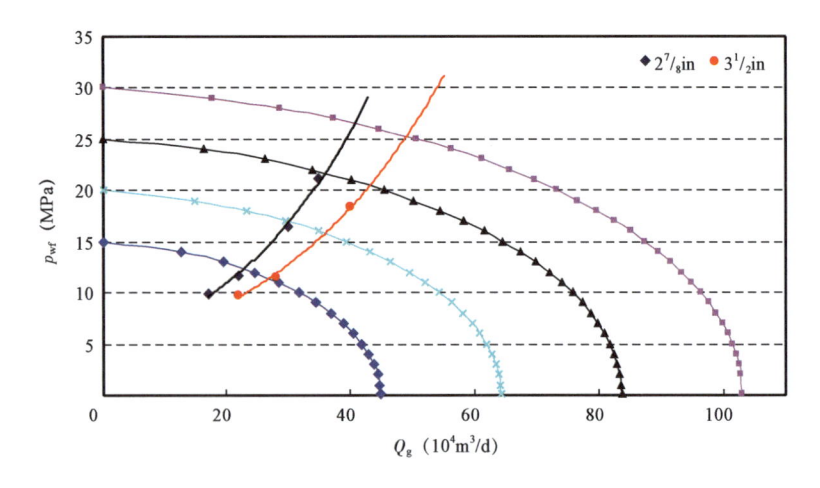

图2-3-12 板G1断块单井采气能力叠加图

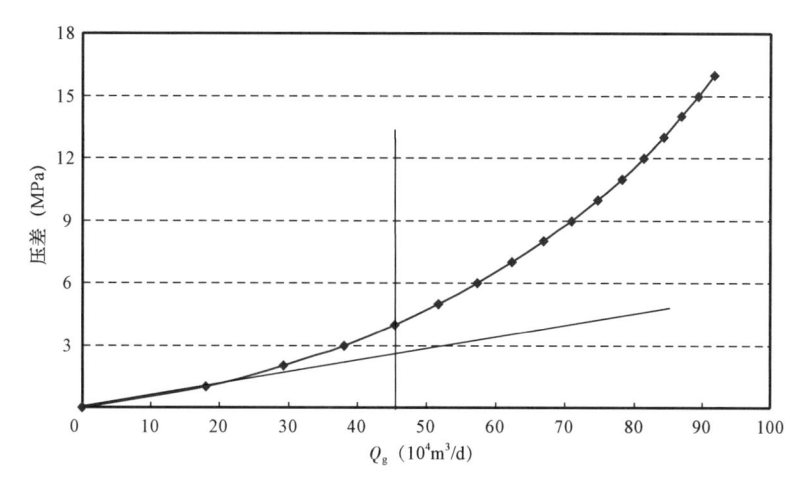

图 2-3-13　板 G1 断块单井压差与产量关系图

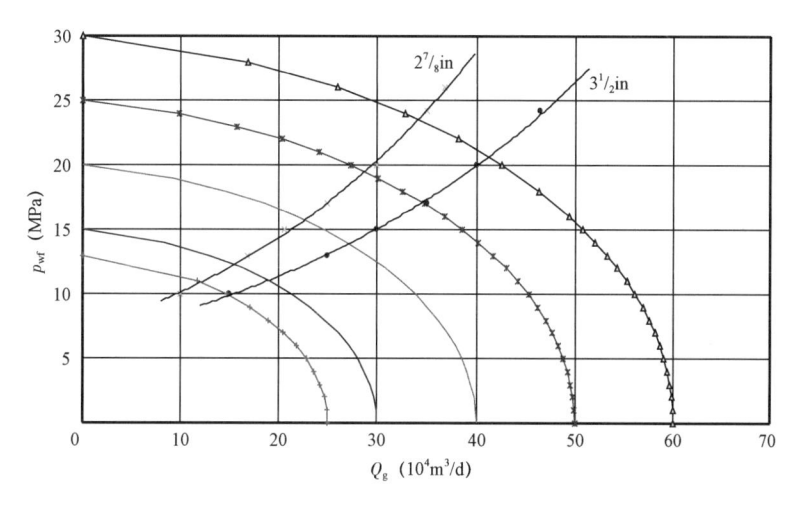

图 2-3-14　白 8 断块单井采气能力叠加图

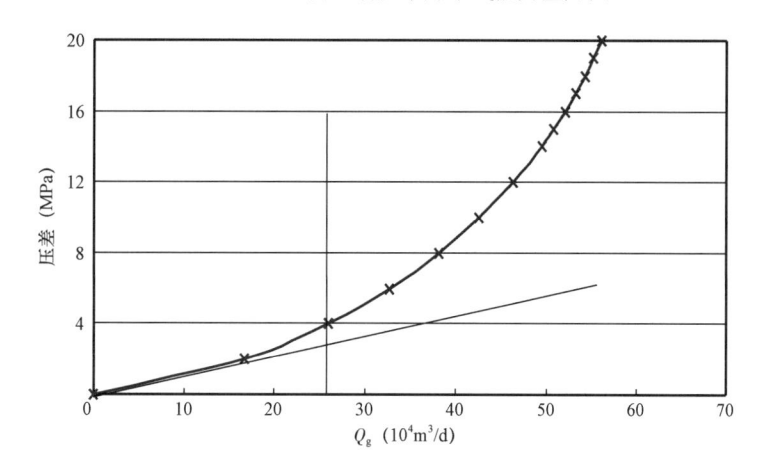

图 2-3-15　白 8 断块单井压差与产量关系图

表 2-3-9　板南断块采气能力配产结果表（节点法）

区块	静压 （MPa）	2⁷⁄₈in 油管			3½in 油管			合理产气量 （10⁴m³/d）
		流压 （MPa）	压差 （MPa）	最大产气量 （10⁴m³/d）	流压 （MPa）	压差 （MPa）	最大产气量 （10⁴m³/d）	
板 G1	13	10.8	2.2	18	10.1	2.9	20	20
	20	17.2	2.8	30	15.9	4.1	36	35
	25	21.8	3.2	35	20.5	4.5	45	40
	30	26.6	3.4	42	25.2	4.8	50	45
白 6	13	12.1	0.9	20	11.5	1.5	25	25
	20	18.3	1.7	35	16.5	3.5	55	40
	25	23.0	2.0	*48*	20.4	4.6	*80*	50
	30	27.8	2.2	*56*	24.3	5.7	*100*	60
白 8	13	11.0	2.0	10	10.6	2.4	12	10
	20	16.0	4.0	22	14.6	5.4	26	20
	25	19.6	5.4	28	17.2	7.8	36	22
	30	24.0	6.0	35	21.0	9.0	43	25

注：红色粗斜体表示发生冲蚀。

（5）节点法极限产气能力确定。

若要获得气井更高产能，在地层出砂压差 7MPa 约束范围内，通过放大压差生产，考虑井筒的安全流量，可采用更大尺寸油管生产。若板 G1 断块气井采用 114.3mm 的油管生产，在压力为 13~31MPa，可获得 $28×10^4$~$63×10^4 m^3/d$ 的安全流量，如图 2-3-16 所示，对应的井口压力为 25.3~9.4MPa。同理可确定其他断块气井在最大生产压差 7MPa 时的极限产能，见表 2-3-10。

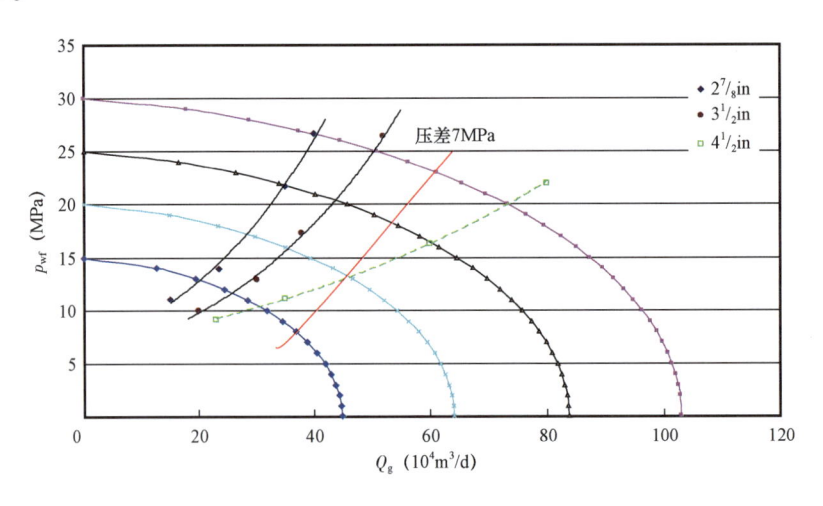

图 2-3-16　板 G1 断块气井流入流出叠加曲线

表 2-3-10 板南气库气井节点法极限产能统计表

断块	油管尺寸（in）	下限压力 地层压力（MPa）	下限压力 井底流压（MPa）	下限压力 生产压差（MPa）	下限压力 极限产量（10⁴m³/d）	上限压力 地层压力（MPa）	上限压力 井底流压（MPa）	上限压力 生产压差（MPa）	上限压力 极限产量（10⁴m³/d）
板 G1	4½	13	9.4	3.6	28				62
白 6	4½	13	10.1	2.9	32	31	24	7	103
白 8	2⅞	13	10	3.0	15				36

3）类比法

（1）地层系数类比。

利用大港油田已建成储气库单井实际生产能力与储层物性之间关系，对板南储气库群进行了气井生产能力预测，见表 2-3-11。板南储气库群储层物性与已建成储气库基本一致，利用气井产能与地层系数的比值，进行板南储气库单井产能的预测，预测板南储气库各断块新井最大产气能力为 $31 \times 10^4 \sim 60 \times 10^4 m^3/d$，平均产气能力为 $17 \times 10^4 \sim 39 \times 10^4 m^3/d$。

表 2-3-11 板南储气库于已建储气库产能及物性对比

断块	储层物性 渗透率（mD）	储层物性 有效厚度（m）	储层物性 Kh（mD·m）	产能 最高（10⁴m³/d）	产能 平均（10⁴m³/d）	产能与地层系数比 最高 [m³/(mD·m)]	产能与地层系数比 平均 [m³/(mD·m)]
大张坨	295	8.0	2360	100	40	424	169
板中北	250	10.8	2700	75	40	278	148
平均	273	9.4	2530	88	40	351	159
板 G1	250	10.0	2500	60	39		
白 6	250	9.0	2250	60	36	351	156
白 8	100	11.0	1100	31	17		
板南平均	200	10.0	1950	50.2	30.8	351	156

（2）无阻流量类比。

已建储气库大张坨和板中北的最高产能分别占无阻流量的 43% 和 45%，平均产能占无阻流量的 23% 和 21%。

按照已建储气库最高产能与无阻流量的比值 44% 计算，白 6 断块单井最高产能为 $60 \times 10^4 m^3/d$，板 G1 断块为 $47 \times 10^4 m^3/d$，白 8 断块为 $27 \times 10^4 m^3/d$；按照平均产能与无阻流量的比值 22% 计算，白 6 断块单井平均产能为 $31 \times 10^4 m^3/d$，板 G1 断块为 $24 \times 10^4 m^3/d$，白 8 断块为 $13 \times 10^4 m^3/d$，见表 2-3-12。

表 2-3-12　气井产能占无阻流量百分比对比表

气库	断块	井号	时间	静压（MPa）	无阻流量（10⁴m³/d）	31MPa 时无阻流量（10⁴m³/d）	产能(10⁴m³/d) 最高值	产能(10⁴m³/d) 平均值	产能占无阻流量百分比 最高值	产能占无阻流量百分比 平均值
板中北	板中北	板817	1980.11	21.75	115	175	75	40	43	23
大张坨	大张坨	板52	1999.5	21.00	126	221	100	40	45	21
		板53	1987.2	25.20	136	188				
平均值				22.65	126	195	88	40	44	22
板南		板G1	1994.11	29.71	102	107	47	24	44	22
		白6	2005.2	30.81	177	186	60	31		
		白8	1977.10	14.96	36	61	27	13		
平均值				25.16	105	118	45	23		

4）气井采气能力确定

板南储气库通过采气指数法、节点法及经验类比法三种方法计算结果对比，比采气指数法、节点法和无阻流量类比法的计算结果恰巧一致，见表 2-3-13，在上限压力时的平均产能均为 $36×10^4 m^3/d$，地层系数类比法计算的最高产能为 $43×10^4 m^3/d$，比其他方法计算结果偏高，初步认为地层系数与实际存在一定的偏差所致。

表 2-3-13　板南储气库气井各方法产能计算结果对比表

区块	比采气指数法产能(10⁴m³/d) 下限压力	比采气指数法产能(10⁴m³/d) 上限压力	节点法产能(10⁴m³/d) 下限压力	节点法产能(10⁴m³/d) 上限压力	类比法最高产能(10⁴m³/d) 地层系数	类比法最高产能(10⁴m³/d) 无阻流量
板G1	19	45	20	45	60	47
白6	24	58	25	60	60	60
白8	10	25	10	25	31	27
板南平均	18	43	18	43	50	45

综合分析认为，节点法的理论基础较为完善，计算参数选取合理，计算结果可靠，板南气库气井采气能力选用节点法的计算结果。即板G1断块气井的单井合理产能 $20×10^4 \sim 45×10^4 m^3/d$，白6断块单井合理产能为 $25×10^4 \sim 60×10^4 m^3/d$，白8断块气井的合理产能 $10×10^4 \sim 25×10^4 m^3/d$。

5）气井携液最小气量分析

对于气井来说，在油管内任意流压下，能连续不断地将气流中最大液滴携带到井口的气体流量称之为气井连续排液最小气量，换言之，当气井产量小于气井连续排液最小气量时，井筒（底）内液体被周期性地带出，也就是出现了脉动现象，这样，气井生产时间愈长，液体在井底沉降得愈多，最终导致气井停喷。

（1）计算方法。

采用美国 Jones Pork 提出的计算公式进行计算，公式为：

$$Q_{\min} = 112.3305 \times 10^4 D^{\frac{5}{2}} \sqrt{\frac{p_{wf}}{MT_{wf}Z^2}} \qquad (2-3-15)$$

式中 $Q_{\min}$——最低允许气量,km³/d;
  D——油管半径,m;
  p_{wf}——流压,MPa;
  M——气体分子量;
  T_{wf}——流温,K;
  Z——压缩因子。

(2)计算结果。

根据以式(2-3-14),利用板南目前现有资料进行最低流量计算,结果见表2-3-14。

表 2-3-14　板南气井连续排液最小气量计算结果表

流压 (MPa)	最小气量(10^4m³/d)	
	2⅞in 油管	3½in 油管
10	1.45	2.15
15	1.82	2.70
20	2.10	3.12
25	2.30	3.41
30	2.43	3.61

由计算结果可知,只要气井最低流量大于 3.61×10^4 m³/d,则气井不会出现积液现象,换言之,气井的产气能力是可以保证的。板南储气库各断块井底流压均大于9MPa,设计日产气量最低为 10×10^4 m³,大于气井的最低携液产量,因此气井能连续正常自喷生产,不会产生井筒积液。

6)单井采气能力的评价

(1)反凝析对单井采气能力的影响。

凝析气的特殊性在于随着地层压力的降低,地层中的凝析气所含凝析油要逐渐析出,并积聚于地层孔隙中,随着凝析油量的增多,必然要降低气相的渗流能力,尤其是在地层压降最大的近井地带,凝析液积聚最多,对渗流能力的影响最大。根据多组分数值模拟研究结果,在地层压力13MPa以上时,反凝析现象对单井产能的影响可通过放大生产压差克服,单井产量可维护不变。

(2)采气周期对单井采气能力的影响。

根据大张坨等储气库的实例分析来看,随着储气库运行周期的增加,地层流体逐渐轻化,在同样生产压差下,单井产气能力将逐渐提高。

(3)地层污染对单井采气能力的影响。

板南各断块目前地层压力系数在0.2~0.37之间,新钻井在钻井过程难以避免造成地层伤害,对新井的采气能力造成一定的影响。根据多组分数值模拟研究结果,地层伤害在表皮系数低于5时,对单井产能的影响不大。

总体看来,利用节点法设计的单井采气能力是可行的。

2. 水平井产能分析

依据天然气在多孔介质中流动的拟稳态方程,通过分离变量法,结合达西方程就可获得以压力平方形式表示的水平气井产量公式:

$$Q_h = \frac{774.6 K_h h (p_R^2 - p_{wf}^2)}{\mu Z T \ln(r_{eh}/r'_w)} \quad (2-3-16)$$

若考虑水平气井的损害影响,则产量公式表示为:

$$Q_h = \frac{774.6 K_h h (p_R^2 - p_{wf}^2)}{\mu Z T [\ln(r_{eh}/r'_w) + S_h]} \quad (2-3-17)$$

式(2-3-16)、式(2-3-17)与垂直气井压力及拟压力产量公式有相似之处,不同之处在于水平井要考虑各向异性,水平井的泄油半径及有效井半径与垂直井不同。即式中:

$$r'_w = \frac{r_{eh} L}{2a \left\{ 1 + \sqrt{1 - [L/(2a)]^2} \right\} (\beta h / 2 r_w)^{\beta h / L}} \quad (2-3-18)$$

$$a = (L/2) [0.5 + \sqrt{0.25 + (2 r_{eh}/L)^4}]^{0.5} \quad (2-3-19)$$

$$r_{eh} = L/2 + r_e \quad (2-3-20)$$

$$\beta = \sqrt{k_h / k_v} \quad (2-3-21)$$

应该注意的是式(2-3-18)至式(2-3-21)都是假设水平气井处于气层中部位置,即偏心距 δ_z 为零的情形,实际上钻井水平气井不可能位于气层中部,即偏心距 δ_z 不为零的情形,此时式(2-3-18)即水平气井有效井径修正为:

$$r'_w = \frac{r_{eh} L}{2a \left\{ 1 + \sqrt{1 - [L/(2a)]^2} \right\} \left\{ [(\beta h/2)^2 - \delta_z^2]/(\beta h r_w/2) \right\}^{\beta h / L}} \quad (2-3-22)$$

进一步推导出水平井与直井的产能比为:

$$J_h / J_v = \frac{\ln(r_e/r_w) + S_v}{\ln(r_{eh}/r'_w) + S_h} \quad (2-3-23)$$

由水平井产能公式[式(2-3-23)]看出,水平井段长度越长,折算井眼半径越大,水平井产能越高;在其他条件相同情况下,随着储层厚度的增加,水平井与直井产能的倍数比下降;各相异性越强,产能比例越高;水平井钻井时间及工艺难度都大于直井,对储层的伤害也会大于直井,实际上水平井产能一般比理论值要低。

依据板南储气库储层的实际情况,假定水平段长度300m,在不考虑储层伤害、各向异性的基础上,理论计算水平井产能是直井的3～5倍。

目前大张坨储气库群采用的水平井只有板中北储气库的库3-18井,该井的生产特点对新建储气库具参考意义。库3-18井目的层为板2油组2小层,储层有效厚度6m,水平段长度330m,油层套管直径157.1mm,该井于2009年完井,同年11月投产,8.2mm油嘴最高日产气不足$50×10^4m^3$,低于同期绝大多数直井产量,与邻井库3-12井产量基本相当,但生产时间短于库3-12井,如图2-3-17所示。库3-18井、库3-12井的构造位置基本一致,储层物性相同,初期气、液产量以及油压都非常接近,但水平井的套压一直低于直井。生产初期两口井的产量与压力出现相同的下降速度,但生产1个月以后,水平井的油压下降速度明显高于直井,反映为水平井的流体及能量供给不足,结合该井注气难度明显大于直井的现象,分析认

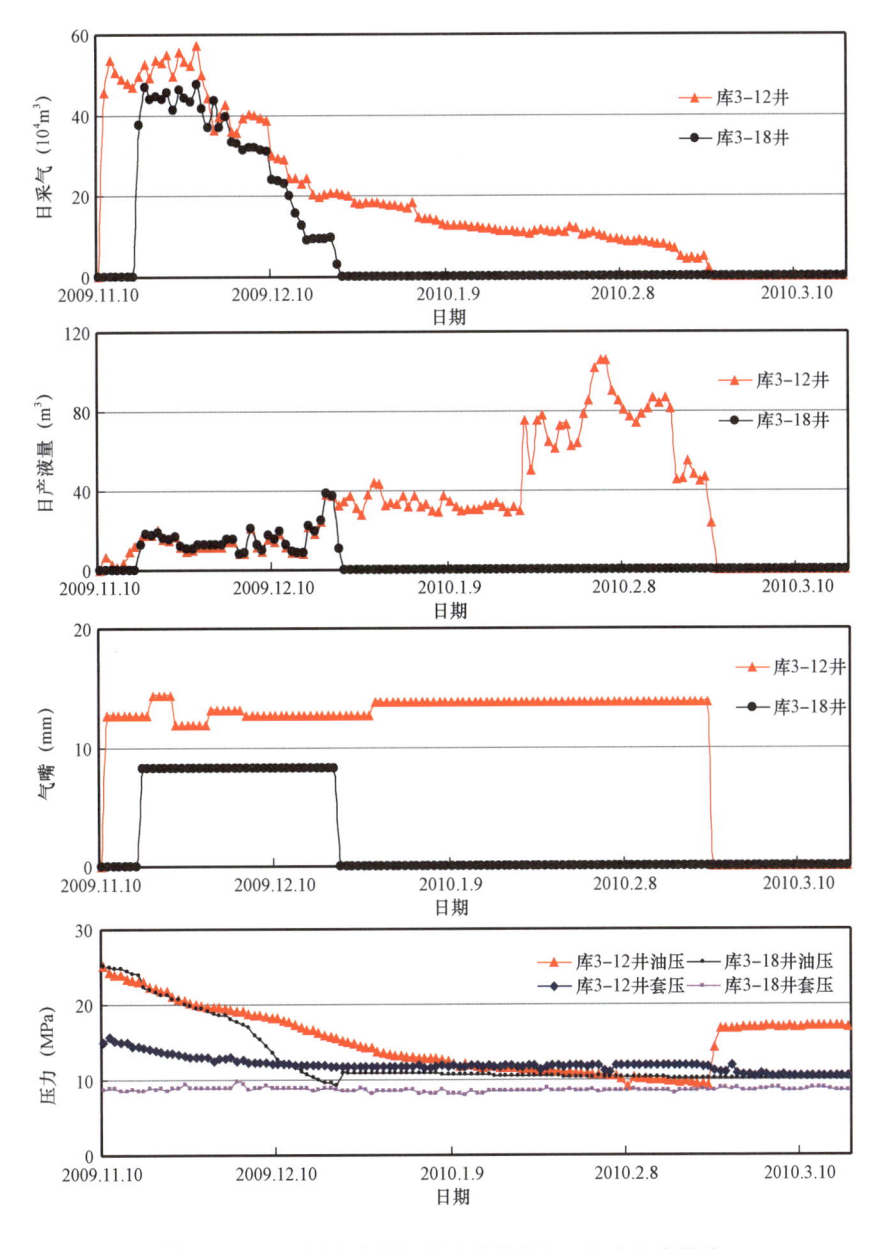

图2-3-17 板中北储气库水平井库3-18井生产曲线

为,水平井因钻井、完井的难度和时间都大于直井,可能造成储层伤害,出现水平井产量与直井产量相近的现象。由此得到启示:水平井不一定能明显增大供给范围,对于储层物性良好的储气库,在难以实现储层有效保护的前提下,慎用水平井。

(二)储气库单井注气能力设计

单井注气能力设计与采气能力设计原理类似。地层注入能力应主要依据气井注气现场试验数据,但由于板南储气库没有现场注气试验数据,因此借用储层物性与之相近的板876储气库实际注气数据,确定板南气井注入能力。

板876气库单井实际采气量一般在 $10 \times 10^4 \sim 45 \times 10^4 \text{m}^3/\text{d}$ 之间,而注气量则可达 $15 \times 10^4 \sim 60 \times 10^4 \text{m}^3/\text{d}$,实际生产表明,气井注气能力大于气井采气能力,如图2-3-18所示,故板南储气库各断块新钻井注气能力应不低于采气能力,本次设计注气能力与采气能力相同。即板南储气库在13~31MPa的压力运行区间,板G1断块单井注气能力为 $20 \times 10^4 \sim 45 \times 10^4 \text{m}^3/\text{d}$,白6断块为 $25 \times 10^4 \sim 60 \times 10^4 \text{m}^3/\text{d}$,白8断块为 $10 \times 10^4 \sim 25 \times 10^4 \text{m}^3/\text{d}$。

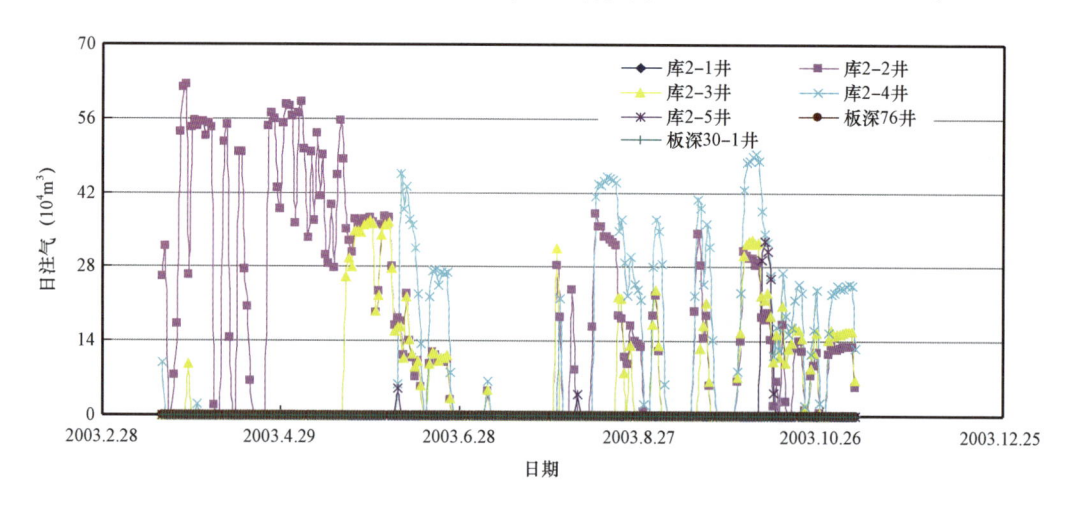

图2-3-18 板876储气库实际注、采气能力曲线

(三)井型、井径的优化设计

1. 井型的优化设计

目前按井眼通过油(气)层的轨迹划分为直井和水平井两大类。直井是当前国内外最常用的井型之一。它的钻井工艺、完井工艺、固井工艺、采油措施工艺具有简单成熟的特点。水平井是20世纪80年代兴盛起来的一种新井型,进入90年代以来,已发展到钻井、完井、开发相结合的程度。常规水平井的井眼轨迹一般包括直井段、造斜段和油层部位的水平段。通常由于水平井段增加了油(气)藏的渗滤面积和供油区体积,使单井产量高于普通直井。

直井一般条件下可适用于任何类型油气藏,而水平井对油气藏储层有一定适应范围,常规参数如下(其中第5项、第6项、第7项储气库井可不参考):

(1)油藏深度<4000m;

(2)油气层厚度≥2m;

(3) 参数 $h \times (K_h/K_v)/2$ 小于 100，该参数一是限制油层厚度不能太大，二是要求垂直渗透率不能太小；

(4) 参数 $Kh \geq 60\text{mD} \cdot \text{m}$，该参数要求地层系数要高，限制渗透率不能太低；

(5) 泄油面积不能太小，水平井区可采储量 $\geq 0.8 \times 10^4 \text{t}$；

(6) 直井千米井深日产油 ≥ 2.5；

(7) 油层压力/原始压力 ≥ 0.85。

目前，国内水平井应用技术已经日趋成熟，特别是大港油田近几年在水平井应用上已取得了丰富的经验和良好效果，而且国际上新区块钻井也大多采用水平井钻井。因此在储气库设计中，根据板南各断块实际情况，对水平井井型进行了分析。理论上一口水平井的产能可以替代两口直井，但对于多层分布的气库来说，则会降低气井对储层的控制程度，一口水平井无法取代两口直井对储层的控制。

板 G1 断块目的层滨Ⅳ油组，纵向上分为四个小层，层多且厚度分布不均，如表 2-3-15、图 2-3-19 所示，如果钻水平井无法达到储层的全部利用，对储气库库容的利用造成较大的损失，因此，该断块宜采用直井井型，便于有效控制纵向储层，以达到全部利用储气库库容的目的。

表 2-3-15　板 G1 断块储层物性参数统计表

小层	砂厚（m）	孔隙度（%）	渗透率（mD）
滨Ⅳ1 平均	6.20	6.25	1.40
滨Ⅳ2 平均	12.55	14.87	809.22
滨Ⅳ3 平均	17.95	14.32	426.51
滨Ⅳ4 平均	5.00	7.34	7.83
平均	10.43	10.69	311.24

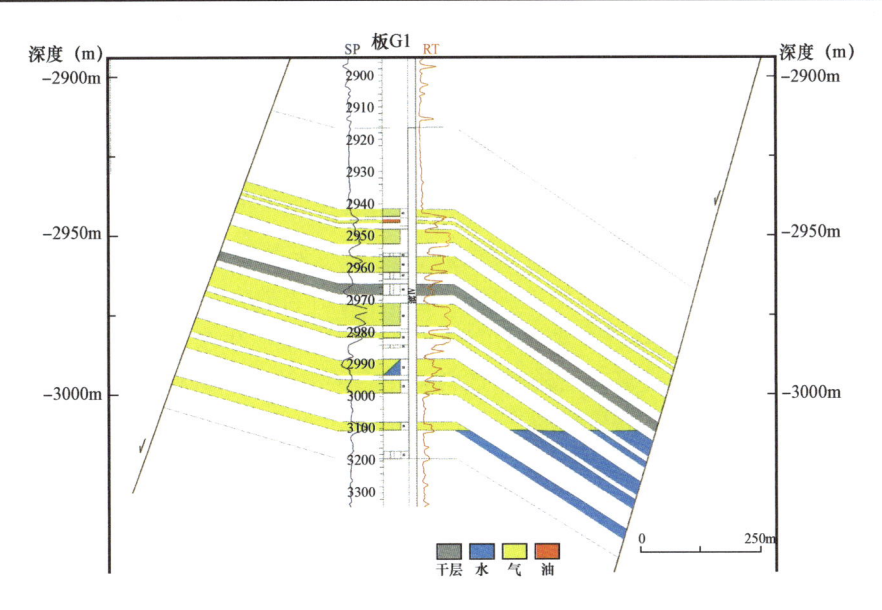

图 2-3-19　板 G1 断块滨Ⅳ油组气藏剖面图

白6断块均为构造—岩性气藏,气藏同时受到岩性边界与断层的控制。白6断块目的层纵向上分为2个小层,如图2-3-20所示,板3油组1小层有效厚度2.1m,2小层厚度10.4m,2小层储量占白6断块总储量的82.5%。从储层的有效厚度及天然气储量分布情况看,白6断块不具备钻水平井的条件;若该断块采用水平井可以提高单井产能,但降低储层的控制程度,减少了储气库库容量及工作气量,因此白6储气库不采用水平井生产。

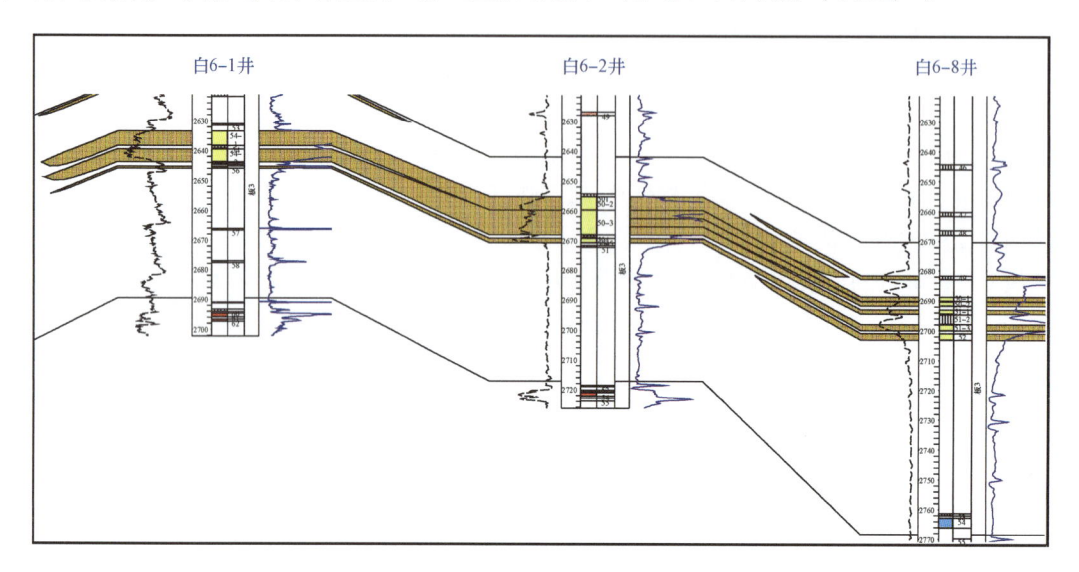

图2-3-20 白6断块气藏剖面图

白8断块均为构造—岩性气藏,该断块的气层主要集中在板1油组的1小层,储层有效厚度11.4m,储层分布情况具备钻水平井的条件,因此,该断块可以采用水平井。

2. 井径的优化

合理的油管尺寸是发挥气藏地质生产能力、节约钻井投资的重要因素。板南储气库群各断块气井油管尺寸大小的选择主要从安全生产和满足产能两方面考虑:

(1)板G1、白6设计的单井最高合理采气能力为 $45 \times 10^4 \sim 60 \times 10^4 \mathrm{m}^3/\mathrm{d}$,若采用73mm油管已达到冲蚀流速流量,选用88.9mm油管,不仅可满足油管的安全生产,而且满足产能需要,板G1断块、白6断块气井选用88.9mm油管。

(2)白8断块若采用直井井型,则单井最高合理采气能力低于 $30 \times 10^4 \mathrm{m}^3/\mathrm{d}$,采用73mm油管可以满足安全生产。在地层渗滤能力许可范围内,适当放大生产压差,产能将进一步提高,考虑到调峰产量油管安全生产的要求,可选用114.3mm油管生产。

储气库单井注采气能力计算方法较多,通常采用多种方法分别进行计算,最后综合评价确定取值。常见的方法有应用试井资料的二项式法、指数式法,应用试采资料的采气指数法,地层渗流与井筒垂直管流相结合的节点法,应用统计规律与单点稳定产量的一点法以及依据静态资料的地层系数类比法等,其中节点法是储气库单井产能设计常用的方法。

板南储气库通过采气指数法、节点法及经验类比法三种方法计算结果对比,比采气指数法、节点法和无阻流量类比法的计算结果恰巧一致(表2-3-16),在上限压力时的平均产能均为 $43 \times 10^4 \mathrm{m}^3/\mathrm{d}$,地层系数类比法计算的最高产能为 $50 \times 10^4 \mathrm{m}^3/\mathrm{d}$,比其他方法计算结果偏高,初步认为地层系数与实际存在一定的偏差所致。

表2-3-16 板南储气库气井各方法产能计算结果对比表

断块	比采气指数法产能 ($10^4 m^3/d$)		节点法产能 ($10^4 m^3/d$)		类比法最高产能 ($10^4 m^3/d$)	
	下限压力	上限压力	下限压力	上限压力	地层系数	无阻流量
板G1	19	45	20	45	60	47
白6	24	58	25	60	60	60
白8	10	25	10	25	31	27
板南平均	18	43	18	43	50	45

综合分析认为,节点法的理论基础较为完善,计算参数选取合理,计算结果可靠,板南储气库气井采气能力选用节点法的计算结果。即板G1断块气井的单井合理产能 $20 \times 10^4 \sim 45 \times 10^4 m^3$,白6断块单井合理产能为 $25 \times 10^4 \sim 60 \times 10^4 m^3$,白8断块气井的合理产能 $10 \times 10^4 \sim 25 \times 10^4 m^3$。

单井注气能力设计与采气能力设计原理类似。地层注入能力应主要依据气井注气现场试验数据,但由于板南储气库没有现场注气试验数据,因此借用储层物性与之相近的板876储气库实际注气数据,确定板南气井注入能力。

板876储气库单井实际采气量一般在 $10 \times 10^4 \sim 45 \times 10^4 m^3/d$ 之间,而注气量则可达 $15 \times 10^4 \sim 60 \times 10^4 m^3/d$,实际生产表明,气井注气能力大于气井采气能力,故板南储气库各断块新钻气井注气能力应不低于采气能力,本次设计注气能力与采气能力相同。即板南储气库在 $13 \sim 31 MPa$ 的压力运行区间,板G1断块单井注气能力为 $20 \times 10^4 \sim 45 \times 10^4 m^3/d$,白6断块为 $25 \times 10^4 \sim 60 \times 10^4 m^3/d$,白8断块为 $10 \times 10^4 \sim 25 \times 10^4 m^3/d$。

五、储气库方案设计

(一)方案设计原则

(1)按照建库目的,以实现有效工作气量为目标,同时考虑市场运行规律进行设计;
(2)在砂体发育、有效厚度大、连通程度高的部位布井,确保钻井成功率和单井高产;
(3)远离断层防止破坏气库密封性;
(4)在气顶部位部署注采井,确保单井生产能力和工作气量规模,并实现逐步扩容;
(5)注采井以新钻井为主,为减少投资,优选可利用的老井做生产井和监测井,预留适当的井数作接替井,以保证储气库的安全长效运行。

(二)方案运行指标

(1)储气库每年的采气期为11月16日至第二年的3月15日,生产120天,日产水平 $356 \times 10^4 m^3/d$,有效工作气量 $4.27 \times 10^8 m^3$;
(2)储气库每年的注气期为3月26日至10月31日,共220天,气库日注气水平 $194 \times 10^4 m^3/d$,阶段注气 $4.27 \times 10^8 m^3$;
(3)储气库运行压力为 $13 \sim 31 MPa$。

(三)方案设计与比选

1. 方案设计

按照方案设计原则,以实现设计工作气量为主要目标,以适应市场用气规律为前提,依据各断块单井合理产能和极限产能设计了三套方案,见表2-3-17。三套方案运行压力区间及工作气量均相同,方案一以气井合理产能为基础,全部利用新井注采;方案二以气井极限产能为依据,注采井全部采用新井;方案三以气井合理产能为基础,以新井注采气、老井采气为特点。以方案三为推荐方案。

表2-3-17 板南储气库方案设计表　　　　　　　　　　　单位:口

方案	总井数	新钻井	老井	生产井						监测井				
				小计	新井			老井			小计	新井	老井		
					白6	白8	板G1	白6	白8	板G1		板G1	板G1	白6	白8
方案一	24	16	8	16	6	4	6				8		2	3	3
方案二	21	13	8	13	5	3	5				8		2	3	3
方案三	23	12	11	15	3	3	5	3		1	8	1	1	3	3

方案一:以合理产量为基础,生产井全部采用新井,监测井全部利用老井;共设计新钻生产井16口,新井全部采用注采井身结构;监测井全部利用老井,井数为8口。

方案二:以极限产量为基础,生产井全部采用新井,监测井全部利用老井;考虑降低投资情况下适当减少新钻井,放大生产压差,提高单井注采能力。设计新钻生产井13口,新井全部采用注采井身结构;与方案一相比,在板G1断块、白6断块和白8断块各减少1口注采井,监测井与方案一相同。

方案三:以合理产量为基础,在方案一基础上,优选部分老井采气,减少新钻井,节约投资。方案设计新钻生产井11口,在板G1断块新钻监测井1口,总计钻新井12口;注气井利用11口新井,采气井利用11口新井及优选4口老井(板G1、白6-1、白6-6、白6-8),采气井总数为15口;注气井井数11口,比方案一少5口,单井注气能力及压缩机注气压力相应提高,注气能力仍能满足储气库需要,采气井总井数比方案一少1口;储气库监测井与方案一相同,监测系统完善。

2. 方案比选

在满足工作气量 $4.27 \times 10^8 \mathrm{m}^3$ 的指标前提下,对储气库生产运行的关键因素进行分析对比,并由此选定推荐方案。

1)方案井数

方案井数决定了储气库建设的投资规模和生产规模,是储气库方案的关键性指标之一。

方案总井数,方案一总井数最多,达到24口,方案二为21口,方案三为23口,方案二总井数最少;新钻井数上看:方案一新钻井最多,达到16口,方案二为13口,方案三为12口,方案三新钻井最少,投资最小,从投资规模看,方案三为优选方案。

2)调峰能力

调峰能力是衡量储气库生产规模的关键性指标。

依据储气库设计压力与设计气井产气能力表2-3-18,结合市场用气规律,计算板南储气库气井满负荷生产的运行曲线图(图2-3-21至图2-3-23)。

表2-3-18 板南储气库方案指标汇总表

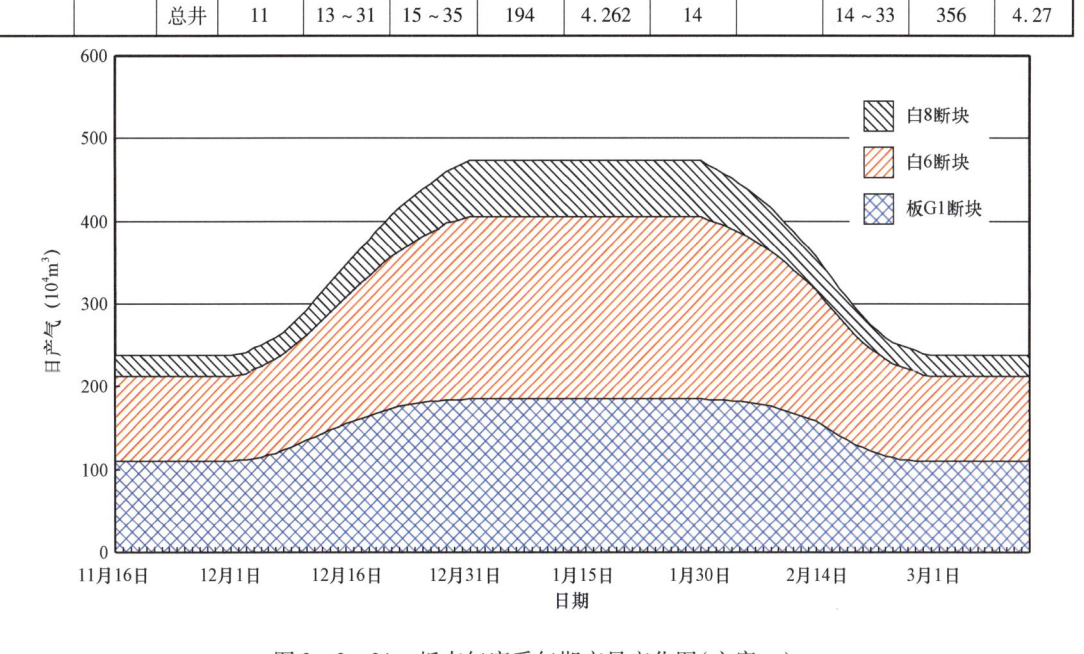

方案	断块	井别	注气期220天					采气期120天				
^	^	^	井数(口)	压力区间(MPa)	单井日注气($10^4 m^3$)	气库日注气水平($10^4 m^3$)	阶段注气量($10^8 m^3$)	井数(口)	压力区间(MPa)	单井日采气($10^4 m^3$)	气库日产水平($10^4 m^3$)	阶段采气量($10^8 m^3$)
方案一	白6	新井	6	13~31	25~60	88	1.94	6	13~31	25~60	162	1.94
^	白8	^	4	13~31	10~25	24	0.53	4	13~31	10~25	44	0.53
^	板G1	^	6	13~31	20~45	82	1.80	6	13~31	20~45	150	1.80
^	合计	^	16	13~31	15~35	194	4.26	16	13~31	15~35	356	4.27
方案二	白6	新井	5	13~31	32~103	88	1.94	5	13~31	32~103	162	1.94
^	白8	^	3	13~31	15~36	24	0.53	3	13~31	15~36	44	0.53
^	板G1	^	5	13~31	28~62	82	1.80	5	13~31	28~62	150	1.80
^	合计	^	13	13~31	20~54	194	4.26	13	13~31	20~54	356	4.27
方案三	白6	新井	3	13~31	25~60	88	1.94	3	^	25~60	106	1.27
^	^	老井						3	13~31	15~30	56	0.67
^	白8	新井	3	13~31	10~25	24	0.53	3	^	10~25	44	0.53
^	板G1	新井	5	13~31	20~45	82	1.80	5	^	20~45	150	1.80
^	合计	新井	11		15~35	194	4.26	11	^	15~35	300	3.60
^	^	老井						3	13~31	5~30	56	0.67
^	^	总井	11	13~31	15~35	194	4.262	14	^	14~33	356	4.27

图2-3-21 板南气库采气期产量变化图(方案一)

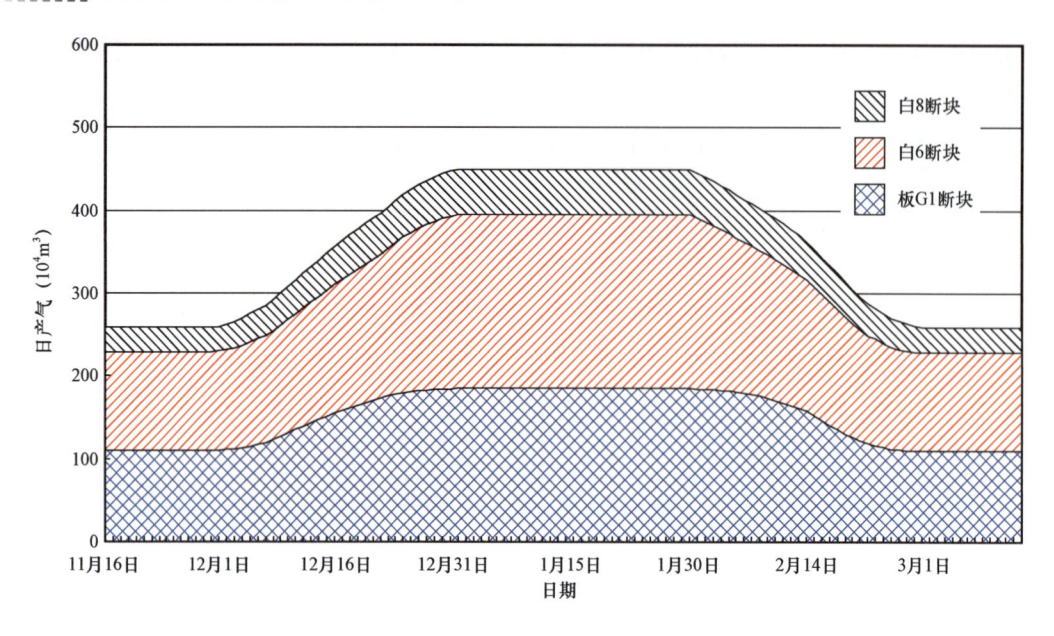

图 2-3-22　板南气库采气期产量变化图(方案二)

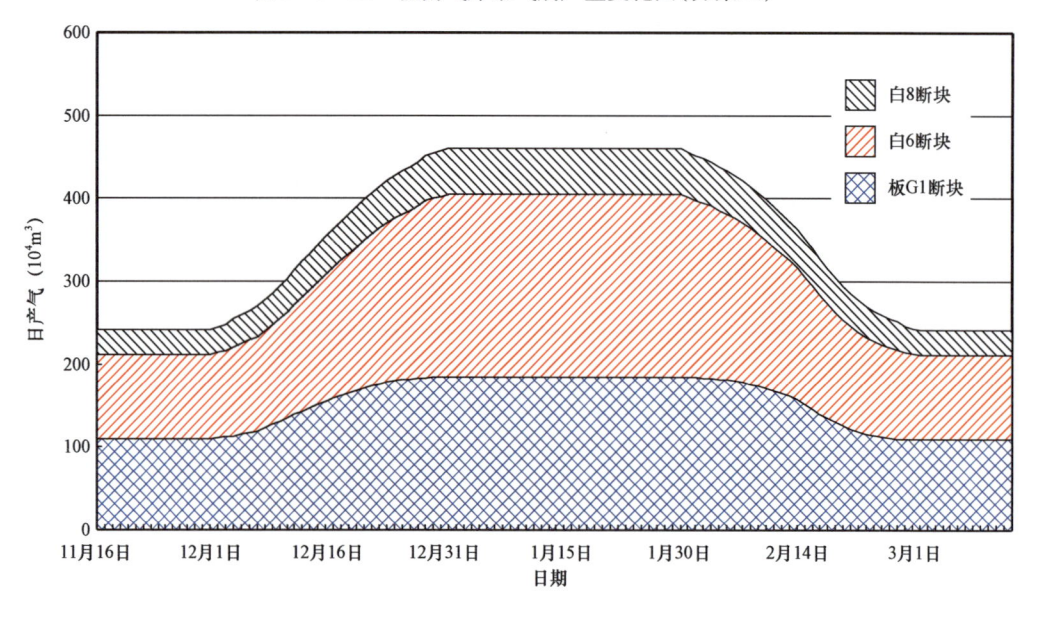

图 2-3-23　板南气库采气期产量变化图(方案三)

方案一最大日调峰能力达到 $473\times10^4m^3$,方案二最大日调峰能力 $450\times10^4m^3$,方案三最大日调峰能力为 $460\times10^4m^3$,调峰期均为每年最冷的 1 月份,三套方案最大调峰产量可保证一月份 31 天的需求。从方案调峰能力对比看,方案一的调峰能力最强,其次为方案三,方案二调峰能力最低,方案一的最大日调峰能力比方案二高 $23\times10^4m^3$。

1 月累计采气量对比结果是方案一累计采气最高,达到 $1.47\times10^8m^3$,方案二为 $1.40\times10^8m^3$,方案三为 $1.43\times10^8m^3$。方案三比方案一低 $0.04\times10^8m^3$,比方案二高 $0.03\times10^8m^3$(表 2-3-19)。从调峰能力和最冷 1 月累计采气量看,方案一最好,方案三优于方案二。

表 2-3-19 板南储气库方案指标对比表

方案	采气井(口) 总井	采气井(口) 新井	峰谷比	峰值气量 ($10^4 m^3/d$)	低值气量 ($10^4 m^3/d$)	峰值天数 (d)	一月份采气量 ($10^8 m^3$)	工作气量 ($10^8 m^3$)
方案一	16	16	1.99	473	238	31	1.47	4.27
方案二	13	13	1.74	450	259	31	1.40	4.27
方案三	15	11	1.90	460	242	31	1.43	4.27

3)气井生产安全性

气井生产过程中是否出砂是决定气井能否正常生产的关键因素,也决定了气井生产的安全性。

从气井生产安全性看,方案一、方案三以气井合理产量生产,生产压差合理,储层不会出砂,气井生产安全,储气库运行平稳;方案二采用气井极限产量生产,对应的生产压差放大到出砂压差附近,储层有出砂风险,气井存在一定的安全隐患。由此看来,方案二的风险较大。

综合分析,方案三充分利用老井采气,新钻井数最少,生产压差合理,气井运行安全,投入产出比高,作为推荐方案;方案二投入产出比较高,但生产压差大,气井安全生产存在一定风险,作为备选方案;方案一运行安全,调峰能力强,但投资大,作为对比方案。

六、建库部署井网方案设计

板南储气库群注采井网的设计原则包括以下几个方面:

(1)按照供气市场运行规律,以实现有效工作气量和调峰产量为双重目标进行井数设计;

(2)为确保钻井成功率和单井高产,在砂体发育、有效厚度大、连通程度高的部位布井;

(3)为确保库容动用率,部署井网对储气库全覆盖。

(4)为确保储气库气库密封性,部署井远离断层200m以上;

(5)根据储气库边部有水体侵入的特点,优先在气藏部位部署注采井,并实现逐步扩容;

(6)为保证注采井质量,注采井以新钻井为主;

(7)为减少投资,优选可利用的老井做生产井和监测井;

(8)为储气库安全长效运行和录取资料的准确及时全面,部署必要的监测井;

按照注采井网方案设计原则,以实现设计工作气量为主要目标,以适应市场用气规律为前提,依据各断块单井合理产能和极限产能设计了三套方案(表2-3-20)。三套方案运行压力区间及工作气量均相同,方案一以气井合理产能($40 \times 10^4 m^3/d$)为基础,全部利用新井注采;方案二以气井极限产能($60 \times 10^4 m^3/d$)为依据,注采井全部采用新井;方案三以气井合理产能为基础,以新井注采气、老井采气为特点。

表 2-3-20 板南储气库方案设计表 单位:口

方案	总井数	新钻井	老井	生产井 新井 白6	生产井 新井 白8	生产井 新井 板G1	生产井 老井 白6	生产井 老井 白8	生产井 老井 板G1	小计	监测井 新井 板G1	监测井 老井 板G1	监测井 老井 白6	监测井 老井 白8	小计
方案一	24	16	8	6	4	6				16	2	3	3		8
方案二	21	13	8	5	3	5				13	2	3	3		8
方案三	23	12	11	3	3	5	3		1	15	1	1	3	3	8

七、监测方案

为了保障地下储气库顺利、安全、长久、有效的运行,及时获得各种地质信息,做好储气库运行过程中的信息监测工作是十分必要的。根据监测信息,进行储气库运行参数的动态分析和运行方案的动态调整是必不可少的。

(一)储气库监测体系的建立

(1)建立全方位、立体化监测体系。包括:

① 对储气库盖层、断层、井壁的密封性监测;

② 对储气库内压力场、温度场、流体场的监测,对储气库含气范围外的压力、流体监测。

③ 对注采井生产能力、井流物性质监测;

④ 对储层物理、化学性质的监测等。

(2)建立全过程、永久化的监测体系,包括:

① 储气库建设前期的监测,包括静态、动态参数、老井井况、流体性质及分布。

② 储气库建设过程的监测,包括钻井、完井、录井、测井、试气等过程的资料录取。

③ 储气库建设后的监测,包括生产过程中的动静态参数的监测等。

(二)监测内容

板南地下储气库群自建设运营开始,为掌握其运行规律,为以后储气库正常运行管理提供经验,重点开展了以下内容的监测。

1)生产动态资料录取

采气井:记录油嘴、日产油、日产气、日产水、井口油压、套压、回压、流压、流温、井口温度、含水、含砂等数据,计算月、年、累计时间的油、气、水产量。同时记录分离器温度及压力等数据,建立单井日报系统及单井生产数据库。

注气井:记录日注气量、压缩机出口压力、压缩机出口温度、井口油压、套压、井口温度等数据,建立单井日报系统及单井注气数据库,计算月、年、累计注气量数据。

2)压力及温度监测

每断块选择1口注采井进行毛细管压力检测,以及时了解储气库压力变化;

储气库停气期内所有井测取静压、静温等资料。

3)流体分析

为了及时掌握储气库内流体分布及移动规律有必要进行流体取样分析,在采气期及注气期内每月进行一次注、采井流体取样,样品(包括油、气、水)进行全分析。

4)固井及套管检测

为了监测固井质量及检查套管密封性,在储气库运行3~4个周期后,利用停气期对储气库的注、采转换井进行放射性测量,尤其对固井质量差的部位进行重点监测,以掌握是否有渗漏现象发生。

八、推荐方案部署与实施建议

(一) 推荐方案部署

通过对设计的三套方案运行指标进行对比(表2-3-21),方案三充分利用老井采气,新钻井数最少,生产压差合理,气井运行安全,投入产出比高,作为推荐方案;方案二投入产出比较高,但生产压差大,气井安全生产存在一定风险,作为备选方案;方案一运行安全,调峰能力强,但投资大,作为对比方案。

方案三经评审后,对方案三进行了优化设计,见表2-3-21和图2-3-24。优化方案与原可研方案对比来看,总井数减少1口(新钻井数减少了2口,老井利用增加1口),新钻井分别是在板G1和白8断块各减少了1口生产井,其余没有变化。老井在白8断块增加了1口监测井。

表2-3-21 板南储气库群推荐方案 单位:口

类别	总井数	新钻井	老井	生产井 新井 白6	新井 白8	新井 板G1	老井 白6	老井 白8	老井 板G1	小计	监测井 新井 板G1	老井 板G1	老井 白6	老井 白8	小计
原可研	19	10	9	2	2	5	3			12	1	2	2	2	7
优化推荐方案	18	8	10	2	1	4	3			10	1	2			8
差值	-1	-2	-1		-1	-1				-2					1

白8断块原来是2口直井,现改成1口水平井,水平井产能是直井产能的近2.5倍,因此白8断块整体生产能力没有受到影响。板G1断块新完钻的板G1库4井预计比原来设计的单井生产能力提高近34%,4口生产井完钻后提高的生产能力基本上抵消取消1口井对生产能力的影响,因此板G1断块整体生产能力基本也不受影响。优化后方案的变化不影响原可研方案设计的储气库调峰指标。

(二) 专家审定后的优选方案

专家评审后一致认为,拟建板南储气库群的板G1、白6、白8三个断块构造落实,储层分布稳定,气层连续性好,埋藏深度适中,断层及盖层封闭性好,满足储气库的建库条件。

1. 方案井数指标

依据板G1、白6、白8三个断块的地质特征、气井产能等进行了进一步的深入研究,对各断块的储气库参数指标以及方案进行了优化调整,确定板南储气库群三个断块总井数18口,新钻新井8口(注采井7,监测井1口);老井利用10口(采气井3口,监测井7口)。

其中,白6断块新钻注采井2口,老井利用5口(监测井2口,采气井3口),总井数7口;白8断块新钻注采井1口(水平井),3口老井作为监测井,总井数4口;板G1断块新钻注采井4口,设计监测井3口(新钻监测井1口,2口老井板深30井、板G1井进行评价合格后,作为监测井利用),总井数7口。

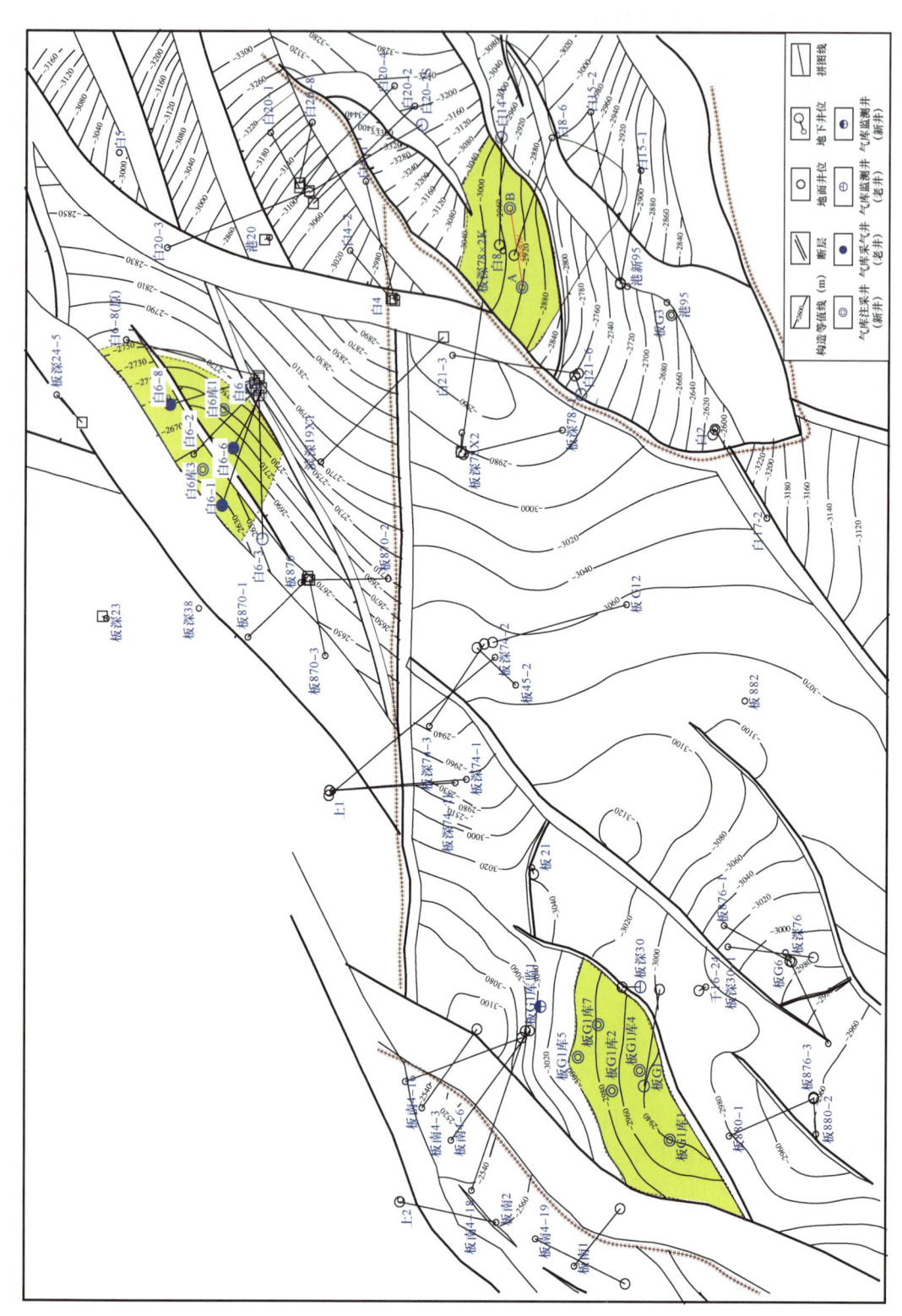

图2-3-24 板南储气库群方案部署图

优化方案与原可研方案对比来看,总井数减少1口(新钻井数减少了2口,老井利用增加1口),新钻井分别是在板 G1 和白 8 断块各减少了一口生产井,其余没有变化。老井在白 8 断块增加了 1 口监测井。

白 8 断块原来是 2 口直井,现改成 1 口水平井,水平井产能是直井产能的近 2.5 倍,因此白 8 断块整体生产能力没有受到影响。板 G1 断块新完钻的板 G1 库 4 井预计比原来设计的单井生产能力提高近 34%,4 口生产井完钻后提高的生产能力基本上抵消取消 1 口井对生产能力的影响,因此板 G1 断块整体生产能力基本也不受影响。优化方案的变化不影响原可研方案设计的储气库调峰指标。

2. 库容量指标

1)地质储量复算

2012 年 11 月 18 日,国土资源部油气评审组通过了板南储气库群 3 个区块储量复算评估报告。板南储气库群 3 个区块复算后天然气地质储量 11.69×10⁸m³,可采储量 8.88×10⁸m³,凝析油地质储量 34.08×10⁴t,可采储量 10.11×10⁴t,其中:白 8 断块板 1 油组天然气地质储量 2.99×10⁸m³,凝析油地质储量 6.32×10⁴t(8.15×10⁴m³)。白 6-1 断块板 3 油组天然气地质储量 4.10×10⁸m³,凝析油地质储 5.28×10⁴t(6.89×10⁴m³),含气面积 0.97km²。板 G1 断块滨Ⅳ油组天然气地质储量 4.60×10⁸m³,凝析油地质储 22.48×10⁴t(29.16×10⁴m³),含气面积 0.91km²,见表 2-3-22。

表 2-3-22 板南储气库群 3 个断块复算后天然气储量数据表

断块	层位	储量状态	含气面积(km²)	有效厚度(m)	有效孔隙度(%)	含气饱和度(%)	地层压力(MPa)	地层温度(℃)	气体偏差系数	干气摩尔分量	气油比(m³/m³)	凝析油含量(cm³/m³)	天然气储量 地质(10⁸m³)	天然气储量 技术可采(10⁸m³)	天然气储量 技术采收率(%)	凝析油储量 地质 重量(10⁴t)	凝析油储量 地质 体积(10⁴m³)	凝析油储量 技术可采 重量(10⁴t)	凝析油储量 技术可采 体积(10⁴m³)	技术采收率(%)
白8	板1	已开发	0.56	13.9	22.0	65.0	39.73	122.01	1.049	0.964	3672	263	2.99	2.12	71	6.32	8.15	2.21	2.85	35
白6-1	板3	已开发	0.97	10.5	24.0	70.0	31.51	104.81	0.986	0.976	5783	164	4.10	3.26	79.5	5.28	6.89	2.28	2.98	43.2
板G1	滨Ⅳ	已开发	0.91	20.1	17.0	65.0	31.23	114.98	0.942	0.918	1577	582	4.60	3.50	76	22.48	29.16	5.62	7.29	25
合计			2.44										11.69	8.88		34.08	44.20	10.11	13.12	

2)剩余可采储量

截至 2012 年 10 月,3 个断块探明天然气可采储量 8.88×10⁸m³,累计采气 6.08×10⁸m³,剩余可采储量 2.80×10⁸m³,其中:白 8 断块探明天然气可采储量 2.12×10⁸m³,累计采气 1.02×10⁸m³,剩余可采储量 1.1×10⁸m³;白 6 断块探明天然气可采储量 3.26×10⁸m³,累计采气 3.03×10⁸m³,剩余可采储量 0.23×10⁸m³;板 G1 断块探明天然气可采储量 3.50×10⁸m³,累计采气 2.03×10⁸m³,剩余可采储量 1.47×10⁸m³。

3)库容量指标重新计算

根据储量复算成果对板南储气库群库容量指标进行了重新计算。板南储气库群 3 个断块总库容 10.13×10⁸m³,基础垫气量 2.13×10⁸m³,附加垫气量 3.73×10⁸m³,总垫气量 5.86×10⁸m³,工作气量 4.27×10⁸m³。其中:板 G1 断块库容 4.55×10⁸m³,基础垫气量 1.21×10⁸m³,附加垫气量 1.54×10⁸m³,总垫气量 2.75×10⁸m³,工作气量 1.80×10⁸m³;白 6 断块库容 3.51×10⁸m³,基础垫气量 0.68×10⁸m³,附加垫气量 0.89×10⁸m³,总垫气量 1.57×10⁸m³,工作气

量 $1.94\times10^8\mathrm{m}^3$;白 8 断块库容 $2.07\times10^8\mathrm{m}^3$,基础垫气量 $0.24\times10^8\mathrm{m}^3$,附加垫气量 $1.30\times10^8\mathrm{m}^3$,总垫气量 $1.54\times10^8\mathrm{m}^3$,工作气量 $0.53\times10^8\mathrm{m}^3$,见表 2-3-23。

表 2-3-23　板南储气库群 3 个断块气库运行参数表

储气库运行参数	板 G1 断块	白 6 断块	白 8 断块	合计
压力区间(MPa)	18~31	13~31	22~31	13~31
库容量($10^8\mathrm{m}^3$)	4.55	3.51	2.07	10.13
基础垫气量($10^8\mathrm{m}^3$)	1.21	0.68	0.24	2.13
附加垫气量($10^8\mathrm{m}^3$)	1.54	0.89	1.30	3.73
总垫气量($10^8\mathrm{m}^3$)	2.75	1.57	1.54	5.86
工作气量($10^8\mathrm{m}^3$)	1.80	1.94	0.53	4.27

3. 储气库运行指标

板南储气库群在 120 天的采气期内,平均日采气 $356\times10^4\mathrm{m}^3$,储气库峰值产气量为平均日产气量的 1.1~1.2 倍,则储气库峰值日产气量 $427\times10^4\mathrm{m}^3$,在 220 天的注气期内,平均日注气 $194\times10^4\mathrm{m}^3$。

表 2-3-24　板南储气库运行指标汇总表(专家优化方案)

断块	井别	井数(口)	注气期 220 天 压力区间(MPa)	单井注气能力($10^4\mathrm{m}^3$)	平均单井日注($10^4\mathrm{m}^3$)	气库日注气水平($10^4\mathrm{m}^3$)	阶段注气量($10^8\mathrm{m}^3$)	井数(口)	采气期 120 天 压力区间(MPa)	单井日采气($10^4\mathrm{m}^3$)	平均单井日采气($10^4\mathrm{m}^3$)	气库日产气水平($10^4\mathrm{m}^3$)	阶段采气量($10^8\mathrm{m}^3$)
白 6	新井	2	13~31	25~60	44	88	1.94	2	13~31	25~60	44	88	1.06
	老井							3		15~30	25	74	0.88
白 8	新井	1	22~31	20~50	24	24	0.53	1	22~31	20~50	44	44	0.53
板 G1	新井	4	18~31	20~55	21	82	1.80	4	18~31	20~55	37	150	1.80
合计	新井	7	13~31	20~60	28	194	4.27	7	22~55	40	282	3.39	
	老井							3	13~31	15~30	25	74	0.88
	总井	7		10~60	28	194	4.27	10		10~60	36	356	4.27

4. 第一周期运行指标

1)第一注气期

目前,各气藏地层压力都较低,板 G1 断块、白 6 断块、白 8 断块压力低于储气库运行的下限压力,第一注气期比正常运行周期多注入部分气量,作为附加垫气量以弥补地层能量,总体上预计第一周期累计注气 $5.2\times10^8\mathrm{m}^3$,其中:工作气量 $4.27\times10^8\mathrm{m}^3$,补充垫气量 $0.93\times10^8\mathrm{m}^3$(附加垫气量 $3.73\times10^8\mathrm{m}^3$ 减去剩余可采 $2.8\times10^8\mathrm{m}^3$)。

由于各气藏在开发末期没有静压测试资料,利用流压等资料估算白 6 气藏、白 8 气藏、板 G1 气藏目前的地层压力分别为 9MPa、6MPa、11MPa 左右,低于储气库运行下限压力 13MPa,因此第一个注气周期比储气库正常运行周期多注 $0.93\times10^8\mathrm{m}^3$。板南储气库平均日注气 236

×10⁴m³,平均单井日注 34×10⁴m³。在第一个注气期末,各断块地层压力从目前水平上升到 31MPa。

白 6 断块只有 2 口注气井,在 220 天要完成 2.60×10⁸m³ 的注气量,其中:工作气量 1.94×10⁸m³,补充垫气量 0.66×10⁸m³(附加垫气量 0.89×10⁸m³ 减去剩余可采 0.23×10⁸m³)。平均单井日注水平 59×10⁴m³,注气压力较大,直井注气能力在 25×10⁴~60×10⁴m³ 之间。储气库在地层压力较高时的注气能力将低于平均注气能力,而在地层压力较低时气井具有较强的注气能力。因此,在低压时必须保证日供气 100×10⁴m³ 以上,否则,该断块将难以实现预定的库容和工作气量指标。

2)第一采气期

板 G1 气藏、白 6 气藏、白 8 气藏尽管在开发上表现为定容特征,但各井生产过程中少量产水(日产水 0.1~2.8m³,水气比在 0.03×10⁴~2.4m³/10⁴m³ 之间);另外,各断块都为凝析气藏,凝析油占有一定的储集空间,初期对库容和工作气量有一定的影响,综合考虑凝析油和水两方面因素,估算板 G1、白 6、白 8 三个断块第一采气期累计采气分别为 1.38×10⁸m³、1.49×10⁸m³ 和 0.26×10⁸m³。

气库第一采气期日采气量 262×10⁴m³,阶段采气量 3.13×10⁸m³,达到工作气量的 78%,见表 2-3-25。

第一注采期末将有 2.07×10⁸m³ 天然气转为垫气量。

表 2-3-25 板南储气库第一注采周期指标预测表(专家优化方案)

断块	注气期 220 天							采气期 120 天				
	目前地层压力(MPa)	注气井数(口)	气库日注气水平(10⁴m³)	平均单井日注(10⁴m³)	单井注气能力(10⁴m³)	阶段注气量(10⁸m³)	注气末期压力(MPa)	井数(口)	压力区间(MPa)	单井日采气(10⁴m³)	气库日产水平(10⁴m³)	阶段采气量(10⁸m³)
白 6	9	2	98	49	25~60	2.60	31	5	13~31	25~60	124	1.49
白 8	6	1	28	28	20~50	0.73	31	1	13~31	20~50	22	0.26
板 G1	11	4	83	21	20~55	1.87	31	4	13~31	20~45	115	1.38
合计		7	209	30		5.20		10	13~31		262	3.13

5. 气库达容周期

随着气库运行周期的增加,地层内的凝析油和地层水不断采出,气库库容和工作气量将逐步达到设计指标。

储气库达容周期的预测,参考已建成的板 876 储气库实际生产运行特征进行预测。板 876 储气库为弱边水报废气藏改建而成,设计库容 4.65×10⁸m³,工作气量 1.89×10⁸m³。该储气库运行的第 1~4 周期体现为快速扩容如图 2-3-25 所示,库容达到 4.50×10⁸m³,第 5 个周期达到了设计指标。

板南气库的板 G1 断块、白 6 断块、白 8 断块为开发末期凝析气藏,地质条件及开发方式与板 876 气藏类似,板 876 储气库运行了 5 个周期后达到了设计库容指标,预计板南气库的板 G1 断块、白 6 断块、白 8 断块在 3~5 个周期达容。

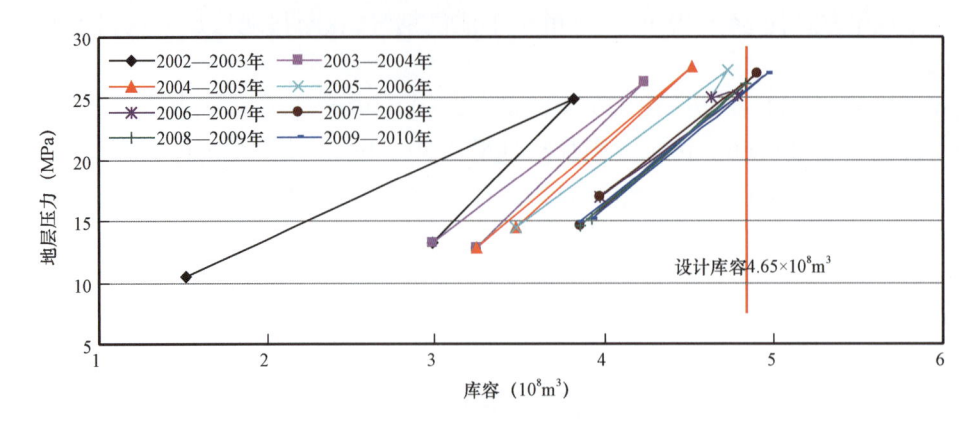

图 2-3-25　板876储气库库容变化曲线

6. 井位部署

依据专家方案,设计7口新井为注采气井,老井3口(白6-1、白6-6、白6-8)为采气井,观测井8口(白6、白20-2s、白6-2、白14-1、白8、板深30、板G1井、板G1断块新钻的1口监测井)。

本次注采井位部署主要依据以下原则:
(1)井位位于砂体发育、有效厚度大、连通程度高的部位,确保钻井成功率和单井高产;
(2)井位远离断层100m以上;
(3)井位远离原始油气、气水界面80m以上;
(4)待钻监测井部署于板G1构造低部位,用于监测流体性质和压力的变化。

井位部署结果如图2-3-26所示。

(三)方案实施要求

(1)按照监测方案的要求,录取好方案实施阶段的各项资料。
(2)储气库方案指标是一个多周期实现的过程,应及时跟踪和评价方案实施效果,若方案指标出现较大差异,则进行必要的调整。
(3)在方案实施过程中,应进行具体井位、具体井组注采关系的细化研究,确保方案实施效果。
(4)储气库范围内的老井,除采气井和监测井以外,其余老井建议全部封井,具体井号见表2-3-26。

表2-3-26　板南气库各断块老井利用分类表

类别		井数	板G1断块(滨Ⅳ)	白6断块(板Ⅲ)	白8断块(板Ⅰ)
监测井	断层监测(2口)		板深30		白14-1
	气水界面(2口)			白6	白20-2s
	盖层监测(3口)		板G1	白6-2	白8
采气井		3口		白6-1、白6-6、白6-8	
建议封井		4口	板南3	板870、板904×2、白6-3	

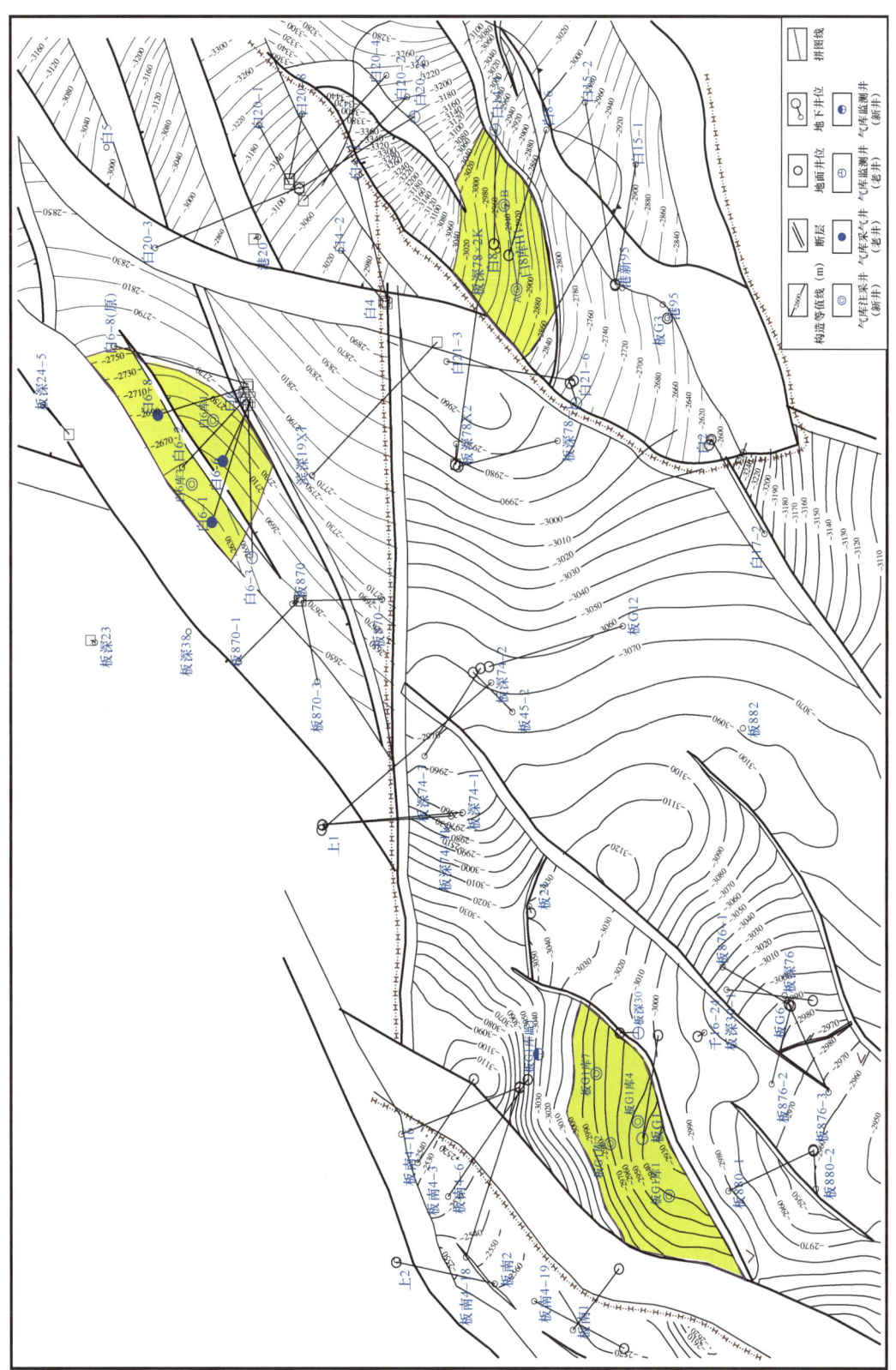

图2-3-26 专家优选方案井位部署图

白8断块的老井封井中的白20-4井构造位于白8断块气藏低部位,位于白8断块目的层的岩性尖灭带上,并且在该井的上倾部位有一口气水界面监测井白20-2s井可以监测储气库运行过程中的流体分布情况,因此建议该井不进行封井施工,如图2-3-27所示。板南储气库群新钻井8口,分2批实施,第一批实施6口井(其中板G1断块高部位3口注采井,白6断块2口注采井,白8断块1口注采井),第二批实施2口井。在第一批井实施完成后马上进行提高注采能力测试,如果测试结果表明新钻6口井就能够达到方案设计的 $4.27 \times 10^8 \text{m}^3$ 工作气量,第二批井暂缓实施。

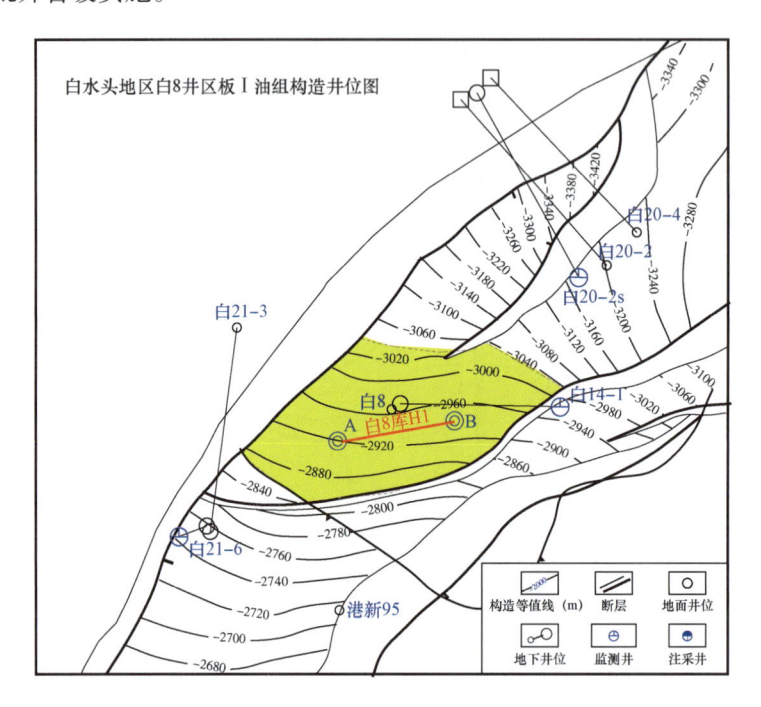

图2-3-27 白水头地区白8井区板Ⅰ油组构造井位图

九、储气库井地质井位设计

储气库井地质井位设计是储气库地质与气藏工程可行性方案通过后,进入储气库施工设计阶段的主体工作,包括两项任务,一是储气库井位设计,在方案部署井位的指导下,对单井点的地质特征进行准确细致的描述,以确保井点的有效性。二是储气库井钻井地质设计,针对钻井过程可能钻遇的地质特征进行预测,对所需要录取的地质信息进行规定。由于各地区地质特征的不同,其设计内容略有差异,但作为一个储气库而言,其地质设计的内容、格式、流程基本一致,因此本处以板G1库7井的两类设计作为样本进行展示。

(一)气库整体地质井位设计方案

(1)以可研方案井网部署为基础,对井位逐一进行论证。
(2)井位论证动态静态一体化、地质与工程一体化,以提高井位设计精度。
(3)远离断层及气水界面防止破坏气库密封性。
(4)优化井位实施次序,确保钻井成功率。

(二)板 G1 库 7 井井位设计

井位设计书采用中国石油大港油田公司规定的格式和内容,主要内容如下:

封面:列明井号、井别、发布单位、发布时间等;

审批页:列明设计单位、建设单位、上级主管部门、主管领导、设计人与审批人、审批意见、时间,逐一审批,并据实署名。

井位评审会议纪要:记录井位评审会议的概况与结论,作为井位设计的依据性文件。

(1)板 G1 库 7 井设计基本数据表:列明井位概况、设计数据、资料录取要求等,其中井位坐标、完钻深度是最重要的数据。

(2)板 G1 库 7 井预计钻穿地层分层数据表:根据地质认识,预计钻遇地层的层位、深度。

(3)板 G1 库 7 井相邻采油井生产(试油、试采)数据表:列明设计井周边 500m 范围内的所有生产井生产情况,提供生产能力、流体分布、压力水平、采出量等数据,便于分析井点的地质条件与开采动用状况。

(4)板 G1 库 7 井相邻采油井流体性质数据表:选择周围井同一目的层段的流体分析数据,便于分析钻遇目的层的流体性质。

(5)板 G1 库 7 井相邻注水井注水数据表:选择周围井同一目的层段的注水数据,便于分析钻遇目的层时的流体性质与地层压力。

(6)板 G1 库 7 井目的层压力分析预测表:选择周围井同一目的层测压与开采动用信息,进行分析并预测地层压力。

(7)板 G1 库 7 井目的层以上地层异常压力提示表:列明周围井同一目的层的测压数据与钻井过程中的地层压力数据,明确异常高压、异常低压层段、数值。提示在设计和施工过程中要整体落实防喷、防漏相关措施。

(8)板 G1 库 7 井特殊流体提示表:列明周围井获得的特殊流体如硫化氢、二氧化碳信息,提示本井钻遇的可能数据与防范建议。

(9)板 G1 库 7 井钻遇油气层提示表:列明周围井钻遇油气层的情况,预测本井可能钻遇油气层的状况。

(10)板 G1 库 7 井邻井复杂情况描述:列明周围井钻井过程中遇到的复杂地质情况,如井涌、井漏、井壁坍塌、卡钻等特殊情况,提示本井注意与预防。

(11)板 G1 库 7 井设计附图:提供设计依据的图件信息,便于证实设计参数的准确合理。包括附图 1 板 G1 库滨Ⅳ油组气层顶面构造井位图,附图 2 板 G1 储气库全井位图,附图 3 过设计井板 G1 库 7 井—板 G1 井气藏剖面图,附图 4 过设计井板 G1 库 7 井主测线 1700 地震解释剖面图,附图 5 过设计井板 G1 库 7 井—板 G1 井连井解释剖面图,附图 6 过设计井板 G1 库 7 井联络测线 791 地震解释剖面图。

(三)板 G1 库 7 井钻井地质设计

钻井地质设计书采用中国石油大港油田公司规定的格式和内容,主要内容如下:

封面:列明井号、井别、发布单位、发布时间等;

审批页:列明设计单位、建设单位、上级主管部门、主管领导、设计人与审批人、审批意见、时间,逐一审批,并据实署名。

井位评审会议纪要:记录井位评审会议的概况与结论,作为井位设计的依据性文件。

(1)板G1库7井钻井地质设计:列明井位基本数据、设计剖面、资料录取要求、技术说明等,是设计书的精要所在。其中全井段三压力剖面预测(地层压力、压力系数、破裂压力)、钻井故障提示、录取资料要求是最重要的数据。

(2)板G1库7井预计钻穿地层分层数据表:摘录于地质井位设计书。

(3)板G1库7井相邻采油井生产(试油、试采)数据表:摘录于地质井位设计书。

(4)板G1库7井相邻采油井流体性质数据表:摘录于地质井位设计书。

(5)板G1库7井相邻注水井注水数据表:摘录于地质井位设计书。

(6)板G1库7井目的层压力分析预测表:摘录于地质井位设计书。

(7)板G1库7井目的层以上地层异常压力提示表:摘录于地质井位设计书。

(8)板G1库7井特殊流体提示表:摘录于地质井位设计书。

(9)板G1库7井钻遇油气层提示表:摘录于地质井位设计书。

(10)板G1库7井邻井复杂情况描述:摘录于地质井位设计书。

(11)板G1库7井设计附图:摘录于地质井位设计书。

(12)邻井钻井液密度、黏度情况:列明周围井钻井过程中每组地层所使用的钻井液密度、黏度数据,供本井钻井泥浆配置时参考。

(13)设计依据:① 遵循的相关法律法规和使用的规范细则;② 基本情况介绍,如储气库设计、建设、批准情况,地质井位设计审批情况等;③ 区块概况,如本井所在区块的构造背景、地质特征等;④ 方案部署。

(14)气象、水文:介绍风向风力、气温、降雨、气象、水文等情况。

(15)附件:① 钻井井控风险级别划分表,包括地面环境条件、工艺技术难度、井控风险级别划分等;② 井场示意图。

参 考 文 献

[1] 马小明,赵平起. 地下储气库设计实用技术. 北京:石油工业出版社,2011:48-51.

[2] 马小明,杨树合,史长林,等. 为解决北京市季节调峰的大张坨地下储气库[J]. 天然气工业,2001,21(1):105-107.

[3] 马小明. 凝析气藏改建地下储气库地质与气藏工程方案设计技术与实践[D]. 成都:西南石油大学,2009.

[4] 陈元千. 油气藏工程计算方法[M]. 北京:石油工业出版社,1990.

第三章　老井处理及钻完井工程

为了提高利用效率,储气库的新钻注气井和采气井都采用合二为一的方式,称为注采井。注采井承担着注气、采气的双重任务,承受着注、采双向交变应力的长期作用,因此对注采井的钻井、固井、完井均提出了很高的要求。板南储气库群是利用枯竭凝析气藏改建的储气库,涉及板G1、白6、白8三个断块。在三个断块开发过程中,布置了各类探井、生产井,统称为老井,共计14口。这些老井大多井龄较长、井内射孔层位多、层间跨度大、储层非均质性强,部分存在套漏、套变等井下复杂情况,建库之前均需对这些老井作有效处理,保证储气库的整体密封性。通过对所有老井井况进行综合评价,在此基础上结合老井再利用地质方案,分别制定了不同类型老井的处理方案,包括封堵、再利用为监测井、再利用为采气井三种方案,有效杜绝了因储气库老井处置不当影响储气库完整性的问题。

板南储气库群三个断块,建库前经多年开采,地层压力为废弃压力,在储气库钻完井过程中较容易形成井漏,造成储层伤害,同时板G1断块、白6断块技术套管均下入到储层段上部大段泥岩盖层内,生产套管段还存在多个不同压力梯度油气层,上部部分地层压力系数达到1.15,目的层段高低压共存,钻井液密度较高,固井压稳与防漏共存,固井质量难以保证。东营组以下存在较长的泥岩井段,在钻井中容易造成井壁缩径、剥落、坍塌等失稳现象,会导致划眼、卡钻等影响正常钻进的复杂情况。大港油田储气库地面上主要是盐池,安全环保要求高,征地困难,采用丛式井组布置,部分井场利用老井场扩建而成,井间距小,防碰难度大,使得轨迹优化及控制难度加大。根据储气库盖层密封性及储层专打要求,通过井场布置、井眼轨迹、井身结构、钻井液体系、水泥浆体系及固井工艺优化,解决了复杂地面条件枯竭油气藏钻完井过程中的技术难题,保证了板南储气库群注采井的顺利实施及完整性要求。

针对板南储气库群储气层地层压力低的特点,为保护油气层,降低作业过程中对储气层的污染,板南储气库群7口套管完井的注采井均采用射孔—完井一次完成管柱,将射孔管柱连接在完井管柱底端,射孔后通过射孔枪丢手将射孔枪丢到井底,进行后续的测试、投产、投注工作,实现射孔、完井、测试的联作。板南储气库群现场施工效果表明该工艺管柱安全可靠,作业方便,投产后单井注采能力在第一个注采周期就达到或超过地质设计指标,表明储层保护良好,同时达到了缩短施工周期,降低作业成本的目的。

第一节　老井处理

板南储气库群涉及板G1、白6、白8三个断块,共计14口老井,其中板G1断块3口、白6断块8口、白8断块3口。这些老井大多井龄较长、井内射孔层位多、层间跨度大、储层非均质性强,部分存在套漏、套变等井下复杂情况。为有效处理这些老井,进行了以下工作:执行中国石油天然气集团有限公司《油气藏型储气库钻完井技术要求(试行)》,对所有老井的井况进行了综合评价,在此基础上结合老井再利用地质方案,分别制定了封堵井及再利用老井的处理方案,在实施过程中根据具体井况问题做好方案优化,有效杜绝了因储气库老井处置不当影响储气库完整性的问题。

一、老井评价

板南储气库群涉及 14 口老井,整体分为再利用井和永久封井两大类。通过合理优化储气库监测方案和老井再利用方案,将再利用老井根据不同地质目的又细分为采气井、断层监测井、气水界面监测井、盖层监测井。整体分类情况如下:

(1)井况良好,更换采气管柱后利用老井采气;白 6 断块有 3 口采气井。

(2)井况良好,更换管柱、对非储气库射开层进行封层后作为断层监测井和气水界面监测井;共 4 口,其中板 G1 断块 1 口、白 6 断块 1 口、白 8 断块 2 口。

(3)井况良好,更换管柱、对储气库射开层进行封层后射开盖层层位作为盖层监测井;共 3 口,其中板 G1 断块 1 口、白 6 断块 1 口、白 8 断块 1 口。

(4)井筒内施工作业处理简单的永久性封井,称为常规封堵井;共 4 口井,其中板 G1 断块 1 口、白 6 断块 3 口。

老井分类统计情况详见表 3-1-1。

表 3-1-1　板南储气库群老井分类统计表

断块名称	板 G1 断块	白 6 断块	白 8 断块
采气井(3 口)		白 6-1、白 6-6、白 6-8	
断层监测井(2 口)	板深 30		白 14-1
气水界面监测井(2 口)		白 6	白 20-2S
盖层监测井(3 口)	板 G1	白 6-2	白 8
常规封堵井(4 口)	板南 3	白 6-3、板 870、板 904×2	
合计(14 口)	3 口	8 口	3 口

板南储气库群老井评价由前期井况评价、过程测井评价及后期质量评价三个重要部分组成。这三部分使板南储气库群老井评价形成一个有机统一的整体。

(一)评价原则

老井评价应根据老井所处构造位置(断层、盖层和边部情况)、井况特点(井身结构、固井质量、油套管组合、油套管材质)、作业过程复杂情况(套漏、套变、套管错断、井下落鱼等)以及储气库完整性要求进行综合评价。要掌握全面、准确的所有待评价老井的相关工程资料,并重点排查是否有以目前修井工艺技术可能无法进行有效封堵的老井(如裸眼报废井、侧钻事故井、工程报废井等)。这些能否有效处理是影响储气库建设的决定性因素之一,需要落实是否存在"一口老井毁掉一个储气库"的可能。

此外,对再利用老井进行综合评价时,除了需要考虑老井所处建库区块的构造位置及地质方案再利用要求外,还必须同时满足以下三个条件:

(1)储气层及顶部以上盖层段水泥环连续优质胶结段长度不小于 25m,且以上固井段合格胶结段长度不小于 70%。

(2)按实测套管壁厚进行套管柱强度校核,校核结果应满足实际运行工况要求。

(3)生产套管应采用清水介质进行试压,试压至储气库井口运行上限压力的1.1倍,30min压降不大于0.5MPa为合格。

如果经过综合评价,若再利用老井出现上述任一条件不能满足的情况时,这些老井将不能进行再利用,需要做封堵处理。

(二)前期井况评价

前期井况评价主要是对老井井况资料的普查,包括对老井钻井资料进行详细复查,确认老井井身结构、套管组合、固井质量以及钻井过程井下复杂情况,是否存在多个井眼等;其次对老井开采期间的生产情况进行分析,包括试油资料、生产资料以及历次作业情况,详细了解停产前井内射孔数据、各层生产数据及作业过程中套管损坏记录、井底落物记录等;最后进行现场踏勘,确认老井位置,目前老井井口状况、周边自然环境以及作业井场大小和进出场道路等多项资料,为老井处理提供最准确的资料。

板南储气库群前期井况评价内容包含但不限于以下几类:

(1)老井周边环境。老井所处周边环境会直接影响老井处理的施工作业,从而关系到储气库能否顺利建设。板南储气库群对14口老井井口周边的自然环境、井场条件、进场道路条件等进行了详细的现场勘察。

(2)老井井口情况。现场勘查时重新确认了老井井口位置及井口状况,包括井口是否可见、井口装置是否齐全、套管头等井口附件是否完整等。

(3)老井井筒情况。确认老井井筒是否存在侧钻、套变、落鱼、套管错断等复杂情况,是否有封隔器或桥塞等井下工具、井筒内各封层灰塞的具体位置等。

(4)老井作业历史资料。对所有老井的作业历史资料进行详细的搜集整理,包括钻井井史、完井报告、试油射孔总结、历次修井作业资料、相关生产资料、井下复杂情况记录等。

(5)其他相关地质资料。核实老井处理相关地质资料,主要包括储气层位的孔隙度、渗透率、温度、压力以及各老井所处构造位置等。

经评价,板南储气库群涉及14口老井临近盐卤池、鱼塘、虾池,地面环境风险较高,但井场及进出场道路完备;井口可见,井口装置齐全,套管头及其附件完好;历年作业工程资料显示除板南3井外,其余井井筒条件良好,不存在套变、落鱼等井下复杂情况,管外固井质量合格。板南3井在射孔层位以上存在严重套变,且很可能无法顺利修复,但该井未钻至储气目的层,且盖层段固井质量优质,根据"一井一策"的原则,针对性制定了该井的封堵方案,并有效处置了该井。

(三)过程测井评价

过程测井评价是在处理储气库老井过程中,对所有老井进行详细的测井与评价,包括固井质量评价和套管质量评价(包括套管壁厚及内径变化、套管剩余强度分析、套管承压能力评价等)。通过评价,可以准确掌握老井目前状态,更有利于制定有针对性的处理措施。此外,根据建设数字化储气库的要求,同时也为处理老井留存相关过程资料,储气库老井处理前还需复测井口坐标及井眼轨迹。

结合板南储气库群实际情况及老井的特点，我们对过程测井评价内容及方法进行了优化，制定了板南储气库群老井过程测井评价方案，见表3-1-2。

表3-1-2 板南储气库群过程测井评价方案

区块类型（井数） 评价项目	板G1区块		白6区块			白8区块
	封堵井(1口)	监测井(2口)	封堵井(3口)	监测井(2口)	采气井(3口)	监测井(3口)
GPS	√	√	√	√	√	√
陀螺测井	√	√	√	√	√	√
CBL/VDL	√		√			
SBT(RIB)测井		√		√		√
四十臂+电磁探伤测井		√		√	√	√
超声波成像测井					√	

过程测井评价方案要点如下：

(1)所有储气库老井均用GPS重新测定井口坐标，陀螺测井复测全井井眼轨迹，避免新钻注采井时与原井眼发生碰撞，同时也为今后储气库扩容钻井做准备。

(2)封堵井用声幅变密度(CBL/VDL)测井检测管外水泥环第一、第二界面的胶结情况。

(3)老井再利用为监测井时，采用扇区水泥胶结测井(SBT/RIB)技术检测管外水泥环胶结情况，四十臂井径+电磁探伤测井探查套管质量，并对套管残余强度进行校核评价，确认是否满足老井再利用要求。

(4)老井再利用为采气井时，采用精确度更高的超声波成像(IBC)测井技术检测管外水泥环的胶结情况，四十臂井径+电磁探伤测井探查套管质量，并对套管残余强度进行校核评价，确认是否满足老井再利用要求。

(5)对于经检测管外水泥胶结情况或套管质量不能满足再利用井要求的老井，不再进行老井再利用，按照要求实施封堵。

(四)后期质量评价

储气库投入运行若干个注采周期之后，需要对库区范围内所有老井的封堵效果进行全面、综合评估，其主要目的是：一方面可以确认目前状态下老井封堵质量是否满足储气库的运行要求，另一方面也可以及时排查这些老井是否存在安全隐患，并及时采取相应措施消除这些隐患，避免出现安全事故。

我国储气库建设距今已十多年，目前老井处理方面研究重点主要集中在如何安全、有效地处理老井，满足储气库安全运行的基本要求，老井后期质量评价的研究工作还仅仅处在探索阶段。2013年，中国石油组织法国苏伊士集团专家对板南储气库群封堵井的封堵过程及封堵质量进行了详细评估，并对老井封堵状态进行了有效预测。通过评估，法方专家一致认为板南储气库群老井处理满足标准及储气库后期运行的要求，可以保障储气库安全运行。

截至目前，大港油田板南储气库群已经平稳运行多个注采周期，未出现因老井处理质量问题造成的窜气、漏气事故。

二、老井封堵

储气库老井的安全隐患主要有两个方面:一是注入的天然气沿固井水泥环第一和第二界面向上(下)运移,或沿着射孔孔眼窜入井筒,向非储气层位和井口运移,使天然气向非目的层或井口泄漏;二是封堵后的老井在储气库运行过程中由于应力的高低交替变化,造成固井水泥环、水泥塞破坏,使注入的天然气发生泄漏[1]。因此,针对板南储气库群老井的井况特点,制定合适的封堵工艺措施,彻底封堵注气层位、非注气层位、管内井筒以及管外环空,有效防止层间窜气、井筒漏气以及环空窜气,保证储气库的整体密封性,避免今后运行中出现各种隐患。

(一)老井封堵原则

(1)确保老井地面及附近人民生命、财产和环境安全;
(2)确保储气库天然气不从井筒和套管水泥环两个胶结界面窜至地面,污染地层水源;
(3)确保储气库密封性,防止天然气从储气层漏失;
(4)封堵有效期长,可承受注采交变应力的作用。

(二)老井封堵工艺

目前,储气库老井封堵常用施工工艺主要有循环挤注工艺、吊挤工艺和插管桥塞高压挤注工艺几种。

1. 循环挤注工艺

循环挤注工艺是将油管下到封堵层位的底界,将堵剂循环到设计位置,然后上提管柱,洗井后,施加一定压力使堵剂进入储气层的施工工艺。使用该工艺时,堵剂与地层接触时间较长,对堵剂整体性能要求高,施工过程也较为烦琐,不适合跨度较大的多层段地层的封堵。

2. 吊挤工艺

吊挤工艺是将油管下至待封堵层位顶界,施工过程先将堵剂顶替至油管内一定位置,然后关闭套管闸门,施加一定的压力,将堵剂完全挤出油管,挤入地层;而后,为保证施工安全,再关闭油管闸门,打开套管闸门,继续反挤一定量液体,循环洗井后,关井候凝。该工艺虽然施工中避免了起管柱,但对堵剂用量的控制必须相当精确,稍有不慎便会出现"插旗杆"或"灌香肠"等井下事故,且施工过程不可避免引起堵剂的返吐,不能实现带压候凝,另外,也不适合跨度较大的多层段地层的封堵。

3. 插管桥塞高压挤注工艺

该工艺是将桥塞坐封在待封堵层位的上部,然后下入插管,将插管插入桥塞,此时单流阀开启,可对储气层进行高压挤注,挤注完成后,提出插管,单流阀自动关闭,使挤注层段实现带压候凝,反循环洗井后,关井候凝。该工艺施工工序简单,针对性强,可实现带压候凝,有效防止堵剂返吐,提高封堵质量。但对插管桥塞高压密封性、胶筒的耐温性及抗老化性要求较高,因此使用前必须对桥塞的整体性能进行充分评价。

根据板南储气库群老井井况特点,结合储气库运行工况条件对老井封堵质量的要求,以安全、可靠、简单、易行、经济、有效为原则,制定了板南储气库群老井封堵工艺方案,即采用专用堵剂体系结合挤灰桥塞逐层高压挤封井内所有射孔层位,打多级水泥塞封堵井筒,切断天然气

从地层到井筒的通道,提高安全系数,方案可以概括为:

(1)采用专用堵剂体系高压挤堵储气层位和非储气层位。

(2)储气目的层以上的灰塞长度不低于50m。

(3)注普通灰塞至最上面射孔层以上300m,候凝后液氮掏空反向试压。

(4)根据套管质量和年限,最高施工压力为20MPa(桥塞挤注时设定为35MPa),封堵半径0.5~0.8m。

(5)封堵储气层位时,如储层跨度小,则采取"先替后挤,带压候凝"施工工艺;储层跨度大则下插管挤灰桥塞高压挤注,防止堵剂反吐,提高封堵质量。

(6)经井筒测试,满足再利用井要求的,根据再利用井类型分别下入完井管柱,不满足要求的转为封堵井进行封堵。

板南储气库群老井封堵方案有如下优点:

(1)储气层经高压挤注后,可以获得理想处理半径,注入气无法窜流至井眼,防止发生气窜。

(2)高压挤注专用堵剂过程中,对管外水泥环和第一、第二界面的裂缝、孔隙进行有效弥补,提高了管外密封效果。

(3)井筒内多个水泥塞分割井筒,有效的保证进入套管的天然气不向非储气层和井口运移。

(4)单独挤注储气层时采用"高压挤注、带压候凝"工艺,确保地层封堵效果,同时也避免在候凝过程中油、气、水等地层流体对水泥塞的侵蚀而导致的水泥塞渗漏。

(三)老井封堵参数优化

老井处理过程中各相关参数设计是否合理,直接决定着板南储气库群老井的封堵质量。施工之前必须对各关键参数进行优化设计,以确保老井封堵质量达到预期要求。这些参数包括挤注压力、封堵半径、堵剂用量、井筒灰塞长度等。

1. 挤注压力的确定

挤注压力直接影响着老井的封堵效果。如果设定的挤注压力太低,堵剂不能完全挤入地层,将会影响封堵质量,降低封层效果;如果设定的挤注压力太高,易使生产套管破裂,无法准确向目的层挤注堵剂,严重时还会压裂地层,造成堵剂大量漏失,无法保证封堵效果。

最高井底压力原则上不超过地层的破裂压力,为安全起见通常设定井底压力为地层破裂压力的80%,且不超过油层套管抗内压强度极限。最高挤注压力可通过下式确定:

$$p_{挤} = p_{井底} - p_{液柱} + p_{摩阻} \qquad (3-1-1)$$

式中 $p_{挤}$——最高挤注压力,MPa;

$p_{井底}$——最高井底压力,MPa;

$p_{液柱}$——井内压井液液柱产生的压力,MPa;

$p_{摩阻}$——压井液与套管壁之间产生的摩擦阻力,MPa。

但因挤注施工一般用清水压井及在低排量的条件下进行,故摩阻压力可以忽略不计。

综合考虑库区内废弃井套管的承压能力以及板1油组、板3油组、滨Ⅳ油组的破裂压力,经计算,挤注施工时,如采用循环挤注工艺,井口最高压力设定为20MPa;如采用插管式封隔器(桥塞)挤注工艺,在有效保护套管的前提下,井口最高压力设定为35MPa。

2. 封堵半径的确定

理论上来说,封堵半径越大,老井的封堵效果越好。但要设计合适的封堵半径还必须综合考虑以下几点因素:

(1)封堵目的层的孔隙度、渗透率等原始地层物性情况;

(2)固井时第一界面和第二界面可能存在弱胶结情况,为获得较大处理半径而采用高压挤注时,存在破坏第一、第二界面风险,从而影响封堵质量。

(3)由于长期开采,目前地层压力比原始地层压力要低得多,地层孔隙会有一定程度的闭合,孔隙度、渗透率会降低,造成堵剂不易进入地层深部。

综合考虑上述因素,为保证堵剂能顺利挤入地层,起到有效封堵目的层的作用,板南储气库群老井设计封堵半径为0.5~0.8m。这与实际统计的其他完建储气库老井实际封堵半径是一致的,这些完建储气库均已运行多个注采周期,迄今为止还未发现储气库漏气现象,这说明0.5~0.8m的设计处理半径可以保证储气库的整体密封性,满足储气库运行要求。

3. 堵剂用量的确定

老井封堵施工中堵剂用量的确定需根据挤注半径、射孔层位厚度、地层有效孔隙度以及井筒内堵剂留塞高度来确定。堵剂的理论用量可以根据下式确定[1]:

$$V_{剂} = \pi(R^2 - r^2)H\phi + \pi r^2 h \quad (3-1-2)$$

式中 $V_{剂}$——封堵施工所需堵剂的理论用量,m³;

R——封堵半径,m;

r——井筒半径,m;

H——射孔层位有效厚度,m;

ϕ——射孔层位有效孔隙度,%;

h——井筒内堵剂留塞高度,m。

现场确定用量时一般还应附加30%~50%,并且需根据封堵目的层吸收量的大小对计算用量进行调整、优化。

4. 井筒留塞高度的确定

经研究优化,板南储气库群井筒留塞高度以"储气层顶界以上管内连续水泥塞长度应不小于300m"为原则,当油层套管水泥返高较深时,塞面高度至少要与水泥返高位置一致。

(四)老井封堵体系

储气库具有高低交变应力、多注采周期、长期带压运行的工况特点,老井封堵体系目前仍以超细水泥为主,主要原因是超细水泥注入性能好,可以顺利挤入地层;此外,其固化后强度高,能够满足储气库强注采压差要求。但是,必须合理添加一定比例的添加剂以优化超细水泥浆整体性能,保证封堵效果。

1. 封堵体系优选原则

(1)堵剂体系配制简单,需具有较好的可泵送性,便于现场施工;

(2)堵剂体系需具有良好的注入性,可有效封堵地层深部,保证封堵质量;

(3)堵剂体系需具备可控的稠化时间,可根据不同井况特点及施工时间预期进行调整;

(4)堵剂体系固化后需具有较高抗压强度,满足储气库注采交变应力的长期作用;

(5)堵剂体系需具备优良的防气窜性及抗气侵性,可有效防止储气库注气后气窜、气侵现象的发生;

(6)强度抗衰退性能好,老化时间长,满足储气库运行周期要求。

2. 堵剂体系性能指标要求

老井封堵所用堵剂体系在保证施工安全的前提下,必须满足以下性能要求:

(1)堵剂体系游离液控制为0,滤失量控制在50mL以内;

(2)堵剂体系气测渗透率小于0.05mD;

(3)沉降稳定性实验堵剂体系上下密度差应小于0.02g/cm^3;

(4)堵剂体系24~48h抗压强度应不小于14MPa。

3. 超细水泥粒径范围确定

超细水泥粒径范围将直接影响老井封堵效果,若选择粒径范围较大,水泥颗粒在注入过程中极容易堵塞储气层孔隙吼道,不能实现深部封堵,无法保证封堵效果;若选择粒径范围太小,水泥颗粒在注入压差的作用下被推送至地层深部,无法建立起有效封堵屏障,完全封闭储层。

板南地区平均孔隙度22.0%,平均渗透率233.3mD,为中孔中渗储层。其中,滨Ⅳ油组储集砂岩平均孔隙度15.1%,渗透率170mD,为中孔中渗储层;板3油组平均孔隙度21.5%,平均渗透率39.0mD;板1油组孔隙度16.6%~28%,平均22.3%,平均渗透率72mD,平均孔隙喉道均值10.89μm,平均喉道半径为7.25μm。结合这些地质特点,施工中选用粒径范围为 $D_{50}=5.56\mu m$,$D_{90}=12.99\mu m$ 的800目范围的超细水泥堵剂,与该区块的储层平均孔隙半径可以很好地相匹配,能够保证施工过程中绝大多数的堵剂顺利进入地层孔隙,从而有效保证储气库老井封堵效果。

4. 堵剂体系及性能评价

超细水泥的比表面积过大,水化速度快,容易出现"闪凝"现象,施工过程需要添加合适配比的缓凝剂及其他添加剂来控制堵剂体系的初凝时间,确保施工的安全性。

板南储气库群老井处理时,在超细水泥中添加了一定比例的助流剂、增韧材料、防气窜纳米材料等添加剂,改善了堵剂体系的整体性能;结合板南储层温度、压力、孔隙度等物性特点,经室内研究优化,形成了板南储气库群老井处理堵剂体系:90℃条件下,1000g复合超细水泥+556g多功能悬浮剂+16.68mL FSJ-01+11.12mL HNJ-01+30g FCQ-01。

该堵剂体系具有如下性能特点:颗粒直径小,注入性好,可有效封堵地层深部,保证封堵质量;稠化时间可控,可根据不同井况特点及施工时间预期进行调整;抗压强度比普通油井水泥高得多,可以满足储气库交变应力长期作用;与套管和地层的黏接能力强,有优良的防气窜性能,可有效防止气窜现象的发生;韧性较好,可有效避免管外水泥环因射孔冲击产生的微裂缝;强度抗衰退性能好,老化时间长,满足储气库运行周期要求。

1)稠化时间评价

稠化时间指在特定实验温度条件下,配制成的堵剂体系稠度达到100Bc所用的时间,稠化时间的长短直接决定着老井封堵过程的施工安全。在90℃实验温度、25MPa实验压力条件下,将上述堵剂体系进行高温高压稠化实验。

实验结果可以看出,在90℃实验条件下,上述堵剂体系稠化时间可以达到5h以上,可以使堵剂在浆体稠化之前顺利挤入地层,满足了现场施工时间要求。从稠化曲线还可以看出,该体系具备直角稠化性能,可在一定程度上防止气侵。

2)抗压强度评价

堵剂体系固化后的强度是保证储气库老井长期、有效封堵的关键指标,固化强度越高,堵剂所承受的交变压差越大,发生气窜的可能性就越小,封堵有效期就越长。

室内评价中将上述堵剂体系制成标准试块,置于90℃、25MPa环境条件下进行养护。养护结束后,分别测定1天、3天和28天龄期的堵剂体系的抗压强度,以此评价堵剂体系的承压能力,实验结果见表3-1-3。

表3-1-3 堵剂体系抗压强度评价试验

养护时间	抗压强度(MPa)				
	1#	2#	3#	4#	平均
1 天	18.95	18.88	18.76	18.29	18.72
3 天	25.75	26.06	26.26	26.87	26.23
28 天	28.62	28.54	28.33	28.46	28.49

注:养护温度90℃,压力25MPa。

从实验结果可以看出,该堵剂体系养护3天后平均抗压强度达26.23MPa,远远高于常规G级油井水泥21.4MPa平均抗压强度,表明该堵剂体系固化后承压能力较强,可以有效承受储气库运行时高、低交变应力变化产生的生产压差。

3)注入性及封堵性评价

在老井封堵施工过程中,如果堵剂注入性差,就会造成施工压力过高,堵剂不能按设计量进入地层而导致措施有效期短,影响封堵效果。因此堵剂的注入性是保证堵剂可顺利挤入地层的一个重要指标。此外,堵剂固化后的封堵性能是决定储气库气密封性的关键,直接决定着储气库的使用寿命。

室内研究中采用岩心模拟评价仪对上述堵剂体系的封堵效果进行室内模拟、评价。在注入排量不变的前提下,分别测得不同渗透率范围的模拟岩心的注入压力、注入深度、气测渗透率等参数,以评价堵剂体系的注入性及封堵性,实验结果见表3-1-4。

表3-1-4 堵剂体系注入性评价实验

岩心编号	堵前气测渗透率(mD)	注入压力(MPa)	注入排量(mL/min)	注入深度(cm)	堵后气测渗透率(mD)	渗透率下降百分数(%)
1A	47.5	18~22	6	5.5	6.53	86.3
1B	46.9	18~22	6	5.8	6.17	87.1
2A	75.4	8~14	6	7.6	5.85	92.4
2B	73.2	8~14	6	7.9	5.76	92.1
3A	149.3	6~11.5	6	25.5	8.41	94.3
3B	147.8	6~11.5	6	27.8	8.32	94.4

从实验结果可以看出,该堵剂体系对不同渗透率范围的岩心均有良好的注入能力,随着渗透率的增大,注入深度明显增大。通过对比前后气测渗透率的变化程度不难发现:挤注后的岩心气测渗透率下降明显,并且原始渗透率越高,下降幅度越大,表明该堵剂体系对气相介质具有很好的封堵性能,可以保证板南储气库群老井的气密封效果。

经综合评价,选用的堵剂体系整体性能满足中国石油对储气库老井处理堵剂性能指标的要求,可以有效保证板南储气库群老井封堵质量。

(五)老井封堵工艺流程

储气库老井特点及封堵质量要求决定了其处理工艺流程不同于常规井下作业修井施工流程。储气库老井处理工艺流程严格遵循"由地面到地下,由井口至井筒,先测试后封堵"的处理原则[1]。板南储气库群老井处理施工流程为:

(1)压井:选用合适密度及类型的压井液压井,要求压井后进出口液性一致,井口无溢流及明显漏失现象。

(2)装防喷器:根据储气层压力情况选用合适级别的防喷器,并按相关标准对防喷器进行试压,保证其处于良好工作状态。

(3)起原井管柱:如果井内有原井管柱(油管及泵杆等生产管柱),则将原井管柱提出,起管过程中需严格控制速度,并根据井控要求及时灌注压井液,保持井内压力平衡,井口无溢流。

(4)通井:根据套管内径选用合适的通径规进行通井,确认目前井筒状况,落实有无套变、落鱼等复杂井况。若井筒内有复杂井况,则采取相应的大修处理工艺(如套铣、磨铣、钻铣、打捞等)将老井井筒进行清理,一般需要将井筒清理至储气层以下 20~30m。

(5)刮削:根据套管内径选用合适规格的刮削器进行井筒刮削,并在封隔器及桥塞坐封位置反复刮削三次以上直至悬重无变化。

(6)清洗井壁:用清洗剂(主要是油溶性表面活性剂)对套管内壁附着的油污进行清洗,要求干净、彻底,如清洗不彻底,套管壁残余油污会影响后期堵剂的胶结,使固化后的堵剂在套管壁附近形成微环空或缝隙,存在气窜的风险。

(7)套管试压:将封隔器坐封在封堵层位上部 5~10m,对上部套管进行试压,试压值应达到或超过最高挤注压力值,避免挤注堵剂过程对上部套管造成破坏,同时验证上部套管的抗压强度。对于再利用井,需对老井生产套管用清水试压至储气库运行时最高井口压力的 1.1 倍。

(8)资料录取:采用 GPS 重新测定井口坐标;陀螺或连续井斜测井复测全井井眼轨迹;CBL/VDL、SBT、IBC 等常用测井手段进行全井固井质量检测,对于再利用井需要加测四十臂井径和电磁探伤测井,并进行套管质量综合评价。

(9)挤注目的层:根据确定的堵剂体系、封堵工艺及施工参数封堵目的层,候凝结束后应采用正向试压与氮气(液氮或汽化水等)掏空后反向试压相结合的试压方式验证封层效果。

(10)注井筒灰塞:采用加压打塞工艺注井筒灰塞,储气层顶界以上管内连续水泥塞长度应不小于 300m,一般来说应打到生产套管水泥返高位置以上。

(11)锻铣套管:如果前期固井质量检测管外水泥环不能满足要求,在盖层位置选取合适的井段锻铣油层套管 40m 以上,扩眼后加压挤注堵剂进行封堵。

(12)灌注保护液:为延缓套管腐蚀速度,同时提供液柱压力压井以避免漏失气体直接窜至地面,水泥塞上部井筒灌注套管保护液。

(13)下完井管柱：为保留弃置井应急压井功能，确保出现井筒窜气等异常情况能快速压井，弃置井封堵完井时应下入一定数量的油管作为压井管柱。

(14)封堵收尾：恢复井口采油（采气）树，油套安装压力表、技套环型钢板打孔后安装考克阀及压力表。

(15)标准化井场：为了规范储气库弃置井的管理，保障储气库安全，同时确保出现紧急情况可实现应急作业，储气库各老井井场均需要保留，并将井场标准化处理。

(16)建立定期巡井制度，定期记录油层套管、技术套管带压情况，做好备案。

（六）老井封堵效果

采用前述封堵方案，应用复合堵剂体系，顺利完成了板南储气库群老井的封堵（封井及再利用老井堵层）施工。从施工情况看，所有井均达到了设计的挤注压力，施工成功率100%，试压均满足试压标准要求，且经过数个注采周期，这些井均未发现井口带压现象，表明老井封堵效果安全、可靠，可以保证储气库在交变压力条件下长期安全运行，老井封堵效果详见表3－1－5。

表3－1－5　板南储气库群老井封堵效果统计表

序号	井号	堵剂类型	设计用量（m³）	挤入用量（m³）	挤注压力（MPa）	试压情况	封堵效果
1	板870	复合堵剂体系	10.0	6.0	25（桥塞）	试压15MPa,30min 无压降	满足标准要求
2	板904×2	复合堵剂体系	4.5	3.5	25（桥塞）	试压15MPa,30min 无压降	满足标准要求
3	白8	复合堵剂体系	8.5	6.5	30（桥塞）	试压15MPa,30min 无压降	满足标准要求
4	白6－3	复合堵剂体系	5.5	4.0	30（桥塞）	试压15MPa,30min 无压降	满足标准要求
5	白14－1	复合堵剂体系	8.0	4.5	20	试压15MPa,30min 无压降	满足标准要求
6	板深30	复合堵剂体系	12.5	7.5	25（桥塞）	试压15MPa,30min 无压降	满足标准要求
7	白20－2S	复合堵剂体系	5.0	3.5	25（桥塞）	试压15MPa,30min 无压降	满足标准要求
8	白6	复合堵剂体系	4.5	3.0	20	试压15MPa,30min 无压降	满足标准要求
9	板G1	复合堵剂体系	6.5	4.0	25（桥塞）	试压15MPa,30min 无压降	满足标准要求
10	白6－2	复合堵剂体系	5.5	3.5	25（桥塞）	试压15MPa,30min 无压降	满足标准要求

三、老井再利用

板南储气库群共涉及再利用老井10口，其中采气井3口、断层监测井2口、气水界面监测井2口、盖层监测井3口，见表3－1－1。通过对这些再利用老井全面、详细的综合评价，除板深30井外，其余老井均满足老井再利用要求，根据不同再利用目的下入完井管柱。

板深30井原计划作为板南储气库群断层监测井进行再利用，经综合评价，其目前井况条件已经不满足中国石油关于老井再利用的标准要求，体现在以下几个方面：

(1)该井套管质量无法满足再利用井套管质量的要求。

该井在作业过程中，ϕ118mm薄壁通井规通井，多处有遇阻显示；ϕ118mm铣锥在1865m、

2434.59m处有遇阻显示,2448～2459.68m井段反复加压磨铣6次,上提管柱有遇卡显示;四十臂井径成像测井显示2959.16m套管缩颈至114mm。

(2)该井管外水泥胶结质量无法满足再利用井固井质量的要求。

该井管外水泥胶结质量经SBT、RIB水泥胶结测井解释,证实该井泥岩盖层以上固井段合格胶结段长度达到了70%,但是仅有3.1m连续优质胶结段长度,没有达到连续优质胶结段长度不少于25m的要求,不满足中国石油对再利用井固井质量的标准要求。

(3)该井套管剩余强度无法满足再利用井套管强度要求。

经套管剩余强度分析评价:193.34～491.97m井段套管实际抗内压强度小于标准额定强度,最大压差为26MPa,套管柱抗内压安全系数不满足SY/T 5724—2008《套管柱结构与强度设计》标准规定;1980～1990m和2320～2460m井段套管实际抗外挤强度小于标准额定强度,最大压差为35MPa,套管柱抗挤安全系数不满足SY/T 5724—2008标准规定。

经板深30井综合分析评价,老井再利用的三条标准均不能满足,因此取消了该井作为断层监测井进行再利用,并将调整方案上报中国石油天然气集团有限公司,获批准后,转为封堵井进行了永久封堵。其余9口再利用老井,经综合评价合格后,均顺利下入完井管柱完井,再利用井分类处理方案及过程概述如下。

(一)再利用采气井

板南储气库群有3口老井再利用为采气井。对于此类老井,其处理方案可以概括为:处理井筒后进行相关测井资料录取及再利用老井综合评价,确认评价结果合格后,采用挤水泥桥塞高压挤堵非储气层,留下储气层位,如储气层位未射开,则射开储气层位,最后下入注采井完井管柱,安装35MPa采气井井口,并保留井场及进场道路。具体处理过程如下:

(1)提出井内生产管柱。

(2)探冲、通井、刮削,清洗剂清洗井筒。

(3)复测井眼轨迹及井口坐标。

(4)生产套管采用清水介质试压,验证套管承压能力,并落实有无套漏和新开层。

(5)四十臂井径成像测井+电磁探伤检测全井套管质量。

(6)全井超声波成像(IBC)测井检测管外水泥环胶结质量。

(7)根据测井结果进行综合评价,评价结果必须同时满足以下三个条件:

① 储气层及顶部以上盖层段水泥环连续优质胶结段长度不少于25m,且以上固井段合格胶结段长度不小于70%。

② 按实测套管壁厚进行套管柱强度校核,校核结果应满足实际运行工况要求。

③ 生产套管应采用清水介质进行试压,试压至储气库井口运行上限压力的1.1倍,30min压降不大于0.5MPa为合格。

(8)插管桥塞结合复合超细水泥堵剂体系高压挤注非采气层位,候凝后试压合格;如需要,则钻开采气层位以上余留灰塞。

(9)如采气层位未射开,则射开采气层位,将井下安全阀、气密封油管等完井管柱下至采气目的层位以上50m。

(10)井口安装35MPa采气井井口及各环空监测压力表,并保留井场及进场道路。

（二）再利用监测井

板南储气库群涉及 7 口老井再利用为监测井，除板深 30 井经评价无法利用外，其余 6 口井均顺利再利用。对于再利用监测井，其处理方案可以概括为：处理井筒后进行相关测井资料录取及再利用老井综合评价，确认评价结果合格后，采用挤水泥桥塞高压挤堵非监测层位，留下监测层位，如监测层位未射开，则射开监测层位，最后下入监测井完井管柱，安装 35MPa 采气井井口，保留井场及进场道路。具体处理过程如下：

（1）提出井内生产管柱。

（2）探冲、通井、刮削，清洗剂清洗井筒。

（3）复测井眼轨迹及井口坐标。

（4）生产套管采用清水介质试压，验证套管承压能力，并落实有无套漏和新开层。

（5）四十臂井径成像测井+电磁探伤检测全井套管质量。

（6）全井扇区水泥胶结（SBT）测井检测管外水泥环胶结质量。

（7）根据测井结果进行综合评价，评价结果必须同时满足以下三个条件：

① 储气层及顶部以上盖层段水泥环连续优质胶结段长度不少于 25m，且以上固井段合格胶结段长度不小于 70%。

② 按实测套管壁厚进行套管柱强度校核，校核结果应满足实际运行工况要求。

③ 生产套管应采用清水介质进行试压，试压至储气库井口运行上限压力的 1.1 倍，30min 压降不大于 0.5MPa 为合格。

（8）插管桥塞结合复合超细水泥堵剂体系高压挤注非监测目的层，候凝后试压合格；如需要，则钻开监测层位以上余留灰塞。

（9）如监测层位未射开，则射开监测目的层，将气密封油管等完井管柱下至目的层以上 50m。

（10）井口安装 35MPa 采气井井口及各环空监测压力表，并保留井场及进场道路。

第二节　储气库钻新井

板南储气库群包括板 G1、白 6 和白 8 三个断块，经多年开采形成异常低压，在钻完井过程中较容易形成井漏，造成储层伤害，同时板 G1 断块、白 6 断块技术套管均下入到储层段上部大段泥岩盖层内，生产套管段还存在多个不同压力梯度油气层，上部部分地层压力系数达到 1.15，目的层段高低压共存，钻井液密度较高，固井压稳与防漏共存，固井质量难以保证。东营组以下存在较长的泥岩井段，在钻井中容易造成井壁缩径、剥落、坍塌等失稳现象，会导致划眼、卡钻等影响正常钻进的复杂情况。大港油田储气库地面上主要是盐池，安全环保要求高，征地困难，采用丛式井组布置，部分井场利用老井场扩建而成，井间距小，防碰难度大，使得轨迹优化及控制难度加大。根据储气库盖层密封性及储层专打要求，通过井场布置、井眼轨迹、井身结构、钻井液体系、水泥浆体系及固井工艺优化，解决了复杂地面条件枯竭油气藏钻完井过程中的技术难题，保证了板南储气库群注采井的顺利实施及完整性要求。

一、压力预测分析

驴驹河储气库为枯竭油气藏储气库,各气藏处于开发末期,无静压测试资料。经过筛选目标区块的邻井测井数据、查阅大量的邻井钻井和试油试压数据等,应用 EquiPoise 压力预测软件对地层孔隙压力、地层破裂压力和地层坍塌压力进行预测,为钻井液密度、井身结构设计提供依据。

(一)完钻井调研

板 G1 断块调研 1 口井在东营组钻井液密度为 1.20~1.25g/cm³,在沙一段钻井液密度为 1.30~1.33g/cm³,沙三段钻井液密度在 1.30~1.34g/cm³ 之间,无复杂情况发生。

白 6 断块调研的 8 口井在东营组、沙一段多次发生黏卡事故。在东营组钻井液密度为 1.25~1.26g/cm³,在沙一段钻井液密度为 1.29~1.33g/cm³,沙三段钻井液密度在 1.32~1.39g/cm³ 之间。

白 8 断块调研的 3 口井在沙河街组多次发生井漏、黏卡事故。在东营组钻井液密度为 1.20~1.28g/cm³,在沙一段钻井液密度为 1.30~1.45g/cm³,沙三段钻井液密度在 1.35~1.50g/cm³ 之间。井漏原因为钻具折断落井引起井下压力激动过大将地层压漏。

(二)地层压力预测结果

应用 EquiPoise 软件进行地层压力预测结果见表 3-2-1。

表 3-2-1 地层压力预测结果表

地层	孔隙压力(g/cm³)	坍塌压力(g/cm³)	破裂压力(g/cm³)
馆陶组	1.00~1.04	1.10~1.18	>1.67
东营组	1.00~1.04	1.10~1.20	>1.69
沙河街组沙一上	1.04~1.08	1.20~1.25	>1.72
沙河街组沙一中	1.06~1.08	1.20~1.25	>1.75
沙河街组沙一下	1.06~1.08	1.20~1.28	>1.76
沙二段	1.04~1.08	1.20~1.28	>1.79

二、井身结构设计

(一)设计原则

1. 满足注采井注气与采气要求

为了满足注采井注气与采气要求,板 G1、白 6 断块采用 φ88.9mm 油管,井下安全阀最大外径 φ132.08mm,白 8 断块采用 φ114.3mm 油管,井下安全阀最大外径 φ151.38mm,需采用 φ177.8mm 油层套管才能满足。

2. 确保井筒完整及安全钻井要求

储气库设计寿命 30~50 年,井筒要能承受频繁注气和采气交变作用影响,必须确保生产套管、技术套管固井质量,技术套管需要将上部井段复杂地层进行有效封隔,油层套管必须对储气层盖层实施有效封隔,保证注入气能"存的住、采得出"、不泄漏至其他层位。

(二)井身结构方案及优化

1. 板南储气库群注采井井身结构初期方案

板南储气库群在部署注采井时将井型分为定向井和水平井两种,结合板桥地区地面条件、构造地质特点、储气库注采井基本要求以及邻井已完钻井情况,形成了两套井身结构方案(表3-2-2和表3-2-3),其中表层套管下深350m,封固地表平原组疏松地层,为下开次安全快速钻井提供保障;技术套管封固馆陶组以上易漏地层,为下一步生产套管安全钻进提供条件;水平井生产套管封固入窗点,采用储层专打技术。

表3-2-2 定向井井身结构方案表

开钻次序	井深(m)	钻头尺寸(mm)	套管尺寸(mm)	套管下入地层层位	套管下入深度(m)	环空水泥浆返深(m)	固井方式
一开	351	660.4	508	明化镇组	350	地面	普通
二开	2002	374.6	273.1	东营组	2000	地面	普通
三开	3221	241.3	177.8	沙河街组	3217	地面	悬挂回接

表3-2-3 水平井井身结构方案表

开钻次序	井深(m)	钻头尺寸(mm)	套管尺寸(mm)	套管下入地层层位	套管下入深度(m)	环空水泥浆返深(m)	固井方式
一开	351	660.4	508	明化镇组	350	地面	普通
二开	2002	374.6	273.1	东营组	2000	地面	普通
三开	3221	241.3	177.8	沙河街组沙一中	3217	地面	悬挂回接
四开	3620	152.4	114.3	沙河街组沙一中	3067~3619	—	悬挂筛管

2. 板南储气库群注采井井身结构优化方案

初期方案提出的技术套管封固馆陶组方案在该区块开发井中普遍采用,白6断块井较浅,采用该方案生产套管封固段不足800m,可以满足后期固井施工要求。而板G1断块、白8断块井较深,生产套管封固段均大于1000m,固井质量难以保障,因此对板南储气库群板G1断块、白8断块注采井井身结构进行调整优化。

1)板G1断块井身结构优化方案

板G1断块设计目的层沙二段滨Ⅳ油组,设计垂深3050~3140m,井身结构见表3-2-4,表层套管封固平原组的流沙及软土层,保护地下水;技术套管封固沙一下,减少三开目的层段封固段长度,保证固井质量,同时为三开储层专打创造条件;生产套管封固储层,采用悬挂回接固井方式,回接筒下至技术套管以上150m。

表 3-2-4　板 G1 断块定向井井身结构优化方案

开钻次序	井深(m)	钻头尺寸(mm)	套管尺寸(mm)	套管下入地层层位	套管下入深度(m)	环空水泥浆返深(m)	固井方式
一开	501	660.4	508	明化镇组	500	地面	普通
二开	2700.5	374.6	273.1	沙河街组沙一下	2700	地面	双级注水泥
三开	3221	241.3	177.8	沙河街组沙三段	3217	地面	悬挂回接

2)白 8 断块井身结构设计

白 8 断块部署 1 口水平井,设计目的层沙一中板Ⅰ油组,设计垂深 2952m,井身结构见表 3-2-5,表层套管封固平原组流沙及软土层,保护地下水;技术套管封固东营组地层,缩短下部裸眼长度,以利于下部井段安全钻井;生产套管封固窗口及以上地层,为储层专打创造条件,回接筒下至技术套管以上 150m。生产井眼下入 114.3mm 筛管,悬挂器下至生产套管以上 150m。

表 3-2-5　白 8 断块水平井井身结构方案表

开钻次序	井深(m)	钻头尺寸(mm)	套管尺寸(mm)	套管下入地层层位	套管下入深度(m)	环空水泥浆返深(m)	固井方式
一开	501	660.4	508	明化镇组	500	地面	普通
二开	2502	374.6	273.1	沙河街组沙一上	2500	地面	双级注水泥
三开	3221	241.3	177.8	沙河街组沙一中	3217	地面	悬挂回接
四开	3620	152.4	114.3	沙河街组沙一中	3067~3619	—	悬挂筛管

三、井眼轨道设计

(一)井眼轨道设计原则

1. 井场布置原则

(1)有利于井场修建,尽量利用现有老井场或在老井场基础之上扩建,减少征地费用。
(2)井场不与该区道路规划冲突,满足规划要求,亦不妨碍现有道路的使用。
(3)井场选取考虑有利于防碰,有利于实现安全钻进,有利于减少钻井施工费用。
(4)井场布置及井口安排有利于今后储气库安全生产管理。

2. 井眼轨道设计原则

(1)为了加快钻井速度,降低施工风险,井眼轨道将尽可能采用三段制井身剖面。由于构造上老井较多,且新井与新井也存在防碰,为了保证钻井施工的安全性,避免发生碰撞,有的井需要采用五段制剖面或三维绕障轨道。
(2)井眼轨道的设计根据地质目标参数对造斜点、造斜率、井斜角和防碰措施进行优化。

为了降低钻井施工难度,将造斜率控制在(2.4°~3.0°)/30m。对于位移小于1000m的井,尽量控制井斜角小于25°,有利于正常安全钻井、保证固井质量、顺利测井作业、安全下入完井管柱等。对于位移大于1000m的井,尽量提高造斜点,降低井斜角。为了防碰和避开馆陶组底砾岩,可通过调整造斜点深度加以调整。造斜点的选择主要是依据位移的大小及防碰要求进行优化选择。

(3)由于部分断块老井较多,在设计井眼轨道时必须进行详细的防碰扫描处理。距离较近时,要与地质协商,通过适当移动靶位延长井间距离,无法延长的,要对老井测陀螺,为钻井提供精度更高的井眼轨迹数据。在实施钻井时要采用更精确的井眼轨迹控制手段,防止钻穿老井。尽量不采用三维绕障井眼,避免造成井眼复杂事故。

(二)板 G1 井场布置及井眼轨道方案

1. 板 G1 井场布置

板 G1 井场共布置 5 口新钻井,其中包括 4 口注采井及 1 口监测井。将 5 口井分两组集中布置,每组相邻井间距为 10m。

板 G1 断块位于养殖池中,有几个老井场可供选择,其中板南 3 老井场基本处于构造中心。经现场踏勘和防碰扫描论证,在板南 3 井东部附近布置新钻井位,采用单排井口排列方式布置,部分利用老井场,其余需扩建。根据新钻井井深按 50 钻机进行井场布置,井场面积为 $210m \times 100m = 21000m^2$。

2. 井眼轨道设计

井眼轨道设计见表 3-2-6。

表 3-2-6 板 G1 井场新钻井井眼轨道数据

井号	造斜点(m)	井斜角(°)	方位(°)	剖面类型	造斜率/降斜率(°/30m)	垂深(m)	斜深(m)	位移(m)
板 G1 库 1	1200	22.26	222.01	三段	2.4	3046	3180	698.11
板 G1 库 2	550	18.00	243.35	五段	2.4/-1.2	3090	3109	153.84
板 G1 库 4	390	20.00	183.71	五段	2.4/-1.2	3050	3089	267.46
板 G1 库 7	2350	17.51	91.02	三段	2.4	3088	3117	198.10
板 G1 库监 1	1000	16.13	38.01	三段	2.4	3139	3221	589.10

(三)白 6 井场布置井眼轨道方案

1. 白 6 井场布置

白 6 断块共布置 2 口新钻注采井。经现场踏勘和防碰扫描论证,将井场选在白 6 老井场以北,第一口新钻井注采井井口距最北端老井 40m,2 口井按北偏西方向一字排开,井间距 10m,部分利用老井场,其余需扩建,井场面积 $100m \times 90m = 9000m^2$。

2. 井眼轨道设计

井眼轨道设计见表 3-2-7。

表 3-2-7　白 6 井场新钻井井眼轨道数据

井号	造斜点(m)	井斜角(°)	方位(°)	剖面类型	造斜率(°/30m)	井底参数 垂深(m)	井底参数 斜深(m)	井底参数 位移(m)
白6库1	2050	29.35	337.16	三段	2.4	2809	2884.89	321.30
白6库3	340	17.27	309.71	三段	2.4	2707	2812.01	702.22

(四) 白 8 井场布置及井眼轨道方案

1. 白 8 井场布置

白 8 断块共布置 1 口新钻水平井,预留 1 口井位(位置靠南井位预留)。根据新钻井井深按 50 钻机进行井场布置。井间距 40m,两口井呈东北—西南方向分布,井场面积 120m×100m = 12000m²。

2. 井眼轨道设计

井眼轨道设计见表 3-2-8。

表 3-2-8　白 8 井场新钻井井眼轨道数据

井号	造斜点(m)	井斜角(°)	方位(°)	剖面类型	造斜率(°/30m)	井底参数 垂深(m)	井底参数 斜深(m)	井底参数 位移(m)
白8库H1	2570	85.95	79.32	水平井	4.8/5	2975	3637	859.90

四、井眼轨迹控制

(一) 井眼轨迹控制技术

1. 定向井井眼轨道控制

1) 直井段

直井段采用钟摆钻具吊打钻进,保证井眼垂直,否则井眼过分偏斜,不仅给下部定向钻进造成较大困难,而且也不利于与邻井的防碰。若上部直井段过长或防碰紧张,应采用 MWD 技术跟踪测斜,保证井眼质量,为下部定向施工奠定基础以实现安全钻进。

2) 造斜井段

由于所钻新井中位移相对较大且与邻井存在防碰问题,为有利于准确定向及井眼轨迹控制,采用 MWD 无线随钻和导向马达钻具组合。

3) 稳斜井段

对于位移小或者不存在防碰的井,只要在造斜段能够准确定向,井眼比较容易中靶,井眼控制的难度不会太大,可使用常规满眼稳斜钻具。对有些位移较大的井或防碰要求严重的井,使用导向钻井技术对井眼轨迹进行控制。

4) 降斜井段

由于井眼较深,降斜后仍有较长的垂直井段,如果控制不好会产生较大的狗腿度,造成卡钻现象。因此,采用钟摆钻具组合将降斜率控制在 -1.5°/30m 以下,防止出现键槽卡钻现象。

5）下部垂直井段

五段制下部垂直井段较长，而且关系到钻入靶区，必须加强该井段的控制。因此，该井段仍采用钟摆钻具组合实施严格吊打钻进，防止井眼再增斜后脱靶。若下部直井段井眼过长或防碰紧张，为了更好地控制井眼轨迹，应采用导向钻井技术钻进。

2. 水平井井眼轨道控制

1）直井段

直井段采用钟摆钻具吊打钻进，保证井眼垂直，否则井眼过分偏斜，不仅给下部定向钻进造成较大困难，而且也不利于与邻井的防碰。

2）造斜井段

为有利于准确定向及跟踪目的层，采用 LWD 无线随钻和导向马达钻具组合。

3）水平井段

水平井段采用倒装钻具组合，且为提高水平井段井眼质量及跟踪目的层，采用 LWD 无线随钻和导向马达钻具。

（二）井眼轨迹监测

井眼轨迹的控制方式与监测仪器应根据地质目标要求的难易程度以及工具适用条件与井下条件综合选定。在经过工程、地质、仪器等工程师会审后纳入井眼轨迹方案设计中，储气库注采井对井工程完整性要求较高，因此应优先选用成熟工艺和监测工具。

1. 板 G1 库 1 井（三段制井眼轨道）

采用导向马达 + MWD 导向技术，准确定向并及时跟踪井眼轨迹变化情况，加强测斜，及时掌握井眼轨迹变化趋势，发现趋势不好及时调整各项参数，确保了井身质量合格，并实现中靶。通过实钻与设计轨迹数据对比发现，该井整体上偏离设计轨迹在 5m 之内，较好地满足了注采井对该井型井身质量的要求。

2. 板 G1 库 2 井（五段制井眼轨道）

采用导向马达 + MWD 导向技术，准确定向并及时跟踪井眼轨迹变化情况，加强测斜，及时掌握井眼轨迹变化趋势，发现趋势不好及时调整各项参数，确保了井身质量合格，并实现中靶。通过实钻与设计轨迹数据对比发现，该井上部井段整体上偏离设计轨迹在 5m 之内，下部垂直井段轨迹偏移较大，但通过及时纠斜达到了目的层中靶的要求。

3. 白 8 库 H1 井（水平井井眼轨道）

本井定向井段和水平井段采用导向马达 + LWD 导向技术，随钻跟踪目的层以实现准确入窗及水平段准确中靶。通过实钻与设计轨迹数据对比发现，目的层偏离设计在 5m 之内，较好地满足了水平井对井身质量的要求。

五、钻井液设计

（一）设计原则

为保障钻井工程的安全和质量，钻井液设计除了必须满足地质目的和钻井工程的基本需要,还必须采用环境友好、具有较好的储层保护效果的钻井液体系。

1. 钻井液体系选择

平原组及明化镇组上部井段钻井液体系选择:一开井段小于600m时,宜选用膨润土钻井液;一开井段大于600m时,0～600m井段采用膨润土钻井液,井深大于600m井段采用聚合物钻井液或镶嵌屏蔽钻井液。

明化镇组、馆陶组井段钻井液体系选择:一般地区选用聚合物钻井液或镶嵌屏蔽钻井液,大港油田的高压区块,如港西油田,二开开钻钻井液密度不低于 $1.25g/cm^3$,而且完井密度比较高,宜选用硅基防塌钻井液;水平井入窗前宜选用聚合物钻井液,水平井段钻井液根据完井方式不同进行优化,筛管完井宜用免酸洗的有机盐无固相钻井液,射孔完井宜用钾盐聚合物钻井液;滩海及海上井,储层以上井段宜选用聚合物或海水聚合物钻井液,储层井段宜选用有机盐钻井液或钾盐聚合物钻井液。

东营组、沙河街组、孔店组、中生界、二叠系、石炭系井段钻井液体系选择:一般地区宜选用硅基防塌钻井液;沙河街组易坍塌地层宜选用钾盐聚合物钻井液;井深大于4200m、井深3500～4200m且井斜大于50°、地层温度超过150℃的井,宜选用钾盐聚合物钻井液或有机盐钻井液;水平井、大斜度井在明化镇组、馆陶组井段可选用聚合物钻井液或镶嵌屏蔽钻井液,东营组及以下地层井段采用钾盐聚合物钻井液。

2. 钻井液密度设计

(1)钻井液密度设计应以裸眼井段地层最高孔隙压力为基准,再增加一个安全附加值。气井附加值为 $0.07～0.15g/cm^3$ 或 $3.0～5.0MPa$。

(2)在易坍塌地层钻井时,根据坍塌压力确定钻井液密度。

(3)参考邻井实钻的钻井液密度。

(二)各断块钻井液设计

1. 板 G1 断块钻井液设计

一开钻井液:一开主要是钻第四系平原组,使用膨润土钻井液,密度为 $1.03～1.08g/cm^3$。

二开钻井液:二开井段钻进地层明化镇组、馆陶组、东营组、沙河街组沙一$_上$、沙河街组沙一$_中$、沙河街组沙一$_下$部分地层,使用聚合物钻井液体系,密度为 $1.10～1.18g/cm^3$。

三开钻井液:三开井段采用 BH-KSM 钻井液体系,密度为 $1.25～1.28g/cm^3$。

2. 白6断块钻井液设计

一开钻井液:一开主要是钻第四系平原组,使用膨润土钻井液,密度为 $1.03～1.08g/cm^3$。

二开钻井液:该井段钻进地层明化镇组、馆陶组,使用聚合物钻井液体系,密度为 $1.10～1.20g/cm^3$。

三开钻井液:三开井段采用 BH-KSM 钻井液体系,密度为 $1.18～1.28g/cm^3$。

3. 白8断块钻井液设计

一开钻井液:一开主要是钻第四系的平原组,使用膨润土钻井液,密度为 $1.03～1.08g/cm^3$。

二开钻井液:该井段钻进地层明化镇组、馆陶组,使用聚合物钻井液体系,密度为 1.10～

1.15g/cm³。

三开钻井液：三开井段采用硅基防塌钻井液体系，密度为1.15~1.32g/cm³。

四开钻井液：四开井段采用BH-KSM钻井液体系，密度为1.15~1.25g/cm³。

(三)目的层储层保护技术

进入储层前要调整好钻井液密度及性能参数，体系中加入1%~2%低渗透成膜封堵剂提高地层的承压能力，减少滤液进入地层；加入2%~3%复合油溶暂堵剂；钻遇储层后要及时补充储层保护材料，使体系中保持2%~3%的含量。

进入目的层前要控制钻井液API滤失量小于5mL，含砂量小于0.3%，渗透率恢复值大于85%以上。

采用四级净化，清除无用固相，保持钻井液的清洁，要求MBT小于30g/L。总固相含量(LGS)小于8%，降低固相侵入对地层的影响。

第三节 注采井固井工程

储气库注采井固井质量好坏是实现储气库长期安全、高效运行的关键。针对板南储气库群地层承压能力低，而且在注采气过程中，井筒承载着交变应力(13~31MPa交变载荷)及温度变化，很可能会破坏井筒完整性，导致储气库井运行后期环空带压等难题。选用韧性水泥浆、采用气密封扣管柱、承压堵漏技术、冲洗型加重隔离液、超声波成像测井等系列先进技术，解决了超低压漏失、枯竭层的固井施工问题，保证了复杂井筒条件下的井筒密封完整性[2-3]。

一、水泥浆体系评价与选择

针对储气库井强采、强注产生交变应力的特点，要求生产尾管及盖层段固井使用具有柔韧性的微膨胀水泥体系。生产尾管及盖层段固井水泥浆按照GB/T 19139—2012《油井水泥试验方法》方法制备，水泥石测试样品按照SY/T 6466—2016《油井水泥石性能试验方法》方法制备。抗压强度、气体渗透率按照GB/T 19139—2012所述方法进行检测，线性膨胀率按照GB/T 33293—2016《常压下油井水泥收缩与膨胀的测定》所述方法检测，抗拉强度采用劈裂法对试样进行径向加载进行检测，杨氏模量采用单轴或三轴应力测试仪进行检测。水泥石力学性能应满足表3-3-1要求。

表3-3-1 生产尾管及盖层段固井水泥浆水泥石力学性能要求

密度 (g/cm³)	48h抗压强度 (MPa)	7d抗压强度 (MPa)	7d抗拉强度 (MPa)	7d杨氏模量 (GPa)	7d气体渗透率 (mD)	7d线性膨胀率 (%)
1.90	≥16.0	≥28.0	≥1.9	≤6.0	≤0.05	0~0.2
1.80	≥15.0	≥26.0	≥1.8	≤5.5	≤0.05	0~0.2
1.70	≥14.0	≥24.0	≥1.7	≤5.0	≤0.05	0~0.2

板南储气库群建设初期仅有国外石油公司有该类产品，在白6库3井采用斯伦贝谢公司FlexSTONE弹性膨胀水泥浆，密度设计为1.75g/cm³，但该水泥浆体系对密度较为敏感，施工

过程中密度变化较大,部分井段出现超缓凝,固井质量优质段长度仅占47.2%。该体系水泥浆稠化时间敏感实验见表3-3-2至表3-3-5。

表3-3-2 水泥浆稠化时间敏感实验(水泥浆密度1.75g/cm³,实验循环温度81℃)

稠度(Bc)	时间(hh:mm)
拐点	04:01
50	05:25
70	05:51
100	06:32

表3-3-3 水泥浆稠化时间敏感实验(水泥浆密度提高0.02g/cm³,即1.77g/cm³)

稠度(Bc)	时间(hh:mm)
拐点	02:12
50	03:37
70	03:58
100	04:33

表3-3-4 水泥浆稠化时间敏感实验(水泥浆密度提高0.03g/cm³,即1.78g/cm³)

稠度(Bc)	时间(hh:mm)
拐点	01:35
50	02:04
70	02:13
100	02:26

表3-3-5 水泥浆稠化时间敏感实验(水泥浆密度降低0.03g/cm³,即1.72g/cm³)

稠度(Bc)	时间(hh:mm)
拐点	04:19
50	06:46
70	07:40
100	08:56

为保证固井质量,后续井优选了中国石油工程技术研究院生产的韧性水泥浆体系,该水泥浆体系设计是以紧密堆积理论和颗粒级配原理为基础,通过掺入防窜增韧剂DRT-100S和弹性材料DRE-100S达到提高水泥浆的防窜能力,改善水泥石的韧性,其配方及各项性能要求见表3-3-6和表3-3-7。

表 3-3-6 领浆配方及性能

领浆配方：华银 G 级水泥 +8% DRT-100S +10% DRE-100S +5% 微硅 +16% 石英砂 +3% DRF-300S +1.0% DRH-100L +1.0% DRS-1S +1.5% DRA-1S +51.86% 水 +0.5% 消泡剂 DRX-1L +0.5% 抑泡剂 DRX-2L	
性能	密度(g/cm^3)	1.88
	API 失水(mL)	34
	稠化时间(min/70Bc)	328
	初始稠度(Bc)	19
	抗压强度(MPa/24h×90℃)	16
	抗压强度(MPa/48h×90℃)	19.4
	抗压强度(MPa/7d×90℃)	28
	7d 弹性模量(GPa)	3.7
	7d 抗拉强度(MPa)	2.7
	7d 线性膨胀率(%)	0.12
	7d 渗透率(mD)	0.03
	游离液量(%)	0

表 3-3-7 尾浆配方及性能

尾浆配方：华银 G 级水泥 +8% DRT-100S +10% DRE-100S +5% 微硅 +16% 石英砂 +3% DRF-300S + +1.0% DRS-1S +1.5% DRA-1S +51.86% 水 0.5% 消泡剂 DRX-1L +0.5% 抑泡剂 DRX-2L	
性能	密度(g/cm^3)	1.88
	API 失水(mL)	32
	稠化时间(min/70Bc)	165
	初始稠度(Bc)	20
	抗压强度(MPa/24h×110℃)	18
	抗压强度(MPa/48h×110℃)	22.6
	抗压强度(MPa/7d×110℃)	30
	7d 弹性模量(GPa)	3.7
	7d 抗拉强度(MPa)	2.7
	7d 线性膨胀率(%)	0.12
	7d 渗透率(mD)	0.03
	游离液量(%)	0

二、固井套管选择及强度校核

(一) 套管柱强度的设计方法及安全系数

地下储气库注采井应按照等安全系数法进行套管强度设计和三轴应力校核。

安全系数的确定标准:抗挤安全系数≥1.125、抗内压安全系数≥1.10、抗拉安全系数≥1.8。

(二)设计假定条件

1. 外挤压力

套管柱所承受的外挤压力主要来自于管外地层液体压力、易流动岩层侧压力以及完井作业和油藏改造等。一般认为套管下入时的钻井液液柱压力即是套管所受的最大外挤力。表层套管和生产套管外挤力的确定是以管内全掏空考虑的,中间套管的外挤力是由下次钻井时钻井液的液柱压力和地层支撑液的液柱压力平衡后计算出来的。

2. 内压力

套管柱所承受的最大内压力应是管内充满天然气时的井口压力,而只有中间套管的内压力是按井涌量的40%进行计算的。

3. 轴向拉力

套管柱的轴向拉力是由套管柱自重所产生的,套管柱的轴向拉力按套管柱在空气中的重量计算。

4. 双轴应力

由于轴向应力的存在使得套管的额定抗外挤强度和额定抗内压强度都会发生变化,在轴向应力的作用下套管中和点以上管柱的额定抗外挤压力要降低,因此,在进行套管抗外挤强度校核时应考虑该应力的影响,计算出套管的有效抗外挤强度,并按此数据校核套管柱的强度。其计算公式为:

$$p_{ca}/p_{co}[1-0.75(S_a/Y_p)^2]0.5-0.5(S_a/Y_p) \quad (3-3-1)$$

式中　p_{ca}——在轴向拉应力作用下的有效抗挤毁压力,kPa;
　　　p_{co}——在无轴向拉应力作用下的额定抗挤毁压力,kPa;
　　　S_a——管体所受的轴向应力,kPa;
　　　Y_p——管体的屈服强度,kPa。

(三)计算结果

以板南储气库群某井为例,套管强度按以下条件进行计算,下套管前如果计算条件发生变化,必须重新校核套管:

(1)一开钻井液密度:1.10g/cm³;二开钻井液密度:1.20g/cm³,三开钻井液密度:1.30g/cm³,下套管前必须按井内实际钻井液密度校核。

(2)表层套管和技术套管强度按部分掏空计算。

(3)生产套管强度按套管内全掏空考虑。

(4)考虑井筒完整性要求,技术套管和生产套管采用气密封套管。

(5)套管柱强度计算采用 SY/T 5724—2008《套管柱结构与强度设计》。

计算结果见表3-3-8,由计算结果可以看出,所选各级套管均能满足板南储气库的生产要求。

表 3-3-8　套管柱设计表

套管程序	井段(m)	尺寸(mm)	长度(m)	钢级	壁厚(mm)	抗外挤最大载荷(MPa)	抗外挤安全系数	抗内压最大载荷(MPa)	抗内压安全系数	抗拉最大载荷(kN)	抗拉安全系数
表层套管	0~500	508	500	J55	11.13	3	1.2	10.2	1.43	685.9	9.1
技术套管	0~2200	273.1	2200	N80	11.43	11.7	1.9	14.8	2.73	1692.7	3.23
生产套管	0~2899	177.8	2899	P110	9.19	35.7	1.2	30.0	2.29	1159.1	3.27

三、固井工艺

(一)固井前钻井液性能控制

注水泥前流变性要求:钻井液密度 <1.30g/cm³ 时,屈服值 <5Pa,流性指数 $n \geq 0.70$;钻井液密度 ≥1.30g/cm³ 时,屈服值 <8Pa。下完油层套管后,在 1~2 个循环周内对钻井液性能进行调整,并达到固井前钻井液性能各项指标要求。待钻井液各项性能指标达到要求后,至少再循环 1 个循环周,方可开始进行注水泥作业。循环周指全部参与循环的钻井液循环一周,且以循环排量达到固井前最大排量开始计时。

(二)平衡压力固井

以平衡压力固井技术为指导,通过实施承压堵漏提高地层承压能力,然后优化浆柱结构,实现固井前、固井中、固井后"三压稳",为确保固井施工安全、提高固井质量提供理论依据。

1. 地层承压试验

地层承压能力低,为防止固井施工过程中出现漏失,主要采取了以下 2 个方面的技术措施。

(1)进行地层承压堵漏实验,提高地层承压能力。

(2)降低隔离液密度、增加隔离液环空高度,达到减少浆体液柱压力的目的。以白 6 库 1 井为例,从井底到地面的管外浆柱结构顺序为水泥浆—缓凝药水—隔离液—钻井液,完钻钻井液密度为 1.28g/cm³,水泥浆密度为 1.80g/cm³,设计隔离液密度为 1.15g/cm³,占环空高度为 800m,整个环空静液柱压力为 40.7MPa,沿程环空摩阻总和为 1.98MPa;井底承受压力为 42.68MPa(当量密度为 1.52g/cm³)。当全井为 1.28g/cm³ 钻井液时,静液柱压力为 35.97MPa,因此要求地层承压能力至少提高 6.71MPa,才能确保固井施工中不发生漏失。现场地层承压试验达到 6.8MPa,满足平衡压力固井要求。

2. 候凝过程中压稳

采用双凝水泥浆体系,逐级压稳,保证固井质量。以白 6 库 1 井为例,设计尾浆顶面 2400m(垂深 2385.3m),候凝过程中,尾浆顶面以下浆柱压力等于清水的静液柱压力 4.25MPa;领浆位置为 1868m(垂深 1868m),水泥浆密度为 1.80g/cm³,静液柱压力为 9.31MPa;候凝过程中钻井液液柱压力为 23.91MPa;水泥浆候凝过程中浆柱静液柱压力为 37.47MPa;对应的全井钻井液当量密度 1.334g/cm³。实现了平衡压力固井要求,可有效压稳地层,防止环空油气水窜槽。

(三) 提高顶替效率技术

1. 高效冲洗隔离液技术

冲洗液采用油基钻井液冲洗液+悬浮剂+特种加重剂配制而成，实现了冲洗、隔离一体化，主要作用是防止水泥浆与钻井液伤害，提高顶替效率及对第二界面的冲刷能力。

2. 套管居中技术

根据电测井径情况及井眼轨迹重新对扶正器安放位置、数量、类型进行修正，确保套管居中度不小于67%。回接套管每2根套管安放1只双弓扶正器，井口连续3根套管每根安装一个刚性扶正器，回接套管底部连续5根套管每根安装一个刚性扶正器；尾管每根套管安放1只扶正器，重合段安装刚性扶正器，裸眼段安装滚柱直棱刚性扶正器。

四、固井质量检测评价

板南储气库群盖层及储层井段分别采用IBC和SBT测井进行固井质量的监测评价，其中白6库3井采用IBC测井方式，测井精度相对较高，但成本偏高，其他实施的5口井采用SBT测井方式，成本较低，精度也能满足储气库对固井质量的要求。表层套管、技术套管及生产套管回接固井均采用CBL/VDL测井方式进行固井质量的监测评价，固井质量检测评价项目及要求见表3-3-9。板南储气库群已实施8口井生产套管固井质量情况见表3-3-10，油层段及盖层段均采用韧性水泥浆体系，固井质量均较好。

表3-3-9 固井质量检测评价项目及要求

开钻次数	测井项目	固井质量要求	
一开	CBL/VDL	合格	
二开	CBL/VDL	合格	
三开	IBC/SBT	盖层及储层井段	优质
	CBL/VDL	其他井段	合格

表3-3-10 板南储气库群新钻注采井固井质量情况一览表

井号	类型	水泥件体系	封固段总长(m)	第一界面(%)			第二界面(%)		
				胶结好	胶结中等	胶结差	胶结好	胶结中等	胶结差
白6库1	油层段固井	韧性水泥	101.40	82.1	7.4	10.5	68.2	19.3	12.5
	回接固井	常规密度水泥	1852.67	83.3	6.6	10.1	83.3	6.6	10.1
	泥岩盖层固井	韧性水泥	76.00	93.4	3.0	3.6	91.3	4.0	4.7
板G1库1	油层段固井	韧性水泥	75.1	94.1	5.9	0	80.7	19.3	0
	回接固井	常规密度水泥	2328.0	52.6	18.5	28.9	52.6	18.5	28.9
	泥岩盖层固井	韧性水泥	120.0	96.0	4.0	0	81.7	18.3	0
板G1库2	油层段固井	韧性水泥	58.1	78.66	4.64	16.7	72.98	5.68	21.34
	回接固井	常规密度水泥	2245.0	48.53	42.11	9.36	0.73	32.52	66.75
	泥岩盖层固井	韧性水泥	115.5	24.68	6.93	68.39	14.72	3.46	81.82

续表

井号	类型	水泥件体系	封固段总长(m)	第一界面(%) 胶结好	第一界面(%) 胶结中等	第一界面(%) 胶结差	第二界面(%) 胶结好	第二界面(%) 胶结中等	第二界面(%) 胶结差
板G1库4	油层段固井	韧性水泥	84.0	73.8	26.2	0	65.2	34.8	0
板G1库4	回接固井	常规密度水泥	2334.8	37.3	24.2	38.5	37.3	24.2	38.5
板G1库4	泥岩盖层固井	韧性水泥	125.0	97.5	2.5	0	69.6	30.4	0
白8库H1	油层段固井	韧性水泥	31.8	100.0	0	0	76.3	23.7	0
白8库H1	回接固井	常规密度水泥	2340.4	77.9	21.2	0.9	0	2.5	97.5
白8库H1	泥岩盖层固井	韧性水泥	181.7	99.3	0.7	0	94.1	5.9	0
白6库3	油层段固井	韧性水泥	273.0	47.2	35.0	17.8	47.2	32.2	20.6
白6库3	回接固井	常规密度水泥	1944.2	98.4	1.1	0.5	98.4	1.1	0.5
白6库3	泥岩盖层固井	韧性水泥	29.0	56.9	43.1	0	56.9	43.1	0
板G1库7	油层段固井	韧性水泥	58.1	90.9	9.1	0	55.7	37.3	7.0
板G1库7	回接固井	常规密度水泥	2254	100.0	0	0	100.0	0	0
板G1库7	泥岩盖层固井	韧性水泥	34	95.9	4.1	0	84.2	15.8	0
板G1库监1	油层段固井	韧性水泥	40.6	73.4	16.0	10.6	73.4	16.0	10.6
板G1库监1	回接固井	常规密度水泥	2253.1	99.7	0.03	0	99.7	0.03	0
板G1库监1	泥岩盖层固井	韧性水泥	14	22.4	53.7	23.9	22.4	53.7	23.9

第四节　注采井完井工程

针对板南储气库群储层异常低压的特点,为保护油气层,降低压井过程中对储层的污染,同时可缩短施工周期,降低作业成本,板南储气库群7口套管完井的注采井均采用射孔—完井一次完成管柱,将射孔管柱连接在完井管柱底端,射孔后通过射孔枪丢手将射孔枪丢到井底,进行后续的测试、投产、投注工作,实现射孔、完井、测试的联作,板南储气库群的施工效果表明该管柱安全可靠,作业方便,投产后单井注采能力在第一个注采周期就达到或超过地质设计指标,表明储层保护良好。

一、完井方式

完井工艺设计时,主要考虑以下几个方面:
(1)按照均注均采的要求,满足甲方冬季调峰需求和地质方案需要;
(2)充分考虑腐蚀、高压气密封、冲蚀等因素,保证注采井长期安全生产;
(3)尽量简化管柱,采用成熟技术;
(4)管柱在采取合理尺寸的同时,尽量实现大通径、全通径;
(5)综合考虑各种工艺措施的配套性。

1. 完井方式选择

为了保护油气层,缩短施工周期,降低作业成本,板南储气库群7口定向井采用射孔—完井一次完成管柱,将射孔管柱连接在完井管柱底端,射孔后通过射孔枪丢手将射孔枪丢到井底,进行后续的测试、投产、投注工作,实现射孔、完井、测试的联作,施工效果表明该管柱安全可靠,作业方便。

根据钻井完井工艺研究结果,1口水平井采用筛管完井工艺,故无需射孔,直接利用注采完井管柱进行试油、测试。首先进行洗压井、通井、刮削等井筒准备,然后将完井管柱配套井下工具下到井中,液氮掏空诱喷,进行后续的测试,然后投产、投注。

2. 射孔工艺研究原则

根据钻井完井工艺研究结果,板南储气库采用套管固井完井工艺,故试油完井需对射孔工艺进行研究。

(1)以安全、高效、技术成熟、经济效益最优为基本原则;
(2)最大程度地实现地层与井筒之间的沟通,提高储层产能;
(3)全面考虑射孔作业的安全因素,确保注采井长期安全生产。

3. 射孔工艺的优选

射孔工艺可分为正压射孔、负压射孔、超正压射孔等工艺,也可分为电缆输送式和油管输送式射孔,电缆输送射孔又可分为套管射孔、过油管射孔,常见射孔方式特点见表3-4-1。

表3-4-1 常见射孔方式特点对比表

参数	电缆射孔	电缆过油管射孔	油管传输射孔
油井	√	√	√
气井	×	×	√
防喷措施	×	√	√
联座管柱	×	×	√
负压射孔	×	√	√
大枪身、高孔密	×	×	√
引爆方式	单一	单一	多样
普及程度	×	×	√

若采用油管传输射孔可预先安装井口,再点火射孔,对气井而言安全性较高,并且地层压力系数较低,钻井过程中泥浆对油气层的伤害难以避免,采用负压射孔可降低前期残留物和射孔液对地层的伤害。此外,借鉴大港油田储气库建设经验,推荐采用油管传输负压射孔工艺。

4. 射孔参数优化

射孔参数优化是试油完井工程中一项重要工作,对地层流体进入井筒有决定性的影响,射孔参数的优选主要是对射孔枪、射孔弹、孔密和相位的选择。

利用软件模拟计算,可以得出以下结论:

(1)孔深是影响注采效果的关键因素,射孔孔眼深度越大,产能比越高;
(2)射孔相位角的合理性可以减少流体的流动阻力,零相位角最差;
(3)螺旋布孔方式比平面布孔方式效果好;

(4)大孔径和高孔密可提高产能比,但受到射孔弹性能和品种限制;

(5)套管内径与枪径的合理组合,有利于保证射孔弹在最佳爆炸范围内射开生产油层,取得最佳射孔深度。

通过参数优化,板南储气库群采用的射孔参数见表3-4-2。

表3-4-2 射孔主要参数

井型	枪型	弹型	孔密(孔/m)	相位角(°)	平均穿深(mm)	孔径(mm)
注采井	127mm	深穿透射孔弹	16	90	950	13
监测井	102mm	深穿透射孔弹	16	90	950	13

5. 负压值的确定

目前国内外经常使用的有经验法和理论法。

1)Bell 经验关系

Bell 根据世界范围内上千口井射孔完井经验,给出了根据产层渗透率及储层类型确定所需负压值的一个统计表,见表3-4-3。

表3-4-3 负压值设计经验准则

K 地层渗透率(mD)	Δp 负压值(MPa)	
	油层	气层
$K>100$	1.4~3.5	6.9~13.8
$10<K\leq100$	6.9~13.8	13.8~34.5
$K\leq10$	>13.8	>34.5

2)理论计算

考虑了射孔弹尺寸、类型、岩石力学性质、气藏流体类型,以及地层物性的影响,适用范围广,理论依据强,有专门软件进行计算。各种负压设计方法所需参数见表3-4-4。

表3-4-4 各种负压设计方法所需参数对照表

方法	经验方法			理论方法	
	Bell	美国岩心公司	美国CONOCO公司	最小负压	最大负压
考虑因素	渗透率	渗透率	渗透率 声波时差 套管安全压力 出砂史	渗透率 黏度 压实程度 压实厚度 伤害程度 枪弹系列	渗透率 孔隙度 压缩系数 泊松比 弹性模量 泥质含量 地层压力 地层温度 套管安全系数 枪弹系列

经模拟计算,保证清洁孔眼所需的最小负压值为 4MPa,综合考虑各种影响因素,推荐该区块合理负压值为 4~5MPa。

二、完井管柱

储气库注采井完井管柱设计的主要内容包括注采工艺参数计算、油管的选择、井下工具的配套三项主要内容。

(一)注采工艺参数计算

注采井合理的注采能力是储气库方案设计的核心指标之一,是决定储气库生产规模的重要依据。注采井生产时,流体从地层流入井底,由井底流到井口,由井口流到地面管线;注气时,气体从地面管线流到井口,由井口流到井底,再流入地层。这是一个流动连续、流态不同的协调流动过程[3]。

在注采井生产(注气)的整个协调流动过程中,影响单井注采能力的主要有地层流动能力、井筒流动能力以及地面设备(包括气嘴、集注管汇)的流动能力,只有三者协调一致时,注采井的能力才是最高的。为了使各部分流动协调成为有机整体,需要应用系统分析的思想,用节点分析的方法选定合理流量。只有当地层流入能力和井筒流出能力协调一致时,即流入曲线和流出曲线的交汇点,单井产能最大。以板南储气库群白 6 断块为例,流入、流出曲线如图 3-4-1 所示。

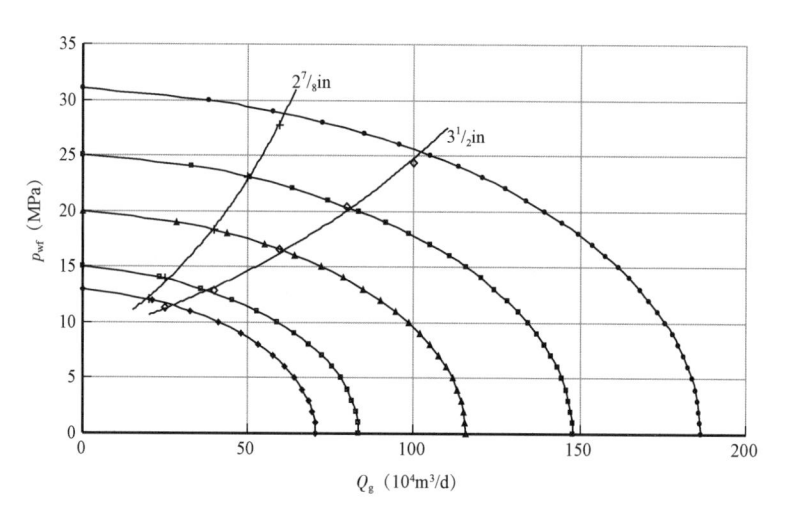

图 3-4-1 板南储气库群白 6 断块流入、流出曲线图

1. 板南储气库群井筒节点分析计算结果

板南储气库群井筒节点分析计算结果见表 3-4-5 至表 3-4-8。

2. 板南储气库群井筒节点分析结论

根据表 3-4-5 和表 3-4-6 计算结果,板 G1 断块、白 6 断块设计的单井最高合理采气能力为 $20 \times 10^4 \sim 60 \times 10^4 \mathrm{m}^3/\mathrm{d}$,若采用 2⅞in 油管已达到冲蚀流速流量,选用 3½in 油管,不仅可满足油管的安全生产,而且满足产能需要,板 G1 断块、白 6 断块气井选用 3½in 油管。

表 3-4-5　板 G1 区块 2$\frac{7}{8}$in 和 3$\frac{1}{2}$in 油管安全产气量

地层压力 (MPa)	2$\frac{7}{8}$in 油管安全产气量			3$\frac{1}{2}$in 油管安全产气量		
	干气 ($10^4 m^3/d$)	含水 ($3m^3/10^4 m^3$)	含水 ($5m^3/10^4 m^3$)	干气 ($10^4 m^3/d$)	含水 ($3m^3/10^4 m^3$)	含水 ($5m^3/10^4 m^3$)
10	10	—	—	10	—	—
13	15	—	—	20	10	—
15	20	10	10	30	15	15
17	25	10	10	35	20	15
20	30	15	10	40	20	20
25	35	15	15	40	30	25
26	40	20	15	40	30	25
30	40	20	20	60	35	30
32	40	20	20	60	35	30

表 3-4-6　白 6 区块 2$\frac{7}{8}$in 和 3$\frac{1}{2}$in 油管安全产气量

地层压力 (MPa)	2$\frac{7}{8}$in 油管安全产气量 ($10^4 m^3/d$)	3$\frac{1}{2}$in 油管安全产气量 ($10^4 m^3/d$)
	干气	干气
10	15	20
13	25	35
15	30	40
20	35	40
25	40	60
27	40	60
30	40	60

表 3-4-7　白 8 区块 2$\frac{7}{8}$in、3$\frac{1}{2}$in 油管和 4$\frac{1}{2}$in 油管安全产气量

地层压力 (MPa)	2$\frac{7}{8}$in 油管安全产气量		3$\frac{1}{2}$in 油管安全产气量		4$\frac{1}{2}$in 油管安全产气量	
	干气 ($10^4 m^3/d$)	含液 ($0.5m^3/10^4 m^3$)	干气 ($10^4 m^3/d$)	含液 ($0.5m^3/10^4 m^3$)	干气 ($10^4 m^3/d$)	含液 ($0.5m^3/10^4 m^3$)
10	10	—	15	—	15	—
13	20	15	25	20	30	25
15	25	15	30	25	40	35
20	35	20	45	35	60	50
25	40	25	55	40	60	60
27	40	25	60	45	80	60
30	45	30	60	45	80	60
31	45	30	60	45	80	80

表 3-4-8　板南气井连续排液最小气量计算结果表

流压 (MPa)	最小气量($10^4 m^3/d$)		
	2⅞in 油管	3½in 油管	4½in 油管
10	1.45	2.15	3.76
15	1.82	2.70	4.73
20	2.10	3.12	5.46
25	2.30	3.41	5.97
30	2.43	3.61	6.32

根据表 3-4-7 计算结果,白 8 断块设计单井采气能力 $20 \times 10^4 \sim 50 \times 10^4 m^3/d$,根据计算结果,对于白 8 水平井推荐采用 4½in 油管,即能满足地质方案日产 $50 \times 10^4 m^3$ 的要求,又为将来紧急调峰留有余地。

根据节点分析及表 3-4-8 计算结果可知,只要气井最低流量大于 $3.61 \times 10^4 m^3/d$,气井不会出现积液现象。根据地质设计日产气量最低为 $10 \times 10^4 m^3$,大于气井的最低携液产量,因此气井能连续正常自喷生产,不会产生井筒积液。因此,采取采气排液方式能够满足大港油田板南储气库群注采井排液的需要。

(二)油管的选择

1. 油管尺寸优化

根据节点分析,优化油管尺寸,满足地质配产配注气量的要求,满足地面天然气外输的要求,满足井底不积液,井筒不冲蚀的要求。

板 G1 库、白 6 库定向井选择 3½in 油管,白 8 库水平井采用 4½in 油管。

2. 油管强度校核

选择油管主要考虑三个主要性能:抗挤毁强度、内压屈服强度、螺纹连接屈服强度,油管柱的设计必须保证三个主要性能都满足要求,才能保证井下油管柱的安全生产。

按管柱最深下到 3000m 校核油管强度,按储气库运行压力 13~31MPa 和最大井口注气压力 31MPa 校核抗外挤、抗内压安全系数。

由于板南储气库群推荐采用永久式封隔器,不配伸缩短节,考虑附加载荷最大为 $2 \times 10^5 N$。

根据表 3-4-9 和表 3-4-10 计算结果可知,板南储气库群某井管柱最深下到 3000m,所选材质的油管强度能够满足生产要求。同时按地质设计气库运行压力 13~31MPa,最大井口注气压力 31MPa 计算的抗外挤、抗内压系数,所选用的 L80 油管能够满足强度要求。

表 3-4-9　80 钢级气密封油管强度数据

规格 (mm)	壁厚 (mm)	线密度 (kg/m)	螺纹连接 (t)	外挤 (MPa)	内压 (MPa)
φ73(2⅞in)	5.51	9.67	65.75	76.9	72.9
φ88.9(3½in)	6.45	13.84	93.99	62.55	70.1
φ114.3(4½in)	6.88	18.97	130.65	46.91	58.07

表 3-4-10　安全系数计算值

规格（mm）	下入深度（m）	螺纹连接 最大载荷（t）	螺纹连接 安全系数	抗外挤 最大载荷（MPa）	抗外挤 安全系数	抗内压 最大载荷（MPa）	抗内压 安全系数
$\phi 73(2\frac{7}{8}in)$	3000	37.97	1.73	31	2.48	31	2.35
$\phi 88.9(3\frac{1}{2}in)$	3000	74.35	1.26	31	2.02	31	2.26
$\phi 114.3(4\frac{1}{2}in)$	3000	94.49	1.38	31	1.51	31	1.87

3. 油管螺纹选择

对于储气库注采井要高度重视油管螺纹的气密封性问题，尤其是在高低压交变应力作用下，螺纹反复拉伸、压缩后的气密封性能。

特殊螺纹突破了 API 螺纹的设计框架，设计了专门的金属—金属密封结构。从目前资料来看，申报的专利特殊螺纹多达 200 种以上，密封结构的形式也各不相同。但从总体看，基本形式主要有三类：锥面—锥面、锥面—球面、柱面—球面。从现有的特殊螺纹油管产品看，这几种结构都有采用，而且都取得了广泛应用。

储气库对注采管柱密封性要求高，应采用金属对金属的气密封螺纹油管，并具有较高的抗应力交变的能力。板南储气库群最终采用气密封 TP-CQ 油管。

4. 油管材质选择

板南储气库群油管材质选用 L80-1 油管。

(三) 配套工具的选择

选择配套工具的目的是实现管柱在完井作业、注采气生产以及今后的修井作业中特定的功能，主要通过管柱上配套以下工具实现相应功能，见表 3-4-11。

表 3-4-11　管柱应有的功能和对应的配套工具

	应有的功能	配套工具
完井作业	循环洗井、掏空诱喷	循环滑套
	管柱憋压	堵塞器坐落短节
注采气生产	安全控制	井下安全阀、封隔器
	油套管保护	封隔器
修井作业	循环压井	循环滑套
	不压井作业	堵塞器坐落短节

1. 井下安全阀

井下安全阀是确保注气井安全生产的重要设备，井下安全阀一般装在井口以下 200m 以内，通过地面液压控制其开关。安全阀阀板在液压作用下打开时正常生产，失去液压作用时自动关闭，起到了井下关井的作用。

最大下入深度计算公式：

$$MD = SF \cdot CP/G \qquad (3-4-1)$$

式中　　MD——安全阀最大下入深度 ft;

　　　　CP——安全阀关闭压力 psi;

　　　　G——液压油的梯度 psi/ft;

　　　　SF——安全系数。

推荐选用油管起下地面控制的井下自平衡式安全阀。

2. 循环滑套

循环滑套是注采井完井管柱中用来连通油套环空的设备,其原理为通过移动内滑套来密封或打开本体上的流动孔道。

完井过程中在封隔器坐封后,环空内液体的替换、负压射孔的气举掏空,注采井生产过程中若要进行洗井,以及作业前的循环压井都要通过打开循环滑套连通油套环空来实现。

目前滑套的形式主要有液压开关式和钢丝开关式。由于钢丝开关滑套价格便宜、现场使用量多、技术成熟,所以推荐选用钢丝作业开关式滑套。

3. 井下封隔器

对于储气库注采井,为了使井的使用寿命长,因此尽可能保护套管免受高温高压状态,不受损坏,特别是免受含腐蚀性气体的腐蚀,通常在套管内下入封隔器封隔油套环空。常用的封隔器主要有两种:一种是永久式的,另一种是可取式的。

由于板南储气库群推荐采用射孔—完井一次完成管柱,考虑封隔器的承受能力,对于板南储气库群完井选用液压坐封永久式封隔器。

而对于下测压装置的注采井则选用可取式整体穿越封隔器,以利于将来的维修作业。坐封方式上均选用液压坐封封隔器。

4. 坐落短节

坐落短节设置在封隔器以下,主要是用来坐落密封隔绝工具,用于坐封封隔器,实现不压井作业。堵塞器坐于坐落短节处,与封隔器配合将管柱下部压力与上部隔绝。将井筒内压力放空后,可在封隔器顶部安全装置处将管柱脱开、起出、下入,实现不压井作业。

5. 最终推荐方案

白 6 库和板 G1 库采用 3½in 油管,白 8 库采用 4½in 油管,完井管柱采用 L80-1 钢级、气密封螺纹,管柱上配套井下安全阀、循环滑套、封隔器、坐落短节,完井管柱结构如图 3-4-2 和图 3-4-3 所示。

三、枯竭砂岩油气藏储层保护技术

(一) 储层敏感性分析

板南储气库群滨Ⅳ油组主要为浅灰色细砂岩为主,带深灰色泥岩,石英含量为 30%~60%,平均为 44%;长石含量为 20%~47%,平均为 31.7%;岩屑含量为 7%~40%,平均为 22.1%。磨圆度以次圆状、次尖状为主,其次为次尖状—次圆状,分选系数为 1.246~2.123,平均为 1.82,粒度中值为 0.04~0.76,平均为 0.18。胶结类型以接触—孔隙为主,其次为孔隙—接触式。泥质含量平均为 1%~20%,平均为 7.0%,胶结物含量为 2%~30%,平均为 12.5%。

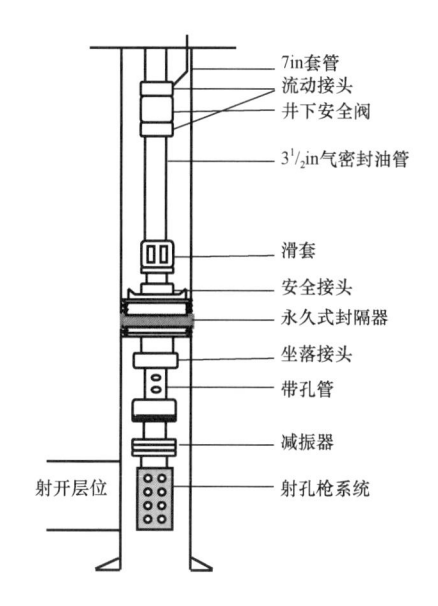

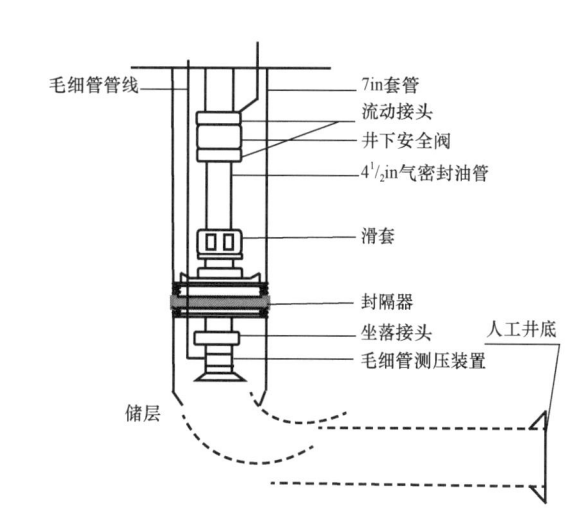

图 3-4-2 定向井射孔—完井一次完成管柱示意图   图 3-4-3 水平井完井管柱示意图

板 3 油组岩性主要为浅灰色细砂岩、粉砂岩,中砂岩也见粉砂质泥岩。以白 6 井井壁取心的薄片分析资料,储层砂岩中碎屑占 70%,其中石英占 40%,长石占 28%,岩石碎屑占 32%,岩性以浅灰色砂岩为主,胶结物以次生结晶方解石充填孔隙为主占 30%,颗粒大小在 0.10~0.25mm,磨圆度为次圆状,分选好,风化程度中等,胶结类型以孔隙为主。镜下鉴定观察岩性为钙质细粒混合砂岩,细砂状结构,石英清洁,有的具包裹体、正长石泥化及斜长石消光回化现象,岩块以酸性喷出岩、中性喷出岩、花岗岩等为主,有溶蚀颗粒,常见粒间孔洞。

板 1 油组薄片资料统计,石英含量为 34%,长石含量 39%,为低成熟度砂岩。胶结物含量较少,泥质和泥碳酸盐含量微少,钙质 2%,白云岩 1%,高岭石 2%。砂岩一般为细—中砂岩,粒度中值 0.11,分选中—好,分选系数 1.72,磨圆度为次圆状—次棱状,结构成熟度中等。

1. 储层潜在损害因素分析

目的储层的岩性主要为岩屑长石粉砂岩和细砂岩,胶结物中泥质约占一半,胶结类型以接触式为主,具体见表 3-4-12。储层中黏土矿物蒙皂石相对含量高,若遇到外来液体与之不配伍,可能引起黏土水化膨胀伤害储层。

表 3-4-12 储层黏土矿物含量表

黏土矿物相对含量(%)						总量(%)	平均(%)
S	I/S	I	K	C	混层比	0.3~45	12
57.1	6.6	2.5	21.9	11.9	78		

2. 储气库岩心的敏感性流动试验结果

根据表 3-4-13 所示,水速敏指数为 0.19~0.63,损害强度为弱—中等;以煤油作驱替液,测得速敏指数为0.07~0.11,表明速敏强度较弱;水敏指数为0.8361~0.8375,表明岩石呈强水敏。

表 3-4-13　储层敏感性实验数据表

类别	水速敏	油速敏	水敏	备注
损害指数	0.19~0.63	0.07~0.11	0.8361~0.8375	油组岩心
损害强度	弱—中等	弱	强	

3. 固相损害模拟试验

室内进行常规含固相体系钻井液模拟损害岩心实验,以研究固相侵入对气层渗透率的损害情况。按照压井液损害评价标准进行试验,损害液样为硅基防塌钻井液。

通过含固相泥浆体系对岩心损害的模拟试验(表 3-4-14),发现在 3.5MPa 下钻井液滤液通过岩心,而固相在岩心端面形成了滤饼,但不致密。钻井液污染后,用初始压力(测初始渗透率)排驱,难以排除岩样中的滤液,排驱压力提高到 1.0MPa,排驱 72h 后,渗透率达到稳定。渗透率大幅降低的主要原因是水锁损害。由于岩心孔喉小,钻井液固相难以进入岩心,因此固相堵塞损害较小。

表 3-4-14　固相损害模拟试验

岩样编号	初始渗透率(mD)	损害后渗透率(mD)	损害值(%)	损害程度
44	0.7894	0.3659	53.6	中等
45	0.2896	0.112	61.3	中等偏强

4. 水锁损害模拟试验

从打开产层起,就有一系列的施工工作液接触储层,若外来的水相侵入到水润湿产层孔道后,就会在井壁周围孔道中形成一个水相段塞,并在油水或水—气界面产生一个毛细管压力,油气流向井筒就克服这一附加毛细管压力,最终会影响储层的渗透率,这种损害称为水锁损害。

实验装置为气测渗透率仪。先将岩心一端浸泡于标准盐水,使之吸水,测试吸水程度后,安装于气测渗透率仪内。选取气驱水稳定后的渗透率作为损害对比,并依次改变吸水程度,及测试相应的渗透率。通过试验数据图 3-4-4 和图 3-4-5 可以看出,38-15 井岩心在吸水程度 35% 时(吸水深度 1.6cm),渗透率已下降 84.3%,39-9 井岩心渗透率下降为 42%,两个岩样试验曲线有差异与两块岩心的渗透率和岩性有关。以 38-15 井岩样为例,其初始渗透率为 2.3mD,在水侵深度为 1.6cm 前,气相渗透率下降幅度很大,之后下降幅度较小。

说明水侵深度有一个临界点,超过临界点后水锁损害幅度变化基本不大。由此可知减少水侵深度是避免水锁损害的主要措施之一。

依据上面的损害分析结果,目的层潜在中等水锁、强水敏、中等以上固相堵塞等损害。因此从保护储层的角度出发,要想优化入井液流体,既需要控制修井液的液体滤失,减轻水锁损害,又要着重解决好防膨问题等,才能最大限度地避免入井液对储层的损害。

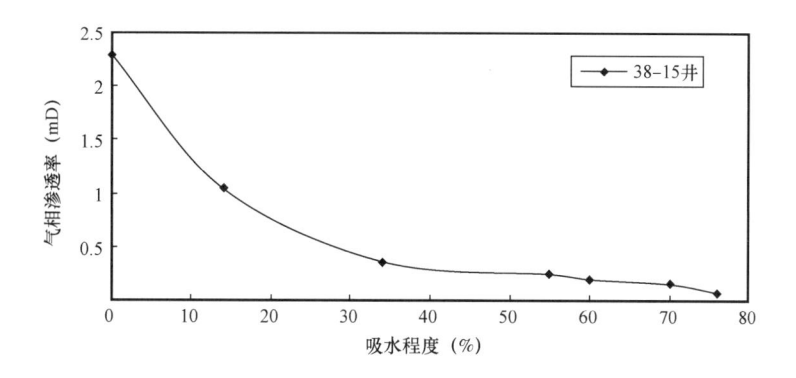

图 3-4-4　水锁试验曲线

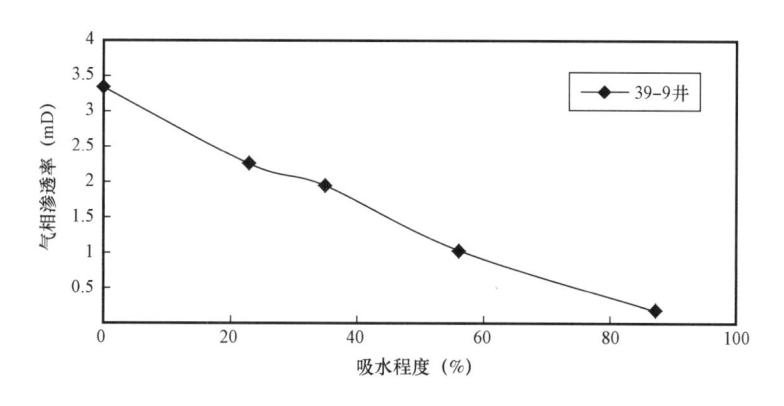

图 3-4-5　水锁试验曲线

(二)射孔液优选

射孔液用于射孔作业过程中,起到控制井筒压力、保护套管及作业管柱的作用。射孔试油过程中采用合适的射孔液可以避免对地层的污染,实现对油层产能的保护。

由于大港油田板南储气库群地层能量偏低,射孔后射孔液恐难以从井底全部排出,注采井一旦注气,射孔液将被注入地层,为尽量减小由此引起的伤害,建议采用与该区块目的层配伍的无固相水基射孔液。该体系配制简单,施工方便,成本较低。

无固相优质射孔液(水基),该体系由清水、盐类及适当的添加剂配制而成。体系中各种无机盐及其矿化度与地层水中无机盐及其矿化度相匹配,液体中的无机盐改变了体系中的离子环境,降低了离子活性,减少了黏土的吸附能力。由于无固相侵入油层孔道,地层伤害程度减小。此种射孔液具有成本低、配制方便、使用安全的特点。

盐类型的筛选主要考虑黏土抑制性、射孔压差和经济性三个方面。

无固相优质射孔液在使用中要注意两个方面:一是必须保证清洁和过滤,以保证无固相要求;另一方面时密度调整和控制要满足射孔压差的要求。应当注意井下温度对盐水密度的影响,保证井下无盐析出。

即使使用无固相体系射孔液,如果选择不当,也可能对地层造成损害。在射孔阶段,由于油层岩石本身的水润湿特性,水作为润湿相在毛细管力作用下优先占据岩石较小孔隙,并以薄膜形式覆盖岩石的孔隙表面,从而发生岩石毛细管自吸;毛细管自吸是裂缝油气藏的基块与裂缝间质能传递的主要机理。当裂缝系统发育时,缝长越小,越容易发生液体自吸。

因此认为射孔液的设计重点为控制滤失、彻底清洗炮眼,要求射孔液具有以下性能:

(1)具有强触变性,以防止射孔液进入油层;

(2)流动性好,以携带射孔后炮眼的碎屑或其他杂质,利于液体返排和炮眼清洁,增强射孔效果;

(3)可降解性,以确保油层保护效果;

(4)与地层配伍性好,防止水敏发生。

设计对比了无固相清洁盐水和触变型射孔液两套射孔液体系。

1. 无固相清洁盐水

该体系具有防膨性,可以减少水敏损害,而且配制简单,成本低。但由于岩石的水润湿性,会发生岩石自吸,导致液相侵入及水锁损害。

2. 触变型保护液

该体系具有较强的触变性,能在静止状态下保持高黏,形成高强度滤膜,从而增加岩石自吸阻力,阻止液体进入油层,防止水锁发生;同时在剪切应力下保持较好的流动性,可以携带射孔后炮眼的碎屑或其他杂质,利于液体返排和炮眼清洁,增强射孔效果。

此外,该体系具有自降解特性可以确保油层保护效果,即使有微量液体接触油层后未完全冲出,也可以自行发生降解,避免长时间堵塞油层造成二次污染。

经综合比较,最终推荐使用触变型保护液作为射孔液。

技术参数:岩心伤害率小于0.15;适用温度50~160℃;表观黏度AV为10~30mPa·s;τ_{10s}为1~3Pa;τ_{10min}为3~5Pa;密度在1.02~1.25g/cm^{3}之间可调。

另外要求射孔作业前彻底清洗井筒,返出液清洗干净;现场运输、储存射孔液的车、罐清洁无污物,以保证射孔液的清洁。

(三)实施效果

1. 射孔、完井联作工艺

7口定向井采用射孔—完井一次完成工艺,将射孔管柱、注采管柱一同下到井内,然后坐封封隔器、安装井口采气树后,液氮掏空、负压射孔,射孔后放喷投产。

该工艺在储层保护方面具有以下特点:

(1)射孔、完井联作,射孔后直接放喷投产,避免了压井作业对储层带来的二次伤害。

(2)能够实现负压射孔,射孔后放喷,将射孔后残渣充分返吐,能够尽可能地发挥地层产能。

2. 优化射孔参数

由于大港油田板南储气库群钻井时储层压力较低,虽然在钻井过程中采取了储层保护措施,但对储层的伤害也在所难免,因此,经过优化选用深穿透射孔,穿透污染带,恢复地层流通能力。在保证深穿透的基础上,选用最大孔密。

3. 实施效果分析

板南储气库群现场施工效果表明射孔—完井一次完成工艺管柱安全可靠,作业方便,同时达到了缩短施工周期,降低作业成本的目的,施工成功率100%。投产后单井注采能力在第一个注采周期就达到地质设计指标,其中白6库1井和白6库3井的首月注气能力即超过设计指标($45 \times 10^4 m^3/d$),这表明板南储气库群储层保护良好,优化后射孔参数选择合理。

四、井口装置与井口安全控制系统

(一)井口装置

针对气体容易渗漏的特性,储气库注采井应选择能够承受高温、高压的气密封井口。

1. 工作压力的选择

采气树承受的最大压力为注气末期时的井口压力,小于31MPa,故推荐选用压力等级为5000psi(35MPa)的井口装置。

2. 结构和尺寸的选择

为保证操作安全、运行安全和作业便捷,推荐双翼双阀结构,法兰式连接。配套主闸阀两个,测试闸阀一个。所有闸阀均为平板阀。采气树示意图如图3-4-6所示。

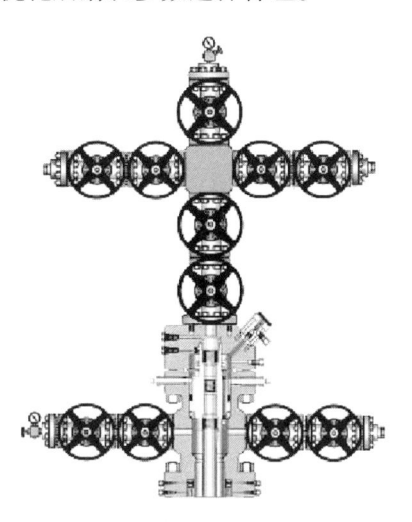

图3-4-6 井口装置示意图

为防止冲蚀,采气井口的通径应尽可能与油管内径一致。由于大港油田储气库注采井仅利用油管注采气,环空不用作注采气,只是作为修井作业时的循环通道之用,因此油管头两翼闸阀选用 $2\frac{1}{16}$ in 闸阀。

匹配油管管径,定向井主闸阀选用 $3\frac{1}{8}$ in,水平井主闸阀选用 $4\frac{1}{16}$ in。

3. 材质选择

地质资料显示,大港油田板南储气库群为低腐蚀环境,因此,井口装置采用DD级。井口材质选择见表3-4-15。

表3-4-15 API 闸阀材质表

API 6A 分级	DD	EE
阀体和阀盖材质	合金钢	合金钢
阀杆材质/涂层	合金钢镀镍	410 不锈钢渗氮
阀板材质/涂层	合金钢表面硬化处理或双晶相不锈钢镀镍	410 不锈钢表面硬化处理
阀座材质/涂层	硬质钴合金或410不锈钢,钴合金表面硬化处理	硬质钴合金或410不锈钢,钴合金表面硬化处理

4. 耐温等级的选择

根据采气井口所处的环境,选用 P-U 级(-29~121℃)。

5. 密封结构和质量要求

密封形式为金属对金属密封。

满足 API 6A 19th 的要求,注采井达到 PSL—3G 和 PR2 的要求。

监测井达到 PSL—3G 和 PR1 的要求。

6. 节流阀

选用笼筒笼套式节流阀,带自动控制执行器。

材质 DD 级;耐温 P – U 级。

注采井达到 PSL—3G 和 PR2 的要求。

监测井达到 PSL—3G 和 PR1 的要求。

(二)安全控制系统设计

1. 设计原则

(1)安全控制系统能够在发生事故时迅速有效地发挥作用。事故包括地面泄漏、流程憋压、井口着火,甚至井口失控。

(2)安全控制系统既能自动控制,也能够手动控制。

(3)安全控制装置不能影响生产。

(4)控制动力系统简单、可靠。

2. 控制系统配置

(1)油管柱上配套地面控制油管回收式井下安全阀,采气树翼阀上配套井口安全阀。

(2)采气树上配置熔断塞,在着火情况下,安全控制系统能够自动关井。

(3)井口管线上配置高低压传感器,实现管线憋压或破裂情况下迅速关井。

(4)配置手动紧急关断阀,能在人员不靠近井口的情况下,人为强制关井。

(5)单井控制盘和井组的总控制盘。

(6)控制柜内配置储能器,克服外界变化对控制能量系统的影响。

(7)配置手动泵、气动或液动泵,确保控制系统能够及时补充压力。

3. 安全控制系统安装方式

安全控制系统的安装可以有两种方式:单井控制和多井联合控制。单井控制就是每一口井的安全设备自成系统,不与其他井发生联系。单井控制的优点是简单、有效,各个设备直接控制井下安全阀和地面安全阀的关闭。多井联合控制就是通过一个控制盘控制一个井组。多井联合控制适用于井口较集中的陆上丛式井井场和海上平台。

推荐采用单井控制形式,这种形式的优点是个别单井发生问题不影响其他井的正常生产。安全控制系统要与地面设计紧密结合,既满足完井工程整体安全控制要求,又符合地面工程的要求。安全控制系统示意图如图 3 – 4 – 7 所示。

五、防腐工艺

满足储气库运行安全、保证长期安全生产,是板南地下储气库的设计原则之一。地下储气

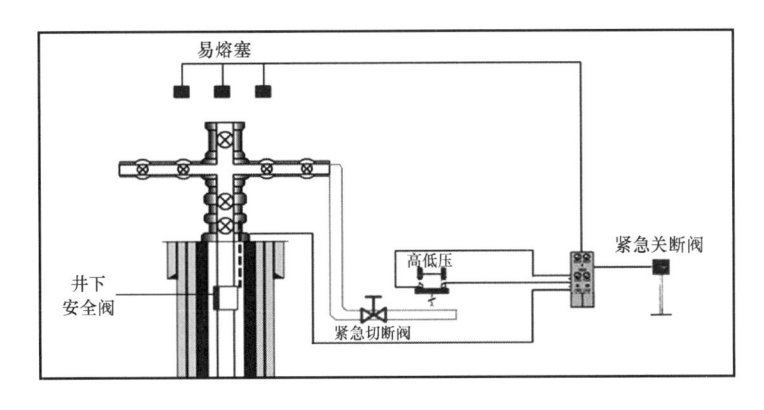

图 3-4-7 安全控制系统示意图

库在生产运行过程中,如果管柱、井口装置、井下工具选材及完井工艺选择不当,就会造成管柱等的腐蚀,致使气体泄漏造成油套环空压力升高带来生产安全隐患,必须进行修井作业,影响了储气库的正常注采运行,同时造成了经济损失。因此,为了满足储气库长期安全运行,储气库建设的防腐工作至关重要。

防腐蚀设计的目的有两个:第一,保护套管,延长注采井使用寿命;第二,防止因为完井油管腐蚀失效造成提前修井。

由于完井管柱采用封隔器将油套环空隔离,所以环空内不会有高温高压腐蚀性气体,只需要进行普通的金属防腐,防止套管内壁和油管外壁发生腐蚀。对于封隔器以下的油层套管和全部油管内壁要针对生产流体情况和腐蚀性气体含量选择合适的防腐措施。

(一)气体组分分析

板南地下储气库是与陕京二、三线配套的地下储气库,注气期气源主要为陕京二、三线来气。由于陕京一线,陕京二、三线,西气东输一线,西气东输二线已连通,因此大港油田储气库除适应陕京二、三线气源组分外,还应适应陕京一线、西气东输、西气东输二线的气源组分。陕京线气体组分见表 3-4-16 和表 3-4-17,西气东输气体组分见表 3-4-18 和表 3-4-19。

表 3-4-16 陕京二三线典型天然气组分表

组分	C_1	C_2	C_3	iC_4	nC_4	iC_5
摩尔分数(%)	0.9407	0.0369	0.0043	0.0023	0.0011	0.0012
组分	nC_5	C_{6+}	CO_2	N_2	He	
摩尔分数(%)	0.0002	0.0000	0.0019	0.0104	0.001	

表 3-4-17 陕京线来气组成表   单位:%(摩尔分数)

组分	C_1	C_2	C_3	C_4	C_5	C_6	H_2S	CO_2	N_2
上限	96.322	0.605	0.084	0.023	0.014	0	0.0002	2.185	0.767
正常	91.980	3.903	0.656	0.213	0.064	0.033	0.0002	2.345	0.961
下限	88.350	5.555	1.133	0.371	0.106	0.061	0.0002	2.479	1.152

表 3-4-18　西气东输一线来气组成表

组分	C_1	C_2	C_3	C_4	C_5	C_{6+}	CO_2	N_2
摩尔分数(%)	96.1	1.74	0.58	0.28	0.03	0.09	0.62	0.56

表 3-4-19　西气东输二线来气组成表(中亚气)

组分	C_1	C_2	C_3	iC_4	nC_4
摩尔分数(%)	92.5469	3.9582	0.3353	0.1158	0.0863
组分	iC_5	CO_2	N_2	H_2S	
摩尔分数(%)	0.221	1.8909	0.8455	0.0001	

(二)天然气生产通道的防腐

天然气生产通道包括封隔器以下的套管和全部油管内壁。

1. 腐蚀机理

大港油田板南储气库群投产初期产水,工作气中的CO_2、H_2S等酸性气体在有水的条件下可以形成电解质,进而造成对钢铁的电化学腐蚀,所以需要采取措施进行天然气生产通道的防腐。影响腐蚀有以下几个因素。

1)H_2S浓度

当H_2S含量为200~400mg/L时,腐蚀率达到最大,而后又随着H_2S的浓度增加而降低。到1800mg/L以后,H_2S浓度对腐蚀率几乎无影响。如果含H_2S介质中,还含有其他腐蚀性组分,如CO_2、Cl^-等时,将促使H_2S对钢材的腐蚀速率大幅度提高[6]。

2)pH值

H_2S水溶液的pH值将直接影响钢铁的腐蚀速率。美国腐蚀工程师协会(NACE)研究表明,当pH值小于6时,钢的腐蚀率最高,气井底部pH值为6±0.02,是决定油管寿命的临界值。

3)温度

温度对腐蚀的影响较复杂,钢铁在H_2S水溶液中的腐蚀率通常是随温度升高而增大。有试验表明在10%的H_2S水溶液中,当温度从55℃升至84℃时,腐蚀速率大约增大20%,但温度继续升高,腐蚀速率将下降,在110~200℃之间的腐蚀速率最小。

4)CO_2浓度

CO_2溶于水中形成碳酸,于是使介质pH值下降,增加介质的腐蚀性。如果CO_2与H_2S的分压之比小于500∶1,腐蚀过程受H_2S控制。

2. 腐蚀程度分析

计算运行期间CO_2分压为0.3~0.6MPa;H_2S分压为$1.7×10^{-3}$~$3.9×10^{-3}$atm;温度为100~118℃;氯离子含量平均为4148mg/L。

通过综合分析,认为大港油田储气库的腐蚀应同时考虑CO_2和H_2S腐蚀,以防CO_2腐蚀为主。

3. 防腐蚀措施

井下管柱的防腐蚀是一个系统工程,既涉及防腐技术的适应性,又涉及经济界限。

1) 耐腐蚀材质

随着油气田开发条件的日益恶劣,世界各大钢管企业都致力于耐腐蚀材质油管的研发,研发出的耐腐蚀材质油管对腐蚀环境有很强的适应性。目前国内酸性气田普遍使用耐腐蚀材质油管,如13Cr、13CrS,甚至镍钴合金油管。利用耐腐蚀材质油管防腐的最大缺点是成本昂贵,几乎是普通油管的2~4倍,甚至更高。

注采气井油管材质是根据储气库原有流体组分、将来注气组分和地层参数、流体性质共同来决定的。优选的油管材质既要满足防腐的要求又要经济合理。

目前在进行油管材质优选时,一般作法是利用相关标准和油管生产商提供的材质选择版图(图3-4-8),结合室内模拟腐蚀性评价,最终优选出合适的油管材质。

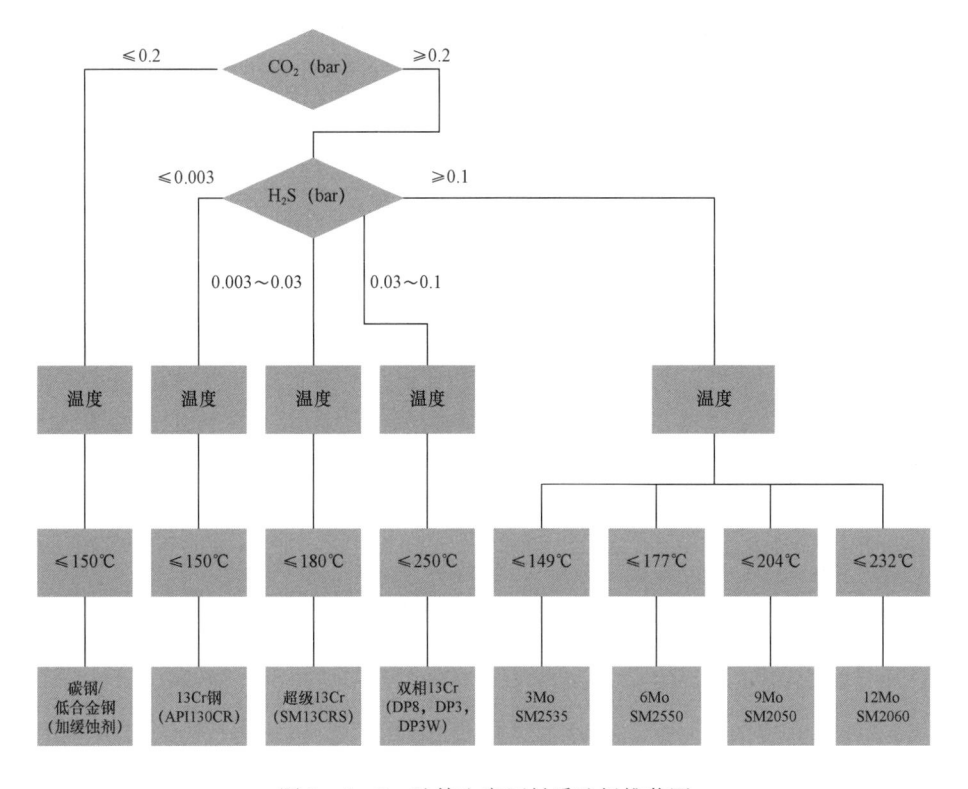

图3-4-8 油管生产厂材质选择推荐图

对于大港油田板南储气库群,利用相关的材质选择表,应该选择13CrS或22Cr材质的油管。

2) 内涂层

随着涂层技术和工艺的发展,内涂层油管的耐温、耐腐蚀、耐压能力都有了长足的进步,应用规模逐步扩大,是一项行之有效的防腐措施。但对于内涂层油管,一旦涂层被破坏,其腐蚀速度将加剧。储气库注采井中频繁使用钢丝作业,极易发生涂层破坏,因此,储气库注采油管使用内涂层油管是否适宜还需要进一步研究。

3)缓蚀剂

缓蚀剂防腐技术是一项成本低、适应范围广的技术。目前许多研究机构可以针对不同腐蚀环境研制出效果很好的缓蚀剂。但对于不同腐蚀环境研制不同的缓蚀剂需要进行大量实验,因此研发时间较长。

4)大港油田板南储气库群防腐蚀措施建议

对于大港油田板南储气库群采取多种防腐措施并用,提出以下建议:

(1)以耐腐蚀材质油管防腐为主;

(2)储气库生产不同于油气田开发,其产液量是逐年下降的,板南油气层产水量较小,经过几个注采周期后,其产气就近乎干气,其腐蚀程度也降低了,同时所产凝析油起到了缓蚀的作用,因此油管材质选用比图版选定的防腐性能稍低的 L80-1 油管。

(3)工具与井流物接触的中心管采用 9Cr1Mo 材质。

井下管柱的防腐蚀是一个系统工程,既涉及防腐技术的适应性,又涉及经济界限。储气库注采井油管的腐蚀应该是腐蚀性气体在环空逐渐累加的过程,单纯提高材质等级既增加了投资,又无法从根本解决可能出现的外壁腐蚀和套压增高的问题,因此可以通过改进施工工艺、改善环空保护液性质等综合手段控制管柱腐蚀。

(三)油套环空的防腐

环空加注环空保护液,可以保护环空内套管、油管、井下工具、井口装置等,有利于延长气井寿命,同时能够平衡封隔器上下压力,有利于封隔器工作稳定。

根据对产生腐蚀的原因进行的深入分析,进行了各种防腐蚀保护液的室内实验,确定了油套管柱发生腐蚀的主要原因:(1)溶解氧腐蚀;(2)溶解盐的腐蚀;(3)微生物的腐蚀。以此为依据,研制了防腐蚀保护液,该保护液在历座储气库中使用,效果良好。

试验数据,对 P110 试片(套管)及 L80 试片(油管)进行了腐蚀速度试验。具体数据见表 3-4-20 和表 3-4-21。

表 3-4-20 P110 试片腐蚀试验数据表

序号	腐蚀前试片重量 (g)	腐蚀后试片重量 (g)	试片面积 (cm^2)	腐蚀速率 (mm/a)	备注
1	10.9172	10.8902	13.5167	0.0374	自来水
2	10.9732	10.9465	13.5241	0.0370	自来水
3	10.8687	10.8415	13.4716	0.0378	自来水
4	10.9147	10.9143	13.5078	0.0006	保护液
5	11.0232	11.0227	13.5600	0.0007	保护液
6	10.9317	10.9313	13.5361	0.0006	保护液

表 3-4-21　L80 试片腐蚀试验数据表

序号	腐蚀前试片重量（g）	腐蚀后试片重量（g）	试片面积（cm²）	腐蚀速率（mm/a）	备注
1	10.8531	10.8268	13.5058	0.0364	自来水
2	10.9579	10.9314	13.5520	0.0366	自来水
3	10.8974	10.8717	13.5345	0.0369	自来水
4	10.9192	10.9168	13.5378	0.0033	保护液
5	10.8612	10.8587	13.4960	0.0035	保护液
6	10.8409	10.8387	13.4884	0.0031	保护液

注：温度 90℃，600h 静态挂片试验。

配方组成：水 + 调节剂；具有良好的防腐性能；L80 试片腐蚀速率为 0.0035mm/a；P110 试片腐蚀速率为 0.0007mm/a。凝固点温度：-3℃。

第五节　钻完井 QHSE 管理

一、总体要求

(一) 设计要求

(1) 应遵守国家、当地政府有关健康、安全与环境保护法律、法规等相关文件的规定。

(2) 应严格按 SY/T 6276—2014《石油天然气工业健康、安全与环境管理体系》和 Q/SY 08053—2017《石油天然气钻井作业健康、安全与环境管理导则》执行。

(3) 按 Q/SY 08178—2020《员工个人劳动防护用品管理及配备规范》和 GB/T 11651—2008《个体防护装备选用规范》及有关规定和钻井队所在区域特点发放特殊劳动保护用品。

(4) 在正常钻进中，服从安全监督的指挥，按"两书一表"（HSE 工作计划书、HSE 岗位作业指导书、HSE 现场检查表）进行现场施工和管理，定期进行检查、验收，并保存记录。

(5) 施工单位必须提前制定有针对性的防范措施和 HSE 应急预案，并将甲方审批后的应急预案告知相关方。

(二) 设计必须遵循的安全标准与规范

SY/T 6396—2014《丛式井平台布置及井眼防碰技术要求》；

SY/T 5431—2017《井身结构设计方法》；

SY/T 5619—2018《定向井下部钻具组合设计方法》；

SY/T 5435—2012《定向井轨道设计与轨迹计算》；

SY/T 5724—2018《套管柱结构与强度设计》；

Q/SY DG 1446—2011《钻井井身质量要求》；

Q/SY DG 1445—2011《固井技术要求》；

Q/SY DG 1449—2018《钻井井控实施细则》；

Q/SY 01561—2019《气藏型储气库钻完井技术规范》；
SY/T 6276—2014《石油天然气工业健康、安全与环境管理体系》；
Q/SY 08053—2017《石油天然气钻井作业健康、安全与环境管理导则》；
Q/SY 08178—2020《员工个人劳动防护用品管理及配备规范》；
GB/T 11651—2008《个体防护装备选用规范》；
SY/T 5954—2004《开钻前验收项目及要求》；
SY/T 5225—2019《石油天然气钻井、开发、储运防火防爆安全生产技术规程》；
SY/T 5964—2019《钻井井控装置组合配套、安装调试与使用规范》；
SY/T 5087—2017《硫化氢环境钻井场所作业安全规范》；
SY/T 6277—2017《硫化氢环境人身防护规范》；
SY/T 5964—2019《钻井井控装置组合配套、安装调试与使用规范》。

二、健康管理

(一)个人防护要求

(1)钻井队按照个人防护用品管理制度定期对防护用品进行检查与检测,并按规范进行保存和保养。

(2)进入作业区应按规定穿戴防护用品。

(3)接触含刺激性或损害皮肤的化学试剂时,作业人员应佩戴橡胶手套、防护围裙或其他防护用品。

(4)防护用品有破损或受污染较严重而影响其防护性能时,应进行更换。

(5)防护用品的使用按 Q/SY 08053—2017 标准执行。

(二)员工健康

(1)钻井队应每两年进行一次员工健康体检,建立员工健康档案;新员工上岗前应进行健康体检,严禁有职业病禁忌人员上岗。

(2)钻井队应针对施工可能产生的危害以及现场地域环境、季节等特点,配备现场急救的器具和药品,并对员工进行必要的急救培训,有条件的可配备专职(专业)的卫生员。

(三)饮食卫生安全

(1)严格食品卫生管理,完善"三防"设施(防蝇、防尘、防鼠)。

(2)食堂从业人员持证上岗,烹调用具、餐具应清洗干净,并定期进行消毒。

(3)应建立饮食卫生监督管理制度,严格控制食物的采购、加工、储存,预防食物中毒。

(4)应对饮用水源进行卫生调查和水质化验,为员工供应合格的应用水。

(四)营地卫生管理

(1)营地布局应与井场保持一定距离,尽量避免或减轻噪声及有毒有害物质对员工的影响。

(2)营地应合理设置垃圾收集箱(桶),营地外设垃圾处理站。垃圾箱(桶)应加盖以避免恶臭和滋生蚊虫。

(3)定期对营区清扫,及时消除垃圾。

(4)员工宿舍室内通风、采光良好,照明、温度适宜,有存衣、存物设施;内务整洁卫生,地面无污物、污水,不乱堆工具、材料。

(5)宿舍床上用品应每周洗换一次,每天打扫一次房间卫生,保持室内空气清新。

(6)营房空调装置的新鲜空气进风口应设在室外,远离污染源,空调过滤材料应定期进行清洗或更换。

(7)营房的内部装修及保温材料不得对人体有潜在危害。

(五)急救范围及措施

按 Q/SY 08053—2017 标准执行。

三、安全管理

(一)安全标志牌的要求(位置、标识等)

(1)必须配备安全标志牌。

(2)井场、发电机房、钻台、柴油机组等位置要设置安全标志牌。

(3)各种灭火器的使用方法和有效日期,摆放位置要明确标识。

(二)设备的安全检查与维护

开钻验收项目及要求按 SY/T 5954—2004 标准执行。

(三)易燃易爆物品的管理要求

(1)易燃易爆物品的存放必须远离生活区和有明火的地方,保持存放位置空气流通。

(2)易燃易爆物品必须有专人管理,确保不丢失。

(3)易燃易爆物品的使用必须有详细记录。

(四)有毒药品及化学处理剂的管理要求

(1)有毒药品及化学处理剂必须在专门的库房管理,不得露天存放。

(2)有毒物品必须专人保管,确保不丢失、不污染环境。

(3)有毒药品及化学处理剂的使用必须有详细记录。

(五)井场动火、防火、防爆安全要求

(1)施工单位应制定防火、防爆、防硫化氢措施和现场应急处置预案,并组织演练。

(2)井场钻井设备的布局要考虑防火、防硫化氢和季节风向的安全要求。在农田、苇田或草场等地钻井,应有隔离带或隔火墙。

(3)发电房、锅炉房、储油罐、工作房的摆放,井场电器设备、照明器具及输电线路的安装按 SY/T 5225—2019 中的相应规定执行。

(4)柴油机排气管无破漏和积炭,并有冷却和火花消除装置,排气管的出口不应指向循环罐,不宜指向油罐区。

(5)钻台上下、机泵房周围禁止堆放杂物及易燃易爆物品,钻台、机泵房下无积油。

(6)消防器材的配备执行 SY 5974—2014 中的有关规定。

(7)井场内严禁烟火。钻开油气层后应避免在井场使用电焊、气焊。若需动火,应执行有关规定或施工企业制定的相关作业票管理规定。

(六)井喷预防和应急措施

(1)严格执行防喷演习制度,防喷演习按 Q/SY DG 1449—2018 中的有关规定执行。

(2)井控装置按设计执行。井控装置安装和维护按 SY/T 5964—2019 标准执行。

(3)钻井队应严格按工程设计选择钻井液类型和密度值。钻井过程中要进行以监测地层压力为主的随钻监测,绘出全井地层压力梯度曲线。当设计与实际不相符时,应按审批程序及时申报更改设计,经批准后予以实施。但若遇紧急情况,钻井队可先积极处理,再及时上报。

(4)加强溢流预兆的观察,做到及时发现溢流。坐岗人员发现溢流、井漏等异常情况,应立即报告司钻。按照"发现溢流、及时关井;疑似溢流、关井检查"的原则采取相应措施。发现溢流或疑似溢流,司钻要及时发出报警信号:报警信号为一长鸣笛,关闭防喷器信号为两短鸣笛,开井信号为三短鸣笛。长鸣笛时间15s以上,短鸣笛时间2s左右,鸣笛间隔时间为1s。

(5)压井作业应有详细的计算和设计,压井施工前应进行技术交底、设备安全检查、人员操作岗位落实等工作。施工中安排专人详细记录立压、套压、钻井液泵入量、钻井液性能等压井参数,对照压井作业单进行压井。压井结束后,认真整理压井作业单。

(6)钻台和二层台应按规定安装二层台逃生器和钻台至地面专用逃生通道。

(7)应急措施包括但不限于以下内容:

① 井喷发生后,按井控操作程序迅速控制井口;

② 组织警戒,禁止闲杂人员进入井场;

③ 制定压井措施,尽快组织压井;

④ 组织员工,采取措施,预防井喷着火。

(8)其他严格执行 Q/SYDG 1449—2018。

四、环境管理

(一)钻前环境管理要求

(1)施工单位在开钻前进行 HSE 防污染全员教育。

(2)开钻前制订详细的环境管理要求,并有专人监督执行。

(3)在修建通往井场公路时,避免堵塞和填充任何自然排水通道。

(4)利用现有公路、小路,执行"无捷径"原则。制定合适的工作日计划和车辆加油计划,减少沿线行驶的次数和油料泄漏机会,定期检查所有车辆的泄漏情况,被污染的土壤要清除,并进行适当处理,不要向车外乱扔废弃物。

(5)在有野生动物的地区行驶时需特别注意,靠近鸟群或其他野生动物时不要鸣喇叭。

(6)水源充足,能满足施工用水要求,排水不得污染周围土地。

(7)架空电线应与井场设施有足够的安全距离。

(8)井场要有能储备80m³的钻井液储备罐。

(二)钻井作业期间环境管理要求

1. 防止水污染措施

(1)钻进中遇有浅层淡水或含水带,下套管时应注水泥封固。防止地下水层被地层其他流体及钻井液污染。

(2)井场周围如有农田,应与毗邻的农田隔开。

(3)采用气冲洗钻台、钻具,最大限度地减少污水量。若用水冲洗钻台、钻具,清洗设备已被油品、钻井液污染的废水,不得直接排出井场。

(4)动力设备、水刹车等冷却水,要循环使用,节约用水。不能循环使用的,要避免被油品或钻井液污染。

(5)不得用渗井排放有毒污水,以免污染浅层地下水。

2. 防止空气污染措施

(1)钻进中发现地层可燃气体或有害气体溢出,应立即采取有效措施防止气涌井喷,并把可能产出的气体引入燃烧装置烧掉。

(2)燃烧装置应安装在钻机主导风的下侧,离钻机应有一定距离。

(3)如果井场靠近城市、村镇、人口稠密区建筑物,燃烧装置点火时应特别小心,要考虑当时的风向和其他因素,并经过演习,指定专人监视火情。

(4)井场内不得燃烧可能产生严重烟雾或刺鼻臭味的材料。

(5)对产生颗粒性粉尘污染的作业,如注水泥、配制加重钻井液等,应采用密闭下料系统,防止粉尘污染井场环境。

(6)动力柴油机排气管应及时清理,防止结炭。

3. 防止噪声污染措施

(1)内燃机应装消音装置或其他减噪措施。

(2)噪声大的动力设备应布置在井场主导风向的下风侧,办公用房或员工宿舍应布置在主导风向的上风侧,以减轻噪声的影响。

4. 防止钻井废弃物污染环境措施

(1)本井采用钻井废弃物不落地处理技术,钻井过程中排出井筒的地层岩屑、废弃的钻井液、维护处理钻井液所排出的固液混合物、处理井下复杂情况排出的地层水或油以及清洗钻井设备设施的污水等应及时回收处理。

(2)钻井废弃物处理按《大港油田公司钻井废弃物不落地处理技术规范(暂行)》执行。任何情况下,钻井废弃物不得排出井场。

(3)现场严禁挖坑、掩埋、倾倒、遗撒钻井废弃物。钻井废弃物应采用专用收集罐收集,固控设备排出口与收集罐入口之间应做好连接,防止泄漏。

(4)钻井废弃液与岩屑应分开储存。

(5)不落地处理场地固控设备排出口与收集罐入口之间应铺设高强度防渗布,严禁使用不防渗的彩条塑料布,避免废弃物对土壤和地下水产生污染。完工后防渗布应回收处理。

(6)收集罐应不渗不漏,降雨量较大的季节或地区应设防雨措施。

(7)钻井施工过程中,泥浆循环系统、机泵房、钻井液材料贮存房等区域应采取防雨分流措施。

(8)在钻井废弃物收集、贮存和处理现场应对钻井废弃物做相应的分离和标识,并设立标志。

(9)随钻不落地的所有设备设施应在钻井施工前完成安装与调试,并经验收合格后方可投入使用。

(三)钻井作业完成后环境管理要求

(1)施工完成后,拆除井场内所有地上和地下的障碍物。井场地面应恢复原貌,恢复工区周围自然排水通道,做到井场整洁、无杂物。

(2)将罐内废弃物全部运送至废弃泥浆处理厂进行集中处理。

(3)钻井废弃物处理施工结束后,应对地貌进行恢复。

(4)如果钻井中由于某种原因弃井时,则井眼内外要封堵,必须把油气层、水层封死。

(四)其他要求

(1)设置营地时,在保证需要条件下,尽量利用原有地貌以减少对环境的影响。

(2)保持营地内清洁,不乱扔废物。

(3)减少施工对当地野生动物和植物的影响。

(4)不允许破坏动物巢穴,追杀、捕猎和有意骚扰野生动物。

(5)施工过程中注意井场周围水池、泄洪区等敏感地区的防污染工作。

五、钻遇含硫气层要求

板南储气库群天然气性质气层气甲烷含量为 79.17% ~ 88.96%,相对密度为 0.6490 ~ 0.7166,含少量的 CO_2、H_2S。根据大港油田 2008 年 3 月 H_2S 气体普查检测结果显示,东营、沙河街组地层 H_2S 气体含量为 0.05 ~ 0.07μg/g,白 8 井测试、化验分析及生产过程资料,在 2977.0 ~ 2999m 井段的 H_2S 含量数据为 1.14mg/L。

为保证钻井安全,对于可能钻遇 H_2S 的地层,应严格执行 SY/T 5087—2017、SY/T 6277—2017、SY/T 5964—2019 和《钻井队井控岗位职责》。

对于 H_2S 含量大于 10mg/L,现场应配备硫化氢监测设备、呼吸保护设备,井场设立明显、清晰警示标志,制定应急管理应急管理预案,明确点火程序及应急联络方式。硫化氢防护设备具体见表 3-5-1。

表 3-5-1 硫化氢防护设备

名称	规格	数量
固定式 H_2S 监测仪	套	1
便携式 H_2S 监测仪	套	5
正压式呼吸器	套	20
空气压缩机	台	1

续表

名称	规格	数量
大功率防爆排风扇	台	5
点火装置	—	1
小型汽油发电机	台	1

对于 H_2S 浓度大于 1mg/L、小于 10mg/L,现场应配备便携式硫化氢检测仪至少 5 台(其中有 2 台能监测二氧化硫),加强对井场可能聚集硫化氢的地方进行浓度检测。

板南储气库群群在钻井过程中根据监测结果,未钻遇 H_2S 气层。

第六节 建设回顾、思考与展望

一、回顾与思考

板南储气库群于 2014 年 6 月建成并投产,共新钻 8 口注采井。白 6 断块为最早完钻井,平均井深 2848.5m,设计完钻层位于沙一下板Ⅳ。井身结构采用一开封平原组,二开封馆陶组,技术套管固井水泥一次上返,完钻井油层段固井质量分别为 68.2%、47.2%。白 6 库 3 井钻井液采用硅基防塌体系,该体系膨润土含量高,滤饼虚厚,不利于保护储层及提高固井质量,后续井均采用钾盐钻井液,该体系滤饼致密,储层保护效果好,为提高储层保护效果及提高固井质量奠定了基础。生产尾管段水泥浆体系方面,白 6 库 3 井采用斯伦贝谢弹性膨胀水泥浆体系,后续井更换国产韧性水泥浆体系,经过多个注采周期,也表明国产韧性水泥浆体系能满足储气库注采井要求。板 G1 断块完钻层位于沙三段,平均井深 3130m,井身结构采用一开封至 500m,二开技术套管深下,封固沙一下部分地层,减少下部目的层封固段长度,降低生产尾管段固井当量循环密度,油层段固井质量为 55.7%~80.7%,较白 6 断块有明显提升。白 8 断块实施水平井 1 口,采用四开井身结构,一开封至 500m,二开封东营组,三开封至入窗点,四开前井段钻井液密度 1.10~1.32g/cm³,水平段钻井液密度 1.18g/cm³,技术套管采用分级固井,两次上返,油层段固井质量为 76.3%。应用钾盐钻井液体系,采用三开井身结构,技术套管深下至东营组地层,减少目的层封固段长度,生产尾管选用国产韧性水泥浆体系,在板南储气库群具有良好的适应性,有利于保证固井质量,提高储层保护效果。

二、技术展望

随着国内储气库建设技术的不断发展,储气库相关技术也会在现场应用中不断升级和完善,一些新技术经适用性分析评价后必然会在今后储气库建设过程中获得广泛应用。这些新技术的应用,一方面可以提高储气库井筒完整性,从而有利于储气库的运行安全,提高质量;另一方面这些新技术的应用也会进一步简化施工流程,提高施工效率。

(一)"工厂化"批量钻井

由于储气库对全生命周期的井完整性要求更高,钻井成本相比常规钻井大幅增加。"工厂化"钻井的核心为使用丛式井钻井。通常采用快速移动钻机,来缩短钻机搬运时间,提高钻井效率,移动方式有轨道式、步进式和整体拖动式。国外钻井平台通常配备自动化设备、数字化操作系统等,自动化程度及作业效率较高。国内以轨道式为主,发电机房等设备不动,减少搬运设备,缩短钻机搬迁时间,提高钻机效率。

"工厂化"钻井有整拖和批钻两种模式,国内储气库通常采用整拖模式,在完成一口井的钻井、固井施工后,再对下一口井施工,施工效率及钻井液重复利用率较低。其中批量钻井技术采用移动钻机依次钻多口不同井的相似层段,固井后,顺次钻下一开次,可以大幅提高作业效率,提高钻具组合利用率,钻井液重复利用率,通过不占用井口操作的离线作业等交叉作业,提高钻机工作时效,缩短建井周期,降低钻井成本。

(二)光纤监测技术

为保障储气库安全运行,储气库需要全面监测,以判断单位压力的注采气情况,核实库容量以及判断储气库的运行状态等。目前板南储气库群选择4口重点井下入毛细管装置对井底压力值进行实时监测。毛细管测压技术应用成熟,寿命较长,但测试精度不高,且一般不监测温度,需经常补充氮气,现场维护不方便。

目前随着技术的发展进步,光纤监测技术逐步成熟,高压气井和部分储气库注采井也多有采用。光纤监测系统由测温光端机(1~8光通道)和压力调制解调仪(1~4光通道)、双芯(单、多模)高温光纤一体化钢管封装的测试光缆、光纤法布里腔压力传感器和信号采集处理几部分组成。

温度光纤本身作为传感器,可即时得到连续温度数据;经高可靠性光纤压力传感器,可得到单/多点高精度压力数据。对于用1台机器测量复数光纤,可通过光通路切换开关顺次切换测量。本系统1台测温光端机最多可实现8口井监测;1台压力调制解调仪最多可实现4口井的监测。测温光端机发出激光脉冲,收集光纤传感器传来的散射光,并将光强转换成温度;压力调制解调仪对干涉光谱进行处理与解调,得出相应的压力数据。计算机收集并存储监测井温度、压力数据。

光纤监测既能监测压力又能全井段监测温度,配合声波监测还能满足判断油套管泄漏位置、气水界面、气水剖面等多种监测参数要求。大港储气库群计划先选择1~2口井采用光纤监测装置进行应用试验,为今后新建储气库推广应用打下基础。

(三)集成化测井技术

根据储气库建设相关标准要求,老井再利用前需要对老井固井质量、套管内径、壁厚、腐蚀等进行测井检测及综合评价。目前储气库老井处理主体测井技术主要有:CBL/VDL测井、扇区水泥胶结测井、四十臂井径成像测井、电磁探伤测井等。这些测井项目一般单独实施,现场施工时需要多次起下测井仪器,造成施工占井周期较长,施工效率有待进一步提升。因此,测井仪器只需一次下入即可同时检测多个评价项目的集成化测井技术势必会成为今后储气库老井测井检测的主体技术。

超声波成像测井技术是目前最具代表性的集成化测井技术,该技术在辽河双6、西南相国寺、新疆呼图壁等储气库已经进行了试验性应用,并取得了不错的应用效果。它是一项新型测井技术,可以对整个套管及管外水泥环进行360°全方位检测,具有很高的垂直分辨率,不仅能准确评价管外水泥胶结质量,同时还可以评价套管内径、外径、壁厚、腐蚀,也可确定窜槽及管外流体性质,解释结果能够以3D图像直观显示。该技术检测项目齐全,解释精度高,可有效简化测井流程,节省作业时间,提高作业效率,在今后储气库老井检测评价中将会获得广泛应用。

（四）一体化挤水泥桥塞

储气库老井封堵通常采用插管桥塞高压挤注施工工艺,现场施工作业时需首先下入桥塞及坐封工具,至预定深度后,向油管加压至桥塞坐封压力使桥塞坐封,复探桥塞位置无下移,然后起出送封工具,再下入插管,按桥塞参数将插管插入桥塞,验封合格后再配制堵剂进行高压挤注施工。在现场使用过程中有时存在插管密封性不严,或桥塞验封不合格,需要打捞后重新下入等问题,在一定程度上增加了施工成本,同时延误施工周期,影响了施工效率。

一体化挤水泥桥塞有效解决了这些问题,其最大的技术优势是:插管随桥塞本体一起下入,避免二次下入时插管插入困难或插入后不密封;一趟管柱作业可完成桥塞的送封、坐封、验封、高压挤封等作业,可大幅缩短施工周期,提高施工效率。目前一体化挤水泥桥塞已经成功应用于封堵施工现场,相信今后在储气库老井处理施工过程中将会被普遍采用。

参 考 文 献

[1] 张平,等. 储气库区废弃井封井工艺技术[J]. 天然气工业,2005,25(12):110－114.
[2] 靳建洲,等. 大港板南储气库群白6库1井尾管固井技术[J]. 钻井液与完井液,2014,31(6):58－61.
[3] 金根泰,李国韬,等. 油气藏型地下储气库钻采工艺技术[M]. 北京:石油工业出版社,2015.

第四章　地面工程

地下储气库的建设是一个系统工程,涉及地质、钻采及地面工程,地面系统是连接长输管道与地下储层的纽带,其建设受产气区、储气区及用户的多重影响,建造、运行工况复杂,具有开停井频繁、运行参数变化范围宽、注气压缩机选型要求高等特点。典型的油气藏型储气库一般包括井场、集注站、井场至集注站间的集输管道、集注站至分输站双向输气管道等。用气淡季将富裕天然气通过双向输气管道输送至集注站,在站内增压后通过集输管道输送至各井场后注入地下储存,用气高峰期将储存的天然气采出,经集输管道输送至集注站进行脱烃脱水处理后,通过双向输气管道输送至联络站汇入输气干线。

通过借鉴吸收国外储气库建库技术,参考国内油气田地面工程设计相关经验,经过十余年的科技研发、试验、设计、建设及运行方面的不断探索与经验积累,目前已经形成了以站场布局、井口注采气、采出气处理、注气工艺等为主体的较为成熟的地面工艺技术[1]。

板南储气库群地面工程突出节能降耗、安全环保、高效经济理念,采用多项新工艺、新技术,有效实现储气库低成本建设与经济运行并举,充分展示了中国石油在储气库地面建设技术领域的卓越实力,为中国石油储气库地面建设积累了成功的设计经验和相关技术储备。

第一节　地面工程特点及难点

一、地面工程建设概况及特点

板南储气库群地面设施建成总采气规模 $400 \times 10^4 m^3/d$,总注气规模 $240 \times 10^4 m^3/d$。地面工程主要建设包括1座集注站、1座35kV变电站、3座井场、1座综合办公楼、1座分输站扩建、1座接转站改造、1条双向输气管道(设计压力10MPa,管径 $\phi 457mm \times 11mm$,长度3.465km)、单井注采管道(总长10.589km)、凝液集输管道(3.3km)。储气库注气装置于2014年6月一次投产成功,采气装置于11月一次投产成功。

板南储气库群立足于大港油田已建集输系统现状,站址集中布置,实现资源共享。该库所辖板G1断块、白6断块及白8断块的注采系统相互联通,使地下储气库调峰更安全、更可靠、更灵活,充分发挥储气库群的调峰功能。露点控制采用成熟的J-T阀制冷+注乙二醇工艺,充分利用地层压力能,简化工艺流程、降低工程总体能耗。创新形成集传统低温分离器及干气聚结器功能为一体的分离器结构,并对分离器内部结构进行优化,提高气液分离效率,确保外输干气露点,优化简化地面设施。针对露点控制装置设计压力高的特点,采用叠式管壳式换热器实现纯逆流换热,充分回收冷量,降低系统压力损失。注气压缩机选用电驱往复式压缩机,满足3座断块同时注气需求,并保证在整个注气压力区间内压缩机能高效运行。管材选择适应地下储气库高压工况,在满足不同操作条件压力、温度对材质要求的前提下,优化管线规格。

板南储气库群集注站及井场鸟瞰图如图4-1-1所示。

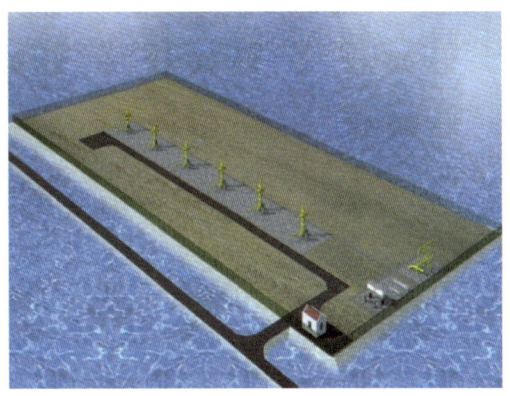

图 4-1-1　板南储气库群集注站及井场鸟瞰图

二、地面工程建设先进性

（1）工程设计采用储气库地下地上、输气管网压力系统动态统筹分析方法，搭建了油气藏型地下储气库集输、注采处理动态计算模型，统筹分析地层、注采井、地面装置、输气管网运行参数及特征，充分利用地层压力能制冷控制外输气水、烃露点，最终优选 J-T 阀制冷+压缩机后增压工艺适应高、低压外输工况，利用注气压缩机进行采气末期后增压，既充分利用了地层压力控制了水露点，又节省了采气外输压缩机，简化传统的丙烷辅助制冷流程，建立了油气藏型储气库工艺设计及注采运行参数优化范本。

（2）立足储气库工艺参数动态分析结论，注气装置采用管压注气、增压注气及单井注气流量调节的组合设计方式，全方位优化注气装置工艺流程及参数，切合注气全周期储层压力及渗透率变化规律，实现压缩机出口压力与井口压力联动控制。实践证明该方式对不同断块注采井均衡注气及压缩机注气压力及时响应具有实效，对于确保整个注气周期内注入气量与管道富余气量动态平衡极具意义，节能减排，经济运行效果显著。

（3）注采集输管道采用同管建设方式，形成储气库注采管道优化设计技术。针对该库井流物组成及储气库冬夏互注的运行特点，全面分析对比注采集输管道同管及异管设置的利弊，在实现采气井场计量的前提下，率先提出将板南储气库群注气管道、采气管道及计量管道合一建设，在保证注采系统超高压/高压切换安全性的同时，革新了储气库注采管道选材，满足注气高压力、采气大流量的工况。该设置方式同比传统设计，可节省工程投资约 1130 万元。

（4）储气库露点控制装置 J-T 阀下游设置低温调节旁路，通过高灵敏度温度变送器进行温度传输与自动调节，有效防止天然气在换冷及节流过程中因偏流、流量波动等因素产生的过冷工况，减少冷量损失，提高地层利用率。同时降低天然气冻堵管道的风险和概率，减少装置防冻剂注入量。

（5）本工程线路位于盐池地区，管道沿线盐池及河流穿越淤泥质黏土层，扩孔后遇水膨胀，成孔困难，回拖难度大。针对上述难点，设计开发出一整套适用于盐池地区淤泥质黏土层的管道定向钻穿越设计、分析及施工作业技术，有效解决了淤泥地质管沟形成困难、河流和鱼塘穿越稳管以及汇水地段的水工保护等难题。同时对于出土端无管道预制场地的定向钻穿越,施工过程中采用盐池漂管作业方式,解决了无陆上布管空间的难题,极大地节约了工程投资。

(6)本工程位于滨海盐池地区的鱼塘虾池地段,地下水位高,土壤电阻率<3Ω·m,土壤及大气盐雾腐蚀非常严重,且沿线管道在规划区内与高压线并行。针对上述难点,采取恰当合理措施,即:对于直径在 DN100mm 以上,长度 100m 以上的站内管线和站外管线外防腐全部采用加强级三层聚乙烯复合结构,直径在 DN100mm 以下的埋地不保温管线(工作温度 70℃以下)采用加强级无溶剂液体环氧厚度 600±50μm+双层加强级聚丙烯增强编织纤维防腐胶带结构。站内地上不保温管道及设备外表面的涂装采用耐盐雾腐蚀的复合型防腐涂料,环氧富锌底漆+环氧云铁防锈漆+氟碳面漆。采用牺牲阳极法对站外管道进行保护。牺牲阳极对邻近构筑物无干扰或很小,同时起到排流的作用。这一整套适用于滩海地区管道及设备的防腐技术,有效解决了盐渍土强腐蚀及盐雾腐蚀的难题。

(7)全方位多角度的压缩机定点降噪技术,实现压缩机及空冷器整体降噪。传统的降噪方式基于常规降噪分析技术,对压缩机及空冷器进行全面围护降噪,空冷器采用三面进风方式。由于缺少理论分析,经常发生实际降噪量大于所需降噪量,因此传统降噪方式针对性差、降噪设施用量多、建设周期长、工程投资高。

板南储气库群工程创新压缩机及空冷器降噪技术,主要基于定点降噪理论,采用 CFD 风场模拟技术、Raynoise 声学模拟及现场模拟声源测试技术,优化噪声控制设施设计,采用压缩机与空冷器间单侧进风方式。从而实现对往复式压缩机组运行所产生的空气动力性噪声、机械性噪声、管道振动噪声等叠加形成的超高声级、宽频带、低频率噪声等全方位、多角度的防护。

经现场实测,噪声水平满足 GB 12348—2008《工业企业厂界环境噪声排放标准》中的Ⅲ类标准。在同等的降噪水平,此降噪方式与传统降噪方式相比,节省投资 30% 以上。

(8)总图布局中,积极探索盐池内建站的设计及施工新方法,形成淤泥围堰,排水晾晒,填方平土的设计及施工方式,与常规填海造地方式相比,大量降低工程土方量,缩短工期。板南储气库群集注站入口如图 4-1-2 所示。

图 4-1-2 板南储气库群集注站

第二节　大港地区管网及储气库布局

受地质构造、地层结构、注采井井型、井眼轨道等的影响,地下储气库的地面井位复杂多变,井场、集注站、分输站的站址选择应遵循就近原则,以注采井地面井位为中心进行布置,即地面适应地下。

一、大港地区管网布局

(一)陕京系统管网

陕京输气系统是目前我国配套建设地下储气库最多,产、供、储、输、配最完善的输气系统。在每年夏季用气淡季,陕京线和陕京二线来气可经港清线和港清复线输送到大港储气库分输站,通过大港储气库分输站和各座地下储气库之间的双向天然气管线输送到地下储气库,经集注站注气装置增压后注入地下储气库,也可输至京58地下储气库,注入京58地下储气库储存。在冬季调峰采气期,大港各地下储气库采出气经集注站露点控制装置脱水、脱烃处理后,集输至大港储气库分输站,再经港清线和港清复线输送到永清分输站,进入到陕京线和陕京二线主管道,进而输送到各用户;京58地下储气库采出气进行露点控制后,也输至永清分输站,汇入陕京输气系统。在陕京线、陕京二线出现事故情况下,即使在注气期地下储气库也能投入采气,确保应急供气。陕京线、陕京二线调峰系统示意如图4-2-1所示,大港地下储气库群联通关系如图4-2-2所示。

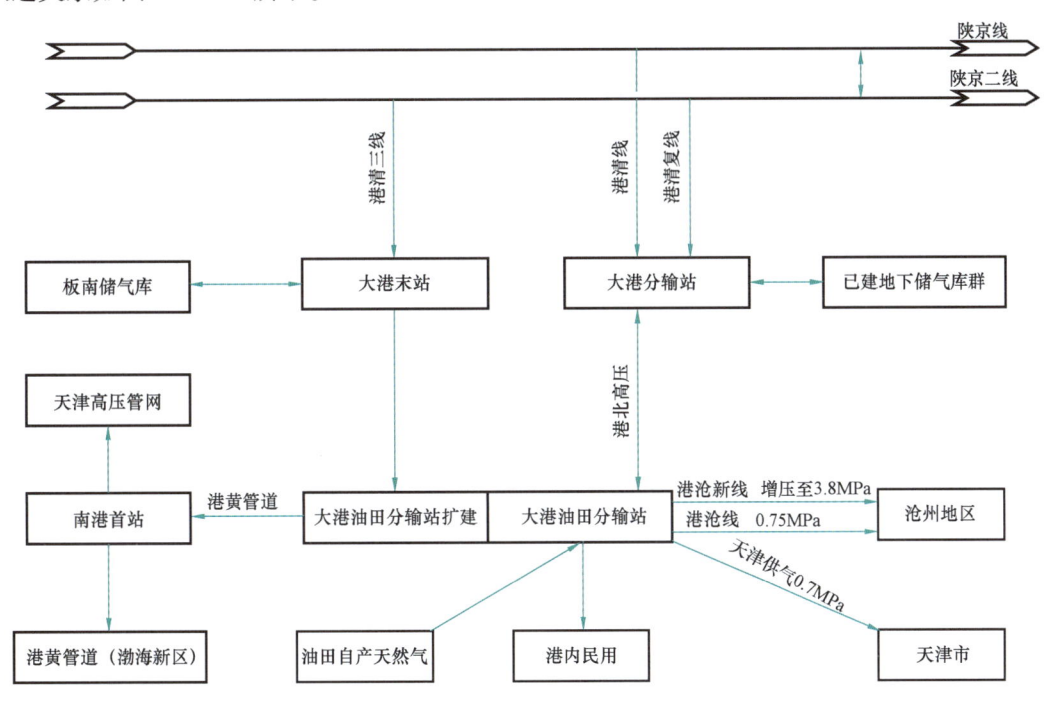

图4-2-1　陕京输配气系统示意图

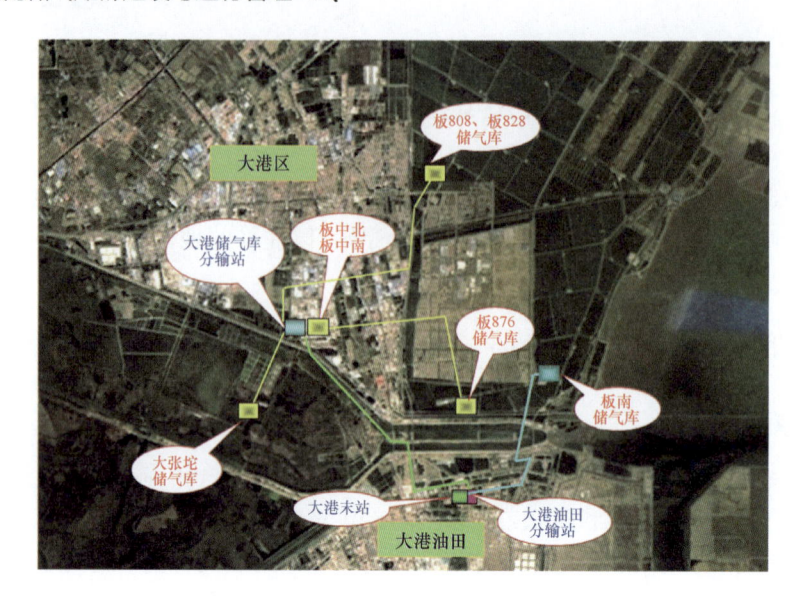

图 4-2-2　大港地下储气库群联通系统图(2020 年)

(二)港清系统管网

大港地下储气库群与陕京输配气系统共建有三条连通线——港清线、港清复线及港清三线,港清线、港清复线起点均为永清分输站,末点为大港储气库分输站,港清三线起点为永清第二分输站,末点为大港末站,三条联络线概况见表 4-2-1。此外,在大港储气库分输站—大港末站建有港北高压管线,可实现大港油田已建六座地下储气库与板南储气库群及拟建地下储气库之间的连接,提高大港储气库群整体运行的灵活性。

表 4-2-1　港清线、港清复线及港清三线设计参数

管道名称	管径(mm)	长度(km)	设计压力(MPa)	建设时间	起点	终点
港清线	711	109	5.5	1999	永清分输站	大港油田分输站
港清复线	711	108	10	2004	永清分输站	大港油田分输站
港清三线	1016	166.5	10	2013	永清首站	大港末站

(三)储气库气体流向

根据中国石油统一规划,为增强大港油田已建六座地下储气库和拟建板南地下储气库操作运行的灵活性,利用港北高压管道将两座分输站连通,使大港油田已建六库和新建板南储气库群形成一个大的地下储气库群,共同进行京津冀地区的调峰供气和保安供气,详见图 4-2-3。

注气期:用气低峰期,陕京二、三线来富裕气量由霸州分输站经港清三线输至港清三线大港末站,经双向输气管道输至板南储气库群集注站,经过滤分离后进入注气压缩机增压,增压后的天然气通过注采管线输送至板 G1 库、白 6 库、白 8 库井场注入地下储气库。

采气期:用气高峰期,板 G1 库、白 6 库、白 8 库井场采出气经注采管线输送至板南储气库群集注站露点控制装置进行处理,处理后的合格干气经双向输气管道输至港清三线大港末站,

继而输至大港油田分输站供给沧州地区、天津市、滨海新区和渤海新区等地,或输至港清输气系统后汇入陕京输气系统。板南储气库群天然气走向如图4-2-4所示。

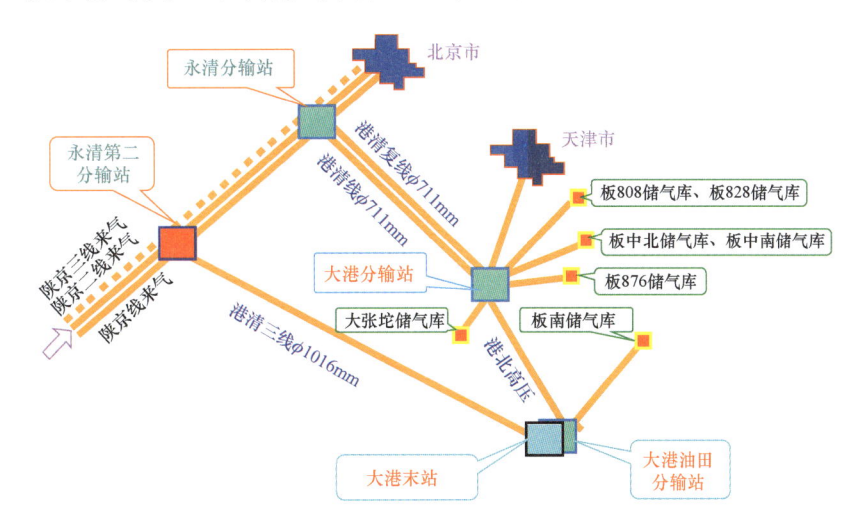

图4-2-3　大港地下储气库群联通图(2020年)

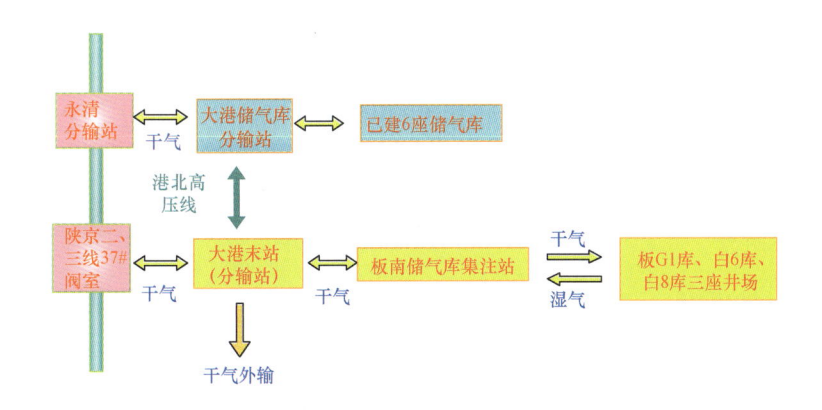

图4-2-4　板南储气库群天然气走向示意图

(四)建库作用与意义

板南储气库群建成后,与大港储气库群共同发挥了以下重要作用。

1. 确保长输管道安全运行的有力保障

当今世界相对稳定,但局部地区冲突时有发生,不稳定因素依然存在。地下储气库除具备季节调峰功能外,还是长输管道发生各种意外故障停输情况下,确保安全供气的有力保障。纵观当前国内外政治局势,战略储备的重要性提高到了新的高度,地下储气库作为国家战略能源储备手段,将对我国社会的稳定和发展起到不可估量的作用。

为输气管网配套建设一定规模的地下储气库群符合中国石油关于地下储气库建设的战略发展规划和天然气安全供应要求。大港油田地处环渤海地区,距离首都北京仅100多千米,距离天津仅40多千米,地理位置十分重要,在陕京输气管道发生事故或其他紧急情况下,大港地

— 141 —

下储气库可立即投运,在极短的时间内发挥应急供气功能,消除各种突发事故造成的不利影响。

2. 支持京津冀区域建设发展的需要

随着天津滨海新区及河北省渤海新区的成立,环渤海地区的发展日新月异,重大产业项目和基础工程建设如雨后春笋,鳞次栉比,已经成为促进区域经济发展的重要力量,随之而来的是清洁能源的大量需求。

该区域的天然气需求多为工业原料用气,需求稳定,增长迅速。建设地下储气库,满足滨海新区、渤海新区调峰供气和保安供气需求,为环渤海地区经济发展铸造一个坚强的能源后盾显得尤为重要。

二、储气库区域选址

（一）站址选择原则

1. 井场站址选择

为减少占地面积,方便管理,注采井应尽可能集中布置,优先采用丛式井。采用丛式布井技术同时,尽量提高单井注采能力,做到少井高产,在钻采部门提供的地面井位基础上,地面设计部门应结合井场布置、集输管线路径、长度等因素,与钻采部门协商,对地面井位进行再优化,实现地上服从地下、地下地上统筹协调的最优井位布置,该种方式有助于实现地面注采集输系统的优化,方便运营管理,降低投资。此外考虑到未来储气库达容需求,需与地质、钻采部门提前沟通分批次打井的需求,在站址及平面布置时需考虑留有余量。

对于布置分散的零散单井,宜集中设置一座注采阀组,单井井场只设置采气树,井口设施均布置在注采阀组站。

2. 集注站站址选择

集注站的站址选择应根据地下储气库的总体发展规划,考虑"集群建设",在地面条件允许的情况下,多座储气库可"合一建设"。对于合一建库方案,一座集注站可配套多座井场,集注站的位置可靠近其中一座井场,也可位于多座井场中心,具体布站方案需根据工程所在地的地面设施现状,对各布站方式的站场建设投资、集输管道投资、施工作业难度等进行综合比较,确定最优方案。

集注站与井场之间需建设集输管道,集输管道的设计压力较高,为缩短高压管道的长度、提高操作运行安全性,集注站的选址应尽量靠近井场,在区域条件及地质条件允许的情况下,优先考虑集注站与井场毗邻建设。

（二）板南储气库群选址

根据天津滨海新区的统一规划,该地区大部分区域已被规划为天津轻纺园工业区,占地面积约4.5km×5.5km(东西×南北),第四采油厂所辖的一部分采油井、计量站、采油站位于轻纺园工业区内,板876地下储气库位于轻纺园工业区的外侧(南侧)。

1. 井场选址

根据地下井位坐标和钻采部门确定的地面井位,板G1断块设置1座井场(板G1井场),

白6断块设置1座井场(白6井场),白8断块设置1座井场(白8井场),各井场站址如下。

1) 板G1井场(板G1断块)站址

板G1井场位于规划的轻纺园工业区内,地处已建板876地下储气库北侧,附近已建有南3井场、板16站等。

根据地质及钻采部门研究结论,板G1井场布置5口注采井及1口观察井。根据钻采部门的研究结论,板G1井场布置在已建南3井场的东侧。

2) 白6井场(白6断块)站址

拟建白6井场周边已建有1座计量站——板28站。板28站内建有6口采油井、1套原油脱水计量设施,当白6断块改建成地下储气库后,其中3口老井将被封堵,另外3口老井将作为板南地下储气库的采气井(只采气不注气)。根据钻采部门确定的井场方案,白6井场紧邻板28站北侧布置,内设2口注采井,2口井自南向北一字排开。

3) 白8井场(白8断块)站址

拟建白8井场位于已建白3计量站和白一接转站附近,距东侧的白3计量站约0.3km,距北侧的白一接转站约1.3km。

白8井场新钻2口注采井,2口注采井自东向西一字排开。

2. 集注站选址

由井场选址方案可知,板南储气库群三座井场均坐落于盐池内,且板G1井场位于规划的轻纺园工业区内。经与地方政府结合,轻纺园工业区内征地费用为70~80万元/亩,若集注站站址选择在轻纺园工业区内,不仅征地难度大、征地费用高,而且注气压缩机的噪声将对周边厂矿企业造成不利影响,环保审批难度大。综合考虑经济与社会影响因素,板南储气库群集注站站址推荐布置在规划的轻纺园工业区外侧。集注站站址现场如图4-2-5所示。

图4-2-5 板南储气库群集注站选址现场照片

结合三座井场所在区域的地面状况、盐池水域系统和地方政府规划情况,按照集中布站和独立布站两个总体思路,对板南储气库群集注站站址提出了两套方案:

方案一:独立布站,集注站布置在三座井场的中心区域。

该方案三座井场和集注站均独立布置,集注站布置在板G1井场东南侧、白6井场南侧、白8井场西南侧的盐池内(隶属天津长芦海晶集团有限公司管辖),距板G1井场约6.5km,距离白6井场约6.5km,距离白8井场约3.5km,距离大港油田分输站约8km,集注站基本位于三座井场的南侧。

在方案一中,三座井场分别设置注采井、井口注采阀组、井口注醇设施、井口清管发球设施,集注站设置注气装置、露点控制装置及配套的辅助生产设施。

方案二:联合布站方案,集注站毗邻白6井场布置。

该方案集注站毗邻白6井场布置,即毗邻现有板28站建设,集注站所在地全部位于隶属天津长芦海晶集团有限公司管辖的盐池内。

在方案二中,板G1井场、白8井场分别设置注采井、井口注采阀组、井口注醇设施、井口清管发球设施。白6井场只设置注采井,井口注采阀组、注醇设施均与集注站统一考虑。集注站设置服务于白6井场的井口阀组、注气装置、露点控制装置及配套的辅助生产设施,井口注醇设施与集注站注醇设施统一考虑。

方案二,集注站距离板G1井场约8km,距离白8井场约3.5km,距离大港油田分输站约13km。

两种方案中集注站均位于盐池内,集注站的施工工程量及施工难度相差不大,但方案二站外集输管道的长度大于方案一,站外集输管道在盐池内施工难度大、投资高。经经济性对比,方案一的可比工程投资比方案二低4532.26万元。

综合考虑技术性和经济性双重因素,集注站的站址推荐采用方案一,即集注站独立于井场布置,如图4-2-6所示。

图4-2-6 板南储气库群布站位置图

第三节 建设规模的确定

一、储气库地面建设规模原则

在储气库实际建设及运行中,季节调峰型、应急调峰型、战略储备型无法截然分开,以承担季节、应急调峰功能为主的储气库也可同时承担着战略储备的作用;以承担战略储备功能为主的储气库在下游储气库调峰功能不能满足需求的情况下,将承担该库周边用户调峰用气的作用。

对于调峰型储气库,需预测出市场天然气需求量、天然气需求结构以及用户的不均匀性,再计算出市场需要的调峰量,最后根据储气库气藏特性分析拟选储气库是否满足市场需求,进而明确储气库的注采规模。国内已建调峰型储气库的注采规模一般根据储气库的有效工作气量,在均采均注基础上,考虑1.1~1.2倍的系数确定,因此,储气库的注采规模宜在充分发挥储气库库容能力基础上,将储气库纳入管道系统进行系统分析综合确定。

对于战略储备型储气库,需预测出市场天然气需求量、天然气需求结构及可中断供气量、供气时长,计算出市场需要的战略储备量,战略储备气量取一定天数的不可中断供气量,而采气装置规模确定为日不可中断供气量。对于兼顾调峰需求的储气库,采气装置的设计规模要考虑较小调峰气量的处理要求,可采用多套装置并联或大规模采气装置与小规模采气装置并联的建设模式。

二、板南储气库群地面建设规模

(一) 采气装置设计规模

板南储气库群三座井场平均采气量为 $356 \times 10^4 m^3/d$,采气装置设计规模确定为 $400 \times 10^4 m^3/d$。为预防储气库冬季采气量增加,而装置运行能力不足,对采气装置设计时考虑了一定的余量,可满足上限110%的操作弹性。

(二) 注气装置设计规模

板南储气库群三座井场平均注气量为 $194 \times 10^4 m^3/d$,按1.2倍调峰考虑,注气装置设计规模确定为 $240 \times 10^4 m^3/d$。

第四节 注采集输系统

储气库天然气注采集输工艺系统涵盖从注采井口到集注站间的注气系统、采气系统及注采集输管道。国内地下储气库已经历10余年发展,注采集输系统工艺技术已较为成熟,但是随着储气库的建设运行,先期建设的储气库在运行过程中暴露出一些难以解决的技术难题。此外大规模储气库的建设对储气库注采集输管道的安全性及经济性提出了更高的要求。

储气库运行方式具有特殊性,诸如注气与采气不同期运行,采气气质多变,注采工况多变,注采系统操作压力高等,这些特性直接影响到储气库注采集输系统的设计。目前储气库建设过程中主要存在以下问题:

(1) 储气库注气期流量无法实现自动调节,造成储层中运行压力区间窄的层位超压等现象。

(2) 单井混相计量精度不够,无法给地质部门提供可靠分析资料。

(3) 井场与集注站间的集输管道设计压力高,在工程投资中占的比重较高。

以下主要围绕采气井口防冻防凝、井口注采调节、单井计量、注采管道设置方式,介绍板南储气库群在注采集输技术的设计与发展。

一、采气井口防冻防凝方法

(一) 地下储气库井口冻堵影响因素

地下储气库具有地层压力高、所需干气外输压力低的特点,为满足天然气外输压力要求,井口一般需节流降压。根据国内已建储气库运行实际情况,在采气期两个时期井口易冻堵[2]。

(1) 储气库采气初期由于井口温度较低,地层采出井流物到达井口时的温度较低,通过油嘴时,节流降温,温度若低于操作压力下的水合物形成温度,管线冻堵。

(2)储气库调峰期为适应储气库调峰工况,在不同的时间所采气量发生大幅度的变化,需要部分单井频繁开关,导致不能建立井口温度场,井口井流物温度较低,通过油嘴时,节流降温,温度低于操作压力下的水合物形成温度,也会造成管线冻堵。

(二)地下储气库常用井口防冻防凝工艺

地下储气库井口发生冻堵现象的状况是间歇的、短时的和不确定的。脱水法可从根本上防止冻堵,但此工艺通常用于连续稳定的操作,不适合地下储气库井口工艺。地下储气库常用井口防冻防凝工艺如下。

1. 加热节流工艺

常用的加热工艺有两种,一是采用水套式加热炉加热,二是采用导热油加热。采用导热油加热,需要在井口新建换热器及热媒加热系统,由于井口压力较高,管壳式换热器的设计压力需要达到 20~30MPa,设备结构复杂,制造困难,且投资较高,因此不推荐采用。目前国内在高压水套式加热炉的制造方面技术比较成熟,较导热油加热工艺投资低,推荐采用此工艺。当井口温度较高时可采用分级节流加热方式,以保证较低的炉管设计压力。

加热节流工艺适用于井口压力较高、温度较低的气井。优点是单井集输管道设计压力较低,管道投资费用较少,可同时解决水合物及结蜡问题。缺点是井口设施投资高,工艺流程复杂。

2. 井口不加热高压集输工艺(油嘴搬家)

井流物不经加热高压集输至集注站,各单井井流物在集注站进行节流。此工艺适用于井口压力不太高,温度较高而且距集注站较近的注采井。高压集输流程优点是充分利用了地层压力能,但单井集输管道设计压力较高,管道投资费用较高。

3. 井口节流注防冻剂不加热工艺

此工艺适用于井口压力较高、温度较高的气井。优点是单井集输管道设计压力较低,管道投资费用较少,操作简便,投资省。缺点是防冻剂运行消耗量较大,增加了防冻剂的运输管理难度,不能解决析蜡问题。

常用抑制剂通常包括甲醇、乙二醇(EG)或二甘醇(DEG)等。从防冻效果看,乙二醇最低只能适应 $-20℃$,而甲醇最低能适应 $-40℃$,甲醇与甘醇最小注入量可用下式近似计算:

$$\Delta t = (K_H R)/[(100 - R)M]$$

$$R = \frac{抑制剂质量}{抑制剂质量 + 液态水质量} \times 100\% \quad (4-4-1)$$

式中 Δt——气体脱水前后水合物生成点的温度差,℃;

R——水合物抑制剂富液(稀释液)的最小质量百分浓度;

M——注入水合物抑制剂的分子量;

K_H——常数,甲醇 $K_H = 1297$,甘醇类 $K_H = 2220$。

(三)板南储气库群井口参数及特点

板 G1 断块、白 6 断块和白 8 断块均是利用凝析气藏改建地下储气库,井口压力较高,由于井流物中含饱和水,在较高的温度下就能形成水化物冻堵油嘴。

根据预测的井口温度,在采气期井口正常运行时,井口温度为55.47~97.44℃,节流后的温度为36.4~72.8℃,不需加热或采取防冻措施。但根据已建地下储气库的运行经验,由于调峰气井开停比较频繁,低温条件下开井时,地层温度场的形成需要一定时间,在开井初期由于井口温度达不到预测的温度,井流物节流后存在单井管道冻堵现象,因此井口需采取防冻措施。

(四)已建地下储气库井口工艺方案

大港油田地区大张坨、板876、板中北高点、板中南高点、板828等地下储气库均由凝析气藏改建而成,板808地下储气库由凝析气藏和油藏改建而成,根据储气库运行实际情况,井口防冻主要是由于在环境温度较低情况下,开井时油嘴节流造成的低温易使井流物冻堵,而经过一段时间的生产,井口温度场建立后,不需再采取防冻措施,因此储气库单井井口均采用间歇注防冻剂工艺。

(1)已建大张坨、板中北高点、板中南高点、板828等地下储气库井场和集注站距离较远,采用的是两级布站工艺,防冻剂无法回收,因此井口防冻措施是不加热间歇注甲醇工艺。

(2)已建板876地下储气库、板808地下储气库注采井位比较集中,井场毗邻集注站布置,采用的是一级布站工艺,井口防冻措施可与集注站统一考虑,利用集注站内注甲醇系统。

(五)板南地下储气库井口工艺方案

板G1断块、白6断块和白8断块气藏性质与已建大张坨、板876、板中北高点、板中南高点、板828等地下储气库类似,均为凝析气藏,因此推荐采用井口不加热节流工艺,并设置注醇设施,作为开井初期防冻措施。从防冻效果看,乙二醇最低只能适应-20℃,而甲醇最低能适应-40℃。根据大港油田已建地下储气库运行经验,井口节流后的井流物温度最低能达到-30℃以下,注乙二醇无法满足要求,因此井口防冻仍推荐成熟的注甲醇工艺。

根据推荐的站址方案,板G1井场、白6井场、白8井场独立布置,因此板G1井场、白6井场、白8井场各设置1套注甲醇设施,根据实际生产运情况,间歇注甲醇防冻。

二、井口精确注采技术

(一)井口注采调节技术

1. 笼统注采技术弊端

国内外地下储气库类型绝大部分以油气藏和水藏改建为主,储层类型以砂岩孔隙型居多、灰岩裂缝孔隙型较少。这两类储气库存在着储层间和储层内部的非均质性特征,直接造成储气库不同部位的物性差异、压力与产能差异和气液分布差异,间接影响着储气库的库容、工作气量和液体对储气库的危害程度,因此需要针对储气库非均质性特征,主动采取不同储层和储层内不同井区的差异性注采,达到调控产能、净化库容、提高效率、延长寿命的目的。由此也带来了对单井注采能力和地面集输系统的配注气能力的时效性与差异性的要求。

储层的非均质性是由于沉积环境、物质供应、水动力条件、成岩作用等的影响,使得不同储层间或同一储层内在岩性、物性、产状、内部结构等方面都有不均匀的变化和显著差异,这种变化和差异称之为储层的非均质性。正是由于储层纵向和平面上的非均质性,引起了储气库生产过程中注采能力和流体性质不一的矛盾,主要表现为三大矛盾,即层间矛盾、平面矛盾、层内矛盾。特别是对于地下储气库而言,由于短期的气体高速注采使采气速度可以达到气田正常开采的约50倍,带来非均质程度的影响性明显增大,在气田开发阶段的低程度影响可以变成储气库生产的高程度危害。

降低储气库三大矛盾的环节包括方案部署、储气库建设、生产运行三个阶段,涵盖了储气库的全生命周期。调控原则通常是发挥高渗层高产能力、维护低渗层的生产能力、降低含液层的液体危害、维护储气库封闭性。具体措施通常是高渗层或高渗区注采强度大、井区的地面集输系统的配气量大、井口压力变化快幅度高。而在低渗层或低渗区注采强度弱、井区的地面集输系统的配气量小、井口压力变化慢幅度低。由于不同注气采气阶段、不同井区状态、不同注采气量、不同液体含量、不同压力水平对地面集输处理系统的功能要求不同,因此决定了地面集输处理系统的功能需实现不同时间段、不同井区、不同流量、不同压力、不同流体组分的适应性调控。

以往储气库设计及运行中,均不控制单井注气或采气流量,完全进行气量的自行匹配,可称之为笼统注采工艺。该工艺存在以下弊端:

(1)注气期对储层中运行压力区间窄的层位造成冲击,使该层位超压,破坏储层砂岩岩性,易造成采气阶段岩屑冲蚀井筒。

(2)注气末期由于气体在储层中的扩散效率降低,地层的吸气能力变差,为达到注气指标,往往需要提高压缩机出口压力,增加机组选型难度及运行功耗。

(3)采气期采气速度过快易造成储层边水锥进及侵入,降低储气库有效库容,且易造成井筒出砂。

为满足地层对注/采流量控制需求,契合孔隙性地层储气库高速注采渗流机理,有效避免注气流量对储层的不利影响,有必要对注气流量控制。

传统的工艺采用单向压力调节阀(角式节流阀),可控制采气流量,而对单井注气流量不进行控制,天然气流向及流量根据每口井实时井况自行匹配,流程示意如图4-4-1所示。

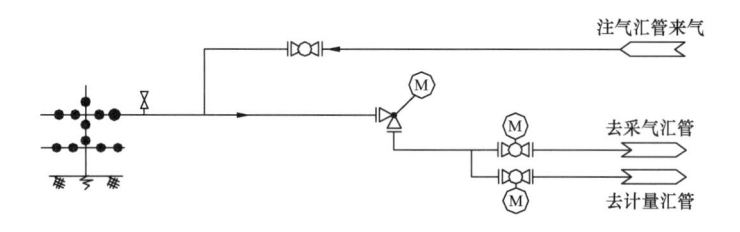

图4-4-1 传统井口注采系统流程图

在操作运行中发现,同一个注采区块内由于各单井的分布、层位等诸多因素不尽相同,各单井吸气能力、采气携液存在差异,造成注气时各单井注气量、携液量差异显著。这导致储气库注气初期天然气主要流向高部位井,随着注气进程的推移,高部位井压力逐渐升高,注气接近饱和,而此时低部位井注入气量仍较少,进而造成储气库无法完成当年注气任务。根据大港储气库群所掌握的资料在不进行人工干预的情况下各单井的注气量相差可达60倍,此种情况对储气库的达容是极为不利的。

2. 井口注采双向调节方式

本着优化注采运行的原则,对井口调节方式进行改进,提出了注采双向调节思路,一方面保持采气期的井口压力调节功能,实现采气降压外输;另一方面增加注气期流量调节功能,实现单井合理的配注,防止各井因天然气注入量不均导致的地层恶化、达容困难,降低压缩机功耗。基于以上思路,提出两种注采调节方案。

方案一:采用具有双向调节功能的轴流式节流阀同时进行单井注、采调节,如图4-4-2所示。

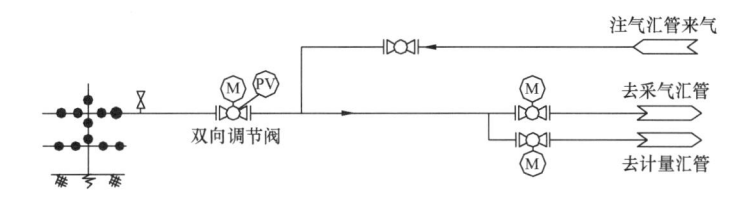

图4-4-2 双向调节流程示意图一

方案二:采用可控球阀+角式节流阀注采调节方法,通过可控球阀进行注气流量调节,采用角式节流阀进行采气压力调节,如图4-4-3所示。

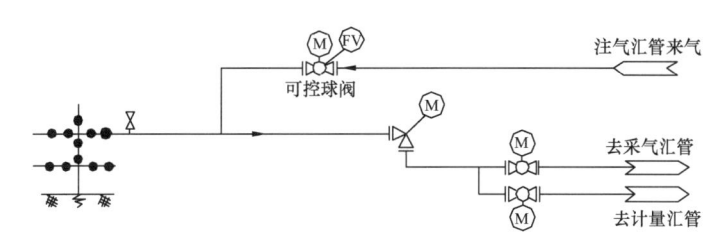

图4-4-3 双向调节流程示意图二

两种方案相比,方案一在流程上相对简单,单节流阀的设置从控制角度上相对简单,阀门的种类较方案二少,可减少备品备件的数量。但该种设置节流阀不便于现场检修,如果检修需将阀门从管线上拆除才能完成。方案二中的角式节流阀适宜在线检修。

为优化简化流程,同时考虑到角式节流阀现场拆检频率不高,因此板南储气库群井口注采调节采用方案一:采用具有双向调节功能的轴流式节流阀同时进行单井注、采调节。

(二)单井计量方式

地下储气库单井油、气、水三相的计量,可为地质部门提供可靠的第一手分析资料,为扩大储气库规模,防止边水入侵提供可靠数据支持,油气藏型储气库的油、气、水三相流量计量一直是地下储气库建设地面工程设计的难点。目前应用较多的三相计量流量计均是基于气液两相分离后的计量,该种计量方式适用于气质组分及流量变化相对较小的天然气井,无法适应储气库单井井口运行压力高,操作压力和流量不断变化,采气携液,油、水产量及性质差异大等工况。

国内已建的大张坨、板中北、板中南、板876、板808、板828等储气库在集注站设置计量分离器(三相),对气、油、水分别计量,该种设置方式计量分离器结构相对复杂,需要进行油、气、水三相分离,且油相和水相调节阀前后压差过大,该方式易造成调节阀使用寿命短、运行维护工作量大、维护困难等问题。

经过研究改进,提出在井场设置单井计量装置设计思路,计量分离器及配套计量、调节阀组可采用橇装化布置,其中计量分离器为气液两相分离器,采用靶式流量计计量天然气流量,质量流量计计量液体流量,利用质量流量计可测量流经介质的质量及密度的特点,结合化验的油密度可推算出介质的体积流量,实现对储气库单井采出气、油、水的三相计量,单井计量原理示意图如图4-4-4所示,实拍图如图4-4-5所示。

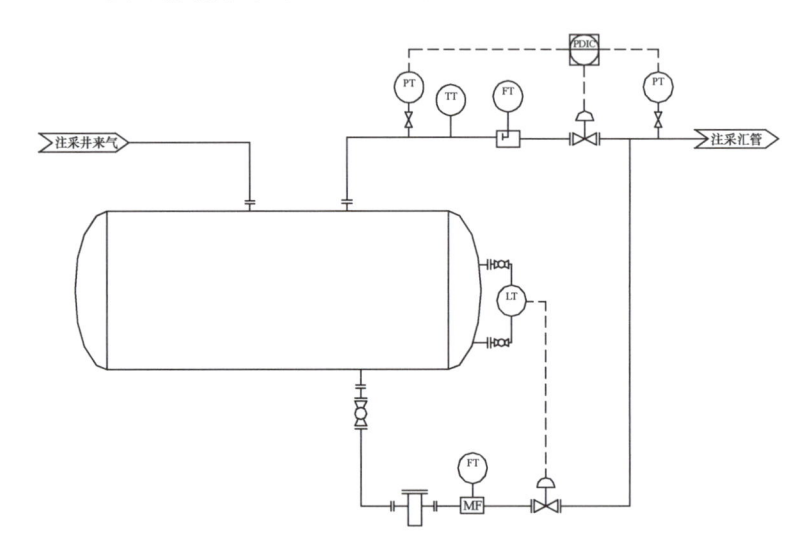

图4-4-4　单井计量原理示意图

图4-4-5　井口单井计量橇实拍图

该种计量方式,将计量系统设置在井场,取消了井场与集注站间的计量管线,优化简化了储气库地面集输系统,液相调节阀前后压差小,避免了常规设置方式油相及水相调节阀前后压差过大,造成调节阀使用寿命较短的弊端,给运行维护带来更大便利。且该种计量方式能很好的适应储气库操作压力和流量不断变化,采气携液,油、水产量及性质差异大等特点。

对于干气藏型储气库,由于井口采出井流物主要为天然气和水,不含液态烃,可在井口设置双向流量计用于注气期干气计量及采气期井流物两相计量,移动式计量分离器标定。

三、注采管道同异管设置

(一)注采管道设置方式

井场与集注站间的管线一般包括注气管线、采气管线及计量管线,随着大规模建库对地面设施不断简化的要求及混相流计量技术的发展,目前多采用井口计量的方式,即计量设施设置于井场,采用单井计量橇或流量计直接对采气期流量进行标定,因此井场与集注站间的管线简化为注气管线及采气管线。由于储气库运行方式的特殊性(注气与采气不同期运行)及不同类型储气库采出气物性差别较大,因此衍生出注气管线与采气管线分开设置与合一设置的两种方式,注、采管道分开设置与合一设置流程示意如图4-4-6和图4-4-7所示。

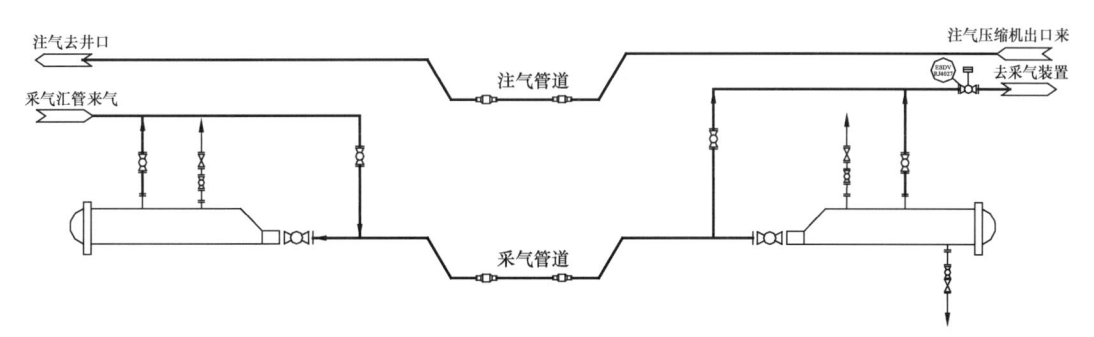

图4-4-6 注采管道分开设置流程示意图

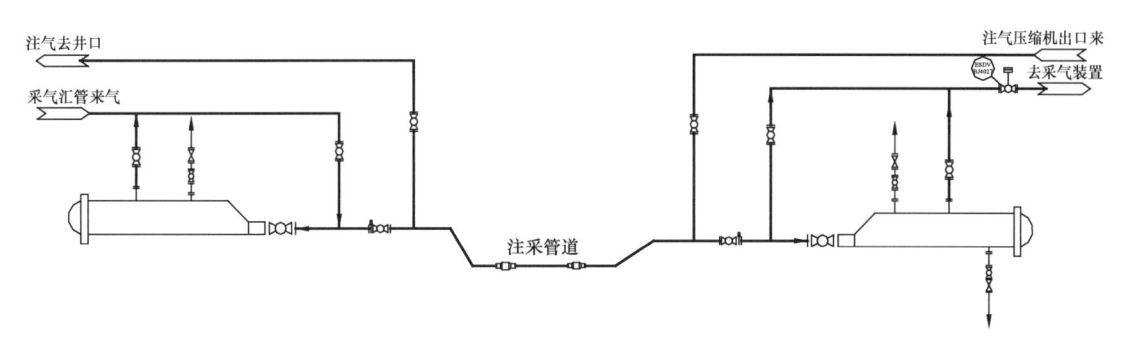

图4-4-7 注采管道合一设置流程示意图

大港油田已建的大张坨储气库井场与集注站之间管道采用采气汇管独立设置、注气汇管和计量管线合一设置的方式,利用 $\phi 219mm \times 23mm$ 的注气管道在采气期作为单井采气计量管线。在后续的板876、板中北高点、板中南高点、板808、板828、京58等储气库及西气东输配套刘庄储气库均延续了大港油田已建储气库注采管线设置原则，即注气汇管、采气汇管和单井计量管线均独立设置，即注采管线分开设置。

注采集输管道设计压力高，在地面工程投资中所占的比例高，随着中国石油大规模储气库的建设及储气库大型化的建设需求，有必要针对注采管道设置方式开展研究，研究何种设置方式更具优势。集输管线设置方案需要根据地质研究提供的井流物参数，从经济性及操作运行难易程度等方面综合对比分析，以期做到操作运行便利同时节省工程投资。

储气库采气期井流物的性质将直接影响注采管线优先设置方式，对于凝析气藏或油藏型储气库，当井口采出井流物为油气水三相时，尤其当油品重组分含量高或含蜡时，可能发生重烃低温凝管或结蜡的发生，采气期若存在清管不彻底现象，管道中的残留物，特别是腐蚀性杂质，在注气期有可能随干气一起注入地下，造成地层的二次污染，给地下储气库的使用寿命带来不利影响，此外注气期和采气期需切换阀组，对操作管理带来不便。因此对于凝析气藏或油藏型储气库，优先考虑注采管线独立设置方案；对于干气藏型储气库、盐穴型储气库，由于井口采出井流物主要为天然气和水，不含液态烃，不会发生温度降低凝管或结蜡等问题，且随着注采周期的延长，井流物中携带的地层水逐渐减少。因此当采出气含水量较低，对管线冲蚀较小的情况下，优先考虑采用注采管线合一设置方案。

（二）注采管道同异管设置影响因素分析

井口注采管线有独立设置（异管）和合一设置（同管）两种方案，集输管线设置方案需要根据地质研究提供的井流物参数，从经济性及操作运行难易程度等方面综合对比分析。在对两种方案进行经济性分析时需综合考虑管材费、设备费（阀门、绝缘接头等）、施工措施费（管道焊接、管道敷设等）、征地费用等。

储气库注、采气的不同特点直接决定了其在管材选择上的特殊性，采气期，根据国内已建地下储气库的实际运行经验，开井初期，井口温度场未建立起来时，井口压力很高，而井口温度很低，经节流后，井流物温度可低至 －30℃ 以下；注气期压缩机出口温度较高，尤其是注气末期，压缩机出口压力可高至 30MPa 以上，如此高的压力，出于管道运行及周边设施安全性考虑，对管道强度提出了更高的要求。对于注采管线分开设置，注气管线主要满足注气期高压管道强度要求，采气管线主要满足开井初期井口节流后温度较低的工况，而注采管线合一设置时，集输管线材质应同时满足以上两种要求。

在以往的设计中注采管线多采用 16Mn，对于井口压力高的储气库，注采管线采用 16Mn 壁厚较大，给加工、焊接带来较大难度，且钢材耗量增加。随着国内无缝钢管制造水平的不断提高，目前经调制后的 L360、L415 及以上等级钢材也能适应开井初期低温工况，采用 L360、L415 管线将减少钢材耗量，但其单价稍高于 16Mn。因此，注采管线材质宜从经济性及施工难易程度等方面进行综合对比确定。

（三）板南储气库群注采集输管道优化设置

对于板南储气库群，根据单井注采流程和注采方案，注气装置和采气装置不会同时运行，且井场采用单井计量橇方式进行油气水三相计量，因此采用注采同管设置方式，井场注采系统如图 4 - 4 - 8 所示。

图 4-4-8 井场注采系统实拍图

第五节 注采装置设计

一、采气装置

在采气期,自地层采出的天然气中一般都含有水、重烃等组分,它们的存在会给天然气的输送造成困难。为保证外输气在运输过程不会因为温度和压力的变化而形成水合物,堵塞管道,造成运行事故,由于储气库类型、地层压力、采气规模各不相同,因此需要综合考虑储气库运行压力、采气量波动变化情况等因素后,确定最适合的采出气露点控制工艺。

储气库采出气具有气量及压力变化范围大的特点,为满足下游用户调峰气量的需求,同一采气周期内,采出气量变化范围可能达到20%~120%。采气初期,井口与外输管道之间存在一定的压力能可利用,随着采气时间及采气量的增加,井口压力降低,因此,需综合考虑储气库运行压力、采气量波动变化情况等因素,确定最适宜的采出气处理工艺。

储气库采出气处理工艺的选择主要遵循两大原则:(1)满足采出气流量的变化波动,适应输气管网的参数变化要求;(2)综合考虑采出气井口压力与外输压力变化情况,在充分利用地层压力能的前提下,提高采气装置的经济性。

（一）传统采出气处理工艺

传统采出气处理工艺包括低温分离法和溶剂吸收法。

低温分离法主要有J-T阀制冷降温和外部辅助制冷降温两种类型。前者工艺流程简单,依靠天然气自身压力能进行节流降温,装置能耗低,适用于井口压力较高的储气库,如图4-5-1所示;后者虽然不会损失压力能,但需要设置辅助制冷系统(一般采用丙烷辅助制冷),投资及运行成本较高,如图4-5-2所示。目前国内油气藏型储气库多采用两种类型的组合处理方式,即J-T阀节流制冷+丙烷辅助制冷剂工艺,采气初期,地层压力较高时,使用J-T阀节流制冷工艺,当后期压力能不足时,开启丙烷辅助制冷装置。低温分离法可同时脱水、脱烃,因此,可用于油气藏型储气库。

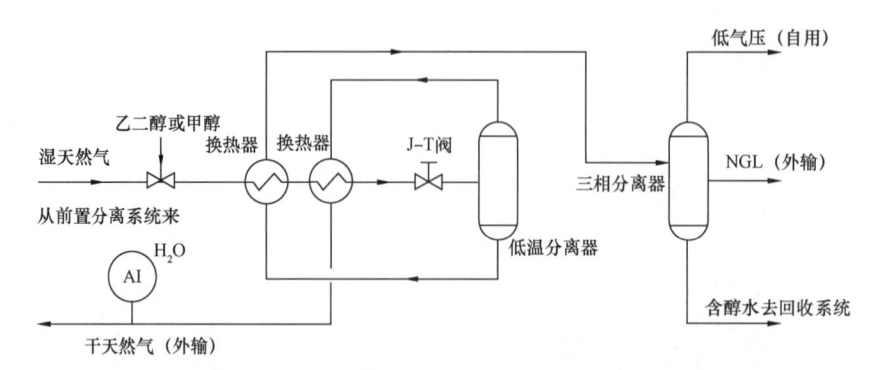

图 4-5-1　J-T 阀节流制冷脱水脱烃典型流程图

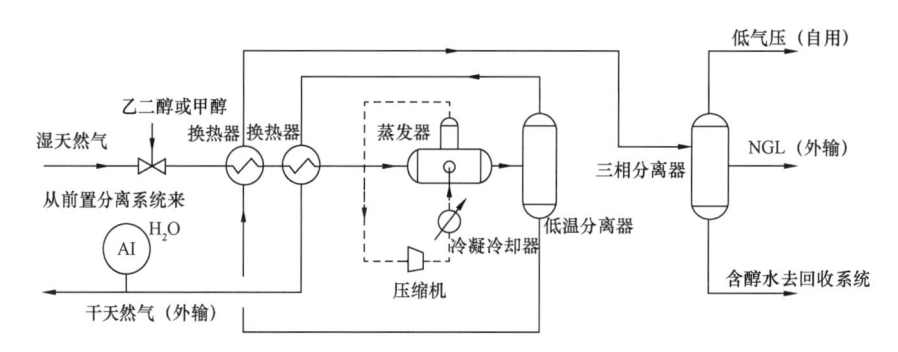

图 4-5-2　外部辅助制冷脱水脱烃典型流程图

溶剂吸收法是脱水较为普遍的一种作法,常用溶剂有二甘醇和三甘醇。目前国内外普遍使用三甘醇作为吸收剂,可处理天然气水露点至 -30℃。优点是成本较低,操作方便,提浓效果好。缺点是露点降不高,原料气的含水量越大,所需的甘醇循环量越大,能耗越大;同时,如果原料气含有较多重组分时,易起泡;甘醇吸收法脱水工艺所能适应的天然气处理量变化范围较小,而且当进站天然气温度高时,甘醇脱水后的水露点高,不易满足制冷深度的要求,如图 4-5-3 所示。由于溶剂吸收法仅可以用于脱水,因此,可用于枯竭式油气藏型储气库。

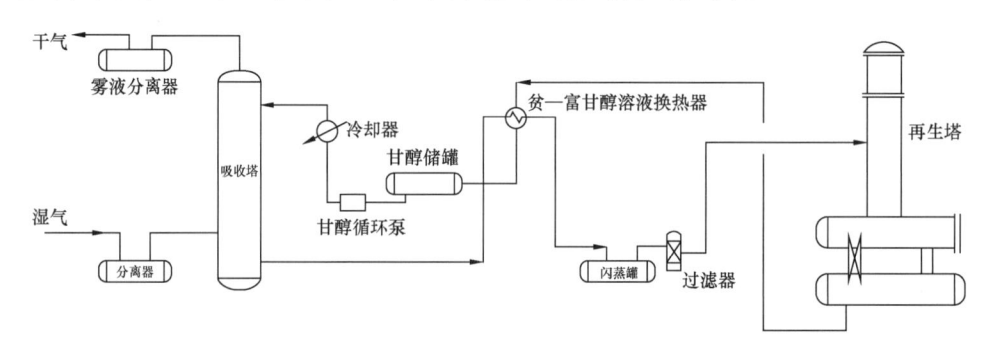

图 4-5-3　三甘醇脱水典型流程图

(二)板南储气库群采气装置工况分析设计

1. 制冷方式的选择

根据输气管道所在地区的气象资料,天然气的烃露点达到-5℃,即可保证天然气在长输管道中不产生凝液,故外输干气水、烃露点按-5℃进行设计。

地下储气库脱烃工艺方案的确定,应根据采气井在每个采气期井口压力变化情况和井口最低压力条件,在满足产品气外输水、烃露点要求及外输压力的前提下,尽可能降低能耗,充分利用地层能量。

板G1断块在一个采气周期内,当采出气是干气时,在单井采气能力范围内,井口压力在7.59~24.89MPa之间变化,井口温度在59.47~83.77℃之间波动;当采出井流物中液气比为$0.5m^3/10^4m^3$时,井口压力在6.05~22.96MPa之间变化,井口温度在62.91~86.45℃之间波动。

白6断块在一个采气周期内,当采出气是干气时,在单井采气能力范围内,井口压力在8.87~25.32MPa之间变化,井口温度在60.17~80.46℃之间波动;当采出井流物中液气比为$0.5m^3/10^4m^3$时,井口压力在7.24~23.15MPa之间变化,井口温度在63.01~82.34℃之间波动。

白8断块在一个采气周期内,当采出气是干气时,在设计单井采气量下,井口压力在6.79~25.31MPa之间变化,井口温度在59.82~84.84℃之间波动;当采出井流物中液气比为$0.5m^3/10^4m^3$时,井口压力在6.69~23.34MPa之间变化,井口温度在62.97~87.06℃之间波动。

2. 工况分析

采气期,产品气外输工况不同,所适用的制冷方式也不相同。根据中国石油对大港地下储气库群(八座)的功能定位,分别按以下两种工况对脱烃工艺方案进行了分析:

(1)工况一:板南地下储气库为天津、河北地区供气。

港黄线、新港沧线等供气管道的设计压力均为4.0MPa,当板南储气库群为天津、河北地区供气时,所需产品气外输压力最高为4MPa。经HYSYS模拟计算,当满足集注站外输干气的水露点及烃露点为-5℃要求时,露点控制装置采用J-T阀制冷工艺,所需的井流物进集注站的压力为6.0MPa左右,根据井口压力参数,在不同地层压力区间运行,且采气油管不发生冲蚀的情况下,井口压力一般在6.0MPa以上。

在整个采气周期内,板南储气库群三个断块的井口压力都可以满足J-T制冷所需的压力能要求。因此,对于工况一,推荐采用J-T制冷工艺进行水、烃露点控制。

(2)工况二:板南地下储气库为陕京二、三线供气。

根据前面的产品气外输压力分析,当板南地下储气库为陕京二、三线供气时,产品气外输压力最高应达到10MPa,此时,若采用J-T制冷工艺,井流物进集注站的压力应达到12MPa以上,根据井口参数,在采气末期地层压较低、井流物中携液量较大的情况下采气,井口压力均无法达到12MPa以上,即单纯利用地层压力能无法满足制冷深度要求,此时需调整生产运行方式以保证外输产品气的水、烃露点,调整后的生产运行方式为降低单井产能,以提高井口压力,从而保证J-T制冷所需的压力能需求。

3. 制冷工艺方案

综合各种工况及运行参数分析结果,制冷工艺方案研究结论如下:

(1)由于板南的主要功能是为天津、河北地区供气,只有在应急情况下为陕京二、三线供气。当为天津、河北地区供气时,采用J-T阀节流制冷工艺即可满足整个采气周期的水、烃露点控制要求,因此为充分利用地层压力能,板南储气库群采气系统应采用J-T阀节流制冷工艺。

(2)当板南储气库群为陕京二、三线供气时,若井口压力不足,则可通过降低单井产能、提高井口压力的方式运行,以保证J-T阀节流制冷所需的压力能。

(3)采气系统的设计压力按高压外输工况的运行参数进行设计,处理能力按低压外输工况运行参数进行设计。

4. 脱水工艺

天然气脱水工艺目前常用的有固体干燥剂吸附法、溶剂吸收法、注防冻剂法。

固体干燥剂吸附法常用的是分子筛吸附脱水,主要用于天然气深冷加工,可使脱水后天然气含水量<1ppm,但是设备投资大,能耗大,运行费用高。根据节流达到的制冷深度和外输天然气的水露点要求,没有必要采用分子筛吸附脱水。因此仅对溶剂吸收法和注防冻剂法进行比较。

溶剂吸收法脱水常用的溶剂有二甘醇和三甘醇。该工艺比较成熟,脱水后的露点降一般为30~40℃,其优点是能耗小,甘醇损失量少,操作运行费用低;缺点是原料气含有较多的重组分时,易起泡。甘醇吸收法脱水工艺所能适应的天然气处理量的变化范围较小,无法适应本工程采气量及采气组成的变化,而且当进站天然气温度高时,甘醇脱水后的水露点就高,不易满足脱烃制冷深度的要求。

注防冻剂法常用防冻剂主要有甲醇和乙二醇。甲醇一般不回收,甲醇的损失量较大,对环保有不利影响,除了紧急情况下采用,大量注入已不常采用。乙二醇可以回收,且回收工艺比较成熟,与溶剂吸收法比较,不需吸收塔,投资低;天然气处理量发生变化时,只需改变乙二醇流量即可适应,操作灵活;天然气脱水后的水露点不受天然气进站温度的影响,能满足节流制冷脱烃工艺制冷深度要求。

鉴于有充足的压力能可利用,脱水、脱烃工艺可统一考虑,均采用注防冻剂法,推荐采用J-T阀节流制冷工艺。根据大港油田已建地下储气库的使用经验,采用乙二醇防冻工艺可以满足生产需要。

综上所述,板南储气库群的露点控制装置脱水工艺推荐采用J-T阀节流制冷+注乙二醇防冻工艺。经核算,乙二醇用量为358kg/h,因此集注站新建一套规模为400kg/h的注乙二醇装置及乙二醇再生装置,现场如图4-5-4所示。

二、注气装置

注气压缩机组选型与匹配是地下储气库地面工程注气装置设计中的重要工作内容,主要包括确定机组的参数、型式、驱动机型式及台数等,具体如下。

(一)注气压缩机组设计参数

机组设计参数包括入口压力范围、入口流量范围以及出口压力范围等几个方面,还需要综

图 4-5-4 露点控制装置

合气源参数、长输管道系统参数、用户系统参数及储气库注气期运行参数进行分析,对注气压缩机组的选型参数进行优化。

压缩机出口压力和流量一般是根据储气库库容参数、注气周期和储气库工作压力区间确定,同时还需要考虑注气井井身结构、注气井深度等造成的注气沿程摩阻。压缩机入口压力范围的确定需根据长输管线注气期供气量、用户用气量以及长输管道配套的其他地下储气库的注气量进行平衡分析。

(二)注气压缩机选型

1. 压缩机型式

油气藏型地下储气库注气系统具有高出口压力、高压比、高流量及压缩机出口压力波动大的特点。往复式压缩机从适应性、运行上都更能适应出口压力高且波动范围大,入口条件相对不稳定的情况,在注气效率、操作灵活性、能耗、建设投资、交货期等方面具有突出优势。国内应用这种型式压缩机的经验较成熟,机组的大修可在国内进行。

2. 压缩机驱动方式

在电力条件允许的条件下,可采用电动机驱动方式。电力条件不能满足压缩机组运行时可考虑采用燃气驱动方式。

(三)注气压缩机匹配

根据国内外大型注气压缩机运行情况,注气压缩机满足流量变化的方式应简单、实用,具体方法可采用多机组并联、发动机调速等调节方式,同时尽量配备标准可调余隙。从机组灵活性分析,机组台数越多,灵活性越好,但投资和备品备件费用相应增加;天然气发动机转速可以在60%~100%范围内变化,最适当的范围是在80%~100%范围内变化。综合考虑气量平衡和各种工况出现的概率,只需保证在偏离正常工况操作参数出现的概率达到最小,压缩机和发动机大部分工作时间处于较适当的工作范围,即可认为压缩机台数匹配是合理的。所以压缩机组台数匹配的基本原则是尽可能地选用大功率机组,同时兼顾小流量工况出现的概率;机组台数不宜少于2台;不设备用机组。大张坨储气库设置4台单台排量为 $80 \times 10^8 \mathrm{m}^3/\mathrm{d}$ 的注气压缩机组,实现了整个注气周期内的灵活注气。

在需要设置采气增压流程时,注气压缩机应按照注气工况进行选型,同时兼顾适应采气增压工况。

1. 注气压缩机入口压力

注气期港清三线的末站压力为3.5~4.5MPa,因此确定板南地下储气库注气压缩机的入口压力为3.5~4.5MPa,设计点为4.0MPa。

2. 注气压缩机出口压力

根据不同地层压力下的单井注气量、井口压力、注气汇管选型情况,经HYSYS软件模拟计算不同井场的注气压缩机出口压力见表4-5-1。

表4-5-1 注气压力预测表

断块名称	地层压力 (MPa)	井底流压 (MPa)	平均注气能力 ($10^4 \mathrm{m}^3/\mathrm{d}$)	井口压力 (MPa)	压缩机出口压力 (MPa)	备注
板G1	13	16.05	20	12.58	12.7	板G1库
	13	19.88	45	16.81	17.1	
	31	32.48	20	27.00	27.07	
	31	34.45	45	28.68	28.89	
白6	13	14.18	25	11.77	11.94	白6库
	13	17.21	60	15.85	15.99	
	31	31.51	25	25.72	25.85	
	31	32.99	60	28.17	28.27	
白8	13	15.01	10	12.1	12.26	白8库
	13	19.49	25	15.84	16.15	
	31	30.92	10	25.2	25.33	
	31	33.33	25	27.37	27.67	

从表4-5-1计算的结果可以看出,板G1断块在地层压力下限、单井注气能力最小情况下,注气压缩机出口压力为12.7MPa;在地层压力上限、单井注气能力最大情况下,注气压缩机出口压力为28.89MPa。

白6断块在地层压力下限、单井注气能力最小情况下,注气压缩机出口压力为11.94MPa;在地层压力上限、单井注气能力最大情况下,注气压缩机出口压力为28.27MPa。

白8断块在地层压力下限、单井注气能力最小情况下,注气压缩机出口压力为12.26MPa;在地层压力上限、单井注气能力最大情况下,注气压缩机出口压力为27.67MPa。

据地质部门研究结论,注气压缩机出口压力应预留一定的富余量,因此本工程压缩机最高出口压力按30MPa设计,适应的波动范围为11~30MPa。注气管线压力按照33MPa设计。

(四)注气压缩机组配置

根据板G1断块、白6断块及白8断块注气规模及所需的压缩机出口压力,经与国外技术成熟的且有多年地下储气库注气压缩机供货经验的压缩机厂家结合,本工程选用3台单台排量为 $100\times10^4\mathrm{m}^3/\mathrm{d}$ 的电驱往复式注气压缩机组,具体参数见表4-5-2,现场照片如图4-5-5所示。

表4-5-2 注气压缩机组运行参数表

序号	项目名称	数值	备注
1	进口压力(MPa)	3.5~4.5	
2	出口压力(MPa)	11~30	
3	进气温度(℃)	10~25	设计工况20℃
4	排气温度(℃)	65	
5	单机排量($10^4\mathrm{m}^3/\mathrm{d}$)	100	

图4-5-5 注气压缩机组实拍图

第六节 设备选型选材

为确保储气库地面工程安全、可靠、供气及时与通畅,根据国内外制造业发展水平以及现有标准与规范的要求,通过对储气库关键注采设备、管线及管件方案进行分析研究,立足设备材料国产化原则,推荐成熟可靠的设备及材料选型,为储气库地面的建设提供可靠的依据。

一、注气压缩机选型配置技术

注气压缩机是地下储气库的核心设备,其能耗在整个装置中占到50%以上。注气压缩机选型应根据地下储气库的库容及储气能力,又要结合长输管道供气能力、用户调峰需求。

注气压缩机组选型与匹配主要包括确定机组的参数、型式、驱动机型式及台数等。机组设计参数包括入口压力、入口流量以及出口压力等,各项参数需要综合气源参数、长输管道系统参数、用户系统参数及储气库注气期运行参数进行分析优化确定。

板南储气库群注气压缩机组作为地面工程关键设备,对注气生产作用重大,其选型优化是储气库建设阶段的重要工作之一。通过从压缩机组注气工艺需求、技术配置、成橇设计及配套系统等方面的技术方案对比,最终确定采用加拿大 PROPAK 公司整体成橇的往复式压缩机组,其中压缩机采用 ARIEL 公司 KBU/6,三级压缩,驱动电机采用 SIEMENS 公司 1SB46366JE80－Z,配备了全自动的启停机控制系统,设计点单台机组处理量 $103×10^4 Nm^3/d$,共计三台。投运后可满足板南储气库群注气 $45×10^4 \sim 240×10^4 Nm^3/d$ 的流量变化需要。

(一)板南储气库群注气参数需求

1. 注气压缩机入口压力

板南储气库群通过双向输气管道与港清三线大港末站相连通,注气期港清三线的末站节点压力为 3.5～4.5MPa,因此确定板南地下储气库注气压缩机的入口压力为 3.5～4.5MPa,设计点为 4.0MPa。

2. 注气压缩机出口压力

板 G1 断块新钻 5 口注采井、白 6 断块新钻 2 口注采井同时利用三口老井作为采气井、白 8 断块新钻 2 口注采井。板 G1 断块、白 6 断块、白 8 断块均采用 3½in 油管注采气。

根据不同地层压力下的单井注气量、井口压力、注采集输管道设置情况,经 HYSYS 软件模拟计算不同井场的注气压缩机出口压力见表 4－6－1。

表 4－6－1 注气压力预测表

断块名称	地层压力 (MPa)	井底流压 (MPa)	平均注气能力 ($10^4 m^3/d$)	井口压力 (MPa)	压缩机出口压力 (MPa)	备注
板 G1	13	16.05	20	12.58	12.7	板 G1 库
		19.88	45	16.81	17.1	
	31	32.48	20	27.00	27.07	
		34.45	45	28.68	28.89	
白 6	13	14.18	25	11.77	11.94	白 6 库
		17.21	60	15.85	15.99	
	31	31.51	25	25.72	25.85	
		32.99	60	28.17	28.27	
白 8	13	15.01	10	12.1	12.26	白 8 库
		19.49	25	15.84	16.15	
	31	30.92	10	25.33	25.33	
		33.33	25	27.37	27.67	

板 G1 断块、白 6 断块和白 8 断块在地层压力下限、单井注气能力最小情况下,注气压缩机出口压力分别为 12.7MPa、11.94MPa、12.26MPa;在地层压力上限、单井注气能力最大情况下,注气压缩机出口压力分别为 28.89MPa、28.27MPa、27.67MPa。

根据已建储气库注气装置多年运行经验,在注气末期,储气库地层压力上升至较高水平,地层吸气能力变差造成"注不进",容易导致储气库难以完成当年注气任务。基于该问题,除对已建储气库注气装置进行改扩建外,一般对注气压缩机出口压力应预留一定的富裕量,一般为 1~2MPa,用以契合注气末期注气需要。因此本工程压缩机最高出口压力按 30MPa 设计,适应的波动范围为 11~30MPa。注气管线压力按照 33MPa 设计。

(二)注气压缩机组配置方案优选

根据板 G1、白 6 及白 8 断块注气规模及所需的压缩机出口压力,经与国外技术成熟的且有多年地下储气库注气压缩机供货经验的压缩机厂家结合,本工程注气压缩机机组配置提出了两套方案(按照电机驱动压缩机进行配置):

方案一:设置 3 台单台排量为 $100 \times 10^4 m^3/d$,最高出口压力为 30MPa 的注气压缩机组,即三机组方案。

方案二:设置 4 台单台排量为 $75 \times 10^4 m^3/d$ 的注气压缩机组,最高出口压力为 30MPa 的注气压缩机组,即四机组方案。

对两个方案从工程投资、能耗等方面进行了比较,见表 4-6-2。

表 4-6-2 注气压缩机台数比选

项目名称	方案一	方案二
机组参数	排量:$100 \times 10^4 m^3/d$; 入口压力:3.5~4.4MPa(设计点 4.0MPa); 出口压力:30MPa; 3 台	排量:$75 \times 10^4 m^3/d$; 入口压力:3.5~4.5MPa(设计点 4.0MPa); 出口压力:30MPa; 4 台
电机功率	4000kW	3150kW
投资差额	0	344 万美元
优点	(1)投资最低; (2)占地面积小,厂房及基础投资低; (3)维修工作量小; (4)备品备件少	(1)注气压缩机适应气量波动的灵活性高; (2)橇块体积小,吊装和陆地运输容易
缺点	(1)橇块体积大,给吊装和陆地运输难度偏大; (2)单台机组对小气量的适应性不如方案二	(1)设备投资高; (2)占地面积大,厂房及基础投资高; (3)维修工作量最大; (4)备品备件多; (5)四台压缩机联运,噪声大

以上两套方案,从技术上均能满足板 G1 断块、白 6 断块和白 8 断块的注气要求。因此,推荐采用经济性较好的方案一,设置 3 台单台排量为 $100 \times 10^4 m^3/d$ 的注气压缩机组。

(三)注气压缩机机组型式选择

地下储气库注气系统具有高出口压力、高压比、高流量以及压缩机出口压力波动大的特点,适合地下储气库工况要求的压缩机主要有往复式压缩机和离心式压缩机两种。

1. 离心式注气压缩机

优点是排量大,结构紧凑、尺寸小,机组占地面积及重量都比同一排量的活塞压缩机小得多。

缺点是不适用于气量过小的场合,稳定工况较窄,操作弹性较小。

2. 往复式注气压缩机

优点是压力范围较广,从低压到高压都适用,适应性强,排气量可在较大的范围内变化,此外,国内应用这种形式压缩机的经验较成熟,机组的大修可在国内进行。

缺点是外形尺寸及重量大,结构复杂,易损件多,安装及基础工作量大。

3. 结论

鉴于这两种注气压缩机的优缺点,结合地下储气库工程气量小且变化范围大的特点,往复式压缩机从适应性、运行上都比离心式压缩机更能适应注气压缩机的操作工况条件。压缩机厂家提供的资料也表明:往复式压缩机从注气效率、操作灵活性、能耗等性能方面均优于离心式压缩机,在建设投资,交货期等方面,也比离心式压缩机具有突出的优势。

因此,本工程推荐采用往复式压缩机。

(四)注气压缩机驱动方式

常用的注气压缩机驱动方式有电机和燃气发动机驱动两种,两种驱动方式在输气管道上均有成功的运行经验,无论是采用燃气发动机驱动还是电机驱动方案,在技术上和变工况运行性能方面均可以满足本工程的要求。经综合比选,本工程注气压缩机推荐采用电机驱动压缩机,驱动方式技术性能对比见表4-6-3。

表4-6-3 驱动方式技术性能对比表

序号	项目	电机驱动	燃气发动机驱动
1	输出功率	受环境温度和大气压的影响可忽略	受环境温度和大气压影响,环境温度越高,大气压越低,输出功率越小
2	噪声(距机罩1m)	≤90dB	≤120dB
3	污染物排放	无	有CO_2和微量NO_x的排放
4	运行可靠性	99.4%	97.5%
5	开车时间	秒级	分钟级
6	维修	现场维修,时间短	维修工作量大、时间长
7	原料结构	(1)由供电部门供电; (2)受供电部门制约; (3)运行成本受电价制约	(1)原料天然气自有; (2)不受供电条件制约; (3)运行成本受气价影响

(五)注气压缩机选型结论

注气压缩机选型结论见表4-6-4。

表4-6-4 注气压缩机组运行参数表

序号	项目名称	数值	备注
1	进口压力(MPa)	3.5~4.5	
2	出口压力(MPa)	11~30	

续表

序号	项目名称	数值	备注
3	进气温度(℃)	10~25	设计工况20℃
4	排气温度(℃)	65	
5	单机排量($10^4 m^3/d$)	100	3台

二、高效低温分离器设计

国内油气藏型储气库采出气处理均采用J-T阀节流+注乙二醇法脱烃脱水工艺,低温分离器是储气库采出气烃露点控制的关键设备,其分离效果直接关系到外输气露点是否达标。它的作用主要是对来自J-T阀节流后的天然气进行三相分离,分离出的富乙二醇水溶液去乙二醇再生系统再生,分离出的气体外输,其中分离器液相中设置加热盘管对液相进行加热,实现凝析油及乙二醇的直接分离。实际运行中发现外输管线积液严重,通过专题研究,确定管线积液的主要原因由外输天然气中携液量较大所致,因此目前新建储气库均采用"低温分离器+聚结过滤器"两台设备的组合模式,即在低温分离器后设置一具聚结过滤器,实现天然气的精过滤,有效避免了外输管线积液现象。

为优化简化地面设施,对该设备串联方式进行了改进,将卧式分离器与立式聚结过滤器合二为一,研发出一种组合式分离器,该组合式油气分离器由卧式分离器、加热器和立式气液聚结装置构成,包括卧式壳体,卧式壳体一端的顶部设有油气入口及入口初分离装置,该侧底部设有加热盘管,卧式壳体另一端下部设有相邻设置的水室和油室,位于卧式壳体另一端的顶部设置立式气液聚结装置。设备示意简图如图4-6-1所示,建成后效果如图4-6-2所示。该设备结构紧凑、节省占地、过滤精度高、功能全面、操作方便,不仅克服了单独设置分离器时气液分离质量不达标的缺点,同时对于优化简化储气库地面设施、降低投资具有极大的推动作用,目前该设备已成功应用于大港油田板南储气库群,该设备结构已申请专利,并获实用新型专利证书。

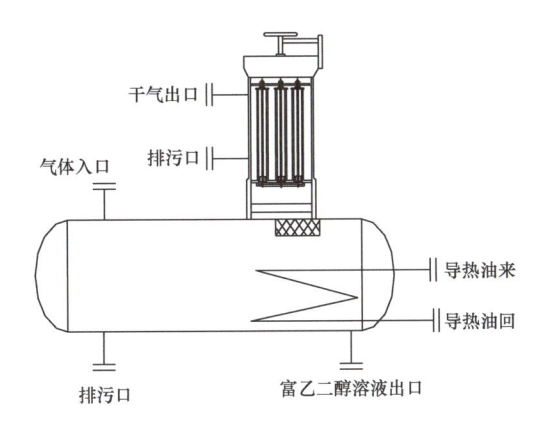

图4-6-1 高效低温分离器示意简图

图4-6-2 高效低温分离器实物图

三、非标设备材料选择

地面工程中主要非标设备包括分离器、过滤器、收发球筒、乙二醇再生设施、润滑油储罐、甲醇储罐、仪表风/氮气储罐等。设计压力涵盖常压至13.2MPa。

非标设备材料选择主要从工艺条件(如操作温度、操作压力、介质特性和操作特性等)、材料性能、焊接性能、材料来源、容器的制造工艺以及经济合理性等方面综合考虑。压力容器受压元件所用的材料应按 GB 150—2011《钢制压力容器》、TSG 21—2016《固定式压力容器安全技术监察规程》等国家强制性法规和标准的要求执行。工程中压力容器的主要受压元件选用的材料为：板材采用 Q245R、Q345R、06Cr19Ni10；无缝钢管采用 20#、16Mn、0Cr18Ni9；锻件采用 20Ⅱ、16MnⅢ；分离设备中聚结填料材质为 316L。

本工程中非标设备设计使用寿命为20年，根据设备材质和工作介质的腐蚀特性，碳钢和低合金钢制设备腐蚀余量取 2~4mm。

四、主要管道材质选择

(一)注采集输管道材质选择技术及腐蚀控制

1. 注采集输管道材质选择

输送管道承受输送介质的压力与温度的作用，同时还遭受经过地带各种自然与人为因素的影响，在使用过程中可能发生各种破损或断裂事故。管道事故不仅因漏失影响输送造成经济损失，而且还会污染环境。为确保管道的安全运行和预防管道事故的产生，应从设计、施工和操作三方面着手，其中设计合理选择管材是相当重要的。

储气库注、采气的不同特点直接决定了注采集输管道在管材选择上的特殊性。采气期，根据国内已建地下储气库的实际运行经验，开井初期，井口温度场未建立起来时，井口压力很高，而井口温度很低，经节流后，井流物温度可低至 -30℃以下；注气期，压缩机出口压力较高，尤其是注气末期，压缩机出口压力可高至 30MPa 以上，如此高的压力，出于管道运行及周边设施安全性考虑，对管道强度提出了更高的要求。

由于储气库运行工况的多变，对注采集输管道提出了更高的要求，管材的优化选择，直接关系到工程投资与地面设施的安全性。对于注采管线分开设置，注气管线主要满足注气期高压管道强度要求，采气管线主要满足开井初期井口节流后温度较低的工况，而注采管线合一设置时，集输管线材质应同时满足以上两种要求。

以往储气库集输管道多采用无缝钢管。16Mn 屈服强度较低，考虑经济因素，高压管道在选材时，应选用屈服强度较高的钢种，以减小壁厚，通过选取不同规格管道进行检测，调质 L360、L415、L450 等高等级管线钢的韧脆转变温度均低于 -60℃，表现出了优良的抗低温性能，因此作为板南储气库群注采集输管道用钢管。

2. CO_2 腐蚀控制

对于含 CO_2 天然气的腐蚀性，通常按二氧化碳分压来划分腐蚀程度，具体为：

CO_2 分压大于 0.2MPa，发生严重腐蚀；

CO_2 分压为 0.05~0.2MPa,产生腐蚀;

CO_2 分压小于 0.05MPa,没有腐蚀。

CO_2 分压增大,pH 值降低,碳酸还原反应加速,腐蚀速率增大。

注采管道介质一般为湿气,如果井口 CO_2 的分压及节流后 CO_2 的分压较大,则 CO_2 的腐蚀不容忽视,因此,对于注采管道应采取必要的腐蚀控制措施。

由于选用耐腐蚀合金钢价格较贵,而内涂层不能做到100%无针孔,管线内补口存在一定难度,内涂层在针孔处起泡剥落而导致坑孔腐蚀,并且还会造成设备的堵塞,因此对管线采用内涂层不是一种理想的选择。综合比较,对于注采管道推荐采取预留缓蚀剂接口、增加腐蚀裕量 2mm 的方法控制二氧化碳的内腐蚀。同时应采取加强清管、控制流速、定期对管道壁厚进行腐蚀检测等内腐蚀控制措施,以保证管道工程的安全运行。

(二) 双向输气管道材质选择

板南储气库群双向输气管道设计压力为 10MPa,经技术经济比选确定管径为 508mm,考虑到本工程输气管道管径较小,不推荐采用 L485 钢种等级。对于采用 L415 和 L450 钢级钢管,两者制管技术成熟、钢管质量稳定可靠,管道、管件可全部实现国产化,但 L450 钢级钢管经济性优于 L415 钢级钢管。

通过经济、技术、性能等各方面的综合比较,见表 4-6-5,并考虑工期及管材资源订货情况,设计推荐采用强度、韧性等综合性能均较好,施工经验又相对成熟的 L450 钢级钢管(相当于 API SPEC 5L X65)作为本工程天然气管道用管。

表 4-6-5 管线壁厚选取表

设计压力 (MPa)	管径 (mm)	地区等级	一般地段 计算壁厚 (mm)	一般地段 选取壁厚 (mm)	穿越地段 计算壁厚 (mm)	穿越地段 选取壁厚 (mm)
10	508	三	11.29	12.5	14.1	16

统筹考虑本工程供气安全性及管材供货周期,推荐线路、冷弯弯管用管(壁厚12.5mm)及定向钻、热煨弯管用管(壁厚16mm)均采用直缝双面埋弧焊接钢管。

(三) 站内管道材质选择

站内管道材料等级是根据设计温度、设计压力和输送介质的要求,以及材料的性能和经济合理性确定的。

(1) 气、污水、导热油、凝液介质,在操作温度为 $-10℃ < T < 400℃$ 范围内:

① 设计压力 <4MPa、DN≤400 的管线,选用 20#无缝钢管,执行标准 GB/T 8163—2018;

② 设计压力 ≥4MPa、DN≤400 的管线,选用 20#无缝钢管,执行标准 GB 6479—2013;

(2) 天然气、凝液介质,在操作温度为 $-40℃ < T < 100℃$ 范围内:

① DN≤400 的管线,选用 16Mn 无缝钢管,执行标准 GB 6479—2013,16Mn 管线用于 $-20℃$ 以下低温时必须做 $-40℃$ 低温冲击试验,与管线相连的管件也要做 $-40℃$ 低温冲击试验。

② 集注站里的甲醇、乙二醇、润滑油、仪表风管线,采用06Cr19Ni10(304)不锈钢无缝钢管,井场的甲醇管线采用022Cr17Ni12Mo2(316L)不锈钢无缝钢管,执行标准 GB/T 14976—2012。

③ 天然气注采管线选用L415Q(PSL2)无缝钢管,执行标准 GB/T 9711—2017。

④ 双向输气管线,选用L450M(PSL2)直缝埋弧焊钢管,执行标准 API 5L。

⑤ 要求所有钢管外径均采用大口径系列(系列Ⅰ)。

第七节 站场三化设计

板南储气库群集注站、各井场均参照《气藏型储气库地面工程标准化有关技术规定》(试行)及流程典型图进行设计,土建部分按照《中国石油油气田站场视觉形象标准化设计规定》进行设计,大港末站设计、技术规格书等参照《油气储运项目设计规定》CDP执行。

板南储气库群站场主要包括井场、集注站、分输站三类,地面工程标准化设计针对不同的站场、不同的功能进行模块分解,形成标准化设计典型图。

对于通用性模块,设计过程中实现橇装化设计及制造,便于现场安装。

一、井场标准化橇装化设计

板南储气库群共新钻7口注采井,分布于3座井场,其中板G1井场新钻4口、白6井场新钻2口注采井、白8井场新钻1口注采井。

板南储气库群井场的设计,采用标准化、橇装化设计理念,提高建设速度,缩短施工周期,橇装装置包括井口阀组橇、甲醇注入橇、单井计量橇。橇装工艺性能、操作、维护及可靠性达到国内先进水平,为同类工程建设提供了良好的范本。

(一)井口阀组标准化设计

板南储气库群井口阀组主要为井口注采气切换阀组、井口双向调节阀、单井注采气管道、单井注气计量流量计等设施。考虑每口单井上述设施的一致性,对单井井口阀组进行标准化设计,使井场建设整齐划一,便于装置运行人员操作。形成井口阀组标准化典型图,详见表4-7-1。

表4-7-1 井口阀组标准化典型图

序号	典型图	类型	适用范围
1	井口阀组工艺及自控流程典型图	工艺及自控流程	储气库井场单井井口
2	井口阀组工艺安装典型图	工艺安装	

(二)甲醇注入橇

甲醇注入橇将甲醇储罐、甲醇注入泵集成于一个橇上,橇内包括甲醇储罐及其液位仪表、呼吸阀等,甲醇注入泵、缓冲包、液相回流安全阀等,以及相关配套阀门、管线、管件等。形成甲醇注入橇标准化典型图,见表4-7-2。

表 4-7-2　甲醇注入橇标准化典型图

序号	典型图	类型	适用范围
1	甲醇注入橇工艺及自控流程典型图	工艺及自控流程	储气库井场甲醇注入
2	甲醇注入橇工艺安装典型图	工艺安装	

甲醇注入橇主要功能包括新鲜甲醇的充装、开井初期的甲醇注入、井口冻堵发生时的甲醇注入。

(三)井口单井计量橇

单井计量橇将井口计量分离器、流量计、调节阀集成于一个橇上,并配套相关阀门、管线、管件等。其中计量分离器为气液两相分离器,采用靶式流量计计量天然气流量,质量流量计计量液体流量,利用质量流量计可测量流经介质的质量及密度的特点,结合化验的油密度可推算出介质的体积流量,实现对储气库单井采出气、油、水的三相计量。形成井口单井计量橇标准化典型图,见表 4-7-3。

表 4-7-3　井口单井计量橇标准化典型图

序号	典型图	类型	适用范围
1	井口单井计量橇工艺及自控流程典型图	工艺及自控流程	储气库井场单井计量
2	井口单井计量橇工艺安装典型图	工艺安装	

井口单井计量橇主要功能包括对储气库采气期采出天然气、水及凝析油分别进行计量。

二、集注站标准化橇装化设计

根据集注站功能,分为注气及采气单元两大部分。标准化设计对不同功能的流程进行单元及模块分解,形成集注站的标准化设计典型图,共形成过滤分离模块、重力分离模块、J-T阀组模块、乙二醇再生模块、注气压缩机模块、清管接收模块、进出站阀组模块、空压机模块、放空系统模块、润滑油储罐模块、热媒系统模块等典型图。

(一)注气单元

1. 注气压缩机橇块

集注站设 3 台注气压缩机,由 PROPAK 公司统一按标准化要求供货及安装。

地面工程设计配套注气压缩机橇块形成注气压缩机组典型图,见表 4-7-4。

表 4-7-4　注气压缩机橇块典型图

序号	典型图	类型	适用范围
1	注气压缩机组工艺及自控流程典型图	工艺及自控流程	储气库集注站电驱往复式压缩机组
2	注气压缩机组工艺安装典型图	工艺安装	

2. 润滑油储罐橇块

润滑油储罐橇块将机身润滑油储罐及泵、气缸润滑油储罐及泵集成于一个橇上,并配套相关阀门、管线、管件等。主要功能为对储气库注气压缩机组进行补油。其典型图见表4-7-5。

表4-7-5 润滑油储罐橇块典型图

序号	典型图	类型	适用范围
1	润滑油储罐工艺及自控流程典型图	工艺及自控流程	储气库集注站
2	润滑油储罐工艺安装典型图	工艺安装	储气库集注站

3. 过滤分离模块

过滤分离模块主要用于港清三线来气进注气压缩机组前的过滤分离,设置旋风分离器和过滤分离器。为统一各类型过滤分离器的工艺流程及安装方式,形成过滤分离模块标准化典型图,见表4-7-6。

表4-7-6 过滤分离模块典型图

序号	典型图	类型	适用范围
1	旋风分离器工艺及自控流程典型图	工艺及自控流程	储气库集注站
2	旋风分离器工艺安装典型图	工艺安装	储气库集注站
3	过滤分离器工艺及自控流程典型图	工艺及自控流程	储气库集注站
4	过滤分离器工艺安装典型图	工艺安装	储气库集注站

(二)采气单元

1. 重力分离模块

集注站采气分离设施主要包括生产分离器及其配套设施、低温分离器及其配套设施。为统一各类型重力分离器的工艺流程及安装方式,形成重力分离模块标准化典型图,见表4-7-7。

表4-7-7 重力分离模块典型图

序号	典型图	类型	适用范围
1	生产分离器工艺及自控流程典型图	工艺及自控流程	储气库集注站
2	生产分离器工艺安装典型图	工艺安装	储气库集注站
3	低温分离器工艺及自控流程典型图	工艺及自控流程	储气库集注站
4	低温分离器工艺安装典型图	工艺安装	储气库集注站

2. J-T阀组模块

J-T阀组主要用于采气进站天然气的节流降温,通常设置两路调节阀组,一用一备,形成标准化典型图,见表4-7-8。

表 4-7-8　J-T 阀组模块典型图

序号	典型图	类型	适用范围
1	J-T 阀组工艺及自控流程典型图	工艺及自控流程	储气库集注站
2	J-T 阀组工艺安装典型图	工艺安装	储气库集注站

3. 乙二醇再生模块

乙二醇再生模块主要包括乙二醇闪蒸分离器、乙二醇再生塔、塔顶分液罐、换热设备、泵及配套相关阀门、管线、管件等,形成标准化典型图,见表 4-7-9。

表 4-7-9　乙二醇再生模块典型图

序号	典型图	类型	适用范围
1	乙二醇再生工艺及自控流程典型图	工艺及自控流程	储气库集注站
2	乙二醇再生工艺安装典型图	工艺安装	储气库集注站

4. 清管收发模块

集注站设置注采管道收球筒、双向输气管道收发球筒和凝液管道发球筒,形成标准化典型图,见表 4-7-10。

表 4-7-10　清管收发模块典型图

序号	典型图	类型	适用范围
1	注采管道收球筒工艺及自控流程典型图	工艺及自控流程	储气库集注站
2	注采管道收球筒工艺安装典型图	工艺安装	
3	双向输气管道收发球筒工艺及自控流程典型图	工艺及自控流程	
4	双向输气管道收发球筒工艺安装典型图	工艺安装	
5	凝液管道发球筒工艺及自控流程典型图	工艺及自控流程	
6	凝液管道发球筒工艺安装典型图	工艺安装	

5. 进出站阀组模块

集注站进出站设调压阀组,形成标准化典型图,见表 4-7-11。

表 4-7-11　进出站阀组模块典型图

序号	典型图	类型	适用范围
1	进出站阀组工艺及自控流程典型图	工艺及自控流程	储气库集注站
2	进出站阀组工艺安装典型图	工艺安装	储气库集注站

(三) 辅助系统

1. 放空系统模块

集注站放空系统设放空分液罐、排污泵、火炬筒、点火装置及配套控制装置等,形成标准化典型图,见表 4-7-12。

表4-7-12　放空系统模块典型图

序号	典型图	类型	适用范围
1	放空系统工艺及自控流程典型图	工艺及自控流程	储气库集注站
2	放空系统工艺安装典型图	工艺安装	储气库集注站

2. 热媒系统模块

集注站热媒系统设热煤炉、余热回收换热器、燃烧器、储油罐、膨胀罐、泵及控制柜等。形成标准化典型图,见表4-7-13。

表4-7-13　热媒系统模块典型图

序号	典型图	类型	适用范围
1	热媒系统工艺及自控流程典型图	工艺及自控流程	储气库集注站
2	热媒系统工艺安装典型图	工艺安装	储气库集注站

3. 仪表风/氮气系统橇块

集注站仪表风/氮气系统橇块由厂家成橇供货。

三、站场平面布置标准化设计

板南储气库群各类站场在站场平面布局、配套建筑单体平面布置、建筑物室内外装修等方面均执行中国石油《气藏型储气库集注站总平面布置及建筑标准化设计规定(试行)》和《中国石油油气田站场视觉形象标准化设计规定》,统一了建设标准和视觉形象,提升了地面建设整体水平,促进储气库集注站与周围环境的和谐统一,展示了中国石油先进的企业文化,树立了中国石油良好的企业形象。

储气库站场平面布置囊括了储气库多专业建设内容,集注站通常以注、采气装置为主线,配套相关辅助生产及管理设施,井场则围绕注采井口配套建设生产设施。鉴于地下储气库在长输天然气管道中的重要作用,对储气库站场建设要求极高。

板南储气库群各站场位于盐池内,站场的建设除执行标准化设计规定外,兼顾地区自然条件、场地地质条件,主要体现在总图竖向布置、平面布置、建筑单体设计等方面。

(一)站场总图竖向布置

站场总图竖向布置积极探索盐池内建站的设计及施工新方法,形成淤泥围堰,排水晾晒,填方平土的设计及施工方式,与常规填海造地方式相比,大量降低工程土方量,缩短工期。

1. 场地平整设计

由于各站场坐落于盐田中,基底淤泥较深。因此本工程场区土方回填采用围堰排水清淤方式进行设计,土方应分层填筑,并每300mm分层压实,压实度≥90%。

鉴于井场钻井前期生产运输需要,为加强场地强度,新回填场区土方平整面层部分可用建筑碎砖替代,即井场范围内采用碎砖石进行回填,回填厚度0.5m,压实度≥90%。

为防止长芦盐场卤水池内海水的侵蚀,结合以往该地区的建站经验,各场站的填方标高定为黄海高程 3.50m。

2. 竖向设计

由于各场站全部填方,且各场站用地宽度不大于 500m,站内建筑和管线具有连续性的特征,站场的竖向布置设计为平坡式竖向布置。排水方式采用有组织排水与散排相结合,其中污染区采用有组织排水,即新建盖板沟收集污水,排放到污水收集池内;其他区域为散排。

3. 护坡挡墙设计

为防止填土边坡土方流失以及海水冲刷,在填方区域边坡处设置护坡挡墙。护坡挡墙结构按常规结构设计,墙身为浆砌片石结构。由于护坡所处的盐田基底位置常年淤积,持力层较为薄弱,基底处理采用干抛片石方式。

4. 站内外道路设计

集注站内外消防道路路面宽 6m,采用水泥混凝土路面。工艺装置区、操作区、注采阀组区等采用花砖巡检路和碎石场地。

板 G1 库井场内部消防道路和外部道路宽均为 4m;其他工艺装置区、操作区、注采阀组区等采用花砖巡检路和碎石场地。

白 6 库、白 8 库井场道路建设依托已有建成的水泥混凝土道路;内部新设计水泥混凝土道路路面宽均为 4m。装置区、操作区、注采阀组区等采用花砖巡检路和碎石场地。

站外系统道路位于新建板南储气库群集注站南侧,设计起点为板 876 井场,北至白 5 站,道路全长 3712.35m,道路路面宽 6m,采用水泥混凝土路面。

(二)站场总平面布置

板南储气库群站场总平面布置主要有以下特点:

(1)平面布置统筹考虑安全生产,方便操作、检修和施工,功能分区明确清晰。

集注站内按照站内设施功能,共分为 5 个功能区块:综合办公及辅助生产区、注气装置区、露点控制装置区、放空区及 35kV 变电所。站场占地整体成矩形,东西方向长 200m,南北方向长 132m。

综合办公及辅助生产区布置在站场西南侧,设置一座二层控制中心,面对进场路及主进站大门,方便人员进出。

注气装置区布置在站场东北角,远离人员活动区域,减少噪声污染。

露点控制装置区布置在站场西北角,满足风向要求,同时进出站管道顺畅,减少绕行,节省投资。

充分考虑建站地风频,将放空区位于站场东南侧。

站场的供电线路来自于站场南侧,将变配电所布置在站场的东南角,方便架空电力线进站。其北侧毗邻用电负荷中心——注气装置区,电缆走向顺直流畅。

各功能区块设置环状消防道路用于消防车进出,便于装置维检修。

(2)同类设备集中布置,力求做到流程短、顺。

集注站的工艺流程分为注气和采气。注气工艺流程:原料气→进站阀组→清管收球→分离、稳压→增压→出站阀组→井场注气。采气工艺流程:井场→进站阀组→分离、计量→

换热→J-T阀节流→脱水脱烃→复热→清管发球→出站阀组→输往大港末站。根据以上工艺流程,在露点区设置东西向管架,将设备分两列布置在管架两侧。将进出站阀组区及清管设施布置在站场西北角,将注气分离区布置在露点区东侧临近压缩机组,露点控制设置集中布置在管架南侧。压缩机厂房及空冷器区布置在露点控制区东侧。管道进出站走向明确、顺畅。

(3)布局合理紧凑,美观大方,符合防火、防爆及安全卫生要求。

集注站内建构筑物之间的距离在满足防火规范要求间距的基础上紧凑布置,节约建设用地。设备优先采用橇装化布置的方式,注气压缩机厂房及空冷器选用合理的降噪方式,降低噪声污染。控制中心将运维管理、辅助生产功能集成一体。场区铺砌结合盐池地域特点辅以碎石等,为储气库生产人员创造了舒适的生活和工作环境。

第八节 公用工程

一、自控仪表工程

(一)国内外同类工程自动控制系统的水平及现状

目前国外同类工程基本上采用以计算机技术为核心的控制系统,对全站的所有工艺和电气参数进行集中监测和控制,自动化水平高,所需人员少,效率高。

国内已建的同类工程很多都采用了以计算机技术为核心的控制系统,如大张坨、板876、板中北高点、板中南高点、板808、板828等地下储气库,达到了很高的控制水平和管理水平。

储气库属于高压装置,其控制要求高,且储气库集注站控制系统需要对其进行持续监控。

(二)自控目标和技术水平

(1)井场设置远程调节功能的电动角式节流阀,选井计量阀组设置电动阀门。实现远程调节单井产量和选井计量。

(2)集注站设置流程切换的远控阀门,设置注甲醇流程的远程控制,设置低温分离器入口温度远程调节、各分离器导热油调节和燃料气温度调节;建立可靠、高效的自控系统,提高生产效率。维护、维修量少,运行费用低。

(3)操作人员在中控室监控整个生产流程,定时或随时打印生产报表。集注站实现对集注站及周边井场的远程监控,调控中心与集注站控制室合建,集注站中控室设置控制系统对井场、集注站进行远程监控。生产流程实现自动化操作,提高生产效率,降低劳动强度。

集注站设置ESD控制系统,能够实现远程ESD联锁关断,确保人身和装置的安全。注采井设置单井控制盘,能够实现压力超限时自行关断井下安全阀,现场设置易熔塞,可实现火灾现场自动关断,并能实现远程关断,井场及热媒系统切断阀设置压力感应器,可实现远程ESD逻辑关断又可脱离控制系统实现安全关断,通过此种设置提高了整个装置的安全性。单井采气量的控制采用双向调节阀,能够实现集注站控制室远程调节各井采气量。

(三)自控方案

本次工程集注站控制室兼做调控中心,数据不再进行上传,整座储气库的运行管理在集注站进行。

1. 集注站控制系统设计

本工程控制系统由过程控制系统 DCS、紧急关断系统 ESD、火气报警系统、注气压缩机 PLC 组成。

中控室分为机柜室和操作室，DCS、ESD 和火气机柜安装在机柜室，室内地面设置防静电地板。DCS、ESD 和注气压缩机的操作站及打印机放置在操作室内，室内地面设置防静电地板。

注气压缩机各机组 PLC 安装在现场。

1）系统配置

本工程新建一套过程控制系统 DCS，系统设 1 台工程师站、2 台操作站、1 台报警打印机（针式打印机）、1 台报表打印机（A3 幅面激光打印机）和 3 面系统柜。

2）系统功能

过程控制系统 DCS 实现对生产过程的监控，过程控制系统 DCS 的基本功能是提供数据采集、过程控制、报警指示、报警记录、历史数据存储、生产报表打印以及设备管理，并为生产操作员提供操作界面。通过终端人机界面（LCD）能够显示工艺过程参数值以及工艺设备的运行情况，多画面动态模拟显示生产流程及主要设备运行状态、工艺变量的历史趋势。通过终端人机界面，操作员能够修改工艺参数的设定点，并控制设备的启停。DCS 系统在流程画面上显示各机泵设备的总运行时间、本次运停时间，并有更换设备的操作选项，当设备更换或大修后总运行时间清零。

对过程控制中出现的任何非正常的状况，系统将按优先级排序，通过声光报警的方式通知操作员，报警信息将通过报警打印机打印出来，在人机界面的底端自动显示报警发生的时间，报警值的大小，以及对该报警状况的描述，同时在系统中存档以备将来查询。

在设备的操作过程中，系统能恢复保存的历史数据，并将数据转换成任意格式的报表提供给操作员。根据要求这些报表可作成周期性的报表，如日报表、月报表、年报表等。

3）系统硬件

过程控制系统 DCS 的 I/O 模块为积木式结构，方便系统的扩展。I/O 模块具有抗机械冲击和抗电磁干扰能力，同时还具有电气隔离功能和抗浪涌功能，允许带电插拔，方便地进行在线更换。

过程控制系统 DCS 的控制器模块、电源模块、通信模块 1∶1 冗余，所有通道均需配置防雷击端子。

系统能进行在线故障自诊断，并进行报警。当配有冗余的部件出现故障时，其中备用部件能自动代替故障部件继续正常进行。所有机柜、接线端子和 I/O 卡件留有 20% 扩展余量；控制器、电源和通信负荷不应超过 60%。

4）系统软件

过程控制系统 DCS 的软件配置采用模块化。用户应用软件具有友好的中文界面，方便的交互式点击操作功能；应用软件窗口的功能、大小、位置及窗口的内容可以在组态时由用户确定。在任何一个操作站上都可以调出或显示系统中任何一个信息、画面，但为了操作方便和操作的可靠性，可人为地对每个操作站所能管辖的区域和范围加以限制，这种限制可以通过"用户"或"分组"的方式来实现,对不同级别的操作员、维护人员和系统工程师规定不同的操作权限。授权的技术人员可以通过工程师界面站,很容易地对程序进行修改,并支持远程检查功能。操作系统为 Windows XP。

过程控制系统 DCS 将工艺过程控制在正常的操作参数范围内,如果工艺过程超出了正常的操作状态,过程控制系统 DCS 能检测出这个非正常的操作状态。当工艺参数超出设定点时,该状态会触发声光报警以提醒操作员注意。

5)系统和其他智能设备的通信

DCS 系统具有设备管理功能,能与现场智能仪表通过 HART 协议进行通信,远程对仪表进行诊断并修改设定参数。

6)系统和单体设备控制系统的通信

系统配置与注气压缩机 PLC 系统、流量计算机相连的通信接口模块,采用 MODBUS TCP/IP 协议,与热煤炉控制系统、电力系统、阴保系统的通信采用 RS485 MODBUS RTU 方式,通信速率 9600bps。配置与井场 RTU 的通信接口。

2. 紧急关断系统 ESD

设独立的 ESD 系统,安装在一面 ESD 盘中,整体安全等级为 SIL2。通信控制器处理模块、电源模块、通信模块和输出模块冗余设置,所有通道均需配置防雷击端子。

当关键的过程参数超出安全限度时,ESD 系统控制现场的紧急切断阀、放空阀,使生产装置处于安全状态。ESD 系统与过程控制系统 DCS 通信,过程控制系统 DCS 实现数据存储、报警打印。ESD 系统设独立的声、光报警装置。ESD 系统与 DCS 系统共用操作站。

关断控制对工艺过程中的故障状况发生反应,以保护生产装置及人身的安全。紧急关断系统分为三级,即:

(1)L-1 一级关断:为装置关断。它由安装在控制室内的手动关断按钮来执行。此级将关断所有的生产系统,打开全部放空阀,实行紧急放空泄压,同时发出厂区报警并启动消防泵。

(2)L-2 二级关断:为生产关断。它由手动控制或天然气泄漏、仪表风、电源及导热油系统故障发生时执行关断。此级注气或采气系统及辅助生产系统的生产均关断,系统不放空。

(3)L-3 三级关断:为设备关断。由设备故障触发。此级只关断故障的设备,其他设备不受影响。

3. 火气探测

集注站机柜间内设有一面火气报警盘,盘上安装可燃气体报警控制器、火焰报警控制器,火气报警系统由盘内 24VDC 电源供电。所有火焰探测器、可燃气体探测器信号进入火气报警盘,将可燃气体高浓度(≥20%)、超高浓度(≥40%)报警信号和火焰报警信号上传到 ESD。

井场检测点较少,可燃气体信号通过 4~20mA 方式直接接入 RTU 系统。

4. 管道泄漏监测

板南储气库群与大港末站之间天然气管线设置 1 套光纤管道泄漏监测系统。

5. 井场 RTU 控制系统

板 G1 库井场、白 6 库井场和白 8 库井场各设置 1 套 RTU 控制系统,控制系统由 2 面 RTU 机柜组成,放置在操作间内。RTU 负责提供数据采集、过程控制并将数据通过光缆上传到集注站控制系统,不设置备用路由。

RTU 在配置时,I/O 卡留有 20% 且不小于 2 点的余量。当系统 I/O 点增加 20% 时,机柜、电源、软件、通信负荷和其他各种负荷应能满足这些扩展量,通信方式为 MODBUS TCP/IP。

6. 分输站 PLC 控制系统

大港末站已有 1 套 PLC 系统,板南储气库群在大港末站新增数据采集、过程控制利用已有 PLC 完成,数据通过大港末站—集注站光缆传输至集注站。

7. 注气压缩机控制系统

注气压缩机采用 PLC 控制系统,每台压缩机配置 1 套独立的控制系统,放置在现场,由机组厂商成套,完成对压缩机的控制与信号检测。每套 PLC 控制系统向过程控制系统 DCS 上传压缩机的状态、综合报警并接收远程紧急停机信号(均为硬件点),并通过以太网通信方式与过程控制系统 DCS 进行通信。

8. 单井控制系统

单井设一套独立的地面安全控制系统,该单井控制系统由单井操作盘、井下安全阀、单井压力感应开关、单井易熔塞等组成。井下安全阀驱动源及联络信号均为液压信号,液压管线均为 3/8in 不锈钢管。地面安全控制系统为露天安装,满足防爆及所有气象条件要求。盘柜外壳材质为不锈钢。

单井操作盘设有储油(回油)箱、过滤器、过压保护及必要的压力液位就地指示仪表等部件,由手动液压泵进行打压。除提供液压源外,还有如下功能:

(1)手动单井关断,火灾关断。

(2)内部设电磁阀,可实现远程单井关断。

9. 计量系统

大港末站设置 2 台双向计量的超声波流量计,流量计配套前后 10DN+20DN 的直管段、整流器、流量计算机,流量计算机与大港末站控制系统的通信采用 MODBUS TCP/IP 方式。

10. 主要控制回路

计量分离器、生产分离器和低温分离器液位控制除采用单回路 PID 调节外,在液量少的工况时,采用两位式调节。为防止排液量过大造成调节阀后流量计受到冲击,两种调节方式均需对输出进行限定。

其余控制回路除液位控制外均为单回路 PID 调节。

二、通信工程

(一)业务需求

板南储气库群通信系统用于满足集注站与相关部门生产及调度的需求,以及新建变电所的通信需求。通信业务需求主要包括:

(1)用于生产调度和行政通信的语音电话通信系统;

(2)用于仪表数据传输的数据传输系统;

(3)各场站的安全防范、工业电视监控系统以及对井场的远程监控;

（4）场区的语音广播扩音对讲系统；

（5）用于场区移动语音通信的无线对讲系统；

（6）用于变电所的电调通信系统。

（二）通信系统组网

板南集注站与大港末站及各井场组建光纤以太网传输数据。集注站设 PCM 电话光接入设备，利用与集注站变电所 35kV 线路同杆架设的光缆，接入大港油田通信公司提供的公网电话，用于实现调度电话和行政电话通信，此外设置中国电信无线固定电话接入电话公网，作为备用通信方式。集注站内的变电所设 SDH 光传输设备，通过与电力线同杆架设的 ADSS 光缆接入大港油田电调光传输网。

（三）通信系统

板南集注站与大港油田末站及各井场组建光纤以太网传输数据，光缆线路与工艺管线同沟敷设。集注站设 PCM 电话光接入设备，通过光缆接入大港油田通信公司电话公网，用于实现调度电话和行政电话通信，同时板南储气库群通过中国电信无线固定电话业务，实现与公网之间的互通，并作为语音通信的备用通道。在板南集注站各重要装置区设摄像机，中控室设置工业电视监控主机和远程监控工作站，用于监控集注站和远程监控井场图像。在板南集注站围墙上架设红外警戒探测器，组成安全防范周界报警系统，报警信号与电视监控系统联动报警。板南集注站设无中心广播扩音系统 1 套，用于各重要岗位间的生产调度广播扩音通信。在集注站变电所设火灾自动报警系统 1 套，火灾报警控制器设在控制室，用于探测火灾信号和发出火灾警示信号。集注站内的变电所设 SDH 光传输设备，通过光缆接入电调光传输系统，实现电调数据传输至电调中心。集注站配置无线防爆对讲机和无线中转台，用于工作人员移动中的语音通信。

各井场设工业电视监控系统，场区设摄像机，设备间设视频光端机、以太网光纤收发器，通过与工艺管线同沟敷设光缆分别接入集注站工业电视监控主机和仪表数据网络，实现集注站对井场的电视监控和仪表数据传输。

（四）光缆线路

各场站之间，与输气管线同沟敷设光缆线路，用于通信系统组网。其中板 G1 库井场—板南集注站、白 6 库井场—白 8 库井场为 12 芯光缆，其余光缆均为 24 芯。同沟敷设时，光缆与工艺管线外壁水平间距不小于 300mm，穿越公路时，光缆放置于保护套管内与工艺管线一同穿越。

沿板南集注站供电线路同杆架设 24 芯 ADSS 光缆，接入上一级变电站，用于集注站内的 35kV 变电所接入电力调度光传输网。光缆尽量安装在电场强度最小的位置上，可减少电弧产生的概率。

三、供配电工程

（一）站场周边电源情况简介

1. 变电站

拟建板南储气库群周边建有隶属于大港油田公司的港东、压气站 2 座 110kV 变电站和板桥、潜山2座35kV变电站。

压气站110kV变电站与天然气处理站相邻建设,为用户专用变电站,电源引自上古林220kV变电站。站内现设两台12.5MV·A的变压器,电压等级为110/6kV,因压气站负荷等级为一级,变电站单台变压器供电能力已接近满负荷,不能为本工程提供电源。

港东110kV变电站位于大港油田二号院北侧约1km处,变电站110kV电源分别引自上古林220kV变电站和港西220kV变电站,站内现设两台31.5MV·A的变压器,电压等级为110/35/6kV,每年夏季已经过负荷运行。

板桥35kV变电站位于大港油田板桥联合站内,主电源引自胜利村110kV变电站(T接于村天线,该线路还为滨海新区太平镇变电站送电),备用电源经潜山35kV变电站母线引自港东110kV变电站,由于两回电源之间不允许合环运行,切换倒闸操作必须停电。站内现有2台4MV·A的变压器和1台6.3MV·A的变压器,电压等级为35/6kV,剩余容量不能满足本工程用电要求。2台4MV·A主变所带6kV配电室没有备用出线和空余盘位,6.3MV·A变压器所带6kV配电室只剩1个出线间隔。

潜山35kV变电站位于大港油田采油一厂唐家河联合站东侧,2路电源分别引自油田滨海热电厂至潜山变的热潜一线(311#)、热潜二线(316#)。站内设两台4MV·A(设计最终容量为2×6.3MV·A)的变压器,电压等级为35/6kV,剩余容量不能满足本工程用电要求。6kV配电室无备用出线。

板南储气库群周边已建变电站情况见表4-8-1。

表4-8-1　板南储气库群周边已建变电站建设规模

变电站名称	主变容量（kV·A）	供电能力（kW）	电压变比（kV）	最高负荷（kW）	容载比
港东110kV变电站	2×31500	56700	110/35/6	55300	1.14
压气站110kV变电站	2×12500	11250（一级负荷）	35/6	12000	2.08
板桥35kV变电站	2×4000 1×6300	12870	35/6	8000	1.79
潜山35kV变电站	2×4000	7200	35/6	4200	1.9

2. 油田热电厂

大港油田在天然气处理厂西侧建有一座自备热电厂。发电机组容量为1×50MW+1×25MW,电厂内升压站(6/35/110kV)主变容量为1×75MV·A+1×40MV·A,供电能力为103500kW。热电厂与港西220kV变电站建有2条110kV并网线。

热电厂升压站设8回35kV出线,其中7条分别为热潜一线、热潜二线、热东线、热聚线、热港线、热中线和热红线,备用1条(318#)。大港油田自备热电厂容量满足本工程用电需要。35kV开关室有增加出线间隔位置。热潜一线和热潜二线为单塔双回线路,导线为截面积150mm^{2}的钢芯铝绞线,相关参数见表4-8-2。

表 4-8-2　油田热电厂建设规模

名称	发电机组容量	主变容量（kV·A）	供电能力（kW）	电压变比（kV）
热电厂	1×50MW 1×25MW	1×75000 1×40000	103500	6/35/110

3. 其他站场供电情况

（1）板南储气库群集注站东侧建有潜山 35kV 变电站为板桥 35kV 变电站提供备用电源的 354#线路。导线为截面积 150mm² 的钢芯铝绞线。

（2）板 G1 库井场内建有隶属于大港油田第四采油厂的 1714#6kV 架空线路,导线为截面积 120mm² 的钢芯铝绞线,富裕容量满足本工程的用电需求。

（3）白 6 库井场内建有隶属于大港油田第四采油厂的 1727#6kV 架空线路,导线为截面积 120mm² 的钢芯铝绞线,富裕容量满足本工程的用电需求。

（4）白 8 库井场北侧建有隶属于大港油田第四采油厂的白 611#6kV 架空线路,导线为截面积 120mm² 的钢芯铝绞线,富裕容量满足本工程的用电需求。

（5）已建大港末站用电负荷等级为二级,用电电压为 380/220V,站内配电室采用双回路电源供电。配电室富裕容量满足本工程在大港末站内新增电动阀的用电要求,室内配电盘可为装置区新建配电箱提供电源回路。

（二）用电负荷及负荷等级

地下储气库用电分为注气期和采气期。

1. 板南储气库群集注站

注气期用电负荷包括注气压缩机组、仪表风系统、消防系统、自控通信、给排水系统、控制中心配电及场区照明等。

采气期用电负荷包括露点控制装置、热媒加热系统、仪表风系统、消防系统、自控通信、电伴热、给排水系统、控制中心配电及场区照明等。

注气装置的用电负荷等级为二级,采气装置的用电负荷等级为一级。注气期计算负荷为 11416kW（其中 380V 电压等级的计算负荷为 497kW）,其中二级负荷为 11157kW（其中 380V 电压等级的计算负荷为 357kW）;采气期计算负荷为 448kW,其中一级负荷为 298kW。

2. 板 G1 库井场

注气期用电负荷包括自控通信、照明通风等。

采气期用电负荷包括自控通信、甲醇泵、电动阀、电热带、照明通风等。

注气、采气用电负荷等级均为三级。注气期计算负荷为 11kW;采气期计算负荷为 23kW。

3. 白 6 库井场

注气期用电负荷包括自控通信、照明通风等。

采气期用电负荷包括自控通信、甲醇泵、电动阀、电热带、照明通风等。

注气、采气用电负荷等级均为三级。注气期计算负荷为 11kW;采气期计算负荷为 34kW。

4. 白 8 库井场

注气期用电负荷包括自控通信、照明通风等。

采气期用电负荷包括自控通信、甲醇泵、电动阀、电热带、照明通风等。

注气、采气用电负荷等级均为三级。注气期计算负荷为 10kW;采气期计算负荷为 16kW。

5. 分输站

本工程在大港末站新建 3 个电动阀。用电负荷等级为三级。

(三)站场电源方案

1. 板南储气库群集注站

因板南储气库群集注站注气期负荷较大,周围已建的 35kV 变电站均不能满足供电要求,本工程在板南储气库群集注站新建 1 座 35kV 变电站,两路电源均引自大港油田滨海热电厂。

2. 板 G1 库井场

在板 G1 库井场新建一座 6/0.4kV 箱式变压器。电源引自隶属于大港油田第四采油厂的 1714#6kV 架空线路。

3. 白 6 库井场

在白 6 库井场新建一座 6/0.4kV 箱式变压器。电源引自隶属于大港油田第四采油厂的 1727#6kV 架空线路。

4. 白 8 库井场

在白 8 库井场新建一座 6/0.4kV 箱式变压器。电源引自隶属于大港油田第四采油厂的白 611#6kV 架空线路。

5. 大港末站

在装置区内新建 1 台防爆配电箱。配电箱电源引自站内已建配电室。

(四)站场供配电系统

1. 板南储气库群集注站

在板南储气库群集注站场区的东南角拟建 1 座 35kV 变电站,作为储气库内附属终端变电站,主要担负储气库内用电设备的供电。变电站第一电源引自油田热电厂升压站 35kV 开关室已建的 318#备用间隔;第二电源引自油田热电厂升压站 35kV 开关室新建的 319#间隔。1 用 1 备。

1)变电站的规模及接线形式

主变压器容量为 $2 \times 16000 kV \cdot A$。35kV 侧采用单母线分段接线,设 2 回进线,2 回变压器出线;10kV 侧采用单母线分段接线,设 7 回出线。

2 台主变同时运行,10kV 分段断开;当任一主变故障失电后 10kV 分段自投。

变电站保护采用微机保护装置,装置为单元式密封结构,各单元装置相对独立,装置具备完整的保护功能,并设有五防措施。保护定值的设定与修改可在站内进行。

变电站测量与控制采用微机测控装置,该装置综合考虑变电站对数据采集、处理的要求,以计算机技术实现保护、数据采集、控制、信号等功能。实时数据采集包括数字量(电压、电流、功率、主变温度等)及开关量(断路器位置、刀闸位置、各种设备状态、瓦斯、气压信号等)。断路器的分合、变压器分接头的调节,可在监控主机上完成。

2)集注站配电室

在板南储气库群集注站综合办公用房一层内建设一座 10/0.4kV 配电室,两路电源分别引自板南 35kV 变电站 10kV 不同母线段。高压环网柜、10/0.4kV 干式变压器和低压配电盘同室并排安装。

高压系统为线路—变压器组接线方式。低压主接线采用单母线分段接线方式。正常运行时两段母线分列运行,分段开关断开。当 1 台变压器故障失电时,分段开关自动合闸,由另 1 台变压器为站内一级、二级负荷供电,配电变压器容量为 $2\times500kV\cdot A$。

3 台注气压缩机组 10kV 主电机电源引自板南 35kV 变电站 10kV 电机出线。

在综合办公用房 UPS 间设置 1 套不间断电源(UPS)为自控通信设备提供应急电源。UPS 容量为 $2\times10kV\cdot A$,在线式,双机冗余并联运行,后备时间 2h。

注气压缩机组就地控制盘由机组配套提供的不间断电源(UPS)供电。注气压缩机组其他低压辅助设备由机组配套提供的 MCC 配电。

2. 板 G1 库井场

新建箱式变压器电源引自站外 1714#6kV 架空线路新立终端杆。

箱式变压器内设一台 S11-M-50/6±2×5%/0.4kV 型油浸式变压器,低压采用单母线接线方式。

井场所有设备电源均引自箱式变压器。

3. 白 6 库井场

新建箱式变压器电源引自站外 1727#6kV 架空线路新立直线杆。

箱式变压器内设一台 S11-M-50/6±2×5%/0.4kV 型油浸式变压器,低压采用单母线接线方式。

井场所有设备电源均引自箱式变压器。

4. 白 8 库井场

新建箱式变压器电源引自站外白 611#6kV 架空线路已建直线杆。

箱式变压器内设一台 S11-M-50/6±2×5%/0.4kV 型油浸式变压器,低压采用单母线接线方式。

井场所有设备电源均引自箱式变压器。

5. 分输站

在装置区内新建 1 台防爆配电箱,配电箱电源引自站内已建配电室配电盘备用回路。

四、消防系统

(一)火灾危险性类别及站场分级

根据生产及储存介质的特征,集注站火灾危险性为甲类。集注站采气装置设计规模:400

$\times 10^4 \mathrm{m}^3/\mathrm{d}$,注气装置设计规模:$240 \times 10^4 \mathrm{m}^3/\mathrm{d}$。

根据以上数据,按 GB 50183—2004《石油天然气工程设计防火规范》第 3.2 条:"石油天然气站场等级划分"的规定,集注站等级为三级。

(二)消防外协力量

集注站坐落在盐池内,附近有消防站 1 座,位于千米桥北,距离集注站约 8km,消防车在 16min 内可以到达集注站协助消防。该中队目前有消防战斗员共 26 人,消防车 3 辆,分别为东风 153 二辆,一辆为水、泡沫两用车,载泡沫量 4t,载水量 2t,另一辆为载水量 6t 消防车,均在 2001 年开始投入使用;第三辆东风 140,为干粉车,载干粉量 2t,1984 年投入使用。

(三)消防对象

本工程集注站属于三级站,主要消防对象为生产装置区、注气压缩机房、综合办公室、35kV 变电所等设施。生产的火灾危险性为甲类,建筑物耐火等级为二级。

(四)消防方式的确定

1. 生产装置区

本工程集注站属于三级站,装置区周围设置室外消火栓系统。

2. 注气压缩机房

注气压缩机房生产火灾危险等级为甲类,体积超过为 $5000\mathrm{m}^3$,建筑物设置室内外消火栓系统。

3. 综合办公室

综合办公室建筑物体积为 $7700\mathrm{m}^3$,根据 GB 50016—2014《建筑设计防火规范》第 8.4.1 条规定,本建筑只设置室外消火栓系统。

4. 35kV 变电所

35kV 变电所生产火灾危险等级为丁类,建筑物耐火等级为二类且可燃物较少,根据 GB 50016—2014《火力发电厂与变电站设计防火规范》第 11.5.7 条规定,本建筑只设置室外消火栓系统。

5. 消防水量

依据《建筑设计防火规范》第 8.2.2 条,本集注站同一时间内的火灾次数为一次。集注站最大消防用水量为 45L/s,连续供水时间为 3h,一次灭火用水量为 $486\mathrm{m}^3$。

6. 消防水源

集注站附近没有市政供水管线,因此消防水源采用罐车拉水的方式,并且保证消防水池补水时间小于 96h。

7. 集注站消防系统设置

(1)设置有效容积 $700\mathrm{m}^3$ 消防储水池 1 座,作为集注站消防储备水量。

(2)新建消防泵房 1 座:内消防泵 2 台(1 用 1 备),消防水泵参数如下:$Q = 45\mathrm{L/s}$,$H = 70\mathrm{m}$,$N = 45\mathrm{kW}$。内设稳压装置 1 套,参数为:$Q = 5\mathrm{L/s}$,$H = 50\mathrm{m}$,$N = 4\mathrm{kW}$。消防稳压罐有效消

防储水容积为 0.5m³。

(3)站内设置 DN200 环状消防管网。管网上沿程设置 SSK100/65-1.6 型快速调压式地上消火栓。消火栓旁设水龙带箱,箱内配备 DN65mm、长 20m 带快速接口的水带 5 盘,DN65mm×19mm 水枪 2 支,消火栓钥匙 1 把。水龙带箱距消火栓 2m。集注站压缩机房设置一定数量的室内消火栓。

8. 消防系统控制

场区内四周设火灾报警按钮,报警信号远传至中控室,中控室接到火灾信号并且确认后,在中控室遥控或现场启动消防水泵进行灭火。

9. 移动灭火设施

集注站内灭火器配置见表 4-8-3。

表 4-8-3 灭火器配置

序号	名称	面积(m²)	危险等级	所需灭火级别	型号	单具灭火级别	数量(具)	总灭火级别
1	装置区	550	严重危险级	330B	MF/ABC8	144B	20	4662B
					MFT/ABC50	297B	6	
2	注气压缩机房	1458	严重危险级	2042B	MFT/ABC50	297B	8	2376B
3	收球筒	25	严重危险级	15B	MF/ABC8	144B	2	288B
4	消防废水收集池	450	严重危险级	135B	MF/ABC8	144B	4	576B
5	综合办公用房	1870	中危险级	1870B	MF/ABC8	144B	18	3692B
					MT7	55B	20	
6	35kV 变电所							
(1)	主厂房	910	中危险级	910B	MF/ABC8	144B	6	1744B
					MT7	55B	16	
(2)	室外主变	84	严重危险级	51B	MFT/ABC50	297B	2	594B
(3)	事故油池	10	中危险级	6B	MF/ABC8	144B	2	288B

MF/ABC8 为净重 8kg 手提式磷酸铵盐干粉灭火器;MFT/ABC50 为净重 50kg 推车式式磷酸铵盐干粉灭火器;MT7 为净重 7kg 手提式二氧化碳灭火器灭火器均放置在灭火器箱内。

35kV 变电所内还设置 2m³ 消防砂池 1 座、消防铅桶 2 个、消防斧 3 把、消防毯 6 块。

10. 井场消防系统设计

主要消防对象:设备间、甲醇储罐、甲醇注入泵、采气管线发球筒、计量管线发球筒、注采阀组区、井口采气树等。

依据 GB 50183—2004《石油天然气工程设计防火规范》,井场属五级站,依据第 8.1.2 条,本工程注采井场不设消防给水系统,只配置一定数量的移动式磷酸铵盐干粉灭火器。主要消防对象火灾危险等级为严重危险等级,在其附近设置净重 8kg 的手提式磷酸铵盐干粉灭火器。

灭火器放置在灭火器箱中。

11. 分输站消防系统设计

主要消防对象为收发球筒,主要消防对象火灾危险等级为严重危险等级,在其附近设置4具净重8kg的手提式磷酸铵盐干粉灭火器。灭火器放置在灭火器箱中。

五、辅助生产系统

(一)放空系统

储气库放空系统主要存在以下几个特点:(1)地面设施多,装置规模大,注采期放空气质复杂;(2)压力等级高,存在高、低压系统;(3)高压系统泄放初始压力高,瞬时泄放量远大于平均泄放量;(4)注采不同期运行,注气期与采气期泄放量差别大;(5)泄放前后压差大,泄放后气体温度低。

目前国内天然气行业站场放空系统设置原则及放空规模确定方面存在多样化现象,设计标准不统一。储气库地面设施放空工况主要包括:(1)火灾工况下,为防止事故扩大或蔓延,进行泄压保护;(2)事故工况下,为防止系统/设施超过设计压力,进行安全泄放,事故工况包括出口阀门关闭、站场电气故障、站场仪表风故障、站场阀门误打开等。(3)装置检修、维护时,进行泄压放空。

1. ESDV系统分级设置

储气库SDV系统利用紧急关断阀(ESDV)来实现关断。根据事故产生的原因以及事故的严重程度,ESDV系统可设置四级关断或三级关断,其中四级关断具体如下:

(1)一级关断:火灾关断,由手动关断按钮执行。此级将关断所有生产系统,打开BDV,实施紧急放空泄压,发出厂区报警并启动消防系统,关断火灾区动力电源。

(2)二级关断:工艺系统关断,由手动控制或天然气泄漏、仪表风及电源发生故障时执行关断。此级生产系统关断,但不进行放空。

(3)三级关断:单元关断,由手动控制或单元系统故障产生。此级只是关断发生故障的单元系统,不影响其他系统。对于储气库来说,单元包括注气系统、采气系统和排液系统等。

(4)四级关断:设备关断,由手动控制或设备故障产生的关断。此级只关断发生故障的设备,其他设备不受影响。

2. 放空系统设置原则

储气库上下游的设计压差大,上游运行压力超过下游管线试验压力,根据EN12186设置两级压力安全系统,两级压力安全系统包括非泄放系统(SDV)+非泄放系统(SSV或SDV)及非泄放系统(SSV或SDV)+泄放系统(PSV)。

1)井场

储气库井场内设施主要包括采气树、井口阀组、发球筒(阀)、注甲醇设施等。井场存在两个压力系统,压力分界点在采气管线上的双向调节阀,双向调节阀之前为高压系统(32MPa),双向调节阀之后为低压系统(13.2MPa)。为防止双向调节阀事故状态下下游管线超压,在双向调节阀前设置了紧急切断阀ESDV1,ESDV1截断信号为双向调节阀下游PSHL。而且,每口注采井井下均设置一个紧急切断阀 ESDV2,切断信号由易熔塞触发,同时可由双向调节阀下游 PSHL 触发。

由以上分析可知,注采井设置了双重保护系统,当 ESDV1 失效时,ESDV2 可提供紧急切断功能,可有效防止角式节流阀下游管线超压。因此井场放空系统设计原则如下:虽然井场存在压力分界点,由于设置有双重保护系统,即井下及地面双切断,因此井场内一般不设置安全阀,不设放空筒(火炬)。

2)集注站

集注站截断和放空系统的设计遵循以下原则:

(1)集注站只设置 1 套放空(筒)火炬。

(2)集注站注气装置和采气装置进出站管线均设置紧急切断阀 ESDV。

(3)当集注站有多套采气装置或多套注气装置时,各装置按不同时放空考虑,在各装置间设置截断阀(ESDV),当一套装置发生事故时,只对该装置实施紧急切断并放空该装置内天然气,其他装置保压。

(4)若分装置放空量仍然很大,则可采用分区放空 + 延时理念,即不同操作单元按不同时放空考虑。

(5)高、低压放空采用同一个放空(筒)火炬,高、低压放空汇管分开设置,只需考虑放空背压,当低压放空压力高于整个放空系统的背压时,高压放空汇管与低压放空汇管可共用一条;当低压系统泄放压力低于整个放空系统的背压时,高压放空汇管与低压放空汇管应独立设置,此时放空(筒)火炬应设置两个天然气进口,即一个为高压进口和一个为低压进口。

(6)井场至集注站集输管道内气体放空利用集注站放空(筒)火炬。

(7)集注站至分输站双向输气管道内气体放空利用集注站或分输站内放空(筒)火炬。

3)放空筒或火炬型式选择

储气库的放空气为天然气,当马赫数为 0.5 时可以实现充分燃烧,因此储气库放空系统可设置为常规事故放空火炬。当工艺装置没有气体泄漏、没有气体排放时,长明灯可以不点燃;事故放空时,在放空前时需通过全自动/半自动/手动点火方式首先点燃长明灯,然后由长明灯点燃主火炬。

板南储气库群放空火炬现场效果如图 4 - 8 - 1 所示。

图 4 - 8 - 1 放空火炬实物图

(二)仪表风及制氮系统

仪表风系统主要为露点控制装置、注气装置气动仪表、阀门提供气源,装置开停工时为设备、管线提供扫线风,为注气压缩机配套的电机提供正压通风用压缩空气,氮气系统主要为露点控制装置、注气装置及其他配套装置提供置换气。

板南储气库群集注站根据站场内仪表风需求,建设一套供风量为 7.1m³/min 的仪表风系统,包括空气压缩机 2 台、无热再生干燥橇 2 台、仪表风储罐 1 具。空气经空气压缩机增压、冷却分离后先进无热再生干燥橇干燥,干燥后的空气进仪表风储罐,仪表风储罐出来的压缩空气分配至各气动仪表作仪表风,装置开停工时提供扫线风。压缩空气系统故障时,仪表风系统可保证连续供气 20min。仪表风系统可为站内提供 0.4~0.8MPa 仪表风,仪表风含油≤1ppm。

同时,为满足小规模的天然气置换需求,新建 1 套制氮系统,包括制氮机 1 台、氮气储罐 1 具,规模与一台空压机配套。

(三)排放系统

板南储气库群集注站采用密闭排放流程,在站内设置闭式排放系统,主要工艺设备的排污均排入闭式排放罐,当闭式排放罐达到一定液位后,利用凝液增压泵将罐内污水与污油增压后输至白一站进行处理。闭式排放系统新建 1 具闭式排放罐(PN1.6MPa,DN2000mm×6000mm)、2 台凝液增压泵(单台排量 10m³/h,扬程 400m,一用一备运行)。

注气压缩机填料函及其他部位排放的润滑油经橇上的废油罐收集后,用橇上的废油泵加压输至废油罐车,拉运回收处理。空气压缩机排污通过地漏收集后集中排放。

(四)燃料气系统

板南储气库群集注站设置 1 座燃气调压橇,为热媒加热炉、燃气发电机、燃气采暖炉、放空筒(点火功能)提供燃料气,燃料气引自外输管线。橇上设置两路调压计量设施、一用一备,其中调压系统设置 2 级调压,第一级调压由两个安全切断阀、自力式调压阀组成,第二级调压由安全切断阀及自力式调压阀组成,燃气调压橇第一级调压前设置电加热器以保证调压橇出口天然气温度不低于 5℃,燃料气经燃气调压橇调压至 0.25MPa 供给各用户。

(五)热媒加热系统

热媒加热系统主要为生产分离器、低温分离器、闭式排放罐及乙二醇再生装置提供热负荷。本工程设置 1 套 600kW 的热媒加热系统为工艺装置供热。

第九节 储气库环保工程设计

一、站址周边环境

(一)站址位置

板南储气库群所辖的板 G1、白 6 及白 8 三个断块均位于独流减河以北、上高公路以南、津岐公路以东、海防路(即滨海大道)和沿海高速以西,地貌主要为盐池(属于天津长芦海晶集团有限公司管辖范围),并零散分布多座第四采油厂采油井、计量站和接转站,板876地下储气库也位于该区域内。

据天津滨海新区的统一规划,该地区大部分区域已被规划为天津滨海新区南港轻纺工业园,占地面积约26km²,第四采油厂所辖的一部分采油井、计量站、采油站位于轻纺网工业区内,板876地下储气库位于轻纺园的外侧(南侧)。

板G1断块周围建有板16站、板深30井场、板G1井场及板876储气库集注站;白6断块周围已建有板19站、板28站及白6计量站;白8断块周围已建有白一接转站、白3站。距离板G1断块东侧1.5km处为在建海景大道。

板G1井场位于规划的轻纺园工业区内,地处已建板876地下储气库北侧,附近已建有南3井场、板16站等。板G1井场布置在已建南3井场的东侧。

白6井场紧邻板28站北侧布置。

白8井场位于已建白3计量站和白一接转站附近,距东侧的白3计量站约0.3km,距北侧的白一接转站约1.3km。

集注站布置在板G1井场东南侧、白6井场南侧、白8井场西南侧的盐池内,距离板G1井场约6.5km,距离白6井场约6.5km,距离白8井场约3.5km,距离大港油田分输站约8km,集注站基本位于三座井场的南侧。

(二)社会环境

1. 大港油田

大港油田是我国大型石油工业基地之一,总面积94.33km²。

2. 天津滨海新区南港轻纺工业园

规划南港轻纺工业园位于独流减河北岸,西至海景大道(津岐公路)、东至规划中央大道、北至上高路、南至独流减河,规划总面积26km²。

南港轻纺工业园主要承接石化中下游产业,建设纺织工业园、电子汽配园、新型建材园、商贸中心,重点发展纺织工业、电子汽配、新型建材等石化下游产业。建立上游供应、中游生产、下游消费的链条式产业结构,集原料、生产、销售为一体的工业体系。

3. 大港油区地下储气库群

大港油区已建成陕京输气管道配套的大张坨、板876、板中北高点、板中南高点、板808、板828、板南共七座城市调峰型地下储气库群,形成了与陕京线、陕京二线配套的地下储气库群,总库容达到了$77.96 \times 10^8 m^3$,设计工作气量达到了$34.85 \times 10^8 m^3$。

(三)自然环境

1. 地形地貌

板南各断块地面站场所在地地形地貌以盐池为主,拟建站场周边建有隶属大港油田第四采油厂的零散单井、计量站、接转站等,板876储气库也在该区域。

2. 气候气象

大港油田属北半球暖温带半湿润大陆性季风气候,四季变化分明。根据近30年气象资料统计,主导风向为西南风,全年大气稳定度以 D 类最多,占 45.0%。

3. 地下水

板南地区由于地处滨海平原,多次海侵形成广布的咸水,位于区域地下水排泄带,是本市咸水体厚度最大的地区,第Ⅰ、第Ⅱ含水组均为咸水,咸水体下伏的深层淡水主要为第Ⅲ、Ⅳ含水组和新近系承压水,其中第Ⅳ含水组是主要开采含水层。受含水介质沉积物源的影响,含水层颗粒和厚度有自北西向南东变细、变薄,富水性变差的规律。区域咸水底界埋深为 180 ~ 200m,属于资源性缺水地区。

区域内地下潜水较丰富,埋深较浅,一般为 1.5 ~ 2.0m,由于受海水侧渗影响,水质矿化度较高,以盐水和高浓度盐水为主。

4. 地表水

天然气管道定向穿越独流减河、电厂热水河、板桥河。

独流减河为人工泄洪河道,平时水量很小,只有大港分输站附近几公里河道海水倒灌水量稍大。按黄海高程(大沽高程 - 黄海高程 = 1.639m)来计,独流减河丰水年最高水位为 6.811m(1963 年),历史最低水位为 0.301m(1983 年),逐年平均水位 3.451m(1953—1996 年),警戒水位与设计水位基本相同,为 2.401 ~ 4.735m。独流减河泄洪能力原设计为 3200m³/s。由于堤防沉陷、河口淤积、芦苇阻水及西千米桥以上河道泄洪断面不足等原因,现在河道泄洪能力仅 2000m³/s。

独流减河(属于大型河流,宽 750m)、电厂热水河(属于中型河流,宽 310m)及板桥河(属于小型河流,38m)三条河流,流向均为由西流向东,并排布置中间有大堤相隔。其中独流减河与热水河间大堤宽度约为 200m,电厂热水河与板桥河间大堤宽度约为 20m,板桥河北堤至沿海高速北侧距离为 470m。

5. 土壤

板南地区土壤属盐化土壤,受土壤盐分和碳酸钙的影响,pH 值大都在 8 以上,7 ~ 8 之间的很少,呈碱性。地区地势低洼,地下水的盐分沿毛细管上升至地表,加之海水的侵袭,大大增加了土壤的含盐量,含盐量在 1% ~ 1.5% 之间,这种低劣土壤对作物生长极为不利。

6. 天津北大港湿地自然保护区

天津北大港湿地自然保护区是在原大港区政府 1999 年 8 月批准成立的古泻湖湿地自然保护区(区级)的基础上扩建而成。2001 年 12 月经市政府批准(天津市人民政府津政函[2001]163 号),建成了天津北大港湿地自然保护区(市级)。该自然保护区包括北大港水库、沙井子水库、钱圈水库、独流减河下游、官港湖、李二湾和沿海滩涂共七个部分,保护区总面积 43495.37hm²。

二、清洁生产措施及成效

(一)清洁能源及产品

本工程在夏季注气期,将来自陕京二(三)线的清洁天然气注入地下储气库储存,以更好地保障陕京线天然气能源能够安全、平稳、可靠、经济地供给京津冀地区,使以上地区在冬季能够安全、平稳地使用清洁燃料,减少大气污染物的排放,是一项环保工程。

工程所有的热媒炉、热水炉均以储气库所产的天然气为燃料;注气压缩机组以电为驱动能源,生产设备均采用清洁能源。

(二)独流减河穿越方案

由于独流减河北大堤为保卫天津的防线,南大堤为独流减河的重要安全保障,对于双向输气管道路由,河道部门及水务部门严禁采用大开挖通过独流减河。同时考虑管道穿越处独流减河宽度约为750m,正常情况下常年有水,不具备大开挖穿越施工条件。采用定向穿越对河道生态环境影响小,不受河道部门泄洪等其他因素影响,并且施工不可预见性小,施工周期短。

(三)密闭工艺系统

生产运行过程采用全密闭技术工艺,输送的天然气、凝液均通过密闭管道输送。注气压缩机组采用电驱方式,减少了燃气驱动的废气排放。凝液及站场废水经依托处理站处理后达标回注地层,零排放,将生产过程中的污染物排放和对环境的影响降到最低。

乙二醇密闭装卸,密闭储存,输送泵采用计量泵,最大限度地消除乙二醇在使用过程中的泄漏。

(四)原料循环使用

乙二醇是天然气的防冻剂,本工程设置了乙二醇再生装置,对乙二醇富液再生后,循环使用,其回收率可达99%。

三、噪声治理工程

板南地下储气库地质构造位于轻纺园工业区附近,板南地下储气库集注站及井场站址均毗邻轻纺园工业区布置,根据环评部门要求,板南储气库群噪声指标应按Ⅲ类地区进行控制,其高噪声设备(如注气压缩机、空冷器)应进行降噪处理。

噪声治理工程设计内容包括压缩机房及其进风区域、空冷器区,主要噪声源如下:

(1)压缩机房的建筑尺寸为60m×30m×9.3m(长×宽×高),内设3台注气压缩机组。每台注气压缩机组分电机和压缩机两部分,其中电机的噪声指标为90dB(A),压缩机的噪声指标为95dB(A)。

(2)在压缩机附带的空冷器区,每台空冷器的噪声指标为85dB(A)。噪声控制设计包括隔声、吸声、隔振、通风消声等内容。

① 噪声控制目标。

噪声控制目标为GB 12348—2008《工业企业厂界环境噪声排放标准》Ⅲ类厂界标准,即厂界处噪声昼间等效声级Laeq不超过65dB,夜间等效声级Laeq不超过55dB,但由于注气压缩机是昼夜连续工作的,所以,控制目标要按夜间标准执行,即厂界噪声值不大于55dB(A)。

② 注气压缩机房噪声控制设计方案。

a. 墙体隔声设计。

根据GB 50016—2014《建筑设计防火规范》,石油天然气工业场所有防爆、泄压要求,其厂房一般采用金属夹芯板外墙作为外墙围护结构,其隔声量仅为15~20dB,远远低于达标所需的隔声量 55dB 的要求,故需在墙体上附加隔吸声构造。本工程需采用用面密度≤100kg 的轻吸质隔声构造来实现 40dB 的隔声量。由于工艺及设备的要求,将有工艺管道穿过顶墙,根据现场实际情况对此类薄弱环节进行重点处理,以保证厂房的整体隔声效果。

b. 吊顶隔声设计。

吊顶隔声构造采用纤维水泥压力板、石膏板、轻钢龙骨和离心玻璃棉复合结构,与顶部采用弹性吊挂连接,减少噪声通过振动传给厂房。这种复合式隔声构造的隔声量约为 40dB,其面密度为 71kg/m^2,满足泄爆工艺要求。

c. 门窗隔声设计。

由于墙体的隔声量必须达到 40dB,依据等隔声量设计原则,门窗的隔声量也必须≥40dB,而对于普通门窗来说,其隔声量通常不会超过 30dB,因此压缩机厂房必须安装隔声门窗。

根据本站注气压缩机厂房设计方案,厂房采光均采用屋顶带型采光天窗,墙体不设窗户。故采光天窗选用上人防爆高效隔声窗采光带,隔声量可达 40dB。

d. 室内吸声设计。

为达到 GBZ 1—2010《工业企业设计卫生标准》中规定的噪声限值,即 2h 内 <91dB(A),同时为厂界噪声达标贡献一部分计算值,需要在压缩机厂房内墙面、风机室的内外墙面及所有屋顶均作强吸声处理。吸声处理构造采用穿孔透声板后填多孔性吸声材料的吸声构造。同时,为了降低室内低频声能,在吸声材料与墙体间设计预留 50mm 厚的空气腔体以最大限度地吸收低频声能。

这种吸声构造在全频带上具有较高的吸声效果,同时还可获得良好的装饰效果和视觉效果。经计算,室内吸声降噪量约为 10dB(A)。

e. 室内通风设计。

压缩机厂房的室内通风形式采用下送风上排风形式,在进风风机和排风风机处加装消声器,可以有效降低通风风机的噪声。

③ 空冷器区噪声控制设计。

空冷器区位于集注站厂区的东侧,由 3 台空冷器及配套设备组成,距离厂界围墙的直线最小距离约为 15m。单台空冷器的噪声值为 85dB(A)左右。

由于空冷器工作时,需不停地和外部大气进行空气交换,这就要保证其有足够的进排风面积和风压,因此,不能把该区域做成全封闭的密闭结构,空冷器紧邻注气压缩机房布置,其降噪设计如下:

a. 空冷器出风口导流消声筒。

空冷器出风口噪声主要为气流噪声,经吸声降噪后,再经导流消声筒传出。为减小出风口辐射噪声,导流消声筒设计消声量约为 10dB(A)。

根据对空冷器的返混率分析,导流消声筒顶标高为 12m,将返率控制在 10% 以内,以保障最不利自然条件下(夏季运行)空冷器的冷却效率。

b. 空冷器进风消声片。

空冷器进风口噪声主要为气流噪声,经吸声降噪后,再经进风消声片传出。为减小进风口辐射噪声,经计算分析,消声片设计消声量≥20dB(A)。

传统降噪技术与新型降噪技术方案分别如图 4-9-1 和图 4-9-2 所示。

图4-9-1 传统降噪技术方案

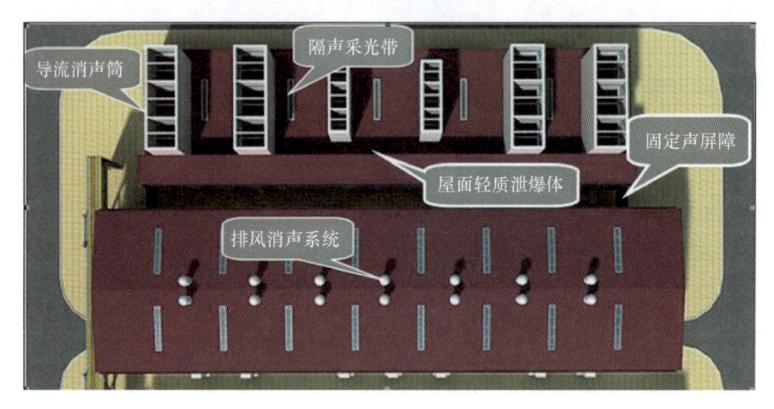

图4-9-2 新型降噪技术方案

④ 降噪设计结论。

a. 本工程噪声污染防治方案在噪声防治控制措施方面,通过对压缩机厂房和空冷器区不同方案的对比分析研究,采取的降噪方案,可以有效地减轻本工程设备运行噪声对周边环境的影响程度。

b. 在采取本方案所提出的噪声控制措施的情况下,通过对注气压缩机厂房、空冷器等设施采取一些列降噪措施后,在1.5m高度处厂界噪声昼、夜间仍无法满足 GB 12348—2008 的Ⅲ类标准要求。

c. 注气压缩机及配套空冷器的降噪应由具有相关资质的专业公司负责设计和施工。

四、节能降耗

在满足板南储气库群工程质量要求的前提下,储气库地面工程贯彻节约能源,合理利用能源的方针,降低能耗,提高经济效益,积极创建绿色节能工程。板南储气库群节能降耗设计主要体现在以下方面。

1. 采用能量利用合理的处理工艺,优化最佳操作条件

(1)针对采气井口易形成水化物的特性,单井采气采用间歇注甲醇工艺,以减少甲醇注入量。

(2)露点控制装置采用 J-T 阀节流制冷工艺,充分利用地层压力能,降低装置的整体运

行能耗。

（3）为防止露点控制装置产生水化物，需注入水合物抑制剂进行防冻，水合物抑制剂选用乙二醇，可回收、再生、循环利用。

（4）设置低温天然气与高温天然气换热流程，充分回收低温天然气的冷量，降低能耗。露点控制装置设置天然气预冷器，以降低下游装置的制冷负荷。

（5）合理确定注气压缩机入口压力，充分利用上游管线来气压力，以降低压缩机运行功率。

（6）设置3台单台排量为$100 \times 10^4 m^3/d$的注气压缩机组，根据地下储气库储层吸气能力变化，合理调节注气压缩机组运行方式和注气井，使注气压缩机组排量与地层吸气能力相匹配，降低注气系统运行能耗。

（7）过滤分离设备设置差压检测装置，当压降超标时立即报警，以便切换流程，减少压力损失。

（8）乙二醇再生装置的闪蒸气回收利用，作为燃料气使用。

（9）露点控制装置分离出的凝液回收利用，凝液回收依托已建联合站进行处理，以降低工程总体能耗。

（10）注气压缩机冷却方式宜采用空冷，空冷器宜采用鼓风式。空冷器布置合理，避免形成热风循环、影响冷却效果。

（11）存在超压可能性的设备与管道设置安全阀，安全阀定压与设备、管道压力保持一致，充分利用其压力，以减少安全阀起跳的概率。

（12）集注站进站、出站均紧急设切断阀，当站内发生事故时，关断进出站紧急切断阀对站内气体放空泄压，尽可能减少天然气的放空量。

（13）集注站ESD系统采用三级关断：

① 一级关断：全厂关断。由安装在控制室内的手动关断按钮触发的关断。此级关断将关断所有的生产系统，打开全部放空阀，实现紧急泄压放空，同时发出厂区报警并启动消防泵。

② 二级关断：装置关断。由手动控制或天然气泄漏、仪表风、电源及热媒加热系统故障触发的关断。此级关断工艺装置和辅助生产系统全部关断，系统不放空。

③ 三级关断：单元关断。由单元系统故障而触发的关断。此级只关断该系统单元，对其他系统无影响，如：注气压缩机组、热媒加热系统等。

（14）只有在发生火灾事故时，才需实施一级关断并放空，其他事故状态下不需放空，以减少天然气泄放量。

（15）合理选择集注站至大港末站、集注站至井场集输管道管径，以降低摩阻损失。

2. 积极选用高效节能设备

（1）采用高效加热炉、压缩机、管壳式换热器、泵及塔器等设备。

（2）注气压缩机组的设计选型，适应不同注气阶段地层压力、地层吸气能力的变化，保证在整个注气压力区间高效运行，采用适应压力、流量变化范围大的往复式注气压缩机组。

（3）注气压缩机组设置可调余隙，以适应单机排气量和地层吸气能力的变化。

（4）选用操作灵活、密封性好的阀门与设备，减少天然气的泄漏量。

（5）针对井口压力高、容易泄漏的情况，井口注气、采气阀门采用密封性能好的轨道球阀，以减少泄漏量。

(6)采用叠式管壳式换热器,实现纯逆流换热,提高装置冷量回收效率,降低装置能耗。

(7)天然气预冷器(空冷器)采用变频控制,在保证制冷温度的情况下,降低电耗。

(8)选用压降小的过滤分离设备,以减少压力损失。

(9)高低温设备、管道采取保温、保冷绝热措施,采用高效绝热材料(保温为复合硅酸盐,保冷为聚氨酯泡沫),减少设备、管道的能量损失,以节约能源。

(10)热媒炉热效率≥92%,同时采用全自动比例调节燃烧器,燃烧效率>99%,合理配风,在满足燃烧效率前提下降低过量空气系数,使燃烧达到最佳风气比,实现热媒炉高效的运行。

(11)热媒炉设置烟气含氧量分析仪,并参与负荷调节,使系统在最佳效率下运行。

3. 提高自控水平

(1)调节阀选择低耗气型电气阀门定位器,减少仪表风的消耗。

(2)按最佳运行参数控制,减少工艺过程能耗。

(3)现场仪表、控制阀选低功耗型产品,减少用电负荷。

4. 总图布置节能

(1)在符合生产使用和安全防火要求的前提下,集注站与井场平面布置功能分区明确,工艺装置合理联合布置,同类建筑物合并布置,使其紧凑合理。

(2)供热系统、供配电、仪表自控等辅助系统尽量紧邻相关用户布置,缩短管线和电缆距离,降低投资和能耗。

(3)35kV变电站设在集注站厂区边缘,以方便进线,并缩短电力线长度。

5. 电气节能措施

(1)合理确定输配电线路导线和电缆的截面,降低线路损耗。

(2)选用节能型低损耗变压器,合理选择变压器容量,降低损耗。

(3)变电站10kV侧、低压配电室400V侧设无功补偿装置,提高电力系统的功率因数。

(4)合理选择电动机的调速方式和调速装置,以获得最佳的节能效益。

(5)选择高效节能型电器,节能降耗,注气压缩机附带电机(4000kW)采用10kV电动机。

6. 建筑节能措施

(1)外墙面保温:压缩机厂房采用钢结构多层板组合结构围护体系,其中夹芯保温板采用100mm聚苯保温,厂房的墙体、屋面等围护结构由专业厂家制作安装隔声材料;墙体上不开窗,设屋顶采光带,门窗均为隔声门窗;内墙面及所有屋顶均作吸声处理;通风口由专业厂家进行消声处理。

其他墙体采用保温性能好的加气混凝土砌块,外墙250mm厚,粘贴挤塑板保温材料70mm厚或胶粉聚苯颗粒30mm厚。外墙满足《天津市公共建筑节能设计标准》中$K \leqslant 0.6$的规定。

(2)屋面:钢筋砼板屋面,保温层为80mm厚挤塑板,防水层为SBS改性沥青防水材料或其他当地新型防水材料,屋顶满足《天津市公共建筑节能设计标准》中$K \leqslant 0.55$的规定。

(3)门窗:采用单框双玻断桥铝合金外窗。控制中心主入口大门为地弹簧全玻门,外门窗安装时,门窗框与洞口之间采用发泡填充剂堵塞,以避免形成冷桥;外窗气密性不低于GB/T 7106—2019《建筑外门窗气密、水密、抗风压性能检测方法》规定的4级,透明幕墙的气密性不低于GB/T 21086—2007《建筑幕墙》规定的3级。

7. 给排水节能措施

（1）生活供水采用变频器可使系统工作平缓稳定，通过改变转速来调节用水供应，可通过降低转速节能。

（2）生产装置采用密闭处理系统，生产污水输至附近污水处理行后回注，循环利用。

8. 通风及空调系统节能措施

（1）通风用风机选用 T35-11 型系列轴流风机，该风机全压效率≥80%，是当前无导叶轴流风机中效率最高、噪声最低且同流量下风压最高的产品。风机均单独控制或与报警器联锁启动，使用灵活，降低能耗。

（2）分体空调器属高效节能设备，符合环保要求，空调控制方式采用无线遥控器。

第十节 地面工程建设 QHSE 管理

板南储气库群建设的质量是在工程建设过程中逐渐形成，只有严格工序质量的管理和控制，确保工序的质量，在各个阶段工序的质量是形成工程项目质量的基础，坚持项目的质量、职业健康、安全与环境寓于项目之中，对项目发挥促进与保证作用，在实施过程中建立共同基础。

板南储气库群地面工程建设严格执行 QHSE 管理，首先建立 QHSE 管理组织机构并落实职责，确保设计、采购、施工、试运行四方面全面受控，明确岗位职责，优化组织的管理结构；提高管理效率和有效性、降低管理成本，提高对质量、职业健康安全与环境三方面的管理力度。

通过初步设计为依据，编制建设项目安全、职业卫生预评价报告书和环境影响报告书，聘请第三方编制初步设计安全、环保专篇，及时修订完善初步设计，建设单位委托监理单位组织施工单位在工程开工前，按照石油天然气行业标准 SY 4200—2007《石油天然气建设工程施工质量验收规范 通则》的有关规定进行划分及统一编号。

同时项目部将以系统的方式，借助文件化的质量控制程序，来贯彻项目质量要求并实施现场质量控制。系统方式指通过质量审核和质量监督形式，验证现场质量控制活动。

通过质量预防、定期检查和持续的质量改进活动，使不一致性减到最小，并使现场所有操作人员充分认识到具体的项目质量要求。

为加强板南储气库群地面工程建设项目管理，提高管理流程效率，实现地面工程建设全过程受控管理、闭环管理，成立了储气库地面工程建设项目组，该项目组负责地面工程建设工作的 QHSE 管理。板南储气库群地面工程建设参与机构还包括设计单位、建设单位和监督单位。

一、工程设计 QHSE 管理

（一）目标方针

（1）维护业主的 QHSE 方针和目标，响应业主提出的 QHSE 要求，自觉接受业主以及政府有关行政部门的监督、检查和指导，坚持执行业主及政府有关行政部门的指令、意见和要求。

（2）坚持以人为本，保证员工健康与安全，保护工作场所的环境，追求零事故、零伤害、零污染，持续改进绩效，建立长效健康、安全与环境管理机制。

（3）在设计全过程按照 QHSE 管理理念,认真执行 QHSE 方针。

（二）设计过程落实 QHSE 的主要原则

（1）确保其所有设计满足国家的、地方的、行业的劳动安全卫生与环境保护的法律、法规和规范的要求；在施工期和运营期按照工程当地相关污水排放标准设置污水处理设施,满足达标排放。

（2）确保设计产品满足相关安全运行和安全维护等方面的使用要求。

（3）将专项评价内容、审批意见及招标文件中相关内容落实到设计当中。

（4）审核供应商的设备设计,严格控制非标设计,确保 QHSE 的相关规范、标准和条例得到满足。

（5）组织勘察、测量及现场服务人员进行现场风险识别及贯彻预防措施。

（三）关键控制措施

进行工程设计时,将 QHSE 设计要求落实到具体的设计文件中,贯彻执行"三同时"原则及有关安全、消防、环保和工业卫生等内容。设计过程包括设计输入、设计输出、设计评审、设计验证、设计确认、设计更改等,必须完整,体现设计产品的 QHSE 要求。在相应设计阶段,QHSE 管理的关键控制措施如下：

（1）对初步设计 QRA 分析/平面防火安全布局、QHSE 案例设计及操作予以支持,为相关研究提供设计数据及资料。

（2）在设计中更新和(或)合并最新 ESHIA 建议(如有)。

（3）更新初步设计危险区划分图。

（4）提供购置安全设备所需规格和数据表。

（5）参与安全审查和审计,并在研究执行相关建议。

（6）更新火炬和辐射研究。

（7）开展噪声研究。

（8）更新减压和泄放研究。

（9）将 QHSE 审查意见更新至详细设计中。

（10）提供可施工性研究输入。

（11）审查火灾和气体探测器和手动呼叫点(紧急关闭按钮站)布局。

（12）组织并参与 HAZOP(第三方),并纳入详细设计。

（13）进行排放、排放和废物研究,遵守国家相关标准。

（14）生产逃生通道、消防和救生设备布局设计。

（15）提供支持和投入执行人因工程。

二、工程建设 QHSE 管理

（一）明确了工程质量目标

在建设项目的工程施工阶段,按照大港油田公司项目管理的要求和程序,对本工程建设实行项目管理制,实行有项目经理领导下的质量目标管理,即项目组全权负责项目施工过程中的质量管理和控制工作,项目经理对工程质量向油田公司负总责。为此,本工程制定了切实可行的质量方针和质量目标及原则。

在建设项目的工程施工阶段,实行有项目经理领导下的质量目标管理,负责项目施工过程中的质量管理和控制工作。为此,本工程确定了"精心组织、严格管理、优化方案、质量第一"的质量方针。明确了单位工程合格率100%。

项目组全面负责安全工作,督促监理和施工单位严格遵守国家和地方有关健康、安全与环境管理方面的法律法规和政策要求,认真贯彻和落实大港油田公司健康、安全与环境管理的方针、目标;不断强化QHSE管理体系有效运行,认真落实全措施,抓实安全教育,确保工程施工安全。

(二)建立了质量保证体系

大港油田板南储气库群地面建设质量保证体系框架如图4-10-1所示。

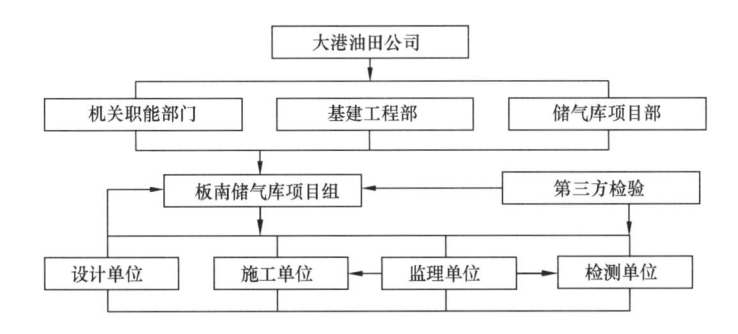

图4-10-1 大港油田板南储气库群地面建设质量保证体系框架图

(三)加强了质量控制措施

1. 质量控制原则

(1)以工程施工质量验收标准及验收规范等相关标准和程序为依据,督促监理单位严格监督施工单位全面实现合同约定质量目标;

(2)对工程项目施工全过程实施质量控制,以质量预控为重点;

(3)协调设计、监理、施工单位及第三方检验之间关系,加强设计、监理对施工的质量控制,监督合同履行和强制性标准执行情况,保证工程达到预期质量目标。

2. 质量保证措施

制订项目部各质量责任者或部门的主要职责及权限,各主要责任人员或部门在项目建设期间对其岗位职责负责,并及时、定期向项目经理汇报工作。

1)项目经理质量责任

项目经理是该项目的质量第一负责人,负责贯彻执行国家有关质量工作的方针、政策、法规;组织制定项目质量目标,保证质量目标及质量目标及在质量政策的贯彻实施,组织管理评审,建立和完善项目质量体系,保证质量体系的有效运行;负责组织对项目人员的教育、培训、考核,对项目组各级人员的工作质量、项目管理质量进行考核、奖罚负责;协调各个责任者、各部门、各单位的质量管理工作关系,及时组织学习和质量策划活动;对重大设计、建造、施工过程中的技术方案进行审批,对重大质量事故、质量责任事故进行处理。

2）工程师质量责任

工程师对建设项目质量保证活动的开展及结果负全面责任；贯彻执行上级的各项质量政策、规定，及时组织项目实施中各项质量管理活动的实施；监督检查设计人员、监理人员、施工人员的工作质量，发现问题有权处理解决；有权及时制止违反质量管理规定的一切行为，有权提出停工要求或立即决定停止实施；分析质量动态及综合质量信息及时提出处理意见上报项目经理；组织建造、施工过程中的关键工序和特殊过程的检查验收；组织对各分管质量责任者工作质量或各施工单位的施工质量信息进行统计分析，制定改进措施并组织实施。

通过严格审查安全设计，开展安全、环保、劳动卫生评价工作，组织第三方检验，确保设计过程中保证安全的主要措施得到实现，主要措施如下：

（1）设计必须遵循的安全标准与规范：

GB 50183—2004《石油天然气工程设计防火规范》

GB 50016—2014《建筑设计防火规范》

GB 50229—2019《火力发电厂与变电所设计防火标准》

GB 50058—2014《爆炸和火灾危险环境电力装置设计规范》

GB 50057—2010《建筑物防雷设计规范》（2000年版）

GB 3836.2—2010《爆炸性环境 第2部分：由隔爆外壳"d"保护的设备》

SY 6503—2016《石油天然气工程可燃气体检测报警系统安全规范》

GB 50140—2005《建筑灭火器配置设计规范》

劳部发［1993］第356号《有机热载体炉安全技术监察规程》

JGJ 46—2005《施工现场临时用电安全技术规范》

JGJ 80—2016《建筑施工高处作业安全技术规范》

（2）已初步设计为依据，编制建设项目安全、职业卫生预评价报告书和环境影响报告书。

（3）聘请第三方编制初步设计安全、环保专篇，及时修订完善初步设计。

（4）工程前期建设单位应采取如下安全保证措施：

① 办理安全、环保、消防和职业卫生"三同时"审批手续；

② 办理地面建设工程开工报告；

③ 由甲方牵头相关方建立施工现场安全管理组织机构及安全管理制度；

④ 施工前同所有施工单位签订"安全协议"并督促落实；

⑤ 建立以安全管理组织机构，设立专兼安全管理岗位，制定各岗位安全生产责任制。

（四）施工过程中施工单位应采取安全保证措施

（1）建立以承包方项目经理为第一责任人的施工现场安全管理组织机构，明确安全生产责任制，现场设立专兼职安全管理人员，建立安全台账（会议记录、检查整改记录、培训记录、安全活动记录）。

（2）对危险性较大的分部、分项工程按规定编制专项施工方案，落实安全技术措施。该方案经施工单位技术负责人、总监理工程师签字后实施。

（3）对所有作业人员及新进场、转岗人员进入施工现场进行有针对性的安全教育培训。

（4）特种作业人员经过专门的安全培训合格，持证上岗。

（5）作业人员按照要求配备齐全、合格的安全防护用具并正确使用。

（6）按规定做好安全防护（包括整体提升架、临边洞口防护、施工用吊篮、物料提升机、卸料平台、基坑与土方支护等）。

（7）施工临时用电及施工机具（包括三级配电两级保护、漏电保护器、电锯、电刨、钢筋切断机、钢筋弯曲机、卷扬机、搅拌机等）的使用符合相应的标准规范。施工用安全网、钢管、扣件有检验证明；承重支撑架体系符合规范要求。

（8）认真执行 QHSE 管理体系"两书一表"的要求。

（9）编制现场适用的应急预案并组织演练。

（10）统筹科学安排施工项目，尽量减少立体交叉作业。

（11）做好建筑工地（包括临时生活区）防火和消防工作，配备必要适用的消防设备，保持现场消防通道畅通。

（12）定期开展安全检查活动，对检查出来的问题分类排队采取相应的处理办法；凡是有发生重大伤亡事故危险的隐患，应立即整改；凡是危险隐患比较严重，不尽快解决就可能发生重大伤亡事故的，应限期整改，保证按期完成，口头提出整改的问题对于严重违章及一般隐患，不易造成重大事故者，将在检查组汇报检查问题时口头逐项提出，落实给责任者，限期整改完成，并注意做好整改复查工作。

（13）严格执行 SHE 危险作业管理规定，认真落实安全防范措施。

（14）施工现场按规定设立安全警示标志。

在安全施工教育方面加强对现场监理人员的安全教育、加强对施工管理人员、技术人员、施工工人的安全教育、加强对当地村民的安全教育和宣传力度，增强他们的安全意识。保证本工程在整个施工过程，一直有序、安全、平稳运行，不发生任何安全环保事故，实现了安全环保零事故的目标。

板南储气库群地面工程建设执行单位为站外集输管道工程、集注站主体工程、新建井场工程均由大港油建总承包完成；35kV 电力外线及 35kV 变电站电气工程、板南储气库群系统的自控仪表工程均由天水安装处总承包完成；通信工程、消防工程、道路工程、阴保工程等均由专业施工队伍承包完成，物资采购工作有大港油田物资公司完成，在工程前期建设单位应采取如下安全保证措施：

（1）办理安全、环保、消防和职业卫生"三同时"审批手续，办理地面建设工程开工报告。

（2）由甲方牵头相关方建立施工现场安全管理组织机构及安全管理制度，施工前同所有施工单位签订"安全协议"并督促落实。

（3）建立以安全管理组织机构，设立专兼安全管理岗位，制定各岗位安全生产责任制。

施工过程中施工单位应采取如下安全保证措施：

（1）建立以承包方项目经理为第一责任人的施工现场安全管理组织机构，明确安全生产责任制，现场设立专兼职安全管理人员，建立安全台账（会议记录、检查整改记录、培训记录、安全活动记录）。

（2）对危险性较大的分部、分项工程按规定编制专项施工方案，落实安全技术措施。该方案经施工单位技术负责人、总监理工程师签字后实施。

（3）对所有作业人员及新进场、转岗人员进入施工现场进行有针对性的安全教育培训。

(4)特种作业人员经过专门的安全培训合格,持证上岗。

(5)作业人员按照要求配备齐全、合格的安全防护用具并正确使用。

(6)按规定做好安全防护(包括整体提升架、临边洞口防护、施工用吊篮、物料提升机、卸料平台、基坑与土方支护等)。

(7)施工临时用电及施工机具(包括三级配电两级保护、漏电保护器、电锯、电刨、钢筋切断机、钢筋弯曲机、卷扬机、搅拌机等)的使用符合相应的标准规范。施工用安全网、钢管、扣件有检验证明;承重支撑架体系符合规范要求。

(8)认真执行 QHSE 管理体系"两书一表"的要求。

(9)编制现场适用的应急预案并组织演练。

(10)统筹科学安排施工项目,尽量减少立体交叉作业。

(11)做好建筑工地(包括临时生活区)防火和消防工作,配备必要适用的消防设备,保持现场消防通道畅通。

(12)定期开展安全检查活动,对检查出来的问题分类排队采取相应的处理办法;凡是有发生重大伤亡事故危险的隐患,应立即整改;凡是危险隐患比较严重,不尽快解决就可能发生重大伤亡事故的,应限期整改,保证按期完成,口头提出整改的问题对于严重违章及一般隐患,不易造成重大事故者,将在检查组汇报检查问题时口头逐项提出,落实给责任者,限期整改完成,并注意做好整改复查工作。

(13)严格执行 HSE 危险作业管理规定,认真落实安全防范措施。

(14)施工现场按规定设立安全警示标志。在安全施工教育方面加强对现场监理人员的安全教育、加强对施工管理人员、技术人员、施工工人的安全教育、加强对当地村民的安全教育和宣传力度,增强他们的安全意识。保证本工程在整个施工过程,一直有序、安全、平稳运行,不发生任何安全环保事故,实现了安全环保零事故的目标。

(15)对需法定检验的由中油物资公司(采购中心)集中采购的三套压缩机,按照要求,需由项目单位向所在地检验检疫局报检。储气库项目部委托对外经济贸易公司按照国家法律法规要求,向天津出入境检验检疫局进行了报检,并及时通过了天津特种设备检验监督研究院的安全性能检验,使压缩机得以顺利按期进行安装。国产的管线、压力设备及进场物资全部进行相关的检测,确保无质量问题。进口材料设备采购工作中,严格按照中国石油《进口机电设备采购管理办法》及大港油田公司《技术设备引进立项后管理办法》执行。符合谈判采购条件的,为节约采购周期及采购成本,通过报批等方式以谈判采购方式进行采购。不符合谈判采购条件的,及时委托中国石油招标中心进行国际招标采购。

(16)在进口材料设备的接运工作中,充分发挥了对外经济贸易公司的专业优势。到港物资接运的各个环节中,对国外供应商(发货方)、对外经济贸易公司(报检、报关、内陆运输保险方)、储气库项目部(接货、验收、入库方)等相关责任方各自应承担的责任和义务都有明确的规定,并严格按照各自职责履行责任。对接口环节不推卸责任,一切以保证货物安全、及时到达现场为目的,保证了物流环节的顺畅。储气库项目部对到货进口物资及时办理了验收入库手续。

工程质量、安全、健康控制是监理工作三大控制目标中最基本的目标,始终作为监理部履行义务的基本出发点和工作原则。正是这样,项目监理部对这项工程的监理工作自始至终以

《工程建设监理规范》为行为准则,严格按本公司规范化的监理程序、监理制度的要求,认真执行针对本工程有效的标准、规范、规定,坚持以预防和事先控制为主,从对施工单位企业资质、技术管理体系、质量管理体系、质量保证机构、原材料取样检验、隐蔽工程检查验收、工序质量确认、中间工程交接验收等方面的审查、检查、验收各个方面把关,在整个过程中,进行全面监理及质量控制。

(1)根据本次监理工程的内容和特点,为了确保监理目标的实现,我们结合施工工序的内容,在监理规划中确定了本次监理工作中的重点监控的关键工序和特殊过程,并编制了《大港油田板南储气库群工程旁站监理方案》,保证关键部位、重要环节、隐蔽工程按照编制的各专业监理实施细则和大港油田质量监督站下达的《监督计划》进行巡检、平行检查、旁站的监理,并监督施工方上报监督站按计划到现场检查和确认工程质量。

(2)项目监理部对打桩全过程实行了24h旁站倒班的监理制,打桩施工实行日报制,控制质量的同时,确保工期目标的实现,也为设计人员正确处理基础过程的问题提供了准确的资料。对于砼浇筑、阀门试压、管线试压、电性能试验、仪表调试等旁站点均安排专人进行了全过程旁站监理。

(3)对于进场原材料进场验收、设备基础验收、中间工序交接、主要工序施工过程执行标准、规范、施工组织设计的情况,各专业监理工程师进行了平行检查并做好监理工作的相关记录。

(4)对无损检测单位评片中的未熔合、气孔等危害性缺陷判定的准确性进行了跟踪复审,及时纠正了个别容易误判、漏判等问题,切实保证了质量评定的准确性。

(5)严格事前控制,组织做好图纸会审、技术交底等工作,把好技术质量管理体系审查关。

(6)认真履行监理职责,严肃程序化管理,扎实做好事中监督与管理:

① 施工过程的质量控制,是监理部实施监理规划、监理细则的重要阶段。对关键部位、关键工序采取"停检""旁站""巡视""专题质量问题分析会"等监督办法,及时纠正了施工过程中不规范的施工行为,以规范的监理程序,严格工作纪律,做好各项施工过程中的质量工序报验和检查。具体质量控制方法及控制效果如下(包括但不限于):

a. 对每台静设备都现场进行了垂直度和水平度以及垫铁安装的检测,全部控制在规范允许的数值范围内,水平度使用水准仪或水平管检查,垂直度使用线坠或经纬仪进行检查,检查数值全部合格。

b. 对防腐层厚度达不到要求的,进行补充涂装;对于防腐保温外观多处不平、不直的管道,拆除后重新施工。

c. 35kV变电站10kV开关配电室、低压配电室,低压配电盘、监控柜的安装,土建工程师对盘柜基础型钢的制作找正进行指导,质量达到了规范要求。

d. 对隐蔽工程、关键部位、关键工序,如变电站高、低压母线连接时,对力矩扳手的使用、不同规格螺栓的拧紧力矩值的确定,工作人员对安装完毕的母线进行的质量检查,做到自检、互检、专检三级检验并做好螺栓坚固合格标记。坚持全过程旁站与见证,抽检并做好记录。

② 严格对工程材料质量进行进场报验、检查、验收的控制措施。采取见证取证和进场考察相结合的原则,禁止不合格材料在工程中的使用。对于施工单位报验的各项资料,专业监理工程师认真与图纸及现场实物工程质量核实、检查、验收并验签,并监督工序施工过程的责任

层层落实、专业监理工程师把关、总监检查等措施,从过程到结果都得到了有效的见证,各单位工程、分部工程、分项工程的验交在监理的组织、计划下,分期、分步、有序进行。工程中,涉及安全和环保等重要功能性质的工程部位,则坚持按照国家有关法规和规范要求,执行由专业化的勘察、设计、建设、施工、质量监督站和监理联合共同监、验的程序验收和隐蔽。有效地保证各项"强制性条文"的贯彻落实。

(7)跟踪落实已完成、已预验收的分部、单位工程的质量问题整改落实情况,确保不留隐患、不留死角,使工程质量达到优质工程的条件。本工程的全部单位工程在业主项目部的正确领导下、在质量监督站的指导下、在监理部的严格监督下、在总包项目部的精心组织和管理下,实物工程质量得到了有效的控制,基本达到了预期的效果和目标。本工程已完成的工程量中没有出现重大质量事故和遗留的质量隐患。

三、工程试运行 QHSE 管理

板南储气库群试运行过程是完全不同于建设过程的特殊过程。本次试运行过程的目标,一是验证地面工程建设中所有装置的可运行性,赋予装置生命力;二是指导板南储气库群如何运行装置,给板南储气库群带来利益。

本次试运行危险源集中的地点为板南集注站,高风险的时间段为天然气引入及站场设备设施开车时段,天然气引入系统后可能因局部少量泄漏或大量泄漏引发火灾爆炸的安全事故。初次开车是试运行过程中最复杂、风险性及不确定性最高的阶段,存在发生任何事故的风险。事故紧急停车指装置运行过程中,突然出现不可预见的失去动力、设备故障、操作失误或工艺操作条件恶化等情况,无法维持装置正常运行而造成的非计划性被动停车,这期间存在着发生继发性事故的风险。

(一)试运行过程的 QHSE 管理

(1)建立组织领导机构。试运行前建立板南储气库群试运行组织领导机构,落实各部门的具体职责,其中安全工作安排专门的部门负责,再安排具体的工作内容,以及制定出每项工作的工作质量标准。

(2)QHSE 培训根据生产技术人员、QHSE 管理人员、井站操作人员的岗位需求,投运前按照各岗位人员要进行试生产的,其配套建设的环境保护设施必须与主体工程同时投入试运行。

(3)储气库试生产期间,委托法定监测部门对环保设施运行情况和建设项目对环境影响进行监测,提出该建设项目配套建设的环保设施竣工验收申请,报审批环境影响报告书(表)或者环境影响登记表的政府环境保护部门批准。

(4)储气库工程环保设施竣工验收,由项目组配合,环保部门组织竣工验收,且要与主体工程竣工验收同时进行或提前进行。

(5)储气库工程配套建设的环境保护设施经验收合格,该项目方可投入生产运行。

(6)投产时污油、废水等输送到指定的处理点。

(7)注意对站内生产情况进行检查,避免跑冒滴漏情况的出现,废棉纱集中处理,严禁污染周围环境。

(8)放空时,注意监控火炬点燃情况,确保放空天然气完全燃烧,以免污染环境。

(9)疏通雨水收集通道,确保雨水经集聚、沉降,有控制性地排放。

(10)脱水剂装、卸作业由专业队伍实施。

(11)签订垃圾处理协议,(安评和环评报告)做到安全环保"三同时"。

(12)合理安排投运时间,减少车辆出入居民居住区时间,降低噪声扰民。

(二)试运行阶段 QHSE 记录

板南储气库群试运行报告由项目组负责人组织编制,经地面工程建设项目组、建设单位共同签字确认。试运行报告内容包括试运行项目、试运行日期、参加人员、简要工程、试运行结论和存在的问题。每个试运行项目都填写了试运行记录,并经地面工程建设项目组、建设单位签字确认。试运行记录的格式、内容和份数均按国家现行规定施行。试运行质量记录由地面工程建设项目组收集、整理、编目和归档。

板南储气库群采气和注气投产均一次性完成,各工艺参数均控制在设计范围内,这主要得益于以下几个工作亮点:

(1)组织严密、培训到位。项目部和管理站人员均是油田公司和采油厂抽调的各方面专业技术骨干和操作能手。建设期间,现场运行人员积极学习储气库知识,认真听取设备厂商的培训讲解,总结了装置运行的许多宝贵经验。

(2)工程质量好。重要设备的设计监造、工艺技术成熟可靠、良好的工程设计、优质的工程安装质量、严格的工程质量监督和检测等是装置试运投产成功的关键。

(3)强度试验和严密性试验认真仔细。在强度试验和严密性试验期间,全体人员高度重视,认真做好每一道焊口、法兰、设备的验漏工作,多次反复整改漏点,为试运一次性成功奠定了良好基础。

(4)联动试车。对总体试车方案进行多次讨论和修改,对全站的设备、管道、阀门、仪器仪表以及连锁等进行了全面的试运和考核,同时对生产操作人员进行了全面的演练和操作培训。

(5)投产试运。经过交接、联动调试、人员培训、健全制度、技术交底、公用工程启动、环保安全消防"三同时"、实时分析及后勤保障落实等工作,为试运成功做好了一切准备。

第十一节 专项评价验收管理

一、环境保护专项验收

(一)主要污染源及其治理设施

板南储气库群主要大气污染源为集注站热媒炉、热水炉和站场井场无组织挥发的非甲烷总烃。集注站热媒炉、热水炉使用天然气作燃料,燃烧废气由8m高排气筒达标排放。通过加强罐区的日常环境管理,采取有效措施,减少集注站周围的非甲烷总烃无组织排放。

板南储气库群正常运营期间废水主要包括含油废水(初期雨水、事故水)、采气凝液、生活污水三类。

集注站含油废水主要为初期雨水和事故状态下的事故水,经收集管道进入集注站事故水池暂存,然后及时拉运至板一联合站处理后,达到 Q/SY DG2022—2006《大港油田回注污水水质主要指标》后回注地层。试运行期间,集注站事故水池主要收集初期雨水,水量较小,目前还未进行过转运。

该项目采气期采出液通过管线输送至白一接转站,最终输往板一联合站处理。目前凝液输送管线按要求建成并投入使用。

井场不设厕所,集注站设置化粪池,生活污水定期拉运至板一联合站处理。

该项目主要噪声源为集注站天然气压缩机组、空冷器。压缩机房内设 3 台压缩机组,每台压缩机组分电机和压缩机两部分,其中电机的噪声指标为 90dB(A),压缩机的噪声指标为 95dB(A)。在空冷器区,每台空冷器的噪声指标为 85dB(A)。压缩机房采用多孔性吸声材料作为墙壁内饰;安装隔声门窗;压缩机排气管安装带通风消声弯头的排气消声器。在空冷器顶部采用多孔性吸声材料隔板,周围设吸隔声围挡,装 2m 高消声片。

板南储气库群正常运营期间,固体废物包括集输管道清管废物、集注站热媒炉废导热油和气缸废润滑油。

板南储气库群变电站污染主要为电磁辐射。通过合理布局工程线路,优选主变压器等设备,采取各种措施降低电磁辐射强度和无线电干扰强度对外环境的影响。

(二)环境保护组织及规章制度的建立健全

板南储气库群隶属于中国石油大港油田公司第四采油厂管辖。第四采油厂作为中国石油大港油田公司的二级单位,下设安全环保科,其科内专职环保人员负责本生产单位的环保工作,并接受大港油田公司安全环保处的监督管理。

本工程的环境管理在大港油田公司安全环保处的统一领导下进行,并纳入大港油田公司的 HSE(健康、安全、环保)管理体系之中。

该项目施工过程中项目组成立管理机构和监督机构,对施工单位在施工中执行环境保护的情况进行监督管理,要求各施工单位明确职责,按要求落实了合同段施工期各项环保措施,项目运营期环境保护工作纳入第四采油厂安全环保科日常环境管理。

第四采油厂设有 QHSE 管理委员会,其成员由公司领导、机关有关部门负责人组成,设置有完整的 QHSE 管理组织网络。安全总监负责监督公司的安全生产工作,同时设有安全管理的职能部门——安全环保科,具体负责公司的安全监督管理工作。设置有相应数量的专职安全管理人员。

施工期环境管理机构由建设单位和施工单位联合组成,负责项目施工期间有关环境管理方面的组织、协调、监督与检查工作。施工期公司有专门的工程监理人员,严格按照合同加强监督、检查,重点检查工程进展情况是否符合"三同时"原则,质量是否符合要求。同时对施工期的建筑垃圾和弃土的临时堆场、最终处置,建筑工地生活污水和生活垃圾处理,洒水抑尘等措施等进行监督检查,有力地缓解了施工期对环境的影响。

为切实保护环境,防止生产过程中污染物对周围环境的影响,制定有大港油田公司第四采油厂环境保护管理程序及有关环保设施的操作规程和定期维护保养等制度,设有专职的环保机构(安全环保科)和管理人员。公司内部建立了完善的环保档案制度,分类对各类环保法规文件、环评资料、环保设施资料等档案进行分门别类的管理,便于内部使用及上级环保部门的检查。

(三) 环境保护监测及验收情况

1. 废气污染物监测情况

集注站热媒炉和热水炉验收监测委托天津市东丽区环境保护监测站实施。根据天津市河东区环境保护监测站出具的监测报告[(津(东)环监字[2016]第 FQ-W-019 号)和(津(东)环监字[2016]第 FQ-W-020 号)],集注站热媒炉和热水炉排放的 SO_2、NO_x、颗粒物的排放浓度和烟气黑度均满足验收标准 DB 12/151—2020《锅炉大气污染物排放标准》要求,NO_x 排放浓度满足校核标准 GB 13271—2014《锅炉大气污染物排放标准》的要求。

储气库厂界非甲烷总烃验收监测委托天津市环科检测有限公司实施。监测结果显示,该项目集注站下风向厂界非甲烷总烃浓度最大值为 0.454mg/m³,满足 GB 16297—1996《大气污染物综合排放标准》周界外浓度限值最大限制要求(4.0mg/m³)。

2. 厂界噪声监测情况

厂界噪声验收监测委托环科检测有限公司实施。结果显示,集注站运行期间各厂界昼间最大噪声值为 59.3dB(A),夜间最大值为 54.8dB(A),满足 GB 12348—2008《工业企业厂界环境噪声排放标准》3 类功能区标准限值[昼间 65dB(A),夜间 55dB(A)]。

白 8 井场运行期间各厂界昼间最大噪声值为 58.5dB(A),满足《工业企业厂界环境噪声排放标准》3 类功能区标准限值[65dB(A)]夜间最大值为 55.1dB(A);东、南、北厂界噪声夜间值满足《工业企业厂界环境噪声排放标准》3 类功能区标准限值[55dB(A)]。西场界外夜间 23:39 至 23:49 期间有一次监测值为 55.1dB(A),超标 0.1dB(A),属于偶发噪声,超过限制的幅度小于 15dB(A),满足《工业企业厂界环境噪声排放标准》的要求。

白 6 井场运行期间各厂界昼间最大噪声值为 58.2dB(A),夜间最大值为 54.6dB(A),满足《工业企业厂界环境噪声排放标准》3 类功能区标准限值[昼间 65dB(A),夜间 55dB(A)]。

板 G1 井场运行期间各厂界昼间最大噪声值为 58.4dB(A),夜间最大值为 54.9dB(A),满足《工业企业厂界环境噪声排放标准》3 类功能区标准限值[昼间 65dB(A),夜间 55dB(A)]。

该项目周边 2.5km 范围内无居民楼、学校、医院等环境敏感目标,运营噪声对环境敏感点声环境无影响。

3. 电磁辐射监测情况

变电站电磁辐射验收监测委托奥来国信(北京)检测技术有限责任公司实施。根据监测结果,集注站变电站 50m 范围内距离地面 1.5m 高度处电场强度最大值为 0.80V/m,仅相当于推荐标准(4000V/m)的 0.02%。距地面 1.5m 处磁场强度垂直分量最大值为 0.015μT,水平分量最大值为 0.018μT,磁场强度最大值不到推荐标准值(0.1mT)的 0.02%。因此本项目的电场强度和磁场强度均可满足 HJ/T 24—2020《环境影响评价技术导则 输变电》要求。

二、水土保持专项验收

(一) 项目区水土流失情况与水土保持措施

滨海新区属华北平原,地貌以海积低平原为主,地势平坦,坡度小于万分之一,中部有大港水库,陆地呈环状分布在水库四周,地势平坦,高差不大,平均海拔为2m(大沽高程)。项目区属北半球暖温带半湿润大陆性季风气候,四季分明,年平均气温12.8℃,平均降水量586.1mm。由于濒临渤海,受季风环流影响很大,冬夏季风更替明显。夏季主导风向为南南西向。冬季主导风向为北北西向。秋季以东向为主导风向。全年降水量分布极不均匀,约80%的降水集中在6—9月。项目区土壤主要为盐成土壤中的盐土;土壤盐碱性较大,土壤肥力不高,保土性差等特点不利于种植业的发展。项目所在地植被属温带阔叶林地带的温带草甸植被,主有植物有盐碱地碱蓬、盐角草、茅草、芦苇等植物种类。项目建设范围内均为盐池或荒滩地。主要植被为滨海盐地碱蓬植物群落、漳毛植物群落、沼泽水生植被的芦苇植物群落等。

本项目施工期造成新增水土流失主要集中在储气库站场区、天然气干管区、站外道路区。储气库站场在建设过程中清理地基对地表的扰动和影响面积较大,钻井和完井过程中产生油泥,洒落的钻井液、泥浆、污水等污染物,如果不采取有效的水土保持措施,会产生的水土流失,污染周围水源,破坏当地生态;天然气干管区在工程建设过程中对地面的开挖,定向穿越产生临时占地扰动,使原地表植被、土壤结构受到破坏,加剧了水土流失的发生,如不及时采取有效的土地整治和其他补救措施,弃土弃渣受到暴雨冲刷,淤积河道,影响行洪,淤积道路,影响交通;站外道路施工时路基的整理、填高将造成大面积土壤裸露,如不采取有效的防护持措施,地面受到暴雨冲刷淤积至路边盐田,影响盐田生产,路基边坡若未采取有效的拦挡防护措施,极易发生边坡冲蚀,影响道路运输安全。施工结束后,侵蚀活动随之减弱,呈现先强后弱的特点。

(二)水土保持工程质量评估

大港油田板南储气库群项目在施工过程中全面实行了项目法人责任制、招标投标制和工程监理制,建立健全了"项目法人负责,监理单位控制,承包商保证,政府监督"的质量管理体系。水土保持工程的建设与管理亦纳入了整个建设管理体系中。

大港油田板南储气库群项目水土保持措施在实施过程中划分为两部分:其一是主体工程中具有水土保持功能的工程,与主体工程同时设计、同时管理,并纳入主体工程的招投标文件中,由业主选派专业工程师代表业主进行全程管理。天津大港油田集建设监理有限责任公司根据建设单位的授权和合同规定,对承包商实施全过程监理,建立了以监理工程师为中心、各工程师代表分工负责的全过程、全方位的质量监理体系;其二是项目区植物措施,包括水土流失防治责任范围内的绿化美化及植被恢复,由建设单位委托天津市小古林建设工程有限公司全权管理。

施工单位建立了以项目经理为组长、总工程师为副组长的质量保证体系,把质量目标责任分解到各个有关部门,严格按照施工图纸和技术标准、施工工艺、施工承包合同要求组织施工,接受监理工程师的监督,对工程施工质量负责。

综上所述,大港油田板南储气库群项目工程建设的质量管理体系是健全和完善的,各项工程的质量保证资料比较齐全。

大港油田公司对工程质量实行了"项目法人负责、监理单位控制、施工单位保证、政府职能部门监督"的管理体制,实现了水土保持监督工作的及时性、有效性和安全性;工程实施期间,建设单位坚持深入现场监督检查,及时了解工程进度与质量状况,协调解决有关问题,组织开展工程阶段验收,促进了质量目标的实现。本次水土保持工程措施的技术评估采用现场抽查和查阅自检成果数据资料等方式,对主体工程中具有水土保持功能的设施和水土保持专项工程的质量进行评估。

评估组在建设单位档案室检查了项目的管理资料、监理资料、混凝土和砂浆试验资料和有关竣工资料等。检查表明:水土保持工程按照有关规程规范的要求,进行了对原材料的检验和质量评定,严格施工过程的质量控制程序,各项质量证明文件完整,资料齐全。同时,还对各标段施工单位的施工原始记录、材料检验报告、工程自检自验资料进行了重点抽查,各项过程资料齐全,符合施工过程及技术规范管理要求。

本次现场抽查砂浆试件抗压强度试验报告,混凝土试件抗压强度试验报告等表明:砂浆、混凝土试块取样规范,检测评定依据规范,强度均达到或超过设计强度,符合设计及技术规范要求,详见工程组意见,可以判定砂浆和混凝土试验结果可靠。从抽查的砂子、碎石、块石原材料试验报告得知:试验所依据的标准、原材料的抗压强度、含泥量符合标准要求。

检查表明:工程的结构尺寸符合设计要求,施工工艺和方法满足技术规范和质量要求;浆砌石工程表面平整,石料坚实,勾缝严实,外观结构和缝宽符合要求,无裂缝、脱皮现象;施工现场已基本清理平整,恢复了原貌,弃渣清运彻底,外观整齐,与周围景观基本协调。施工占用的农田全部复耕,农作物及自然植被恢复良好。

工程措施防护作用显著,既减少了工程建设造成的水土流失,也对主体工程起到了有效的防护作用。

(三)水土保持方案、监测、监理及验收

监测单位于2016年2月成立了大港油田板南储气库群项目水土保持监测项目小组,小组成员涉及水土保持、水工、环境科学、林学及地理科学等相关专业,并拟定了监测工作计划,于2016年5月完成了《大港油田集团有限责任公司大港油田板南储气库群项目水土保持监测总结报告》。根据《大港油田集团有限责任公司大港油田板南储气库群项目水土保持监测总结报告》,在站场、天然气干管等区域布设了水土保持监测观测样点3处,采用调查监测、定位观测,对工程运行期地段进行监测,选择重点监测区域、设立样方进行测量调查,获取有关的水土保持信息,调查并了解项目主要建设内容、土石方数量、扰动面积、防治责任范围、水土流失情况及防治水土流失措施实施情况等,并采用遥感图像的方法调查其施工期水土流失信息,并重点调查水土流失防治效果。由于水土保持监测滞后,项目施工过程中造成的不利影响已完全消失,无法对施工期和自然恢复期土壤流失量进行监测,因此本项目土壤流失量为监测单位入场后实际监测到的土壤流失量。水土流失监测结果表明,监测期间本项目共产生土壤流失量2.73t,项目区平均土壤侵蚀模数为192t/(km^2·a)。项目建设区扰动土地整治率为98.41%,水土流失总治理度为96.49%,土壤流失控制比为1.04,拦渣率为95%,林草植被恢复率为98.18%,林草覆盖率为27.60%。本项目水土保持措施实施后,降低了项目区土壤侵蚀模数,人为活动造成的水土保持不利影响得到有效控制,生态环境明显改善。

三、职业卫生专项验收

(一)职业卫生设施的概况

集注站建一套DCS、ESD系统,板G1井场、白6井场、白8井场各建一套RTU系统,注气压缩机组采用整体 PLC 控制,降低劳动强度,减少操作者接触机会。整个生产过程通过设置在控制室内的总控制系统(DCS)进行自动控制、监视、操作、报警及联锁等。

本项目除注气压缩机房、空压机房、消防泵站、采暖泵房外,其他工艺设备均露天布置,具有良好的通风条件,便于有害化学气体的扩散。封闭场所如注气压缩机房、泵房设置强制通风,并设立检测和自动报警装置,以降低工作场所有毒有害物质的浓度。注采井采用气体密封性设计,生产时有毒物料均在密闭状态下使用。

选用良好的设备、管道、阀门和管件,防止天然气泄漏。正常生产情况下,无天然气及其他污染物排放。事故状态下,天然气经放空系统排放,天然气、甲烷和一些低分子烷烃组成的可燃性混合气体比空气轻,在大气中极容易扩散。安装安全控制系统,可以实现井下自动关井,防止发生无控井喷。装置供气总管入口设切断阀,每个用气仪表设置气源切断球阀。设有防雷、防静电措施,工作人员穿防静电工作服、鞋等,减少事故发生。采取了通风排毒措施,防止有害气体的积聚。采用了井底定期与临时监测工艺,设置永久性监测管柱,确保井底压力、温度值处于正常范围,防止井喷。

甲醇注入系统、乙二醇注入系统采用密闭工艺。油气处理、油气外输均采用全密闭流程。整个生产过程中没有废气产生,只有事故状态下存在采用了技术质量安全可靠并具有防腐功能的设备、仪表等,保证生产正常运行,装置平稳操作,减少天然气放空和安全阀的起跳,尽量减少油气的泄漏,在正常情况下无天然气排放。采用了 SCADA 全自动控制,减少接触时间。

项目位置远离人口居住区,事故状态下天然气排放至放空系统,燃烧后 30m 以上直接排入大气。设置了可燃气体报警装置,便于发现泄漏,及时处理。设备、管道防腐保护措施,并采取阴极保护措施,避免或减少管道腐蚀,防止管线内天然气泄漏。选用先进的低噪声设备。墙体隔声设计:墙体上附加隔吸声构造降低噪声。墙体加装密度≤100kg 的轻质隔声板,以实现降低 40dB(A) 的隔声量。由于工艺及设备的要求,将有工艺管道穿过顶墙,根据现场实际情况对此类薄弱环节进行重点处理,以保证厂房的整体隔声效果。吊顶隔声设计:吊顶采用纤维水泥压力板、石膏板、轻钢龙骨和离心玻璃棉复合结构,与顶部采用弹性吊挂连接,减少噪声通过振动传给厂房。这种复合式隔声构造的隔声量约为 40dB(A),其面密度为 71kg/m,满足泄爆工艺要求。

(二)职业卫生规章制度建立

1. 职业病危害防治责任制度

天津板南储气库群依托大港油田公司《职业病防治管理办法》和《职业病危害场所监测管理办法》等规定进行职业卫生管理工作。

2. 职业病危害警示与告知制度

板南储气库群在《职业病防治管理办法》中对设置警示标识的场所、情况、内容提出了具体要求。

3. 职业病危害申报情况

板南储气库群建立了职业病危害因素申报制度。按照国家及地方职业卫生主管部门的有关规定及时申报职业危害因素。

4. 职业卫生宣传与培训情况

板南储气库群的职业卫生培训工作主要通过入厂教育、班组学习、专项培训等方式进行。安全部门每年组织进行职业卫生知识培训,开展《职业病防治法》宣传周活动,通过不同形式对员工进行职业卫生及健康宣传教育。

5. 职业病防护设施维护检修制度

在《板南储气库群操作管理规程》中,对可燃、有毒气体检测报警仪器的配置、选型、安装及日常的维护检修制定了具体管理要求。

6. 职业病防护用品管理制度

在《员工个人劳动防护用品管理及配备办法》,对板南储气库群生产活动中劳动保护用品的采购、验收、保管、发放、使用、更换、报废和监督管理做出了规定,对护耳器做出了相关规定。

7. 职业病危害因素监测与评价制度

板南储气库群已设立了各生产装置及辅助生产装置职业病危害因素监测点,设立监测点告知牌。委托天津市滨海新区大港疾病预防控制中心每年对作业场所进行职业病危害因素检测。

8. 建设项目职业卫生"三同时"管理制度

板南储气库群在《生产建设项目职业病预防"三同时"管理办法》和《建设项目环境评价与"三同时"管理办法》中,对建设项目的质量、环境和职业健康安全"三同时"管理制定了具体的要求。

9. 职业健康监护及档案管理制度

板南储气库群按照《板南储气库群管理手册》,组织员工进行上岗前、在岗期间的职业健康体检,职业健康受检率100%。建立健全了员工职业健康监护档案。对体检中的职业禁忌证人员妥善安置。

10. 职业病危害事故处置与报告制度

根据《职业病防治管理办法》,发生职业危害事故时,应及时报告总部和地方政府主管部门,不得迟报、漏报、谎报或者瞒报,并采取有效措施,减少或消除职业危害因素,防止事故扩大。对遭受职业危害的作业人员,及时组织治疗。

11. 职业病危害事故应急救援与管理制度

板南储气库群建立健全职业中毒、职业病危害事件应急预案,按《板南储气库群应急救援管理手册》定期组织演练,规定每个季度演练一次,并不断改进完善。

每季度进行一次应急预案演练。安全主管和安全员做好演练方案的策划,演练结束后做好总结。

12. 岗位职业卫生操作规程

板南储气库群制订并下发了《板南储气库群管理手册》和《板南储气库群操作规程手册》,对储气库职业卫生的机构与职责、职业健康教育与培训、职业病危害因素监测与评价、职业健康监护、职业病管理、职业卫生档案与报表管理、职业卫生工作考核等方面做出了更加详细明确的要求。按照上述规定及年度职业卫生工作计划组织落实职业健康体检、个体防护用品配备发放、作业场所职业病危害因素监测等工作。

13. 职业病危害防治经费

安全部门按照《职业病防治管理办法》管理规定,对职业病防治经费的使用进行分类管理。将职业卫生和职业病防治工作所需经费(包括健康监护费、职业病诊疗康复伤残费、监测费、宣传教育费、培训费等)纳入本单位年度预算计划,专款专用。

四、消防工程专项验收

(一)消防设施概况

压缩机房建筑面积 1294.05m²,地上一层轻钢结构,建筑高度 10.5m,耐火等级为二级,火灾危险性为甲类,设有室内消火栓(4套)、室外消火栓(4套)、火灾自动报警系统、可燃气体报警装置。控制中心建筑面积 2365.03m²,地上二层钢筋混凝土框架结构,建筑高度 7.8m,耐火等级为二级,火灾危险性为丙类,设有室内消火栓(8套)、室外消火栓(3套)、火灾自动报警系统;35kV 变电站建筑面积 743.36m²,地上二层,建筑高度 11.15m,钢筋混凝土框架结构,耐火等级二级,火灾危险性为丙类,设有室内消火栓(3套)、室外消火栓(3套)、火灾自动报警系统;门卫,地上一层,建筑高度 3.6m,建筑面积 54.6m²,钢筋混凝土框架结构,耐火等级二级,厂区设有室外消火栓 6套,控制中心设有消防泵房,泵房内设有消防泵 3台,稳压泵 2台,隔膜式泡沫罐 1具,304 不锈钢水箱 1具,火灾报警控制器 2台,点型光电感烟探测器 25只,手动火灾报警按钮 5只,火灾声光报警器 5只,消防报警电话 1台,MF/SBC50 推车式干粉灭火器 12台,MF/SBC30 推车式干粉灭火器 2台,MF/SBC8 干粉灭火器 22具,MF/SBC4 干粉灭火器 26具,MT7 二氧化碳灭火器 18具。

成立以现场施工管理项目领导班子为主的消防领导小组,制定出本工程的消防方案和检查制度,经常检查现场的消防规定执行情况,发现问题及时纠正。定期对职工进行消防教育,提高思想认识,一旦发生灾害事故,做到召之即来,团结救灾。

施工材料的存放、保管,应符合防火安全要求,库房应用非燃材料搭设。易燃易爆物品,应专库储存,分类单独存放,保持通风,用电符合防火规定。化学易燃物品和压缩可燃性气体容器等,应按其性质设置专用库房分类存放,其库房的耐火等级和防火要求应符合公安部制定的《仓库防火安全管理规则》,使用后的废弃物料应及时消除。

使用电气设备和化学危险物品,必须符合技术规范和操作规程,严格防火措施,确保施工安全,禁止违章作业。施工作业用火必须经保卫部门审查批准,领取用火证,方可作业。用火证只在指定地点和限定的时间内有效。

现场要有足够的消防水源,在每一层段及在工人生活区内设置消防龙头,配置灭火器材,并备有消防水龙带;木作业区域严禁吸烟、动火,每天派人清理木糠、碎板,按照《建筑设计防火规范》的有关规定执行。

做好成品保卫工作,制定具体措施为严防被盗、破坏和治安等灾害事故的发生。

施工现场的一切电气线路、设备必须由持有上岗操作证的电工安装、维修,并严格执行中华人民共和国国家标准 GB 50194—2014《建设工程施工现场供用电安全规范》和国家建设部

JGJ 46—2005《施工现场临时用电安全技术规范》规定执行。

电气设备和电线不准超过安全负荷,接头处要牢固、绝缘性良好;室内、室外电线架设要有瓷管或瓷瓶与其他物体隔离,室内电线不得直接敷设在可燃物、金属物上,要套防火绝缘线管。

施工现场要设足够的消防水源,当消防水源不能满足灭火需要时,要在施工现场内修建消防储水池,施工现场要根据施工实际情况配有一定数量的消防器材。

(二)消防组织及其规章制度的建立

板南储气库群管理负责本单位的消防安全管理工作,落实消防安全工作的各项要求。建立板南储气库群管理站消防安全管理制度,在人员配备和规章制度的建立健全。

1. 组织机构

板南储气库群作业区成立 QHSE 委员会消防安全领导小组。

组长:站长、书记;

副组长:副站长、安全管理员;

成员:班组长;

消防领导小组办公室,设在中控调度室;

办公室主要负责人:安全管理员。

2. 总体规划

板南储气库群管理站依据采公司年度 HSE 工作要点,制定储气库消防安全工作要点,完成年度的消防工作。板南储气库群管理站 HSE 领导小组,负责研究制定板南储气库群消防安全管理的总体规划,解决消防安全管理的问题。

(1)板南储气库群管理站负责人正职对本单位的消防安全负全面领导责任,是消防安全管理第一责任人。分管消防安全工作的安全员负责本单位的消防安全工作。本着"谁主管、谁负责"的原则,对其管理的消防安全工作负领导责任。

(2)板南储气库群管理站管理人员对消防安全工作负管理责任,员工对本岗位的消防安全工作负直接责任。

油田公司消防建设总体规划经审定后,任何单位和个人不得随意变更。按总体规划建成的消防水源、消防道路、消防站、消防设施及配套设施,由油田公司所属各单位按管理范围负责维护和保养,保证完整有效。

对于质量安全环保处、消防支队及各单位消防安全管理职能部门在组织消防安全检查时,对抽查消防设施的维护和保养状况,保留检查记录。凡发现埋压、圈占、损坏、挪用消防设施的情况,均列入火灾隐患治理,限期整改。

本单位新建、改建、扩建、装修以及改变建筑用途的建筑工程项目(含技术改造建筑工程)的消防设计图纸、资料,必须报消防支队初审合格后,上报地方公安消防机构审核。

3. 消防设施、器材的管理

本单位应按规定对生产、生活、办公区域及公共场所的消防设施、器材定期进行检测、维护与管理。具体执行 GY01/G10.65《消防设施及器材管理办法》。

4. 消防安全重点单(部)位的监控

本单位每周至少进行 1 次现场监督检查,检查到位率达 100%;各项检查分别保存相关记录。

一般火灾隐患由检查管理人员下发"HSE 隐患整改通知单",责成运行班组限期整改,检查管理人员组织复查验收;重大火灾隐患由检查管理人员及时上报第四采油厂安全环保科立项治理。

在消防安全检查中发现的各类违章行为,依据《HSE 奖惩管理办法》的有关规定进行处罚。

工业动火分为三级管理,具体执行 GY01/G10.64《动火管理办法》。

火灾事故发生后,本单位应立即将火灾事故情况上报第四采油厂安全环保科,由安全环保科牵头组织消防支队等部门对火灾事故情况进行调查处理,并由消防支队按有关规定建立火灾事故的卷宗。

每月 26 日前填写"防火工作月报表"(GY01/G10.65 – 01)报第四采油厂安全环保科。

5. 消防应急演练管理

(1)制定消防应急预案并组织演练。

(2)加强义务消防队提高扑救火灾的能力。

(3)应急状态下组织岗位员工快速出动,完成灭火、救援任务。

制定本单位的灭火和应急疏散预案,成立义务消防队,定期开展消防业务学习和灭火技能培训,至少每半年进行 1 次消防演练,提高预防和扑救火灾的能力。

五、安全评价专项验收

(一)安全组织及其规章制度的建立健全

根据大港油田公司下达的《关于成立板南储气库群管理站的通知》,设立板南储气库群管理站,列为下属基层队管理。板南储气库群管理站不单设 QHSE 组织机构,接受第四采油厂的 QHSE 组织机构的统一管理。

在安全管理方面,该公司建立健全了安全管理体系,成立了安全生产组织机构,制定了各种操作规程及安全管理制度。

1. 安全管理制度

安全管理制度主要内容见表 4 – 11 – 1。

表 4 – 11 – 1　安全生产管理制度汇总

序号	名称	序号	名称
1	安全生产责任制	8	特种作业管理制度
2	安全消防管理制度	9	外来施工队伍管理制度
3	劳动保护用品穿戴管理制度	10	安全装置、设施的管理制度
4	安全检查制度	11	事故处理管理制度
5	易燃易爆场所管理制度	12	危险危害因素识别、评价及控制管理制度
6	进出站管理制度	13	风险管理制度
7	安全培训教育制度	14	可燃气体报警仪管理制度

续表

序号	名称	序号	名称
15	危险化学品制度	28	特殊危险作业安全许可管理制度
16	板南储气库群环保管理制度	29	工业动火管理办法
17	重大危险源管理办法	30	工业噪声管理办法
18	HSE奖惩管理办法	31	固体、废物污染防治制度
19	安全标识管理规定	32	交通安全管理规定
20	安全环保检查制度	33	进入生产区一般作业安全管理规定
21	安全会议管理制度	34	可燃气体和有毒气体检测报警器安全管理规定
22	班组安全活动管理规定	35	上锁挂牌管理规定
23	承包商安全管理规定	36	事故事件管理办法
24	电业安全工作管理规定	37	事故隐患管理制度
25	冬季安全生产管理制度	38	废水污染管理制度
26	预防硫化氢中毒管理办法	39	危险化学品管理制度
27	废水、废气污染防治管理办法		

2. 安全操作规程

该公司针对板南储气库群的生产实际,制定了安全操作规程,清单见表4-11-2。

表4-11-2　安全操作规程汇总

序号	名称	序号	名称
1	BXN型变压吸附制氮装置操作规程	18	热媒炉操作及保养规程
2	闭式排放罐安全操作及维护规程	19	热媒油循环泵操作与保养规程
3	低温分离器安全操作及维护规程	20	三瓣卡箍式快开盲板操作规程
4	防爆手持对讲机操作规程	21	生产分离器安全操作及维护规程
5	放空安全操作规程	22	收发球筒安全操作及维护规程
6	放空分液罐安全操作及维护规程	23	手动注脂枪操作规程
7	甘醇雾化器操作规程	24	天然气发电机操作规程
8	管道泵操作与保养规程	25	通用车辆保养规程
9	管道过滤器安全操作规程	26	消防泵操作及保养规程
10	管壳换热器切换操作规程	27	消防器材操作规程
11	计量分离器安全操作及维护规程	28	消防栓操作规程
12	空冷器安全操作规程	29	乙二醇收液罐安全操作及维护规程
13	空气呼吸器安全操作及维护规程	30	乙二醇再生系统操作规程
14	空压机操作规程	31	J系列柱塞泵操作规程
15	立式泵操作与保养规程	32	齿轮泵操作与保养规程
16	露点装置操作规程	33	采气关井操作规程
17	凝液增压泵操作规程	34	采气开井操作规程

续表

序号	名称	序号	名称
35	地面安全控制系统操作规程	53	手动球阀操作规程
36	电动油嘴操作规程	54	手动旋塞阀操作规程
37	井下安全阀操作与维护规程	55	手动液压泵操作规程
38	毛细管测压装置操作规程	56	手动闸阀操作规程
39	注采转换井场阀组区流程切换操作规程	57	双金属温度计更换安装操作规程
40	注气关井操作规程	58	压力、差压变送器更换操作规程
41	注气开井操作规程	59	压力表更换安装操作规程
42	热媒炉储罐硅油充装操作规程	60	自力式调压阀的操作规程
43	甲醇充装安全操作规程	61	低压配电室开关柜操作规程
44	压缩机组补充电机液压油安全操作规程	62	高杆照明灯操作规程
45	压缩机组储罐润滑油充装安全操作规程	63	高压配电室开关柜操作规程
46	压缩机组防冻液充装安全操作规程	64	室内常用照明设施维护检修操作规程
47	乙二醇充装安全操作规程	65	J-T阀单路冻堵处理操作规程
48	电动球阀操作规程	66	单井采气树至ESD间管道冻堵处理操作规程
49	发球清管阀操作规程	67	管壳换热器冻堵处理操作规程
50	气动节流阀操作规程	68	截断阀门严重内漏处理操作规程
51	热电阻、热电偶更换安装操作规程	69	井下安全阀异常关断处理操作规程
52	手动截止阀操作规程	70	Ariel KBU/6-3型天然气压缩机组操作规程

(二)安全培训及持证上岗情况

该工程对生产岗位的人员在上岗前进行了岗位培训,培训按各个岗位要求分别进行,且对新上岗员工、调岗员工上岗前均进行了三级安全教育培训、岗位操作和专业知识培训,并进行能力评估,熟练后方可独立值班上岗;由于新建站场均采用新型设备且自动控制化程度高,老员工也接受岗前培训后上岗作业;每年对各岗位员工有针对性的培训,培训主要分为理论培训和实际操作培训,以提高员工的工作能力。

各工种均培训合格,取得相关的证件后进行相应作业。通过多种形式的培训,操作运行人员对自己的岗位职责和设备性能、操作程序有了充分的了解,为顺利开展调试投产工作奠定了坚实的基础。

在2014年6月18日至2015年3月11日,板南储气库群进行了试运行。于2015年8月对板南储气库群工程进行安全验收评价。

对引用的法律法规及规范等文件时效性进行核对,删除《关于开展重大危险源监督管理工作的指导意见》(安监管协字[2004]56号)、《职业病危害因素分类目录》(卫法监发[2003]63号)等已过期文件。完善危险有害因素辨识。增加吹扫系统氮气橇、氮气储罐等设备设施以及注气压缩机电机正压通风保障及除油器检修、快开盲板操作的危害分析;增加"恐怖破坏"为危险、有害因素。

第十二节　建设回顾、思考与展望

一、回顾与思考

（一）三维设计

大张坨储气库工程设计始于 2010 年，由于该库工程设计采用二维设计，不能更好地指导工程建设以及可视化运维。随着技术的发展及三维建模手段的提高，未来储气库工程设计宜采用全专业三维建模，搭载到数字化管理平台，使参建方、运维方、管理方等实现工程可视化建设与管理，有效提升建管效率，并为储气库智能化控制提供了前提。

（二）橇装化布局

在橇装化设计与应用方面，板南储气库群通过对站内单井计量橇、润滑油橇、燃气调压橇、空压机橇、制氮橇、注气压缩机橇等成橇方式、橇块布置等的实践，对橇块设计、装配、运输、现场就位等积累了经验，从中摸索出成橇布置在施工质量、施工进度上的优势。

该库地面设施仍有大量设备及阀组落地安装，成橇率仅约 25%，存在较大的提升成橇率的空间。标准化设备成橇布置方式，有助于形成中小型油气藏型储气库橇装化布置的标杆。

（三）数字化建设

工程设计的数字化交付是实现项目可视化的关键步骤，为未来储气库智能运维、故障诊断与风险预判、全生命周期完整性管理提供了必要的条件。数字化实践将促进储气库传统设计模式的转型升级，助力实现储气库资产完整性管理体系。

二、技术展望

随着国内储气库建设技术的不断发展，不少新技术经过分析论证是适用于储气库建设的。本节对未来储气库建设中可供采用的新技术进行简要介绍。

（一）新型采出气处理工艺

国内已建储气库采气处理均采用低温分离法或三甘醇脱水法，由于设备尺寸大小及装置对气量适应范围的限制，对于大型储气库，均采用多套并联的方式，该种设置方式，占地面积大，能耗高，且流程复杂，运行管理难度高。针对国内储气库采气处理工艺实现大型化的瓶颈，在对国外储气库调研的基础上，提出将固体吸附法应用于储气库采气处理中，以简化工艺流程，提高建设和运行的经济性及可操作性。

近年来，在硅胶脱水、脱烃研究方面取得了长足进展，国外如 BASF 公司的 Sorbead 系列硅铝胶吸附剂产品，自 20 世纪 80 年代初开始在欧洲储气库采出气处理装置商业应用，目前已有 300 多套应用实例。Sorbead 是氧化铝改性的硅胶，采用油滴成型工艺和专有的生产工艺，与普通硅胶相比，Sorbead 吸附剂具有压碎强度高，使用寿命长，对水和重烃的吸附能力高等特点。Sorbead 系列吸附剂包括 Sorbead WS 型、Sorbead R 型、Sorbead H 型等，其中 Sorbead H 型有更大的开放性内部结构,主要用于水和烃的同时吸附;Sorbead R 型只是用来脱水,通过调整使得水吸附量最大化,烃的吸附最小化;Sorbead WS 型是一种特殊先进的 Sorbead 吸附剂,可以接触游离水,用于防止重要部分的吸附剂接触水而导致吸附剂的内部反应,从而影响吸附效果。其流程示意如图 4 – 12 – 1 所示。

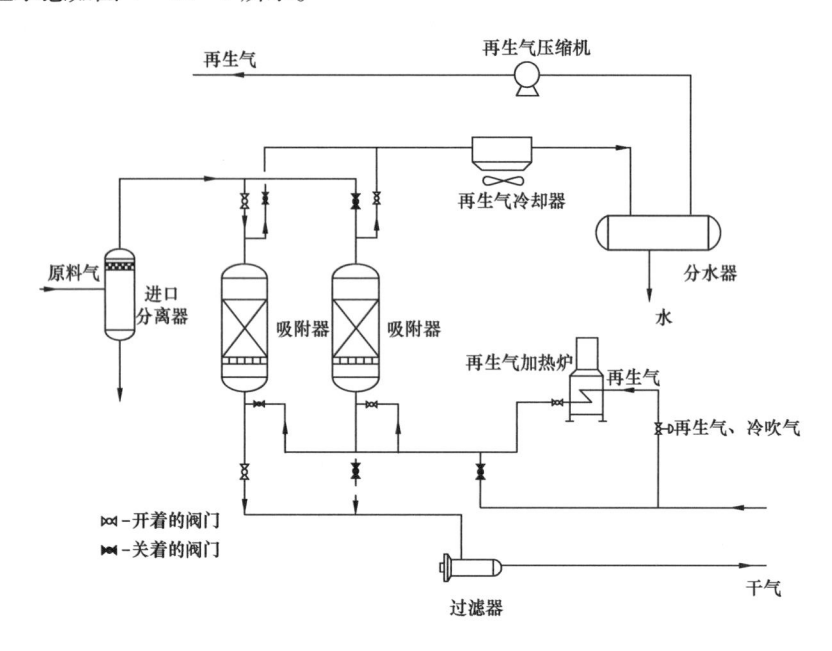

图 4 – 12 – 1 固体吸附法脱水、脱烃典型流程图

(二)离心式压缩机应用与模式

适合地下储气库工况要求的压缩机主要有往复式压缩机和离心式压缩机两种。目前在技术上两种机型都比较成熟,但就输送工艺各有优缺点。

往复式压缩机有效率高、压力范围宽、流量调节方便等优点,特别适用于小流量、高排出压力的场合。往复压缩机的压比通常是 3∶1 或 4∶1,综合热效率为 0.75 ~ 0.85。现在新型的往复压缩机更是以效率、可靠性和可维修性作为设计重点:效率超过 0.95,具有非常高的可靠性;两次大修之间的不间断运行时间可在三年以上。往复式压缩机单机功率较低,一般单机功率小于 5000kW。

离心式压缩机有单级和多级之分。单级压缩机用于压比较小的场合,为了提高压比,离心式压缩机又做成多级叶轮。目前,欧洲生产的离心式压缩机单缸最大入口实际流量已达 70 × $10^4 m^3/h$。专门用于储气库的压缩机为单轴多级垂直剖分压缩机,普通压缩机出口压力≤20MPa,高压压缩机出口压力≤35MPa,需要特殊设计的超高压压缩机出口压力 >35MPa,实际入口流率 250 ~ 480000 m^3/h,转速 3000 ~ 20000r/min。电机驱动离心压缩机可以采用变频调速,变频范围一般为 65% ~ 105%,机械效率在 85% 左右,而且偏离额定工作点越远,效率越低,高效工作范围窄,当流量降低到某一数值时还会发生喘振现象;离心式压缩机单机功率较高,一般单机功率在 2000kW 以上。

20 世纪 90 年代,欧洲开发了整体式磁悬浮变频调速离心压缩机,在储气库上得到了成功的应用。高速,无油,智能电机,整体式离心压缩机,简称整体式(磁悬浮)离心压缩机。此类压缩机是基于三大新兴技术成果发展而来的:磁悬浮轴承;高速电机(最高转速可达 20000r/min);大功率变频器。由于使用了磁悬浮轴承,压缩机取消了润滑油系统,从而大大简化了操作和维护;由于使用了高速电机,电机可以直接驱动压缩机,从而不需要增速齿轮箱,并且电机和压缩机可以作为一体,从而取消了干气密封系统,大大提高了压缩机的可靠性。又由于使用了大功率变频器,可以使压缩机的单台功率达到 22000kW,使其应用范围比较宽广,可达 30%~105%。

1. 单轴多级离心压缩机

利用离心压缩机可并联可串联的特点,采用两段压缩的方式,设置不同型号的压缩机,大小搭配,灵活组合,如图 4-12-2 所示。

2. 单轴多壳离心压缩机

单轴多壳压缩机的应用可以有三种方式,一是串联,二是并联,三是背对背,如图 4-12-3 所示。

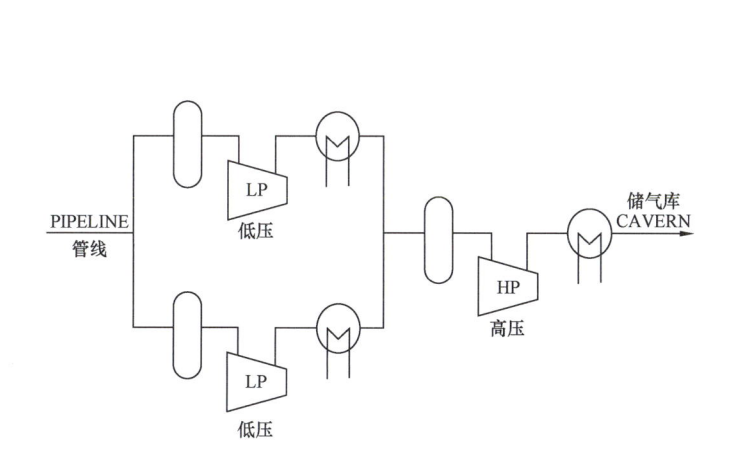

图 4-12-2 单轴多级离心压缩机应用模式示意图

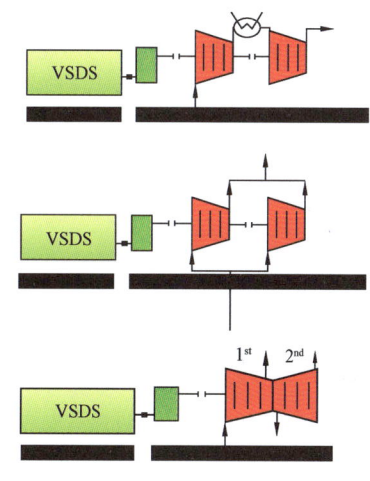

图 4-12-3 多壳离心压缩机应用模式示意图

3. 整体式(磁悬浮)离心压缩机

这类压缩机两级缸可串并联,以 2 台相同的压缩机为例,可以寻求通过压缩机两级缸的串并联和压缩机组之间的串并联组合来满足注气工况需求,例如在注气初期,运行单台压缩机,或两台压缩机并联运行,在注气末期,两台压缩机串联运行。

1)单机运行

单机运行,机组的一级、二级缸串联运行。此时,通过合理选型,来满足注气初期工况,如图 4-12-4 所示。

2)两级联合运行

(1)两台机组并联运行,每台机组的一级、二级缸串联。相对于单机运行的扬程不变,而流量是单机运行的 2 倍,可用

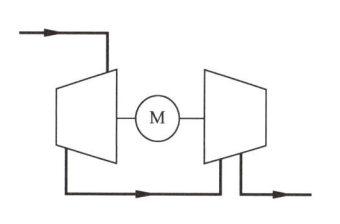

图 4-12-4 单机运行示意图

于注气中期大排量注气工况,如图4-12-5所示。

(2)两台机组串联运行,一台机组的一级缸和二级缸并联,另外一台机组的一级、二级缸串联。可用于注气末期小排量、高压力注气工况,如图4-12-6所示。

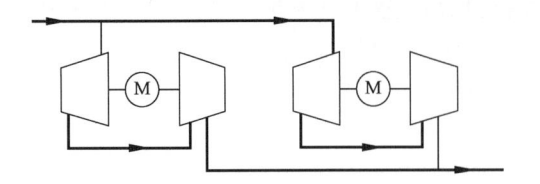

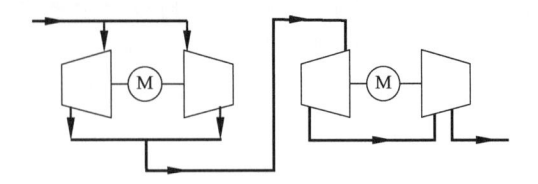

图4-12-5 机组并联运行示意图　　　　图4-12-6 机组串联运行示意图

通过两台机组的联合运行,加上变频调速,可以实现多种注气工况的调节。

参 考 文 献

[1] 孟凡彬. 管窥地下储气库建设现状[J]. 石油建设工程,2004(6):36-38.
[2] 孟凡彬. 板桥凝析气田地下储气库建造技术[J]. 石油规划设计,2006(2):20-27.

第五章　注采运行实践

储气库注采运行跟踪分析贯穿于储气库运行的始终,只有掌握气井、储气库的运行状态,不断加深对气井、储气库的动态特征及其内在运行规律的认识,才能把握储气库运行管理的主动权,编制出最佳的储气库注采方案、调整挖潜方案和切合实际的运行规划,实现高效、合理和科学运行储气库的目的[1]。

结合板南储气库群白6、白8、板G1三座储气库的地质特征及注采运行特点,从储气库投运到多周期运行,开展了近7个周期的注采特征总结,包括多周期注采情况分析、气井注采气能力评价、流体性质变化分析、产液量变化分析、库容库存评价、库存分析与预测等,形成储气库动态分析优化运行技术、储气库运行压力及产能优化技术、储气库扩容达产技术等,本章节利用多周期注采动态分析与评价部分,对储气库及单井注采能力、多周期注采动态特征、库容工作气评价与储气库运行效果等进行了全面的剖析,科学指导了板南储气库群多周期注采运行。

第一节　建库投入试运行

一、投产试注运行

2014年6月,板南储气库群3座井场完成全部地面配套设施建设。集注站至大港末站双向输气管线满足投注条件,该线管径457mm×11mm,全长6.13km,最大输气量$400\times10^4\mathrm{m}^3/\mathrm{d}$。

除白8库仅1口注气井不需要考虑注气先后顺序外,其余板G1库与白6库均为多口注气井,根据注气井位及压力分布不同初步确定以下顺序进行注气:板G1库1井首先进行注气,板G1库2、板G1库4井随后投注;白6库新井白6库3井首先进行注气,白6库1井随后投注。从而确保储气库内部储层空间充分驱替和利用。

板南储气库群于2014年6月19日9:00首次投运,过程平稳有序,利用板北高压管线来气通过集注站至大港末站双向输气管线对白8库、白6库、板G1库6口注气井注气,启动2台天然气压缩机组,日均注气$180\times10^4\mathrm{m}^3/\mathrm{d}$。截至2014年10月31日停注,共注入133天,注气井6口,平均单井日注气$24\times10^4\mathrm{m}^3$,日注水平$146\times10^4\mathrm{m}^3$,累计注气$1.9352\times10^8\mathrm{m}^3$。第一周期试注按照压缩机运行状况共分为两个阶段,如图5-1-1所示:第一阶段(6月18日—8月19日)初期注入阶段,此阶段受压缩机运行状况差等问题困扰,时率低,注气井6口,平均单井日注气$17\times10^4\mathrm{m}^3$,日注水平$118\times10^4\mathrm{m}^3$,累计注气$0.7325\times10^8\mathrm{m}^3$。第二阶段(8月20日—10月31日),平稳注入阶段,此阶段压缩机运行状况好,时率高,注气井6口,平均单井日注气$28\times10^4\mathrm{m}^3$,日注水平$170\times10^4\mathrm{m}^3$,累计注入$1.2\times10^8\mathrm{m}^3$。

(一)试注期压缩机工况分析

投产初期,考虑平稳生产,3台注气天然气压缩机采用"用一备二"模式生产,注气中后期采用"用二备一"模式生产。截至2014年10月31日,三台压缩机累计运行4839h,累计注气$1.93\times10^8\mathrm{m}^3$,生产期间,天然气压缩机运行状态良好,机组工作时间如图5-1-2所示。

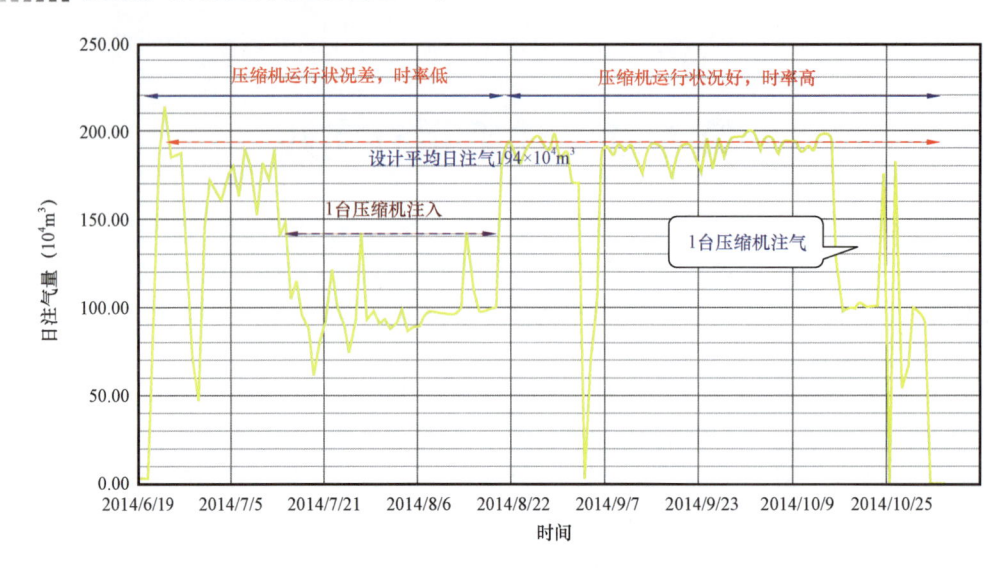

图 5-1-1 板南储气库群第一周期注气期生产日曲线

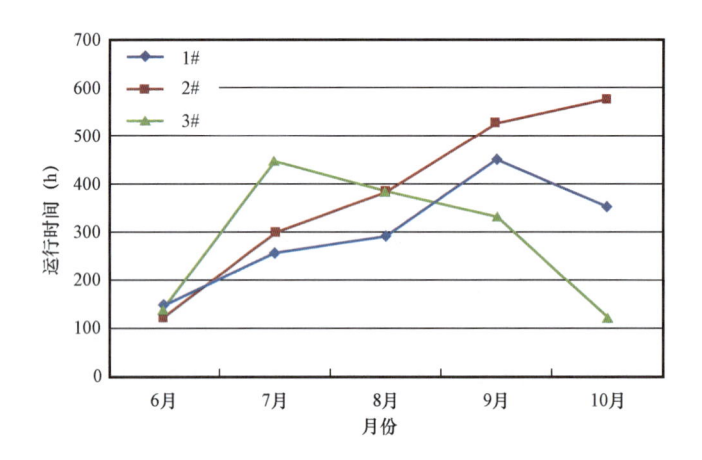

图 5-1-2 储气库三台压缩机生产期间运行时间

(二)试注效果评价

1. 储气库注气能力

板南储气库群第一周期注气期,3 座储气库受气量的影响,压力上升幅度各不相同。

白 6 库累计注气 $0.79 \times 10^8 m^3$,地层静压由 8MPa 上升至 12.4MPa,上升了 4.4MPa。方案设计单位压升注气量为 $1078 \times 10^4 m^3$,实际达到 $1795 \times 10^4 m^3$,为设计的 167%;按地层静压与注气量关系计算,压力 31MPa 时约注 $2.55 \times 10^8 m^3$,预计还可注 $1.78 \times 10^8 m^3$。实际计算工作气量为 $1.97 \times 10^8 m^3$,与设计工作气量 $1.94 \times 10^8 m^3$ 吻合程度较高。

白 8 库累计注气 $0.24 \times 10^8 m^3$,地层静压由 6MPa 上升至 17.2MPa,上升了 11.2MPa。方案设计单位压升注气量为 $294 \times 10^4 m^3$,实际为 $198 \times 10^4 m^3$,为设计的 67%;按地层静压与注气量关系计算,压力 31MPa 时约注 $0.63 \times 10^8 m^3$,预计还可注 $0.4 \times 10^8 m^3$。实际计算工作气量约 $0.45 \times 10^8 m^3$,与设计工作气量 $0.53 \times 10^8 m^3$ 相差 $0.08 \times 10^8 m^3$。

板 G1 库累计注气 $0.9 \times 10^8 m^3$,地层静压由 12.72MPa 上升至 20.7MPa,上升了 7.98MPa。方案设计单位压升注气量为 $1000 \times 10^4 m^3$,实际 $1137 \times 10^4 m^3$,为设计的 114%;按地层静压与注气量关系计算,压力 31MPa 时约注 $1.94 \times 10^8 m^3$,预计还可注 $1.08 \times 10^8 m^3$。实际计算工作气量约 $1.83 \times 10^8 m^3$,与设计工作气量 $1.8 \times 10^8 m^3$ 吻合程度较高。

2. 单井注气能力

白 6 库设计单井日注气能力 $25 \times 10^4 \sim 60 \times 10^4 m^3$,平均 $44 \times 10^4 m^3$,实际单井日注气 $(15 \sim 60) \times 10^4 m^3$,平均单井日注气 $30 \times 10^4 m^3$,从单井注气曲线分析,随着地层压力升高,单井日注气量达到 $60 \times 10^4 m^3$,如图 5-1-3 所示,可以实现设计注气能力。

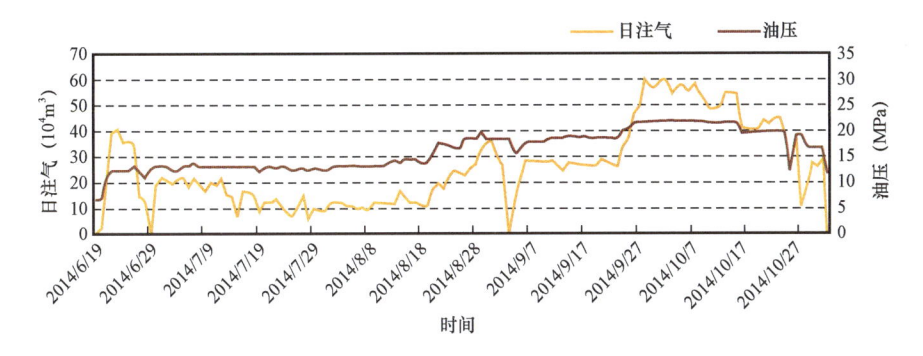

图 5-1-3　白 6 库 1 井第一注气期注气生产曲线图

白 8 库设计单井日注气能力 $20 \times 10^4 \sim 50 \times 10^4 m^3$,平均 $24 \times 10^4 m^3$,实际单井日注气量 $10 \times 10^4 \sim 40 \times 10^4 m^3$,平均单井日注气量 $20 \times 10^4 m^3$,同样从单井注气曲线分析,如图 5-1-4 所示,随当前地层压力升高呈现逐渐接近设计值的趋势,反映地层吸气状况增加,因此,可以通过增加注气压力实现单井注气能力指标。

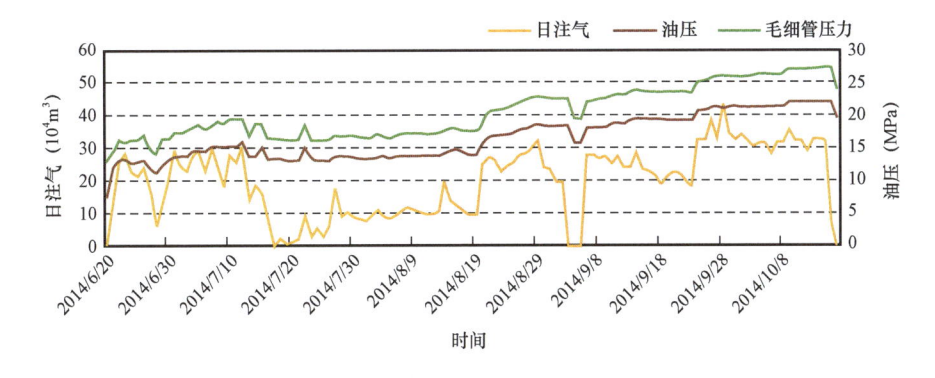

图 5-1-4　白 8 库 H1 井第一注气期注气生产曲线图

板 G1 库设计单井日注气能力 $20 \times 10^4 \sim 45 \times 10^4 m^3$,平均 $21 \times 10^4 m^3$,实际 3 口单井最高日注气量达到 $125 \times 10^4 m^3$,平均单井日注气量 $23 \times 10^4 m^3$,同时单井差异较大,高部位的板 G1 库 1 井日注气量为 $20 \times 10^4 \sim 75 \times 10^4 m^3$,如图 5-1-5 所示,平均日注气量为 $40 \times 10^4 m^3$,为设计的 2 倍。低部位的板 G1 库 2 井最高日注气量 $34 \times 10^4 m^3$,平均日注气量 $16 \times 10^4 m^3$,板 G1 库 4 井最高日注气量 $36 \times 10^4 m^3$,平均日注气量 $16 \times 10^4 m^3$。

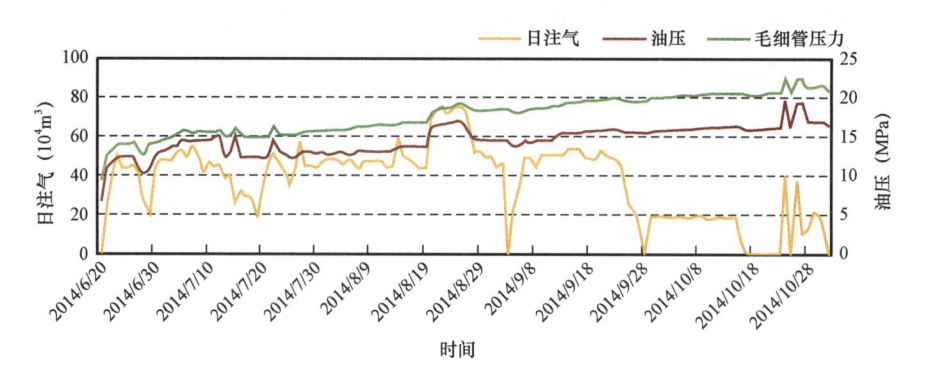

图 5-1-5　板 G1 库 1 井第一注气期注气生产曲线图

通过第一轮注气分析,板南储气库群 6 口注气井可实现平均日注气量 $194\times10^4\mathrm{m}^3$,单井注气量也基本能够达到设计值,结合第一周期注气动态计算工作气量为 $4.25\times10^8\mathrm{m}^3$,与设计工作气量 $4.27\times10^8\mathrm{m}^3$ 吻合程度高,但也需在今后的注采气过程中进行再评价。

二、投产试采运行

2014 年注气期末,储气库库存量达 $1.9\times10^8\mathrm{m}^3$,地层压力 16MPa,已经高于储气库运行下限压力,具备试采气条件。

板南储气库群于 2015 年 3 月 11—23 日进行了系统试采,累计运行 13 天,计划采气 $900\times10^4\mathrm{m}^3$,实际采气 $901\times10^4\mathrm{m}^3$,日均采气 $69.31\times10^4\mathrm{m}^3$,峰值日采气 $117.9\times10^4\mathrm{m}^3$;累计采液 $223.9\mathrm{m}^3$,日均采液 $17.2\mathrm{m}^3$,峰值日采液 $41.3\mathrm{m}^3$。

(一)试采期系统运行情况分析

采气系统于 2015 年 3 月 10 日投产试运行,投产过程组织顺畅、生产系统运行平稳、节点参数控制准确。截至 2015 年 3 月 16 日,储气库按计划开井 6 井次,累计采气 $193\times10^4\mathrm{m}^3$,天然气外输露点温度控制在 $-9.5\mathrm{℃}\sim-6.5\mathrm{℃}$ 之间。生产系统中除乙二醇再生系统因产液量较低无法投运外,其余主要设施如天然气处理系统、自控系统、电力系统、ESD 系统等陆续投入试运,均达到生产要求。

(二)试采效果评价

白 6 库设计单井日采气能力 $20\times10^4\sim45\times10^4\mathrm{m}^3$,鉴于注气末地层压力 12.4MPa,未达到下限压力,主要考虑试运设备而进行试采气。2 口气井在油嘴开度 $35\%\sim40\%$,白 6 库 3 井采气能力 $18\times10^4\mathrm{m}^3/\mathrm{d}$,白 6 库 1 井采气能力 $10\times10^4\mathrm{m}^3/\mathrm{d}$,由于地层压力低于下限压力,气井产量下降快。

白 8 库设计单井日采气 $20\times10^4\sim50\times10^4\mathrm{m}^3$,地层压力 16MPa 时,单井采气能力 $25\times10^4\mathrm{m}^3/\mathrm{d}$。实际该井通过系统试井,最高日产能力为 $25\times10^4\mathrm{m}^3$。结合系统试井产能方程计算地层压力分别为 15MPa、17.3MPa、25MPa、30MPa 时的无阻流量为 $93.44\times10^4\mathrm{m}^3/\mathrm{d}$、$112.95\times10^4\mathrm{m}^3/\mathrm{d}$、$179.72\times10^4\mathrm{m}^3/\mathrm{d}$、$223.71\times10^4\mathrm{m}^3/\mathrm{d}$,无阻流量值为方案设计的 2 倍。

板 G1 库设计单井日采气能力 $20\times10^4\sim45\times10^4\mathrm{m}^3$,地层压力 20MPa 时,最高产气量 $35\times$

$10^4\mathrm{m}^3$。实际运行 3 口气井最高日采气能力达到 $91\times10^4\mathrm{m}^3$，平均单井日采气 $30\times10^4\mathrm{m}^3$，相差 $5\times10^4\mathrm{m}^3$。其中板 G1 库 1 井和板 G1 库 2 井达到设计指标，在控制油嘴开度 55% 时，板 G1 库 4 井未达到设计指标，考虑如果完全放开生产情况下，可以实现设计指标。另外，建库早期，采取的是顶部多注气的方法，单井注气量的多少，也造成了采气量的差异。

通过对采气系统试运，采气系统生产平稳，运行状况好，为 2015 年冬季采气调峰奠定了基础。单井采气量指标达到了设计指标，但是由于试采时间短、采气量少，还需进一步论证。

第二节　储气库运行动态监测

为了保障地下储气库安全、长久、平稳、高效运行，及时监测各类地质信息，根据监测数据，进行气库运行参数的动态分析，为储气库注采方案的编制及调整提供依据，为储气库的科学高效运行提供支撑。

一、编制动态监测方案

(一)监测方案思路

1. 建立全方位、立体化监测体系

(1)对储气库盖层、断层、井壁的密封性监测。

(2)对储气库内压力场、温度场、流体场的监测，对储气库含气范围外的压力、流体监测，目的是判断库容量的变化。

(3)对注采井生产能力、井流物性质监测。

(4)对储层物理、化学性质的监测等。

2. 建立全过程、永久化的监测体系

(1)储气库建设前期的监测，包括静态、动态参数、老井井况，流体性质及分布。

(2)储气库建设过程的监测，包括钻井、完井、录井、测井、试气等过程的资料录取。

(3)储气库建设后的监测，包括生产过程中的动静态参数的监测等。

3. 建立全范围、动态化的井点监测体系

(1)利用断层附近观测井，对断层的封闭性进行监测。

(2)对储气库内的静、动态参数进行监测。

(3)利用油水边界邻近的井进行水域压力和气体是否泄漏性监测。

(二)监测内容

板南地下储气库群自建设运营开始，为掌握其运行规律，为以后储气库正常运行管理提供经验，重点开展了以下内容的监测。

1. 生产动态资料录取

采气井：记录油嘴、日产油、日产气、日产水、井口油压、套压、回压、流压、流温、井口温度、含水、含砂等数据，计算月、年、累计时间的油、气、水产量。同时记录分离器温度及压力等数据,建立单井日报系统及单井生产数据库。

注气井:记录日注气量、压缩机出口压力、压缩机出口温度、井口油压、套压、井口温度等数据,建立单井日报系统及单井注气数据库,计算月、年、累计注气量数据。

2. 压力及温度监测

每断块选择1口注采井进行毛细管压力检测,以及时了解气库压力变化。

储气库停气期内所有井测取静压、静温等资料。

3. 流体分析

为了及时掌握储气库内流体分布及运移规律,有必要进行流体取样分析,在采气期及注气期内每月进行一次注、采井流体取样,进行样品(包括油、气、水)全分析。

4. 固井及套管检测

为了监测固井质量及检查套管密封性,在储气库运行3~4个周期后,利用停气期对储气库的注、采转换井进行放射性测量,尤其对固井质量差的部位进行重点监测,以掌握是否有渗漏现象发生。

(三)制定监测方案

每年注气期开始前根据上一周期注采运行情况及压力监测结果制定下一注采周期的监测计划,见表5-2-1,并严格按照监测计划实施各项监测工作。

表5-2-1 板南储气库群年度监测计划

	毛细管压力 (每日)	静压、静温 (7月1—31日)	
注气期 (3月26日—10月31日)	流压:白6库3、白8库H1、板G1库1 静压:板G1库监1	白6、白6-2、白6-1、白6-6、白6-8、白6库1、白8、白14-1、白20-2s、板G1、板G1库2、板G1库4、板G1库7、板G1库监1	
注气后平衡期 (11月1—15日)	毛细管压力(静压,每日) 白6库3、白8库H1、板G1库1、板G1库监1	静压、静温 白6、白6-2、白6-1、白6-6、白6-8、白6库1、白8、白14-1、白20-2s、板G1、板G1库2、板G1库4、板G1库7、板G1库监1	
采气期 (11月16—3月15日)	毛细管压力 (每日) 流压:白6库3、白8库H1、板G1库1 静压:板G1库监1	流体性质 (每月) 白6-1、白6-8、板G1库2、板G1库7	系统试井 各库区每年各选1口井
采气后平衡期 (3月16—25日)	毛细管压力(静压,每日) 白6库3、白8库H1、板G1库1、板G1库监1	静压、静温 白6、白6-2、白6-1、白6-6、白6-8、白6库1、白8、白14-1、白20-2s、板G1、板G1库2、板G1库4、板G1库7、板G1库监1	

注:实际运行时间以调度指令及现场工况为准。

二、运行动态监测

(一) 盖层密封性监测

板南储气库群在用盖层监测井3口,见表5-2-2,分别位于3个区块。板南储气库群每日对监测井巡检并录取资料,发现异常则加密巡检,每年注气期中、注气期后平衡期及采气后平衡期下测试仪器录取监测井压力、温度数据。

表5-2-2 盖层监测井统计表

序号	井号	所属库区	监测层位	深度(m)
1	白6-2	白6	板Ⅱ	2768.1~2789.3
2	白8	白8	板0	2570~2579.6
3	板G1	板G1	滨Ⅲ	3009.62~3023.62

1. 白6-2井

白6-2井位于板桥油田南区白6-1井断块较高部位,原为该断块一口生产井,2012年1月11日封井,2013年7月10日射开板Ⅱ油组2768.1~2789.3m层段转为该断块一口盖层监测井。目前该井油压、套压稳定,下仪器所测油层中部压力数据正常,如图5-2-1所示。表明该断块盖层密封性良好,无泄漏。

图5-2-1 白6-2井压力曲线

2. 白8井

白8井位于板桥油田白水头断块南部,原为该断块一口生产井,于1976年12月试油获高产油气流,2010年12月9日封井,2013年9月10日射开板0油组2570~2579.6m层段转为该断块一口盖层监测井。目前该井油压、套压稳定,均为0MPa,下仪器所测油层中部压力数据正常,如图5-2-2所示。表明该断块盖层密封性良好,无泄漏。

3. 板G1井

板G1井位于板南断块板南3井断块高点,原为该断块一口生产井,于1993年11月滨Ⅳ油组试油获高产,2013年1月29日封井,2013年9月9日射开滨Ⅲ油组3009.62~3023.62m层段转为该断块一口盖层监测井。目前该井油压、套压稳定,下仪器所测油层中部压力数据正常,如图5-2-3所示。表明该断块盖层密封性良好,无泄漏。

图 5-2-2　白 8 井压力曲线

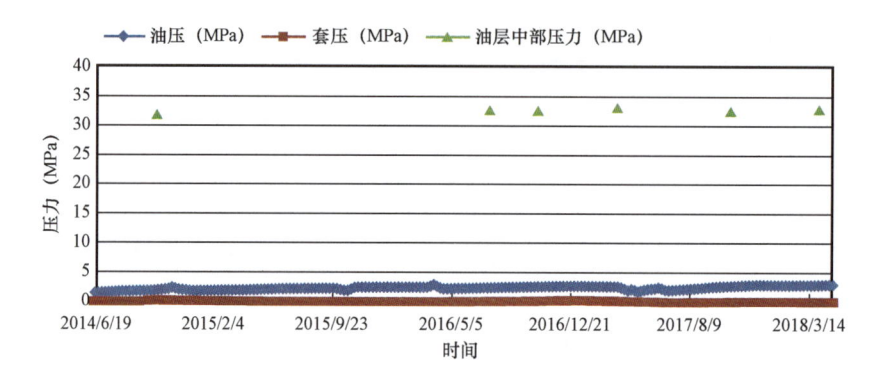

图 5-2-3　板 G1 井压力曲线

(二) 断层监测

板南储气库群设计监测井 2 口,由于板深 30 井在施工过程中发现井筒套漏,后决定注灰封井,目前在用断层监测井仅白 14-1 井 1 口。板南储气库群每日对监测井巡检并录取资料,发现异常则加密巡检,每年注气期期中、注气期后平衡期及采气后平衡期下测试仪器录取监测井油层中部压力、温度数据。

白 14-1 井运行过程中油压、套压及油层中部压力数据稳定,如图 5-2-4 所示,无明显压升压降现象,认为白 14-1 井所监测断层封闭性良好。

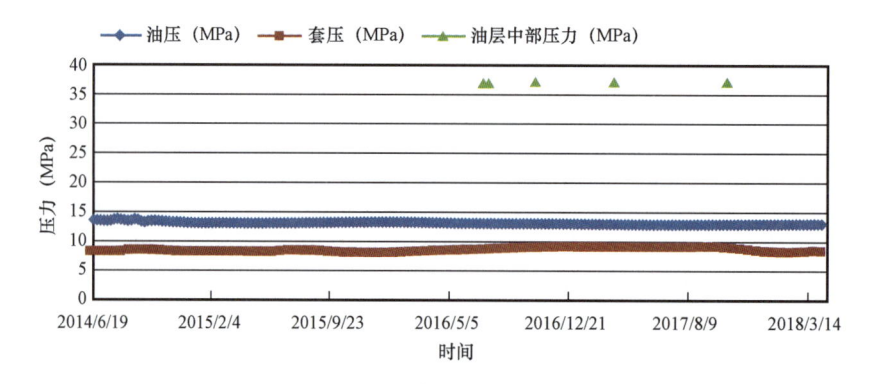

图 5-2-4　白 14-1 井压力曲线

(三)气水界面监测

板南储气库群在用气水界面监测井3口,见表5-2-3,分别位于3个区块。板南储气库群每日对监测井巡检并录取资料,发现异常则加密巡检,每年注气期期中、注气期后平衡期及采气后平衡期下测试仪器录取监测井油层中部压力、温度数据。

表5-2-3 气水界面监测井统计表

序号	井号	所属库区	监测层位	深度(m)
1	白6井	白6库	板Ⅲ	2776.6~2809.2
2	白20-2s井	白8库	板Ⅰ	3344.8~3380.6
3	板G1库监1井	板G1库	滨Ⅳ	3115.9~3151.9

1. 白6井

白6井位于白水头断块西部,2011年7月26日封井,2013年8月16日射开板3油组2776.6~2809.2m层段转为该断块一口气水界面监测井。目前该井油压、套压稳定,下仪器所测油层中部压力数据正常,如图5-2-5所示。

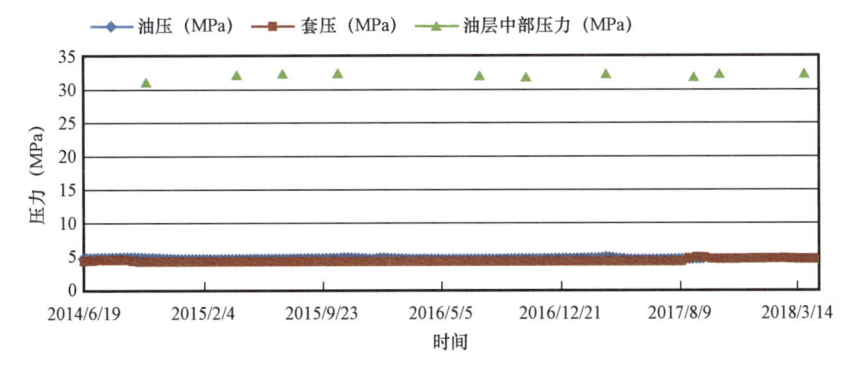

图5-2-5 白6井压力曲线

2. 白20-2s井

白20-2s井位于北大港潜山构造带白水头断鼻白20-4断块,2011年6月27日封井,2013年10月13日射开板1油组3344.8~3380.6m层段转为该断块一口气水界面监测井。目前该井油压、套压稳定,下仪器所测油层中部压力数据正常,如图5-2-6所示。

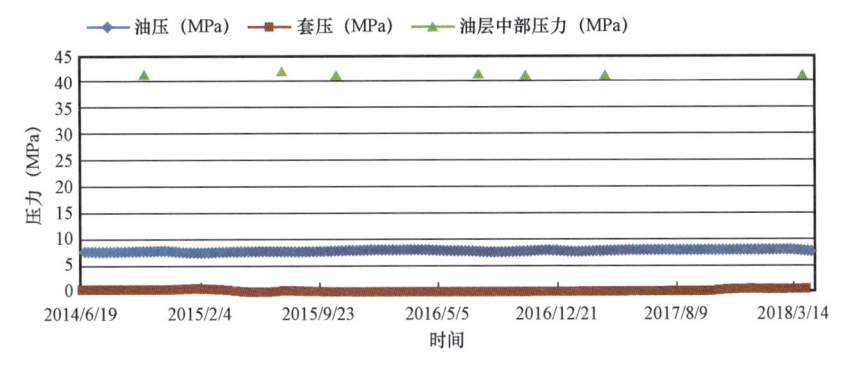

图5-2-6 白20-2s井压力曲线

3. 板 G1 库监 1 井

板 G1 库监 1 井位于板桥油气田板 G1 断块,该井于 2017 年 12 月 15 日完井,随着地面辅助设备安装到位,于 2018 年 1 月 10 日投入使用,标志着板 G1 断块的监测体系进一步完善。该井安装一套毛细管测压系统,实时监测地层压力数据。目前该井油压、套压稳定,下仪器所测油层中部压力数据与毛细管测压系统所测数据一致,如图 5-2-7 所示。

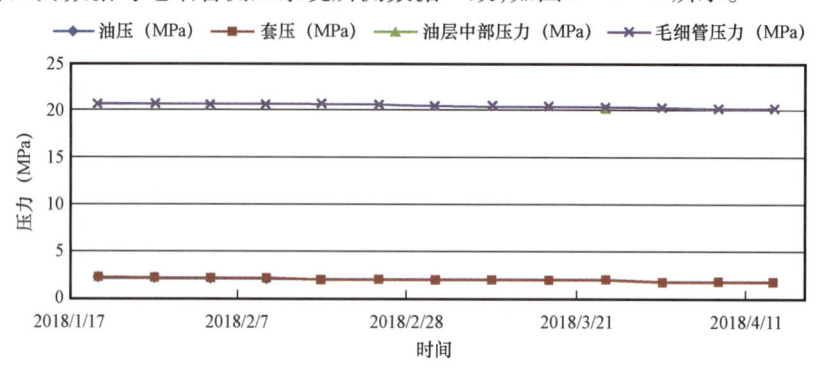

图 5-2-7 板 G1 库监 1 井压力曲线

(四)气质监测

板南储气库群在大港末站气量交接计量点设有色谱仪,实时监测气体组分,该系统自 2016 年注气期正式投用。监测数据表明,板南储气库群运行期间气体组分相对较稳定,相关性质见表 5-2-4,气体组分与原气藏天然气组分存在明显的区别,见表 5-2-5。

表 5-2-4 板南储气库群天然气组分检测记录

组分	时间	2015 年 3 月 11 日	2016—2017 年注采期 7 月 13 日	11 月 30 日	2 月 28 日	2017—2018 年注采期 7 月 13 日	11 月 30 日	2 月 28 日
N_2		0.3940	0.9826	0.8576	0.7947	0.7717	0.8252	0.7666
CO_2		1.5110	1.2188	1.2678	1.3247	1.3450	1.2675	1.3264
C_1		93.0980	93.2699	93.2589	92.7513	93.3021	93.2916	92.2621
C_2	摩尔百分数(%)	3.9080	3.5386	3.5533	3.7789	3.5693	3.5437	3.9358
C_3		0.7330	0.6213	0.6427	0.8103	0.6347	0.6487	0.9746
iC_4		0.1240	0.1022	0.1089	0.1452	0.1077	0.1135	0.1816
nC_4		0.1270	0.1164	0.1228	0.1772	0.1159	0.1207	0.2287
iC_5		0.0520	0.0439	0.0481	0.0646	0.0466	0.0490	0.0844
nC_5		0.0230	0.0253	0.0298	0.0492	0.0248	0.0299	0.0716
C_6		0.0270	0.0810	0.1101	0.1040	0.0822	0.1102	0.1682
C_7		0.0030						
$H_2S(mg/L)$								
HS(高热值)			38.7023	38.8095	39.0801	38.7594	38.8259	39.4408
低热值								

续表

时间 组分	2015年 3月11日	2016—2017年注采期			2017—2018年注采期		
		7月13日	11月30日	2月28日	7月13日	11月30日	2月28日
SG（相对密度）	0.6020	0.6005	0.6018	0.6067	0.6013	0.6017	0.6127
检测方式	取样外委	色谱仪					

表5-2-5 板南储气库群各断块原始气体性质统计表

断块	层位	甲烷含量(%)	乙烷含量(%)	相对密度
板G1	滨Ⅳ	85.26	6.38	0.69
白6	板Ⅲ	79.17	11.13	0.71
白8	板Ⅰ	88.96		0.642
平均值		84.46	8.76	0.68

（五）重点井实时压力监测

单井数据采集系统的使用范围：板南储气库群所管全部井。

板南储气库群单井数据采集系统，如图5-2-8所示，采用了以计算机为核心的监控及数据采集（Supervisory Control And DataAcquisition，SCADA）系统。对于分散的井口部分采用RTU监控的模式。井口均采用了 Emerson 公司的 ControlWave Micro RTU 来实现井口的监控。ControlWave Micro 可以和任何主流 SCADA 系统进行通信，具有很好的集成度，能够保证数据正确实时的上传至调控中心。此外，ControlWave Micro 还具有就地控制功能，即使在通信出现中断时，仍能控制井口设备完成动作，这样使得整个 SCADA 系统的风险分散开来。

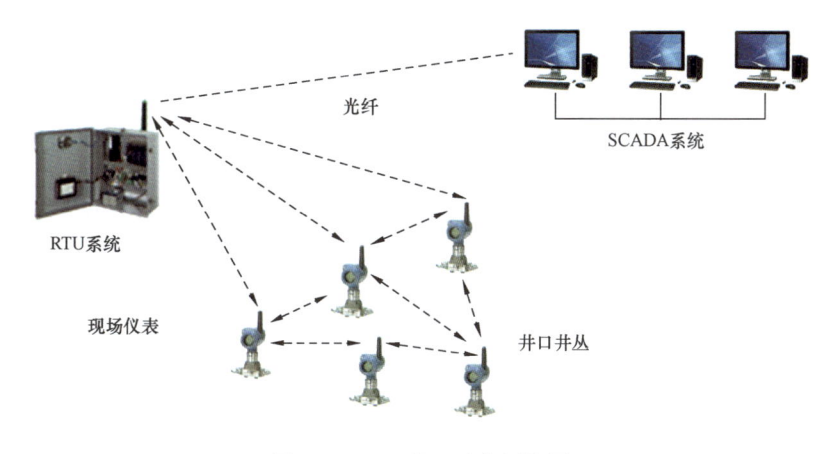

图5-2-8 井口远传网络图

艾默生现场智能无线网络，如图5-2-9所示，分成两层结构：第一层是现场无线设备之间的自组织网络（Self Organizing Network），无线设备以自我组织的、Mesh架构智能化的方式与网关（Gateway）通信。第二层是网关和主机系统之间的无缝式通信，主机系统可以是DCS、PLC，或任何HMI工作站等。

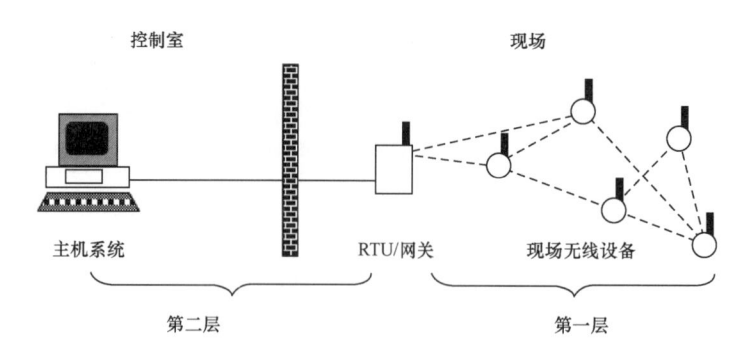

图 5-2-9　现场无线网络架构

第一层为现场无线设备之间的通信网络,采用自组织全网格拓扑结构(Mesh Topology),集成工业级的安全措施,采用功能强大的冗余通信方式。无线网络自我组织、自我适应、自我修复,数据传输可靠性大于99%。由于采用 Mesh 结构,无线网关具备网络管理功能,因此,在通信路径被干扰时,网络无线设备能够自动重新选择其他冗余路径进行通信。

现场无线设备包括压力变送器、温度变送器、分析变送器、阀位反馈位置变送器及振动变送器等,涵盖了工业过程中各种测量参数的无线监测设备。现场设备之间的无线通信的物理层协议,采用2.4GHz 的 ISM 公用频段,应用直接序列扩频技术(DSSS)克服无线网络干扰,无线通信的链路层(Link Layer)符合 IEEE 802.15.4 工业无线通信标准,在应用层符合 WirelessHart 协议,数据包采用 AES-128 位的行业标准加密技术,以保证现场设备之间的通信安全。

第二层网络,无线设备的数据通过网关集成到主机系统(如 DCS、PLC 及工作站)中。网关提供标准通信接口,用于同主机系统的通信和网络维护。通信接口支持以太网通信标准(Ethernet),以实现与主机系统的 OPC、Modbus TCP/IP、HTML 的通信;通信接口同时支持 Modbus RTU/RS-485 串口通信,也可以配置支持光缆连接的通信接口(Fiber Optic Communication Port)。

通过以上架构最终实现了单井数据实时监控的目的。

考虑到储气库运行过程中应全方位立体监测,保证储气库运行安全,各库分别选取重点井安装毛细管测压系统,进行地层压力实时监测,包括白6库的白6库3井、白8库的白8库 H1井、板 G1 库的板 G1 库1井和板 G1 库监1井共4口井。

毛细管测压装置工作原理(图 5-2-10)是:井下测压点处的压力作用在传压筒内的气柱上,由毛细管内气体传递压力至井口,由压力变送器测得地面一端毛细钢管内的氮气压力后,将信号传送到数据采集器,数据采集器将压力数据显示并储存起来。记录下来的井口实测压力数据由计算机回放后处理,根据测压深度和井筒温度完成由井口压力向井下压力的计算,再通过毛细管将传压筒的测试结果传到地面。

毛细管测压系统主要有地面部分(氮气源、氮气增压泵、空气压缩机、安全吹扫系统、压力变送器、计算器、数据采集控制系统)和井下部分(井口穿越器、过电缆封隔器穿越器、毛细钢管、传压筒、毛细钢管保护器)组成,其中数据采集控制系统由数据处理单元、控制单元、自动控制和显示器组成,自动控制系统又包括继电器和电磁阀;安全吹扫系统包括单流阀、高压针

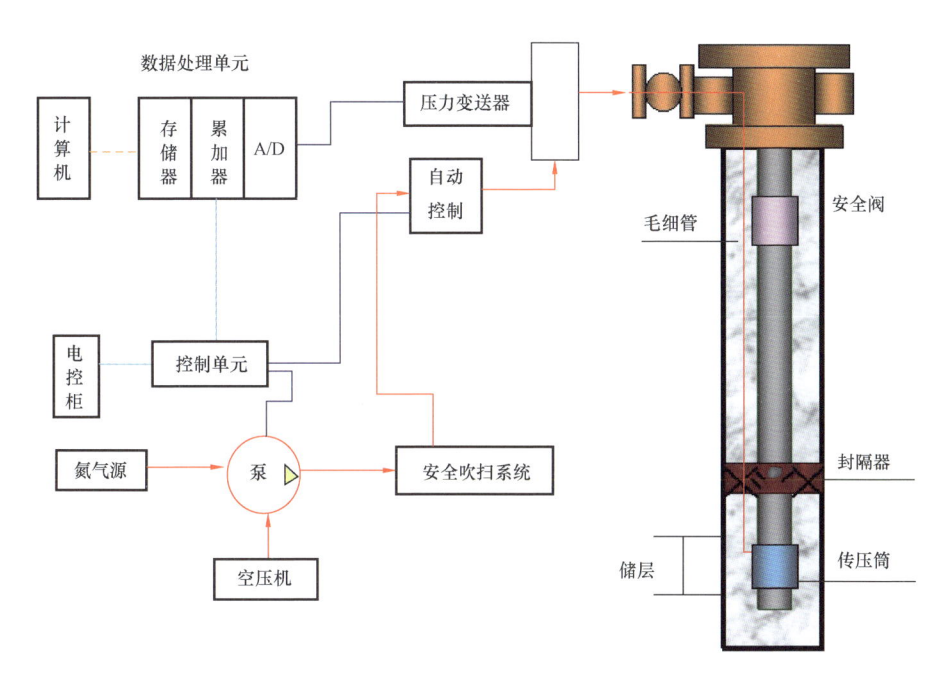

图 5-2-10 毛细管测压装置示意图

阀、定压溢流阀组成。

毛细钢管和传压筒中均充满氮气,氮气源由井口的普通工业氮气瓶提供,使用高压氮气压缩机将氮气吹扫至毛细钢管及井下传压筒中。

毛细管测压系统优点是耐温程度高,寿命较长,缺点是测压位置单一,需要定期维护,不能同时测量温度。

目前毛细管测压系统系统运行效果良好,监测数据正常。

(六)动态监测完成情况

储气库投运后,为保证储气库长久、安全、平稳、高效运行,优化配置注采资源,尽可能提高气库运行效率,降低储气成本,需要对储气库持续开展生产动态监测,主要对其运行过程中压力变化、温度变化、注采井注采气能力变化、气水界面变化、采气井采出气气质和水质变化等进行监测。

注采运行期间,板南储气库群注重四个方面的监测,相关明细见表 5-2-6,共实施 272 井次。为储气库动态分析及开发调整方案的编制提供了重要的依据。

表 5-2-6 板南储气库群监测工作量完成情况统计表

监测类别	板 G1 断块（滨Ⅳ）	白 6 断块（板Ⅲ）	白 8 断块（板Ⅰ）	合计
完整性监测	28	28	42	98
连通性监测	56	70	19	145

续表

监测类别	板G1断块（滨Ⅳ）	白6断块（板Ⅲ）	白8断块（板Ⅰ）	合计
注采能力监测	2	3	3	8
流体组分	6	5	10	21
合计	92	106	74	272

第三节 储气库注采运行情况

板南储气库群从2014年6月18日开始投入注气运行，截至2021年3月31日，经历了7注7采完整周期，共计注采井11口，最大日注气量 $315\times10^4m^3$，最大日采气量 $402\times10^4m^3$，历年累计注气 $17.82\times10^8m^3$，累计采气 $14.69\times10^8m^3$。

一、储气库多周期注采运行情况

通过储气库历年日注气曲线对比，除第一周期受压缩机运行状况的影响，后五个周期在启动2台压缩机规模的情况下，均能达到日注近 $200\times10^4m^3$ 的平稳规模，第七注气期启动3台压缩机，日注气量达到 $300\times10^4m^3$，如图5-3-1所示，储气库处于扩容阶段，年累计注采规模呈逐年上升趋势，其中第六注气期累计注气 $3.25\times10^8m^3$，如图5-3-2所示。

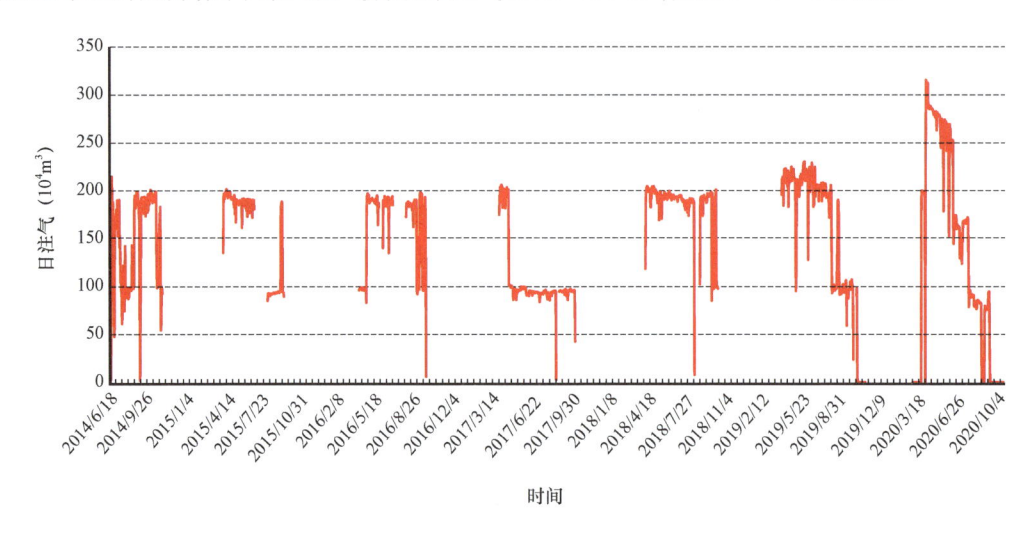

图5-3-1 板南储气库群各周期注气生产曲线

通过储气库历年日采气曲线对比，各周期与注气运行规律基本一致，年累计采气规模和最大采气量投产后均逐年递增，第五采气期累计采气量 $2.95\times10^8m^3$，第六采气期受调峰需求影响采气量略有下降，为 $2.65\times10^8m^3$，最大日采气量达到 $400\times10^4m^3$，如图5-3-3所示。

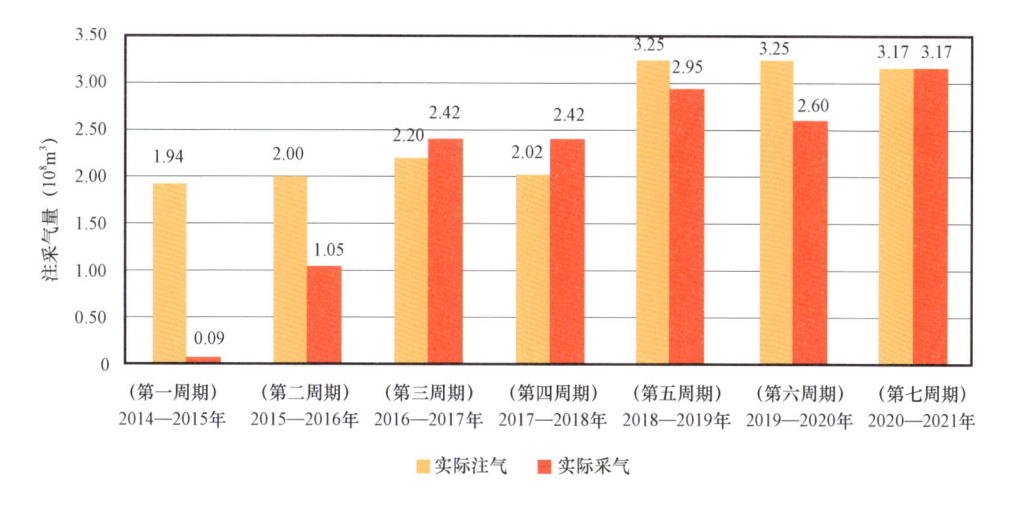

图 5-3-2 板南储气库群各周期注气生产曲线

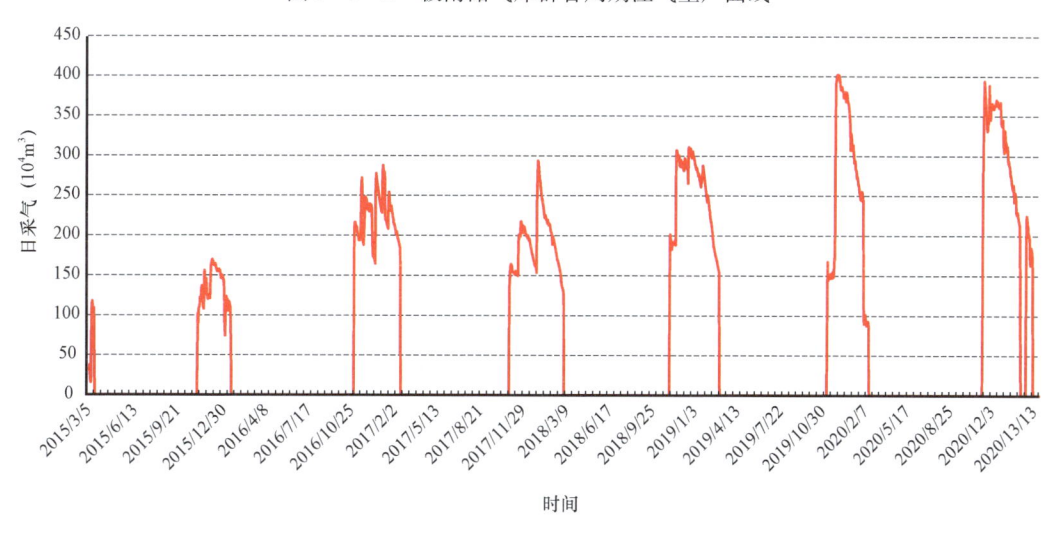

图 5-3-3 板南储气库群各周期采气生产日曲线

二、各库多周期注采运行情况

白 6 库多周期注采运行,阶段注气与阶段采气量均呈上升趋势,目前储气库运行压力未达到上限,下限压力低于设计值 1MPa。阶段最高注气量为第五周期的 $1.75 \times 10^8 m^3$,储气库运行压力区间为 13.10~26.71MPa。阶段最高采气量为第七周期的 $1.5577 \times 10^8 m^3$,储气库运行压力区间为 14.5~29.51MPa,储气库最高日采气量在第六采气期达到 $242 \times 10^4 m^3/d$,见表 5-3-1。表现为定容气藏特征,周期产液呈逐年递减趋势,储气库液气比有所下降,且以凝析油为主,基本不含水。

白 8 库由单一水平井控制,阶段注气与阶段采气量基本稳定在 $3000 \times 10^4 m^3$ 左右,个别周期受调峰需求影响,目前储气库运行压力未达到上限,下限压力高于设计值 3~6MPa。阶段最高注气量为第四周期的 $0.34439 \times 10^8 m^3$,储气库运行压力区间为 16.1~29.7MPa。阶段最高采气量为第四周期的 $0.3089\times10^8\mathrm{m}^3$,储气库运行压力区间为 16.1~29.7MPa,储气库最高日采气量达到 $42\times10^4\mathrm{m}^3/\mathrm{d}$,见表 5-3-2。表现为定容气藏特征,阶段产液量不足 $200\mathrm{m}^3$。

表 5-3-1 白 6 库周期注采数据统计表

注采周期	阶段注气 ($10^4\mathrm{m}^3$)	注气后压力 (MPa)	阶段采气 ($10^4\mathrm{m}^3$)	最高日采气 ($10^4\mathrm{m}^3$)	采气后压力 (MPa)	阶段产液 (m^3)	液气比 ($\mathrm{m}^3/10^4\mathrm{m}^3$)
2014—2015 年	7899.80	14.21	181	30	12.93	49.30	0.27
2015—2016 年	11876.90	22.15	5493	91	17.36	2245.20	0.41
2016—2017 年	11650.80	26.55	13233	173	13.70	3441.80	0.26
2017—2018 年	13311.00	25.94	15243	184	11.95	2451.50	0.16
2018—2019 年	17549.30	26.71	14049	149	13.10	2484.50	0.18
2019—2020 年	17074.60	29.13	13457	242	16.08	1778.30	0.13
2020—2021 年	15875.35	29.51	15577	230	14.50	1978.90	0.13

表 5-3-2 白 8 库周期注采数据统计表

注采周期	阶段注气 ($10^4\mathrm{m}^3$)	注气后压力 (MPa)	阶段采气 ($10^4\mathrm{m}^3$)	最高日采气 ($10^4\mathrm{m}^3$)	采气后压力 (MPa)	阶段产液 (m^3)	液气比 ($\mathrm{m}^3/10^4\mathrm{m}^3$)
2014—2015 年	2375.70	17.20	94.10	25	16.50	18.40	0.20
2015—2016 年	2334.50	23.90	1292.60	25	19.10	88.00	0.07
2016—2017 年	2256.20	27.00	2525.60	39	17.60	181.40	0.07
2017—2018 年	3443.90	29.70	3089.80	39	16.10	163.10	0.05
2018—2019 年	3306.30	29.20	3048.10	37	15.90	140.40	0.05
2019—2020 年	2506.10	27.00	1615.10	42	19.10	7.40	0.00

板 G1 库多周期注采运行,阶段注气与阶段采气量均呈上升趋势,目前储气库运行压力已达到设计上限压力 31MPa,下限压力高于设计值 1MPa。阶段最高注气量为第六周期的 $1.29\times10^8\mathrm{m}^3$,储气库运行压力区间为 15.22~31.63MPa。阶段最高采气量为第五周期的 $1.24135\times10^8\mathrm{m}^3$,气库运行压力区间为 14.28~31.76MPa,储气库最高日采气量在第七采气期达到 $198\times10^4\mathrm{m}^3/\mathrm{d}$,见表 5-3-3。表现为弱边水气藏特征,采气末期,边部井产液量逐渐升高。

表 5-3-3 板 G1 库周期注采数据统计表

注采周期	阶段注气 ($10^4\mathrm{m}^3$)	注气后压力 (MPa)	阶段采气 ($10^4\mathrm{m}^3$)	最高日采气 ($10^4\mathrm{m}^3$)	采气后压力 (MPa)	阶段产液 (m^3)	液气比 ($\mathrm{m}^3/10^4\mathrm{m}^3$)
2014—2015 年	9076.3	20.53	626.2	87	19.10	156.20	0.25
2015—2016 年	5806.8	24.50	3698.6	72	19.30	1177.90	0.32
2016—2017 年	8093.0	29.91	8393.0	127	17.82	3300.20	0.39
2017—2018 年	3454.0	22.82	5837.9	148	14.91	4918.70	0.84
2018—2019 年	11597.5	31.76	12413.5	146	14.28	5081.50	0.41
2019—2020 年	12906.9	31.63	10905.6	177	15.22	3587.20	0.33
2020—2021 年	12537.2	31.03	12116.1	198	14.00	4034.70	0.33

三、多周期注采运行经典做法

(一)调整压力运行区间,注气量得到提升

自第四周期开始,板南储气库群白6库第四采气期末下限压力采至12MPa,第五注气期注气量达到 $1.75 \times 10^8 \mathrm{m}^3$,注气量增加了 $4238 \times 10^4 \mathrm{m}^3$,压力运行区间 12~26MPa,上限压力不变,注气量较前两个周期明显增加,如图5-3-4和图5-3-5所示。第五注气期板G1库的上限压力提高到了32.7MPa,注气量增加了 $8143 \times 10^4 \mathrm{m}^3$。

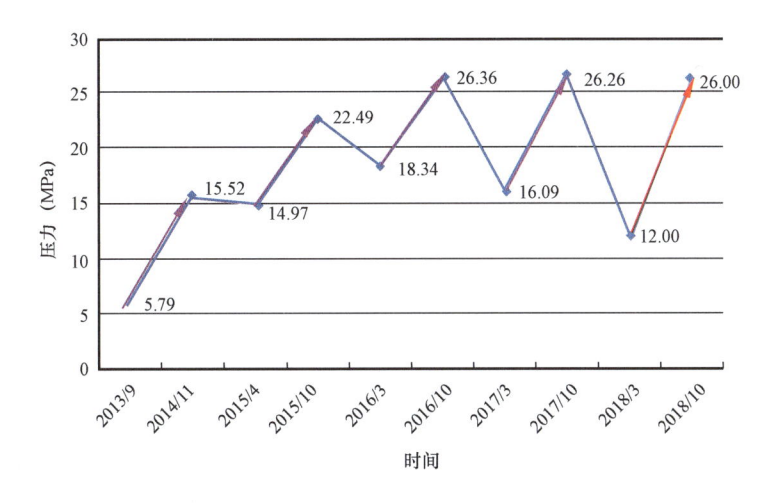

图5-3-4 白6库压力运行统计图

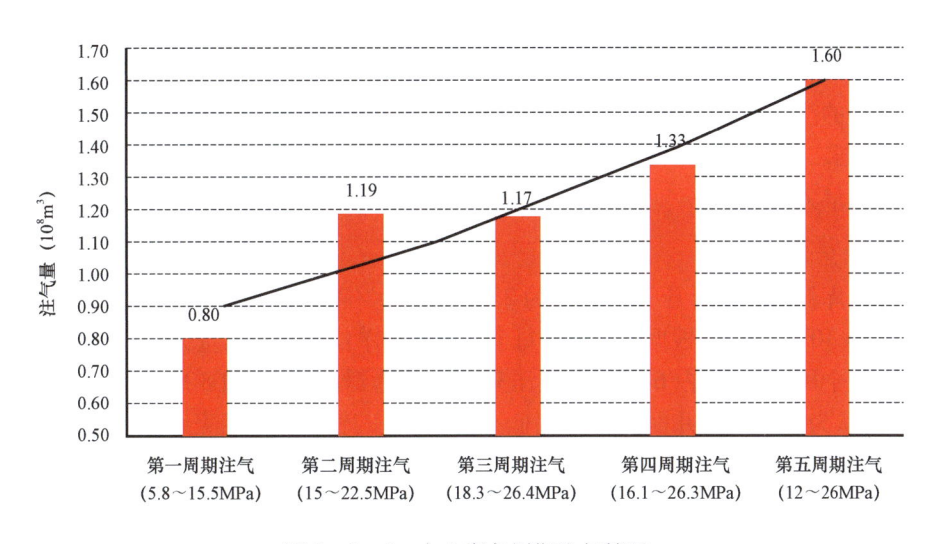

图5-3-5 白6库各周期注气情况

(二)优化注采方式及配产配注,提高工作气量

一是应用间歇注气方式,储气库压力均匀波及扩散提高储层动用效率。

调研了大张坨等储气库运行规律，结合板南储气库地质复杂、安全环保、设备维护等特点，应用了间歇注气方式，储气库压力均匀波及，提高了储层动用程度。注气期内，增加一个平衡期，气井压力基本一致，储层均匀动用。采气过程中，开井顺序和工作制度调整，保证储气库压升（降）同步，提高储层动用效率。

二是单井精细测试评价注采气能力，整体优化配产配注，提高井控库存。

白6库和板G1库开展系统试井+压力恢复一体化精细测试，落实了单井注采能力，通过气井的产能公式复算，使注采方案的运行更加合理与科学，从而也加快了储气库的达容工作。

三是强化边部排液，提高储层动用，有效增加了库容

白6库在编制注采方案时，充分考虑了气藏高部位岩性歼灭，局部微相变化和低部位构造控制等因素，采取了中间注气、边部有效采气（油）的针对性方案，形成有效气驱，轻质组分驱替地下相对重质组分扩散，边部气井由建库前产油量为零，到第二、第三周期单井日产凝析油达到20~30m³，7个周期来累计生产凝析油约8000m³，排液起到了扩容效果。

第四节　注采动态分析与评价

一、多周期注采动态分析与对比

（一）注采气能力评价

1. 评价方法

单位压降（升）注采气量是评价气库整体注采能力的一个重要指标，对板南储气库群7个注采周期的单位压升注气量和单位压降采气量进行变化情况分析，从而评价储气库的注采气能力。

针对气井的注采能力评价，主要开展不同时期的系统试井试验，通过无阻流量进行注采井产能测试，根据二项式产能方程进一步落实生产能力。同时在生产过程中，通过调节油嘴开度来测试气井的最大能力。

2. 储气库注气能力

板南储气库群方案设计压升注入量为 $2372 \times 10^4 m^3/MPa$，实际为 $2037 \times 10^4 m^3/MPa$，低于设计指标 $335 \times 10^4 m^3/MPa$；根据各储气库每个注气期的单位压升注入量分析得出（表5-4-1），储气库运行五个周期以来，白6库的单位压升注入量达到设计值；白8库和板G1库略低于设计指标，分析认为白8库与井网控制程度低有关，板G1库通过后期完善井网，储气库注气效果有待进一步优化。

3. 储气库采气能力

板南储气库群方案设计单位压差采气量为 $2372 \times 10^4 m^3/MPa$，实际为 $1955 \times 10^4 m^3/MPa$，见表5-4-2，低于设计指标 $417 \times 10^4 m^3/MPa$，与注气能力相对应，主要是白8库和板G1库分别低于设计指标 $85 \times 10^4 m^3/MPa$ 和 $288 \times 10^4 m^3/MPa$。板G1库通过后期完善井网，储气库采气效果也有待进一步优化；白8库水平井井控程度低，目前单一水平井难以达到设计指标。

表 5-4-1　板南储气库群单位压升注入量与方案对比表

储气库名称		白 6	白 8	板 G1	合计
第七周期注气(10^4m^3)		15875	3282	12537	34852
阶段压升(MPa)		13.43	13.5	15.81	
单位压升注气量 ($10^4m^3/MPa$)	设计	1078	294	1000	2372
	第一注气期	1310	198	1162	2670
	第二注气期	1284	320	1075	2679
	第三注气期	1268	243	744	2254
	第四注气期	1088	236	691	2014
	第五注气期	1189	227	688	2104
	第六注气期	1068	225	744	2037
	第七注气期	1184	244	791	2219

表 5-4-2　板南储气库群单位压降采气量与方案对比表

储气库名称		白 6	白 8	板 G1	合计
第七采气期累计采气(10^4m^3)		15577	3985	12116	31678
第七采气期压降(MPa)		15	13.5	17	
单位压降采气量 ($10^4m^3/MPa$)	设计	1078	294	1000	2372
	第二采气期	1147	287	676	2110
	第三采气期	1030	200	694	1924
	第四采气期	1090	206	738	2034
	第五采气期	1034	209	712	1955
	第六采气期	1035	204	664	1896
	第七采气期	1038	260	711	2009

4. 单井注采气能力

采气能力测试调峰能力较强,最大采气能力达到 $645.12×10^4m^3/d$,见表 5-4-3。

表 5-4-3　板南储气库群最大采气能力测试表

序号	井号	最大瞬时量 (10^4m^3)	折算日产 (10^4m^3)	库区合计 (10^4m^3)
1	白 6-1	2.43	58.32	268.08
2	白 6-8	2.28	54.72	
3	白 6 库 1	2.95	70.8	
4	白 6 库 3	3.51	84.24	
5	白 8 库 H1	5.26	126.24	126.24

续表

序号	井号	最大瞬时量（10⁴m³）	折算日产（10⁴m³）	库区合计（10⁴m³）
6	板 G1 库 1	3.95	94.8	250.8
7	板 G1 库 2	2.7	64.8	
8	板 G1 库 4	2.9	69.6	
9	板 G1 库 7	0.9	21.6	
合计		26.88	645.12	645.12

在实际注采运行过程中，随着多周期注采，单井日均注采能力和最大采气能力均有不同程度增强，且均达到储气库单井设计注采能力。白 6 库储层发育，平面连通性好，单井产能差异较小，考虑到油管冲蚀流量及临界出砂流量限制条件，采气初期日采气能力达到 $50×10^4 \sim 70×10^4 m^3$，日均采气能力达到 $40×10^4 m^3$ 左右。白 8 库单一水平井产能相对稳定，最大日采气量 $40×10^4 m^3$，日均采气量 $25×10^4 m^3$ 左右。板 G1 库储层发育，平面连通性也较好，单井最大采气能力达到 $40×10^4 \sim 60×10^4 m^3$，日均采气量 $30×10^4 \sim 40×10^4 m^3$，其中高部位板 G1 库 1 井产能明显高于中低部位 3 口井，见表 5-4-4。

表 5-4-4　板南储气库群多周期单井日均与最大采气量统计表

井号	最大采气（10⁴m³/d）						
	第一周期	第一周期	第三周期	第四周期	第五周期	第六周期	第七周期
白 6-1		42	40	36	41	49	42
白 6-8		31	31	29	34	45	38
白 6 库 1	8	24	24	24	25	41	32
白 6 库 3	15	26	35	38	36	49	41
白 8 库 H1	13	17	23	25	26	26	37
板 G1 库 1	31	26	48	44	45	42	37
板 G1 库 2	21	14	29	16	24	26	24
板 G1 库 4	18	15	27	23	28	27	28
板 G1 库 7			13	22	29	30	
合计	106	122	185	183	205	240	309
井号	最大采气（10⁴m³/d）						
	第一周期	第一周期	第三周期	第四周期	第五周期	第六周期	第七周期
白 6-1		56	62	65	61	70	68
白 6-8		46	46	55	56	70	66
白 6 库 1	12	29	29	40	32	55	57
白 6 库 3	19	32	50	52	43	58	59

续表

井号	最大采气($10^4 m^3/d$)						
	第一周期	第二周期	第三周期	第四周期	第五周期	第六周期	第七周期
白 8 库 H1	25	25	39	39	37	40	46
板 G1 库 1	41	43	68	68	61	60	65
板 G1 库 2	26	39	47	35	41	49	52
板 G1 库 4	27	25	40	37	34	41	43
板 G1 库 7				19	42	50	54
合计	149	297	381	410	408	489	510

(二) 多周期注采动态分析

1. 注采井间连通性

通过对储气库七个注采周期以及平衡期的压力测试数据对比,可以看出储气库基本实现了均衡注采。

第七注气期对储气库进行了监测资料录取,板 G1 库平均地层压力 31.03MPa,略超上限压力 0.6MPa,较原始地层压力 32.28MPa 低 1.25MPa,较上周期采气末期上升了 15.82MPa。4 口井的压力分别是 30.99MPa、31.16MPa、31MPa 和 31.18MPa,压力基本一致,如图 5-4-1 所示。从 4 口井压降(升)变化一致可以看出,地层连通性好。

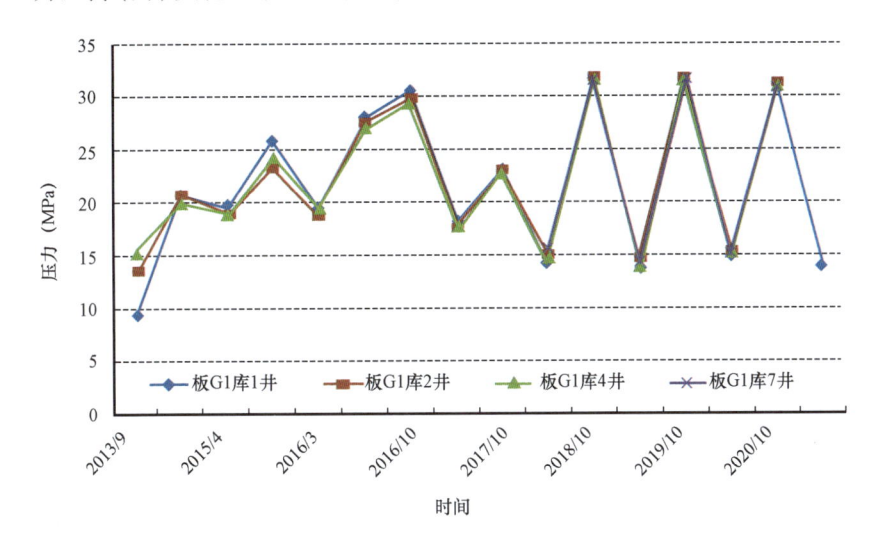

图 5-4-1 板 G1 库气井压力变化对比图

白 6 库平均地层压力 29.51MPa,低于上限压力 1.49MPa,较原始地层压力 30.92MPa 低 1.41MPa,较上周期采气末期上升了 13.43MPa。储气库 4 口井压降(升)一致,进一步证实连通性好,但白 6-6 井连通性差,压力始终为 22~29MPa,如图 5-4-2 所示。

2. 储气库注采区域与边部连通性

板 G1 库监 1 井与气库整体压力一致,随着气藏的生产,压力下降了 1.8MPa,反映出不仅连通,而且存在弱边水,如图 5-4-3 所示。白 6 库和白 8 库气水界面监测井地层压力投产以来基本没有变化,反映了边部较远井并未波及,具体测压数据见表 5-4-5。

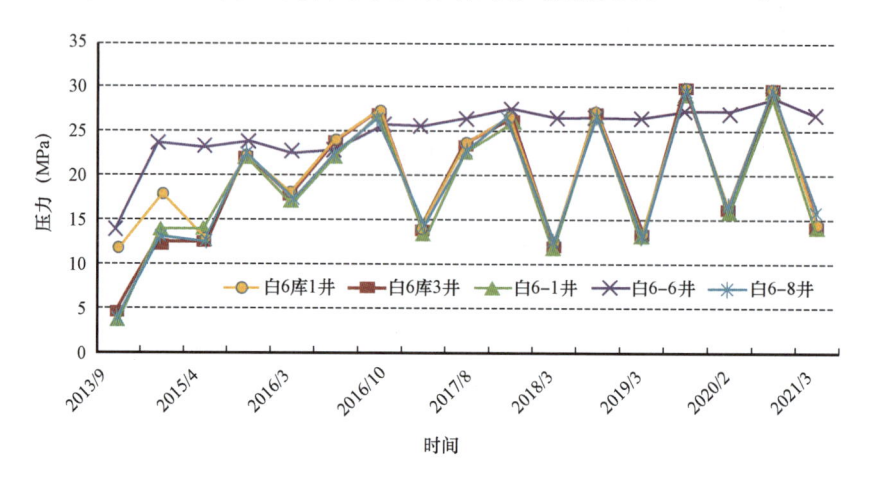

图 5-4-2 白 6 库气井压力变化对比图

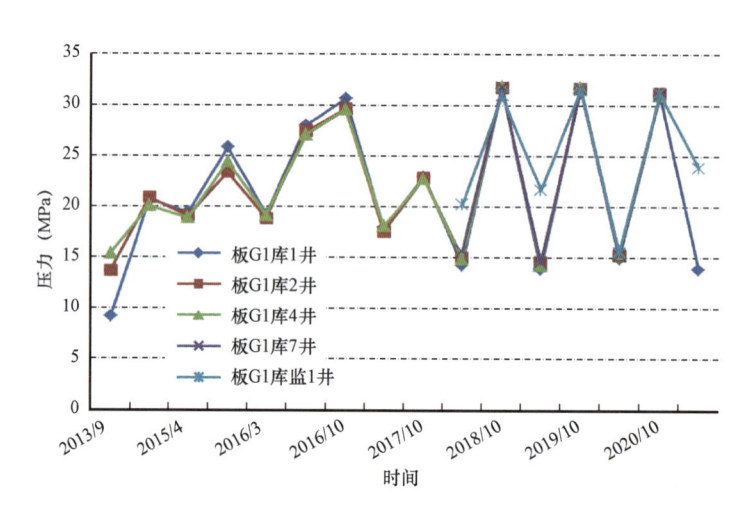

图 5-4-3 板 G1 库气井压力变化对比图

表 5-4-5 白 6、白 8 库气水界面监测井地层压力对比表

井号	地层静压(MPa)											
	注气前 2013 年	采气后 (2016 年 3 月)	注气后 (2016 年 10 月)	采气后 (2017 年 3 月)	注气期 (2017 年 10 月)	采气后 (2018 年 3 月)	注气后 (2018 年 10 月)	采气后 (2019 年 3 月)	注气后 (2019 年 10 月)	采气后 (2020 年 3 月)	注气后 (2020 年 10 月)	采气后 (2021 年 3 月)
白 6	31.2	31.33	32.1	32.23	32.6	32.41	32.22	32.2	32.29	32.14	32.09	32.11
白 20-2s	39.85	38.04	41.01	41.15	41	41.37	41.58	41.46	39.37		41.56	40.62

3. 储气库运行效果评价

储气库注气期间,各注采井井口压力均随注气量呈现均匀上升趋势,停注期间井口压力缓慢降落,采气期间,各注采井井口压力随采气量呈现下降趋势,说明储气库运行情况良好。

压降产气量拟合曲线表明,白6库和板G1库均呈线性关系表现出定容气藏特征。而白8库呈现二项式关系,在地层压力低于15MPa时,压力下降减缓,表明白8库目前单井控制情况下,气藏动用程度不足,如图5-4-4至图5-4-6所示。

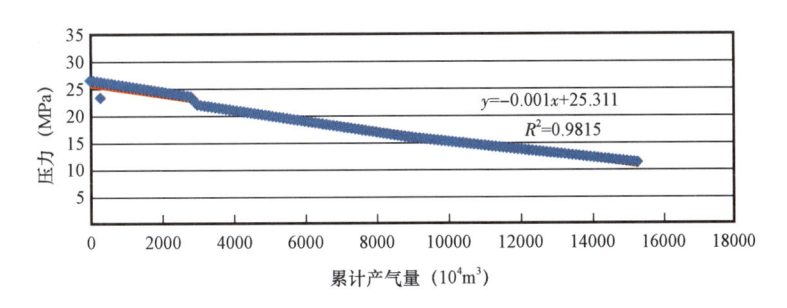

图5-4-4 白6库地层压力与累计产气量关系曲线

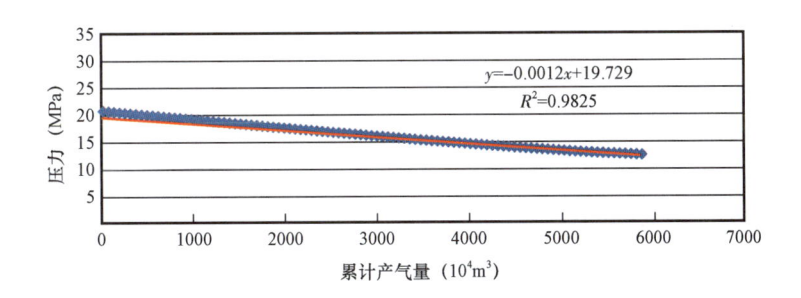

图5-4-5 板G1库地层压力与累计产气量关系曲线

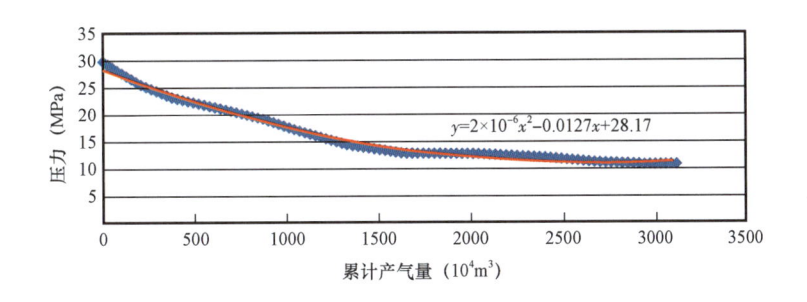

图5-4-6 白8库地层压力与累计产气量关系曲线

(1)板南储气库群注采气期内通过优化注采气顺序,调整工作制度,整体注采气平稳,总日注采气量达到了设计指标。

(2)从测压资料分析,白6库和板G1库压力分布较为均匀,地层连通性好;从监测井压力数据分析,目前储气库的完整性较好。

(3)通过注采周期分析评价,储气库工作气量接近了设计指标;目前认为白8库单一水平井注采方式,达到设计库容量难度大。

(4)板南储气库群井网控制程度整体较高,板G1断块已经实施板G1库7井,白8断块目前正在实施完善注采井1口。

二、多周期库存诊断分析

(一)库容变化分析

板南储气库群设计库容$7.82 \times 10^8 m^3$,通过地层压力与库容关系曲线[2],见表5-4-6,截至2017年底库容为$7.21 \times 10^4 m^3$,达到设计库容的100%。预计到达上限压力31MPa时,库容将达到$8.54 \times 10^4 m^3$,超过设计库容$0.7 \times 10^4 m^3$。

表5-4-6 板南储气库群库容量实际与方案对比表

储气库		注前	2014年注气末	2015年注气末	2016年注气末	2017年注气末	2018年注气末	2019年注气末	2020年注气末	预计注至31MPa
白6库	设计库容量($10^8 m^3$)	0.99	1.71	2.7	3.05	3.05		3.05	3.5	3.52
	实际库容量($10^8 m^3$)	0.99	1.47	2.64	3.26	3.26	3.49	3.76	4.04	4.3
白8库	设计库容量($10^8 m^3$)	0.22	0.58	0.78	0.79	0.91		0.91	0.97	0.97
	实际库容量($10^8 m^3$)	0.22	0.48	0.7	0.8	0.89	0.91	0.86	0.95	0.82
板G1库	设计库容量($10^8 m^3$)	1.43	2.3	2.8	3.28	2.6		2.6	3.39	3.33
	实际库容量($10^8 m^3$)	1.43	2.12	2.64	3.08	2.58	3.16	3.2	3.37	3.42
板南	设计库容量($10^8 m^3$)	2.64	4.59	6.28	7.12			6.56	7.86	7.82
	实际库容量($10^8 m^3$)	2.64	4.58	6.58	7.44			7.82	8.36	8.54

三个气库中,仅有白8库难以到达设计库容指标,如图5-4-7至图5-4-9所示。

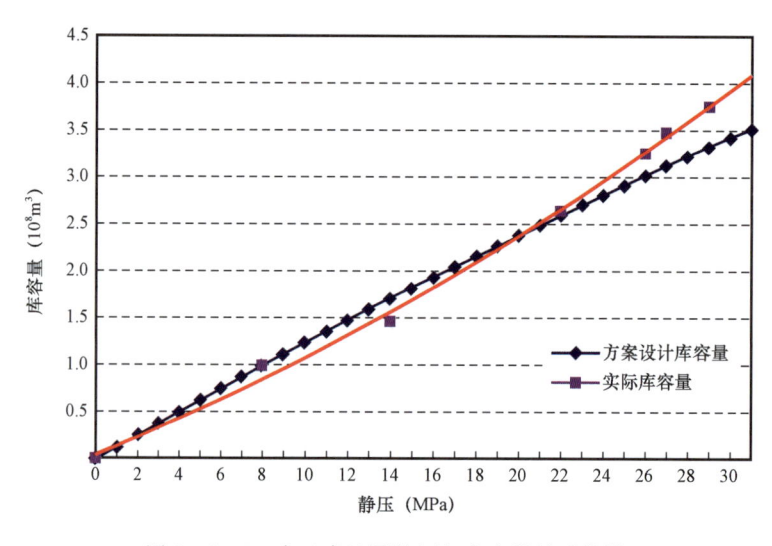

图5-4-7 白6库地层静压与库容量关系曲线

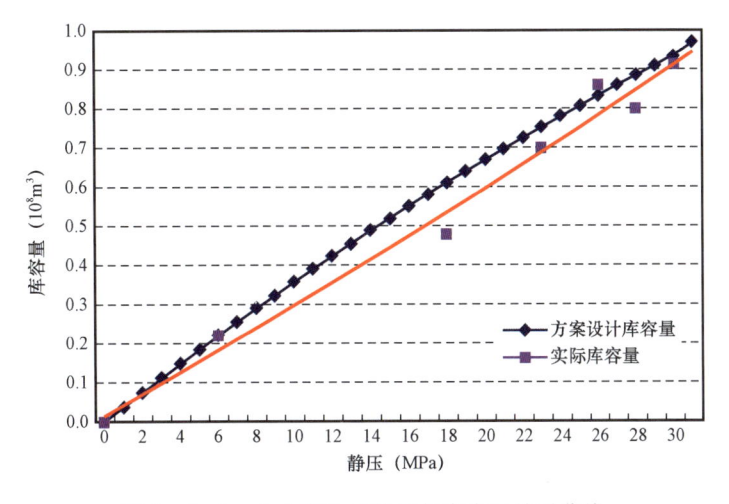

图 5-4-8　白 8 库地层静压与库容量关系曲线

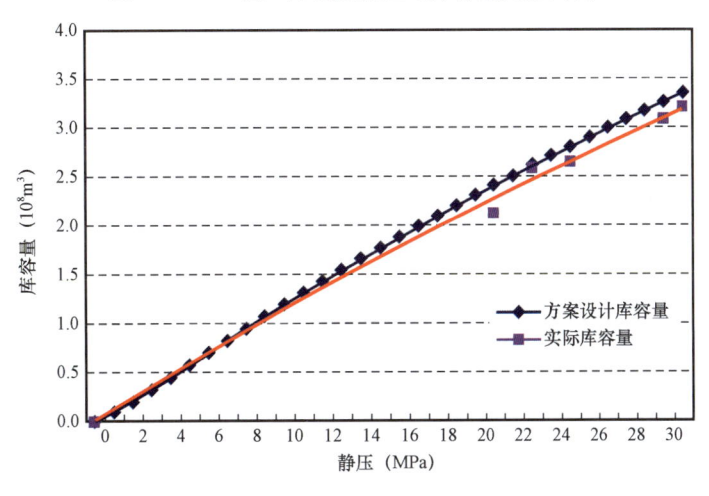

图 5-4-9　板 G1 库地层静压与库容量关系曲线

（二）工作气量评价

板南储气库群设计工作气量 $4.27 \times 10^8 m^3$，补充垫气量为 $0.89 \times 10^8 m^3$，通过七个周期的注采，利用压降法计算（表 5-4-7），板南储气库群动态工作气量 $3.78 \times 10^8 m^3$，达到设计指标的 86%。

表 5-4-7　板南气库库容参数与注入量关系表

库区	单位压降采气量 ($10^4 m^3$/MPa)	工作压力区间 (MPa)	工作气量对比（$10^8 m^3$）	
			动态工作气量	设计
白 6 库	1100	13～31	1.98	1.94
白 8 库	210	13～31	0.37	0.53
板 G1 库	790	13～31	1.42	1.8
合计	2039	13～31	3.78	4.27

综合储气库的注采运行情况,考虑压力变化及构造、储层分布特征及测试情况,目前认为井网控制程度较高,基本能够满足设计要求,但局部区域控制程度低成为影响库容达产的主要因素。

板 G1 库影响扩容达产主控因素为井网控制程度不足,储气库边部井网完善后效果有待进一步论证。

白 6 库主要是沉积微相变化所致,白 6-6 井多周期注采均未波及,结合自然电位曲线判断,沉积微相发生了变化,白 6-6 井位于砂体边缘,储层物性变差,连通性差。

白 8 库主要考虑为储层岩性变化及非均质性的影响,分析认为气藏高部位可能存在低渗区,注气有效水平段 199.7m。与实际钻遇气层水平段 370.1m 缩短近 1/2,表明储层非均质性较强,注气动用程度较低。

总体而言,通过七个周期的注采运行,板南储气库群工作气量落实程度较高,具备了一定的调峰能力。

参 考 文 献

[1] 郑得文,王皆明,丁国生,等. 气藏型储气库注采运行优化技术[M]. 北京:石油工业出版社,2018.
[2] 马小明,余贝贝,成亚斌,等. 水淹衰竭型地下储气库的达容规律及影响因素[J]. 天然气工业,2012,32(2),86-90.

第六章　全生命周期运行风险管控

为确保储气库安全平稳运行,板南储气库群在建设和运行过程中创新发展了气藏完整性定量评价技术系列、井筒完整性定量评价技术系列、地面完整性定量评价技术系列。对储气库地下、井筒及地面设施进行了风险识别和评价,提出了储气库井完整性管理和评价的内容和手段,制定了相应的风险控制对策,通过现场应用,将储气库的运行风险控制在安全范围内。这些技术系列在储气库建设过程中和运行过程中的充分应用,确保了储气库高效安全运行20多年。

第一节　风险管控技术体系

为全面辨识、管控储气库在生产过程中各系统、各环节可能存在的安全风险、危害因素以及危险点源,将风险控制在隐患形成之前,把可能导致的后果限制在可预防、可控制的范围之内,高效提升安全保障能力,板南储气库群运用《风险评估矩阵》,基于对以往发生的事故事件的经验总结,通过解释事故事件发生的可能性和后果严重性来预测风险大小,确定风险等级,将安全风险管控贯穿储气库生产作业活动和生产管理活动全生命周期中,始终坚持以安全生产风险防控为核心,运用HSE工具方法,开展危害因素辨识,做实风险评价,做细隐患排查,制定完善预防和整治措施,实现了储气库安全平稳运行。

一、确立组织机构

储气库应明确危险源辨识、风险评价和风险管控的主管责任人,确立工作组及成员职责、目标与任务。主要责任人应全面负责危险源辨识、风险评价和分级管控工作;各分管责任人应负责分管范围内的危险源辨识、风险评价和分级管控工作。工作组成员应包括安全、生产、设备、工艺、电气、仪表等岗位人员。

(一)成立"风险管控"工作组

组长:站长1人;

副组长:副站长、安全员3人;

成员:各班长及运行人员24人;

工作组办公室设立在安全员办公室,由安全员负责日常具体工作。

(二)工作组职责

组长:安全风险管控第一责任人,对安全风险管控全面负责。

副组长(安全员):负责对安全风险管控实施的监督、管理及考核。

副组长(副站长):按照分管工作具体负责实施各分管业务范围内的安全风险管控工作。

成员:负责生产区域内的安全风险辨识工作。

工作组应建立储气库风险管控制度,编制危险源辨识、风险评价作业书、风险点清单、作业活动清单、设备设施清单、工作危害分析(JHA)评价记录、安全检查表分析(SCL)评价记录、风险分级管控清单、危险源统计表等有关文件。

二、风险识别

(一)风险点划分

1. 风险点划分原则

对储气库注采装置区域风险点的划分,应该遵循大小适中、便于分类、功能独立、易于管理、范围清晰的原则,可按照采气装置、注气装置、天然气压缩机厂房、井场、作业活动场所等功能分区进行。

对人员操作和作业活动等风险点的划分,应当涵盖生产经营全过程所有常规和非常规状态的作业活动(包括特殊作业)。对于系统或大型机组开、停车,系统维检修,动火、受限空间等操作难度大、技术含量高、风险等级高、可能导致严重后果的作业活动应进行重点考虑。

2. 风险点排查

储气库应对生产经营全过程进行风险点排查,形成包括风险点名称、区域位置、可能导致事故类型等内容的基本信息,建立台账,实时更新。风险点的排查要按照生产(工作)流程的阶段、场所、装置、设施、作业活动或者上述几种方法的结合等进行。

(二)危险源辨识分析

1. 危险源辨识

储气库危险源辨识要覆盖风险点内全部设备设施和作业活动,建立《作业活动清单》及《设备设施》清单,一般采用以下几种常用辨识方法:

(1)询问、交谈。通过与工作经验丰富的人询问与交谈,初步分析出工作中存在的危害因素。

(2)查阅资料。通过查阅本单位或本行业的事故和职业病的记录和台账,查阅外部文献资料,分析发现本单位或本行业存在的危害因素。

(3)现场观察。通过对厂区所处地理环境、周边自然条件、场内功能区划分、设施布局、作业环境的现场观察,发现存在的危害因素。

(4)类比法。获取具有相同性质或类似单位的危害因素辨识材料,与其自身情况对照可以快捷地辨识本单位存在的危害因素。

(5)安全检查表(SCL)。通过系统制定出的安全检查表,确定检查的项目和要点,以提问方式对规定项目进行检查和评价,逐项进行评判来辨识危害因素。

(6)工作前安全分析(JSA)。为保障作业人员的健康与安全,在作业前识别出作业过程中的所有危害因素,制定和实施相应的控制措施,达到最大限度消除或控制风险的方法。

(7)危险与可操作性分析(HAZOP)。运用于工艺危害分析工作中,通过使用"引导词"分析工作过程中偏离正常工况的各种情形,从而发现危害因素和操作问题的一种系统性方法。

2. 危险源辨识范围

危险源辨识范围包括：

(1) 规划、设计、建设、投产、运行、管理等阶段；
(2) 常规和非常规作业活动；
(3) 事故及潜在的紧急情况；
(4) 所有进入作业场所人员的活动；
(5) 原材料、产品的运输和使用过程；
(6) 作业场所的设施、设备、车辆、安全防护用品等；
(7) 工艺、设备、管理、人员等的变更；
(8) 丢弃、废弃、拆除与处置；
(9) 气候、地质及环境影响。

总体来说，储气库危险辨识范围是对潜在的人的不安全行为、物的不安全状态、环境缺陷和管理缺陷等危害因素进行辨识，要充分考虑危害因素的根源和性质。

(三) 风险辨识评估方法

1. 作业条件危险性分析（$D = LEC$）

作业条件危险性分析（$D = LEC$），是一种评价人们在具有潜在危险性环境中作业时的危险性的半定量评价方法。该方法一般用于技术人员对现场危害因素进行量化打分，来判定该危害因素的风险等级，是较为精确但相对复杂的一种风险评估方法。

$D = LEC$法是用与系统风险有关的三种因素之积来评价操作人员伤亡风险大小，这三种因素是E（人员暴露与危险环境中的频繁程度）、C（一旦发生事故可能造成的后果的严重性）和L（事故发生的可能性）。

1）事故或危险事件发生的可能性

实际上不可能发生的情况作为"打分"参考点，定其分值为 0.1；完全出乎意料、极少可能发生情况分值定为 1；能预料会发生事故的分值定为 10。在 0.1、1、10 之间确定几个中间值，将事故或危险事件发生的可能性划分为 7 种情况，并分别赋值。事故或危险事件发生的可能性分值见表 6 – 1 – 1。

表 6 – 1 – 1　事故或危险事件发生的可能性分值

分值 L	事故或危险事件发生的可能性	分值 L	事故或危险事件发生的可能性
10	完全被预料到	0.5	可以设想，但高度不可能
6	相当可能	0.2	极不可能
3	不经常，但可能	0.1	实际上不可能
1	完全意外，极少可能		

2）暴露于这种危险环境的频率

连续出现在潜在危险环境的暴露频率分值定为 10，一年仅出现几次非常稀少的暴露频率分值定为 1。以 10 和 1 为参考点，再在其区间根据暴露频率进行划分，共划分 6 种频率，并分别赋值。暴露于这种危险环境频率分值见表 6-1-2。

表 6-1-2　暴露于这种危险环境的分值

分值 E	出现于危险环境的频率	分值 E	事故或危险事件发生的可能性
10	连续暴露于潜在危险环境	2	每月暴露一次
6	逐日在工作时间内暴露	1	每年几次出现在潜在危险环境
3	每周一次或偶然地暴露	0.5	非常罕见的出现

3）发生事故或危险事件的可能结果

可能结果为救护的轻微伤害，其分值定为 1；可能结果为多人死亡，其分值定为 100。在 1 和 100 之间插入相应的中间值，将可能结果共划分为 6 种结果。发生事故或危险事件的可能结果的分值见表 6-1-3。

表 6-1-3　发生事故或危险事件的可能结果的分值

分值 C	可能结果	分值 C	可能结果
100	大灾难，许多人死亡	7	严重，严重伤害
40	灾难数人死亡	3	重大，致残
15	非常严重，一人死亡	1	引人注目，需要救护

4）危险性等级划分

确定了上述 3 个具有潜在危险性作业条件的分值，并按公式进行计算，即可得危险性分值，并划分为五个等级。危险性等级划分见表 6-1-4。

表 6-1-4　危险性等级划分

危险性等级	危险程度	分值 D
Ⅰ	稍有危险，或许可以接受	$D < 20$
Ⅱ	可能危险，需要注意	$20 \leq D < 70$
Ⅲ	显著危险，需要整改	$70 \leq D < 160$
Ⅳ	高度危险，需要立即整改	$160 \leq D < 320$
Ⅴ	极其危险，不能继续作业	$D \geq 320$

5）应用

对于某一危险有害因素，分析该危险有害因素导致事故或危险事件发生的可能性，并赋值 L；分析暴露于这种危险环境的频率，并赋值 E；分析该危险有害因素导致发生事故或危险事件的可能结果，并赋值 C；将 L、E、C 代入计算公式，得到风险性分值 D，由表 6-4 可查出该危险有害因素产生的风险等级。

2. 风险评价法

风险评价指在各种风险的分析结果之间进行比较，确定风险等级，明确责任部门或岗位，以便对风险实施管理。

根据风险分析人员的业务能力、技术水平或工作经历等对参与风险分析人员划分类别,对每类人员的打分设定权重(表6-1-5),采用加权平均的方法计算风险等级分值。风险等级分值按照式(6-1-1)计算:

$$R = \sum_{i=1}^{n}(A_i C_i) \sum_{i=1}^{n}(B_i C_i) \qquad (6-1-1)$$

式中　R——风险等级分值;
　　　A_i——第i类人员风险发生可能性平均分值;
　　　B_i——第i类人员风险影响程度平均分值;
　　　C_i——第i类人员权重,%;
　　　n——人员类别总数,个。

表6-1-5　确定风险分析人员类别及权重表

人员类别		权重(%)	备注
专业部门人员		25	
专家组	专业人员70%	35	
	非专业人员30%		
公司领导		40	

按风险等级分值对所识别的风险进行排序,依据风险等级划分标准,确定风险等级,对风险等级为极高、高度的风险,列入重大风险数据库,对风险等级为中度及以下的风险,结合实际情况,列入数据库,风险等级实时更新。

对于影响程度极低可能性基本确定,或影响程度极高可能性极小的风险,要详细分析原因并引起关注,风险等级标准见表6-1-6。

表6-1-6　风险等级确定表

风险等级	风险等级分值	备注
低度	$1 \leq R \leq 3$	风险很小,日常工作中极少关注或忽略
较低	$3 < R \leq 5$	风险较小,日常工作中偶尔关注
中度	$5 < R \leq 9$	一般风险,需要引起一般关注
高度	$9 < R \leq 14$	风险较大,需要引起高度关注
极高	$14 < R \leq 25$	风险很大,需要引起极大关注

三、风险管控

储气库生产管理风险防控工作的总体思路是以风险控制为核心,从行为安全、工艺安全、系统安全入手,应用工作前安全分析(JSA)、安全检查表(SCL)等工具,按照每个操作步骤、单台设备辨识危害,运用简捷方法评估风险,建立融操作、设备设施和管理风险于一体的HSE风险管控体系,实现HSE风险可控受控。

（一）风险管控体系

板南储气库群管理站风险管控体系建设包括信息采集、危害辨识、风险分析及管控措施4项内容，从设计、施工、投产、运行等生产经营全过程和各环节，按照业务流程、部门职责，从规划计划、人事培训、生产组织、工艺技术、设备设施、物资采购、工程建设等方面进行梳理。

信息采集过程中要着重明确储气库岗位设置，明确各岗位职责，分类整理出各岗位涉及的工艺流程、设备操作规程、操作办法和属地管理范围等内容，根据整理出的内容将生产系统、辅助系统、厂区区域等划分管理单元，按照每个管理单元采用科学方法辨识危害因素，并对所有识别出的危害因素运用作业条件危险性分析（$D=LEC$）、风险评估矩阵等方法进行风险评价，同时，分析现有风险管控措施的完善性，找出现有风险管控措施的不足，完善风险管控措施；最后，将完善的风险管控措施融入生产各个环节。

（二）风险分析与管控措施

对识别出的风险，考虑发生风险的原因和风险源、风险发生的可能性及风险的正面或负面影响程度，还要考虑现有的管理措施及其效果和效率，并对其进行定性或定量分析。风险发生的可能性和影响程度，可通过风险评估矩阵表示出来（表6-1-7）。

表6-1-7 风险评估矩阵表

影响程度等级 可能性等级		极低 1	低 2	中 3	高 4	极高 5
基本确定	5	5(5×1)	10(5×2)	15(5×3)	20(5×4)	25(5×5)
很可能	4	4(4×1)	8(4×2)	12(4×3)	16(4×4)	20(4×5)
有可能	3	3(3×1)	6(3×2)	9(3×3)	12(3×4)	15(3×5)
不太可能	2	2(2×1)	4(2×2)	6(2×3)	8(2×4)	10(2×5)
极小	1	1(1×1)	2(1×10)	3(1×3)	4(1×4)	5(1×5)

在风险分析时，根据风险发生可能性和影响程度等级标准，确定风险发生的可能性和影响程度等级，并与风险评估矩阵对照，确定此风险的相应分值。

对照风险评估矩阵相应分值，分析当下作业活动存在的安全风险，利用工作前安全分析确认现有管控措施的有效性，在当前防控措施的基础上，进一步制定风险分级管控措施如下：完善管理人员QHSE职责，把生产活动中存在的风险纳入管理人员QHSE职责中，落实风险管控责任；修订补充各项规章制度，将风险管控制度化、日常化，并建立检查考核机制；建立非常规作业名录，非常规作业严格落实危害因素辨识并制定防控措施；根据培训矩阵对管理岗位进行相关安全培训，掌握风险控制措施；对进入储气库的承包商进行选择，对参加施工人员进行风险管控能力培训；编制并完善《储气库应急预案》和《储气库突发环境事件应急预案》，定期开展应急预案演练，组织应急响应与救援，开展现场应急处置；设备设施风险管控措施与采购、安装、操作、检查、维护及保养等环节结合，对关键设备设施进行监测和检验，及时发现并消除隐患。

第二节　气藏完整性管理

板南储气库群古近系气藏改建为地下储气库,地质与气藏工程从方案可行性研究到初步设计,及后期设计优化,逐步提高认识,形成优化方案。通过对板南储气库群古近系气藏静、动态资料分析,认为储气库受到强注强采交变载荷影响,有可能造成地层或井壁岩石松散、断层漏失、盖层及底板漏失等问题,从而影响储气库安全运行。为确保储气库安全及高效运行,合理部署监测系统,做好储气库监测井管理、注采运行过程中地质安全预警等管理工作是保证储气库长效安全运行的关键。

一、地质风险点分析

影响储气库安全问题的风险因素很多,机理复杂。因此,从地质角度进行风险点分析,从而建立完整的地质监测方案,有助于切实维护储气库的安全运行。

(一)储层出砂及井壁垮塌风险

板南储气库群气藏储集岩类型为砂岩储层,中孔中渗储层。通过岩石力学分析计算,在储层较疏松区域的注采井,可能产生井壁垮塌的现象。因此,为了保证井壁的稳定性,需要保证合理的生产压差,尤其是储气库应急调峰时,可能出现天然气产量突然增大的情况下,引起井下压力大范围波动,导致生产压差大于临界出砂生产压差,引起井壁垮塌的风险[1]。

(二)断层密封性风险

断层密封性指断层上下盘岩石或断裂带与上下盘岩石由于岩性、物性等差异导致排替压力的差异,从而阻止流体继续通过断裂带或对应上下盘的性质,在地质空间上表现为垂向密封性和侧向密封性。如果断层的密封性差,就会存在断层漏失。

板 G1 和白 6 气藏断层两侧均属于泥岩对接,密封条件好。仅白 8 库白 14-1 井断层两盘砂—砂对接,从目前的地质资料无法准确地判断其封闭性。因此,在储气库实施过程中,应加强白 14-1 断块内老井的封堵与监测,防止储气库泄漏事故发生。

(三)盖层及底板密封性风险

主要从宏观地质条件、微观封堵能力、力学性质对盖层封存有效性的影响 3 个方面,进行盖层及底板封存条件评价。板南储气库群泥岩盖层厚度为 50~300m,具有良好的封闭性。借用板中北板 2 油组泥岩分析,孔隙分布为强集中型,优势孔隙范围 29.8~48μm,优势孔隙含量 37.4%,反映孔隙分布集中且偏细,封闭性强,盖层岩样在饱和煤油时突破压力 10MPa,突破时间 14.4a/m,相当于饱和水时突破压力 16.5MPa,突破时间 23.8a/m。各项参数均反映气库上覆泥岩属低渗封闭性能好的盖层,微观封闭性能比较好。

二、地质完整性管理

根据上述地质风险点分析,地质完整性管理工作要求贯穿储气库全生命周期,注采运行期间要求加强监测,跟踪对比压力、气质变化情况,分析监测效果,实时评估风险,制定防控措施,保证储气库安全平稳运行。

(一) 储层出砂预防管理

板南储气库群注采运行中,最大生产压差在6.0MPa,低于裸眼状态下,保持井壁稳定的最大生产压差为8.0MPa。

为避免发生储层出砂及地层垮塌,注采运行中的主要控制措施是合理控制生产压差。目前依据注采井注采能力研究成果,已形成了各注采井不同地层压力下合理及最大注采气量。不同周期注采运行配产时,要求控制各注采井产量在合理范围内。

(1) 每个储气库毛细管力监测井的压力数据,现场管理人员每天要监测压力变化情况,及时进行原因分析,出现异常情况及时上报。

(2) 每个储气库的产量或含水出现较大幅度的变化后,科研人员进行原因分析,及时上报,进一步落实原因。

(二) 断层、盖层及底板完整性管理

(1) 断层密封性监测,板南储气库群目前只有白8库有1口断层监测井,每年进行3次固定压力监测,随着储气库注采气量的增加,逐渐加密观察,发现压力异常,及时调整注采气量。

(2) 盖层密封性监测,板南储气库群3个储气库各有1口监测井,前4个注采周期,每个注采周期进行1次压力监测,随着储气库注采气量的增加,特别是白6、板G1地层在注气期压力逐渐接近上限压力,将在注气期每个月进行一次压力监测,发现压力异常,及时调整注采气量。

(3) 气水边界监测,板南储气库群目前气水边界监测井3口,前4个注采周期,每年进行3次固定压力监测,随着储气库注采气量的增加,将在采气期每个月进行一次压力监测,发现压力异常,及时调整注采气量。同时结合边部采气井含水变化,综合分析气藏气水界面变化,避免边水推进影响储气库完整性。

储气库流体监测,板南储气库群在注气期对注入气实施了在线随时监测,每个采气周期对每个储气库进行油气水的组分监测。

第三节 井完整性管理

储气库井的完整性管理技术建立在储气库井监测、检测的基础上,通过对储气库井井身结构的测量,井的气体动力学、地球物理资料研究以及采气树和井口设备的检测,掌握储气井的各种失效形式,揭示天然气泄漏和套管腐蚀的机理。

一、井口完整性管理

有效识别和评估储气库井口采气树的风险危害因素,包括注采井、封堵井和再利用井,分析失效可能性及其后果,进而有针对性地采取积极、有效的措施进行防范,可以有效保障储气库的运行安全和操作者的人身安全。

采气树主要危害部件为平板阀、注脂口和法兰,其中,平板阀在注采气生产过程中,往往出现阀门内部易损件损坏、内外漏、冻堵等危害(表6-3-1)。

表6-3-1 采气树危害因素识别与控制

危害因素	危害因素描述	预防控制措施
平板阀门内漏	(1)平板阀阀板磨损； (2)平板阀阀杆密封损坏	(1)更换阀板； (2)更换阀杆密封
平板阀盘根外漏	(1)密封压盖损坏； (2)轴承压帽松动； (3)油脂注入接头内密封损坏	(1)更换盘根； (2)紧固轴承压帽； (3)更换油脂注入接头或更换注脂单流阀内钢球
平板阀冻堵	(1)部分井产液量大； (2)井下安全阀半开或采气树某阀门半开存在节流； (3)一级节流比过大，单井开井后温度提升缓慢，造成阀门冻堵	(1)开井前检查安全控制系统压力是否处于安全阀全开的要求值；减小一级节流比； (2)用锅炉车解冻；若情况严重，关闭采气树主阀，打开外侧阀门进行平压，后关闭外侧生产阀门，利用测压阀门放空口进行现场放空，放空完毕后用锅炉车解冻
注脂口损坏	注脂口内部件损坏	修复或更换受损注脂口
法兰连接处外漏	(1)法兰连接螺栓松动； (2)内部钢圈变形或损坏	(1)紧固法兰； (2)更换钢圈

采气树和井口装置的完整性检测包括工作性能检查、装置缺陷检测、壳体厚度测量、无损检测、硬度检测、压力表准确度检验等(表6-3-2)。

表6-3-2 采气树和井口装置完整性检测项目及内容

检测项目	检测内容	检测技术
工作性能检查	阀门可操作性、阀门密封性、气封的密封性、增压阀和润滑器性能、压力表底部阀门性能	直观检查法
装置缺陷检测	裂纹、缩孔、砂(渣)眼、气孔、脊状凸起(多肉)、鼠尾、冷隔、皱褶、割疤、结疤、撑疤、焊疤、表面粗糙	磁粉探伤技术
壳体厚度测量	采气树和井口装置零部件壁厚	超声波测厚技术
无损检测	套管头壳体、阀门壳体、封头壳体、管接头、连接件(四通)	超声波无损检测
硬度检测	套管头壳体、闸阀壳体、封头壳体、管接头、四通、螺栓、螺帽	硬度检测仪

二、环空套压的管理

(一)环空套压的定义

油管柱与生产套管柱之间的环形空间以及各级套管柱之间的环形空间称为环空。

油管柱与生产套管柱环空内以及各级套管环空内的井口压力简称环空套压。

油管柱与生产套管柱间的环空定义为H1；生产套管柱与技术套管柱间的环空定义为H2；技术套管柱与表层套管柱间的环空定义为H3。如果套管层数更多，其环空命名依次类推。

(二)环空套压形成的原因及环空带压的危害

1. 环空套压的形成

环空套压形成的主要原因有温度的影响、油管柱配套工具泄漏、油套管质量及水泥固井质量差、套管头不密封等。

(1)温度影响引起的环空套压变化。

地下储气库注采井在循环注采气的过程中,井筒温度交替变化,引起油管柱热膨胀或收缩,导致环空套压变化。

(2)油管柱配套工具泄漏引起的环空套压变化。

地下储气库注采井在循环注采气的过程中,油管柱上配套的完井工具,如滑套、封隔器、伸缩管等的密封件失效,造成气体泄漏,可导致环空套压变化。

(3)油套管质量及水泥固井质量引起的环空套压变化。

油套管螺纹连接不好、腐蚀、管柱热应力或机械破损等;固井工艺不合适或现场施工过程存在问题造成水泥胶结不好,都有可能引起气体泄漏,导致环空套压变化。

由于 H1 压力升高,加之生产套管气密封性差或固井质量不合格,可造成 H2 压力升高;此外,固井质量差或水泥环破损,产层气体上窜也可导致 H2 压力升高。

(4)套管头不密封引起的套压变化。

套管头不密封主要是由于套管柱不同轴度;套管的上部表面和切口部分加工不合格;在安装套管头时,密封元件周围没有均匀密封等。

国外经验表明,H1 套压升高主要是由管柱不密封造成的,H2 套压升高多因固井质量差引起。

2. 环空套压升高的危害

(1)环空套压升高,会增加压力监测与井口放压的成本;严重时需要封井处理,有时还会导致注采井甚至整座储气库报废。

(2)从环境保护和安全性角度考虑,需要通过关井或修井来解决环空套压升高问题,而修井所造成的关井停产损失及修井费用也相当巨大。

(3)环空套压升高易带来严重的安全和环境问题,必须引起高度重视。

(三)环空套压监测规定及各层环空最大许可工作压力确定

1. 环空套压监测规定

参考 API RP90、OCS 地区及俄罗斯的评价标准以及其他相关资料,制定环空套压需要监测与关注的规定如下:

(1)H1 环空压力两天内上升约 0.5MPa 时,需密切关注。

(2)H2 的压力大于 1.4MPa,需密切监测和关注。

(3)H3 的压力大于 0.7MPa,需密切监测和关注。

2. 各层环空最大许可工作压力确定

(1)H1 环空最大许可工作压力为以下各项中的最小值:

① 被评估套管本体(生产套管)抗内压强度的 50%;

② 次外层套管本体(技术套管)抗内压强度的 80%;
③ 被评估套管内侧管本体(油管)抗挤毁强度的 75%;
④ 油管头强度的 60%。
(2)H2 环空最大许可工作压力为以下各项中的最小值:
① 被评估套管本体(技术套管)抗内压强度的 50%;
② 次外层套管本体(表层套管)抗内压强度的 80%;
③ 被评估套管内侧管本体(生产套管)抗挤毁强度的 75%;
④ 套管头强度的 60%。
(3)H3 最大许可工作压力是下列各项中的最小值:
① 表层套管抗内压强度的 30%;
② 技术套管抗挤毁强度的 75%;
③ 套管头强度的 60%。
(4)说明:
① 各层环空最大许可压力在取值时应取该层环空中最薄弱段的强度值。如果各环空之间有相互串通的情况,应把串通的环空视为同一环空。
② 当套管是由两种或者两种以上磅级的材质组合而成时(如壁厚 9.19mm 和 10.36mm 两种),应当选择最小磅级计算井口允许最大套压。

三、注采井井筒完整性评价

储气库完整性管理是一种全新的技术和生产管理理念,既是贯穿于储气库整个生命周期的全过程管理,又是应用技术、操作和组织措施的全方位综合管理。其实施需要遵循以下原则:(1)在设计、建设和运行管理系统时,应融入储气库完整性管理的理念;(2)储气库完整性管理的理念是防患于未然;(3)要对所有与储气库完整性相关的信息进行分析整合;(4)要建立负责进行储气库完整性管理的机构,配备必要的管理手段;(5)结合每一个储气库井的具体情况,进行动态的完整性管理。

储气库井完整性管理首先要依据储气库的运行特点,建立相应的完整性管理文件,以储气库井的风险识别,完整性监测、检测与评估为重点,风险识别包括采气树、井的风险识别,井筒监测包括温度、压力、流量监测,检测内容主要覆盖采气树和井口装置、套管/油管以及固井质量等。利用先进的检测技术对上述设备设施进行完整性检测,确定设备设施的运行状态及受损程度并对其剩余寿命进行估算。通过以上分析建立储气库井的完整性管理数据库,对储气库的总体运行状态进行评估,以达到风险预防和控制的目的[2]。

第四节 地面完整性管理

地面完整性管理的目的是为保障站场完整性,提高本质安全。板南储气库群从建设、投产再到运行一贯遵循"平稳、均衡、效率、受控"原则,不断根据站场和管道的最新信息,对站场和管道生产运行中可能和切实存在的风险因素进行识别和评价,并不断采取针对性的风险减缓措施,将安全风险控制在合理、可接受的范围内,使站场和管道始终处于可控状态,预防和减少事故发生。

一、储气库风险分析

板南储气库群地面完整性管理采用风险评价矩阵方法,将潜在的危害事件后果的严重程度相对地定性,并划分为五级;将潜在危害事件发生的可能性相对的定性,并划分为五级。然后以严重性为表列,以可能性为表行,制成表,在行列交点上给出定性加权指数。所有加权指数构成一个矩阵,而每一个指数代表了一个风险等级,采用此方法判定风险等级,不同等级采取不同防控措施,可提高地面系统可靠性。

通过对板南储气库群地面系统各单元工作过程进行系统分析,结合国内外储气库失效和事故原因的统计分析成果,共确定了包括管道失效、设备失效、自然灾害、火灾、环境污染等6大类18项风险因素(表6-4-1)。

表6-4-1 风险评价矩阵表

序号	类别	风险因素	具体表现
1	设备失效	制造缺陷	压力容器、阀门缺陷、法兰缺陷、井口装置缺陷
		施工缺陷	施工缺陷、管内壁皱褶变形
		设备失效	动设备故障、泄放阀门失效、密封失效、仪器或仪表的失准
		天然气泄漏	阀门内漏、天然气外漏引发人员中毒、爆炸着火等
2	管道失效	管理缺失	腐蚀、阴极保护检测不到位,导致管道失效天然气泄漏
		第三方破坏	第三方破坏引发的天然气管道穿孔、泄漏
3	火灾	人为放火	外部人员闯入放火,引发装置区火灾
		电气火灾	电气设备故障、短路
4	环境污染	噪声	压缩机房、发电机房、空压机房、装置区噪声超标
		乙二醇泄漏	乙二醇装置、甘醇雾化器、危险品存放区泄漏
		润滑油泄漏	润滑油储罐泄漏、压缩机组泄漏、机泵泄漏
		污水外排	清管通球、脱水装置排污、生活污水拉运
5	自然灾害	气候/外力作用	暴雨、洪水、地震、雷电、海风腐蚀
6	其他	操作	人为因素引发的参数失控、设备操作失误等
		高温	压缩机组、导热油炉
		触电	电气设备漏电、短路、绝缘防护不到位
		物体打击	行车吊运设备、搬运设备
		冻堵	防冻剂加注量偏低、节流过大

二、地面设施完整性管理

为保证储气库长周期安全平稳运行,大港油田公司积极推行管道和场站完整性管理工作,形成了完整的技术体系,有效指导了储气库地面设施完整性管理。大港油田公司实施标准文件65个,其中国家标准8个、行业标准14个、企业标准43个,明确规定了储气库的管理范围、流程以及相关职责,历时2个月成功编制出板南储气库群操作指导书和安全操作规程,包括静态设备及工艺流程操作方法 42 项、规范操作规程 20 项。

(一) 管道完整性管理

板南储气库群共管理双向输气管道、白 6 库/白 8 库注采管道和板 G1 库注采管道 3 条天然气输送管道,实行管道全生命周期的完整性管理,即数据采集、高后果区识别、风险评价、完整性评价、维修与维护和效能评价六个方面。

1. 数据采集

管道资料数字化是将管道测绘、控制测量和检测数据等数据归纳成完整的竣工验收资料。管道环境数据和运行管理数据,所有数据都应按照管道数据模型统一录入信息库管理,其中管道属性数据主要包括管道和设备的固有基础数据,多来源于设计和施工数据。管道环境数据主要包括管道周边的地理信息、人文信息等。运行管理数据主要包括来源于管道管理,如阴极保护数据、巡线数据和维修维护数据等。

管道完整性管理流程图如图 6-4-1 所示。

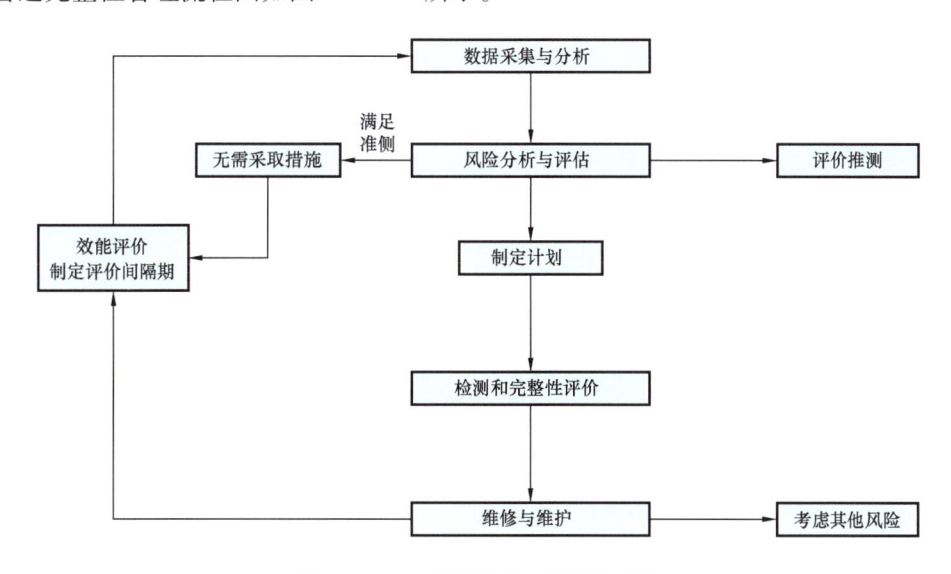

图 6-4-1 管道完整性管理流程图

2. 高后果区识别

高后果区指如果管道发生泄漏或断裂等事故时对公众生命安全及其财产、环境、社会等造成很大伤害或损失的区域。高后果区内的管段也是风险较大的管段,是后期实施风险评价和完整性评价的重点管段。板南储气库群 3 条输气管线铺设经过轻纺城区和虾池,发生事故会对公众生命、环境、社会造成直接伤害和经济损失,属于高后果区高风险管道。根据 Q/SY 1180—2014《管道完整性管理规范 第 2 部分:管道高后果区识别规程》对高后果区进行识别,每年定期对高后果区进行更新。

3. 风险评价

储气库管道风险评价要按照风险识别与评估→筛选重点部位→重点部位专项评价→制定防护措施→风险监控与措施效果评价的流程实施。针对每一风险管段,制定具体的风险放空措施,包括增设监测装置、加强巡查、实施技术检测、隐患整改等。

具体评价应聘请具有专业资质的安评管理公司利用"肯特管道风险评价法"对影响管道安全运行的不利因素进行识别,判断可能发生的事故,并评价事故发生的可能性和后果大小,得到此段管道风险的大小,提出相应管控措施。

4. 完整性评价

按照管道完整性管理规定,定期对管道腐蚀情况进行检测和评价,对照检测结果采取必要的修复或补救措施。检测和评价的范围包括管道阴极保护效果、外防腐破损情况、管道内腐蚀状况、内腐蚀控制措施的效能、外部管道交叉点绝缘性能,以及其他保护措施的效能。完整性评价方法主要包括:

(1)内检测:可检测管道内、外腐蚀,应力腐蚀,第三方损坏和机械损伤。

(2)外检测(ECDA):包括对敷设环境的调查,管道埋深检查,管道跨越检查,电性能测试,天然气气质分析,介质腐蚀性检验,杂散电流检测,阴极保护系统检验,管壁腐蚀检验,对于特殊条件下的管道还应进行焊缝无损检验、管道材料理化性能检验。

5. 修复措施

板南储气库群会通过前面步骤的综合评价来找到管道缺陷,然后通过缺陷的严重程度制定相应的维修或维护方法。

缺陷修复技术主要有:打磨维修、焊接维修、换管、A型套筒和B型套筒、复合材料维修、环氧钢壳复合套管技术、夹具、维修管卡。

预防方法,如增加阴极保护、注入缓蚀剂、清管、改变管道的运行条件等。对于减少或消除因第三方损坏、外腐蚀、内腐蚀、应力腐蚀开裂、暴雨洪水以及误操作等造成的管道事故,预防措施起着主要作用。

6. 效能评价

板南储气库群管理人员会定时定期对上述步骤中的技术与流程的有效性进行评价,发现不足,及时改正,以确保管道完整性管理的各个流程的有效性。

板南储气库群通过采集管道的基础数据来识别和评价生产运行中面临的安全风险,通过制定相应的风险控制对策,使储气库输气管道始终处于安全可靠的受控状态。

(二)场站完整性管理

场站完整性管理是对储气库正常运行过程中工艺和设备所面临的风险因素进行识别、评价,并通过监测、检测等手段获取与专业管理理论相结合的完整性信息,制定相应的风险控制对策。在建立数据库的基础上不断完善管理体系和风险控制对策,使管理更具有针对性和精确性,从而在经济可行的范围内不断降低储气库的风险水平,使生产运行更安全可靠。在场站完整性管理过程中,需要利用技术流程结合储气库实际生产情况,对相关技术采用合适的方法,最终得出储气库设备失效类型和维护策略、注采气系统的安全完整性等级以及储气库个人风险和社会风险。

1. 资料体系管理

建立健全站场设备设施基础资料台账,完善储气库完整性管理构架,即文件体系、标准体系、数据库和管理平台。文件体系包括管理文件、程序文件、操作指导书和安全操作规程等,规定了管理的范围、流程以及相关职责;标准体系是完整性管理的专业技术理论依据,具体描述了损伤识别、风险评估、完整性评价等技术的方法流程;数据库则是完整性管理的基础,完整性管理中的各个环节都需要大量数据进行分析决策,主要包括设备设施属性数据、监督检测数据、检验维修历史数据等;管理平台是实现完整性管理的有效工具,在管理平台上可以实现风险评估、安全评定等功能,根据相关结论制定场站设备设施的检测以及维护策略,并对实施过程进行管理。

2. 生产运行管理

1)人工巡检周期

(1)储气库集注站区域小、自动化程度高、技防系统完善,建议巡检周期2~4h。

(2)储气库各井场采取无人值守形式,建议巡检周期8~12h。

(3)当出现运行工况变化较大、生产异常或系统检维修作业时,应加密巡检次数。

(4)辅助系统设备设施建议每天巡检2次;放空区每周巡检1次;7月雨季加密巡检排污池水位情况。

2)压缩机组可靠性检测

往复式压缩机具有典型的非平稳特性,同时由于各部件之间的激励和响应的相互耦合而具有非线性的特点,应强化压缩机组可靠性检测。压缩机故障诊断主要包括参数监测、振动位移分析、温度监测、介质金属法、示功图法。

每年应开展压缩机组故障诊断和分析,提前预判机组运行状况,开展预防性维护保养,确保机组安全平稳运行。

3)参数管理

站场工艺及设备设计参数、运行工况,设置合理的工艺控制参数和安全报警参数,编制注采气生产运行参数控制范围,上报工艺部门审批,并根据现场生产情况变化随时调整参数。

(1)只涉及单个输气站或单台设备的工艺控制参数和安全报警参数设置或变更,由储气库自行审核后修改。

(2)涉及SIL系统连锁关断的报警值的设定修改,如气液联动球阀压降速率关断值、气动调节阀比例控制、单井切断阀高低压出发压力等工艺控制参数和安全报警参数设置或变更,需要工艺部门核准审批后,方可更改。

(3)报警参数修改时需做到DCS和SIL系统、井场RTU等各类控制系统的参数一致。

4)维护保养

(1)所有设备按照要求每月25日排定下个月保养计划,压缩机组等重点设备保养计划和保养内容要由职能部门审查、审批。

(2)严格按照每月的保养计划开展维护保养并做好记录,维护保养记录及时录入ERP系统,便于查询。

(3)养护过程中发现的安全隐患应第一时间上报处理,不能立即处理的要做好管控措施,对处理完的隐患要及时销项。

5)测厚点检测周期

(1)每年3月和10月注采转换期对站内进出站管道进行定点壁厚检测,做好记录。

（2）压力容器定点测厚按照国际变准要求定期开展。

（3）站内管道原则上每年定点壁厚检测 1 次，若壁厚明显减薄处应加密检测周期，制定风险防控措施。

3. 检维修管理

（1）重点设备和主要生产操作，提前制定相应的操作规程和操作卡，并按要求定期开展工作循环分析。

（2）风险作业要采取工作前安全分析和操作卡进行风险控制。

（3）常规作业严格按照操作规程进行操作。

（4）特种作业必须按照要求采取作业方案和作业许可进行针对性的风险控制。

（5）生产运行管理人员必须清楚设备性能、结构、原理、操作规程、维护保养及故障排除；清楚工艺流程及其走向、运行许可参数及安全控制参数等关键技术指标；开展操作维护前的风险识别，掌握风险控制措施并落实；特殊作业还需取得调度指令和作业许可。

（6）严禁对站内 ESD 或安全仪表系统进行功能屏蔽，系统调试或故障维修时做好系统功能屏蔽期间的安全保障和监控措施。

（7）开展工艺管道、压力容器和安全仪表系统的完整性评价和定期检验。

4. 完整性评价

在维检修一段沉积时期后，对板南储气库群生产系统的结构和性能再一次进行评价，通过评价，系统性的检查场站生产系统是否存在结构上的不完整以及性能上的不完整，同时也能发现维检修工作是否存在缺陷或人为失误并加以改正，为以后的维检修工作打下良好的基础。

5. 持续改进

场站完整性管理在于不断查找完整性管理实施效果与目标的差距，找到管理过程中的不足，从而制定相应的整改方案，完善管理流程。因此在各个阶段要注意数据的收集，以数据评价实施效果，在实施效果的基础上不断改进，才能保证储气库场站的完整性，保证储气库安全持久运行。

参 考 文 献

[1] 魏东吼．储库风险识别及其完整性管理研究[D]．成都：西南石油大学，2013．
[2] 杜安琪．枯竭油气藏型储气库井筒完整性研究[D]．成都：西南石油大学，2016．

第七章　储气库建设组织管理及数字化管理模式

板南储气库群的建设和运行,对深化我国储气库建设理论及实践、提高区域天然气保供能力、保障国家能源安全都具有重要的意义。虽然建设地域跨度大、涉及专业多,但通过组织到位的团队管理、制度先行的规范管理,实现了高效建库,并形成了板南储气库群特色管理模式和高效运行模式,实现了储气库建设与运行技术指标达国内领先,增产保供、应急调峰发挥重要作用,社会经济效益显著。

第一节　建设组织管理

一、大型工程组织建设模式工作

板南储气库群建设工程采取的是传统的项目管理模式,即设计—招标—建造(Design-Bid-Build)模式。该管理模式在国际上最为通用,世行、亚行贷款项目及以国际咨询工程师联合会(FIDIC)合同条件为依据的项目均采用这种模式。最突出的特点是强调工程项目的实施必须按照设计—招标—建造的顺序方式进行,只有一个阶段结束后另一个阶段才能开始[1]。

(一)建设项目开工前的准备工作

(1)负责收集、整理建设项目建议书、可行性研究报告及批准文件等前期工作文件。

(2)负责收集、整理建设项目勘察设计、初步设计及批准文件等勘察设计文件。

(3)负责组织划分单项(单位)工程,并对单项(单位)工程进行统一编号,作为建设项目进行计划统计、工程管理、材料设备供应管理、工程结算、竣工决算及竣工文件编制的基础。

(4)负责对竣工文件的编制做出统一要求,使勘察设计、监理、施工、无损检测、材料设备采购单位从开工时就注意积累竣工文件,在保证真实性的基础上确保原始性。

(5)负责明确各单位承担的竣工文件编制任务、责任以及完成的时间等,并对完成情况进行检查。

(二)工程建设过程中的准备工作

(1)负责及时做好工程管理文件的整理、汇编、归档工作。

(2)检查、督促施工单位及时做好交工技术文件的收集、整理、编制工作。

(3)检查、督促勘察设计单位及时修改变更后的施工图。

(4)检查、督促施工单位绘制竣工图。

(5)检查、督促生产单位及时做好生产准备、投产试运、生产考核以及文件的积累和整理工作。

(6)检查、督促无损检测单位及时做好无损检测文件的积累和整理工作。

(7)检查、督促监理单位及时做好监理文件的准备工作。

(三)建设项目投产后,召开竣工验收会议以前的准备工作

(1)竣工文件编制归档:

① 完成项目批准文件及其他有关重要文件的汇编;

② 检查、督促勘察设计单位、施工单位及有关单位汇编施工文件;

③ 检查、督促生产单位汇编生产准备、投产试运考核文件;

④ 检查、督促无损检测单位汇编无损检测文件;

⑤ 检查、督促监理单位汇编监理文件;

⑥ 竣工文件(包括竣工图)经档案主管部门检查合格后归档。

(2)竣工验收文件编写:

① 检查、督促勘察设计、施工、生产、监理、无损检测等单位编制各单项总结,并负责汇编;

② 负责编写竣工验收报告;

③ 编写《项目管理工作总结》;

④ 完成或检查督促有关单位或部门及时编写《引进工作总结》《材料设备采购总结》《生产设备及试运行考核总结》等。

(3)办理专项验收手续:

① 向政府环境保护行政主管部门申请办理环境保护设施竣工验收手续;

② 向政府卫生行政部门申请办理职业卫生验收手续;

③ 向政府公安消防机构申请办理消防验收手续;

④ 向中国石油天然气股份有限公司质量安全环保部门或其他安全生产主管部门申请办理安全设施验收手续;

⑤ 向中国石油天然气股份有限公司档案主管部门或其他档案主管部门申请办理档案验收手续;

⑥ 向中国石油天然气股份有限公司审计主管部门或其他审计主管部门申请办理竣工决算审计。

(4)清理未完工程和遗留问题,并会同有关单位安排落实。

(5)向中国石油天然气股份有限公司、油气田分(子)公司[油气田地面建设工程(项目)主管部门]或其他有关主管部门提出竣工验收书面申请。

(6)做好竣工验收其他有关准备工作。

二、板南储气库群工程建设依据

中国石油天然气股份有限公司批准的大港油田板南储气库群工程地面建设工程方案及开工报告书等文件,包括:

《大港油田板南储气库群项目可行性研究报告》,中国石油大港油田公司,2010年8月;

《关于大港油田板南储气库群项目可行性研究报告的批复》,中国石油天然气股份有限公司,2010年10月26日;

《关于大港油田板南储气工程初步设计的批复》,中国石油天然气股份有限公司,2011年5月9日;

《关于大港油田板南储气工程初步设计优化报告的批复》,中国石油天然气股份有限公司,2012年1月13日;

《大港油田板南储气地面建设工程开工报告》,中国石油天然气股份有限公司勘探与生产分公司,2013年1月13日。

三、工程简介

板南储气库群位于大港油田北侧,距天津市约40km。板南储气库群所辖的板G1、白6及白8三个断块均位于独流减河以北、津岐公路以东、海防路(即滨海大道)和沿海高速以西,拟建地面站场主要位于盐池内。天津市已对该地区进行了规划,在该地区建设轻纺园工业区。

板南储气库群工程由板南储气库群集注站、板G1库井场、白6库井场、白8库井场、站外集输系统、白一站改造、分输站改造、板南35kV变电站和35kV架空线路组成。

板南储气库群集注站场区占地面积132m×200m(南北×东西),约为26400m^2,约合39.6亩;场前区场地面积25m×200m(南北×东西)为5000m^2,约合7.6亩;放空区占地20m×20m(南北×东西)为400m^2,约合0.6亩。场区坐落在盐池内需修建毛石护坡,因此集注站需永久性征地52.19亩。

板G1库井场占地225m×100m(东西×南北)为22500m^2,约合33.75亩,其中利用老井场5.02亩。新扩建井场坐落在盐池内需修建毛石护坡,需永久性征地35.87亩。

白6库井场在已建井场的基础上向北扩建约85m,井场总占地为25840m^2,约合38.76亩。其中新扩建井场占地11459.58m^2,约合17.19亩;利用老井场占地14380.62m^2,约合21.57亩。井场坐落在盐池内需修建毛石护坡,白6库井场需永久性征地19.74亩。

白8库井场占120m×100m(东西×南北),为12000m^2,约合18亩,场区坐落在盐池内需修建毛石护坡,需永久性征地22.57亩。

板南储气库群集注站平面上共分4个区块:控制中心、注气装置区、露点控制装置区和放空区。

板南储气库群工程从2013年1月取得中国石油天然气集团公司的开工报告批复,2013年3月大型压缩机组吊装进场,站内土建、工艺安装、站外管线、站外35kV电力外线全面开始施工,2014年5月地面建设工程完工。

2014年6月19日,注气系统一次性试运投产成功;2015年3月10日,采气系统一次性试运投产成功。

四、工程建设管理

(一)管理机构

下发关于成立储气库建设项目领导小组和项目经理部的通知,成立了以储气库建设项目经理部。编制了大港油田储气库建设管理办法,涵盖《储气库建设项目核准管理办法》《储气库建设项目用地管理办法》《储气库井设计管理程序》《储气库钻井管理办法》《储气库井下作业工程管理办法》《储气库地面建设工程管理办法》《储气库投资管理办法》《储气库建设物资采购管理办法》《储气库建设合同管理办法》和《储气库信息资料档案管理办法》。

为构建公司储气库"建设—运营一体化"的高效管理模式,落实投资、质量和安全管理责任,确保公司正在建设和即将建设的储气库更加高质量、高标准、高效益地安全运行,经公司研究决定,调整公司储气库建设管理职能机构,其职责负责代表大港油田公司与中国石油天然气集团有限公司(中国石油天然气股份有限公司)相关业务部门进行储气库建设业务联系,负责组织储气库建设相关管理制度及标准规范的贯彻执行,负责组织实施储气库工程建设全过程管理,负责储气库库址筛选、可行性研究、初步设计方案、井位部署及相关工艺方案的编制、审查、报批,负责储气库业务投资管理与核算,负责为储气库业务提供技术支持,组织实施储气库相关业务协调工作,下设钻采组、地面工艺组、造价组、文控组。

(二)质量、投资、工期、HSE 控制的主要措施及效果

1. 工期目标管理措施

本工程专业多、工作面广,施工交叉进行,管理协调难度极大。因此在工期安排上,坚持项目总体计划与实施相结合的原则,总体计划由项目部组织编制,上级管理部门审批。由施工单位编制板南储气库群工程项目运行计划表,报监理单位审查,项目部审批。

在施工过程中,坚持强化五项措施,包括:

(1)制定合理的施工计划、科学的施工方案,并组织落实。

(2)项目管理前移,重点环节、重点工序项目管理人员现场。

(3)定期召开现场监理会,积极协调工程进度,抓好交叉作业施工。

(4)采用先进的施工技术,加快工程建设进度。

(5)通过不断调整计划,使各施工单位能按照月度施工计划实施,有序地进行交叉作业,及时调整和加快了施工进度。

2. 质量目标管理措施

在建设项目的工程施工阶段,按照大港油田公司项目管理的要求和程序,对本工程建设实行项目管理制,实行有项目经理领导下的质量目标管理,即项目组全权负责项目施工过程中的质量管理和控制工作,项目经理对工程质量向油田公司负总责。为此,本工程制定了切实可行的质量方针和质量目标及原则。

在建设项目的工程施工阶段,实行在项目经理领导下的质量目标管理,负责项目施工过程中的质量管理和控制工作。为此,本工程确定了"精心组织、严格管理、优化方案、质量第一"的质量方针。明确了单位工程合格率100%,单位工程优良率90%。

以工程施工质量验收标准及验收规范等相关标准和程序为依据,督促监理单位严格监督施工单位全面实现合同约定质量目标;对工程项目施工全过程实施质量控制,以质量预控为重点:协调设计、监理、施工单位及第三方检验之间关系,加强设计、监理对施工的质量控制,监督合同履行和强制性标准执行情况,保证工程达到预期质量目标。按 GB 19001—2016《质量管理体系 要求》建立了各自的质量管理体系。在施工过程中,按《中华人民共和国建筑法》《建设工程质量管理条例》的要求,形成了以项目经理为质量第一责任人、专职质量员为质量负责

人、施工作业机组为质量实施人的、自上而下的全方位、全要素的管理体系,严格"三按""三检"制度,确保了检验批、分项工程、分部工程、单位工程的质量把控和验收,是在有制度、有程序、有记录、有见证的情况进行和完成。

3. 投资目标管理措施

(1)从组织上采取措施,包括明确项目组织结构,明确项目投资控制者及其任务,以使项目投资控制有专人负责,明确管理职能分工。

(2)从技术上采取措施,包括重视设计的多方案选择,严格审查监督初步设计、技术方案、施工图设计、施工组织设计,深入技术领域研究节约投资的可能性。

(3)从经济上采取措施,包括动态的比较项目投资的实际值和计划值,严格审查各项费用支出,采取节约投资的奖励措施等。

(4)建立概算、施工图预算以及结算价三级控制体系。随时对超概算以及可能超概算的因素进行分析,比如对由于设计变更、现场签证以及政策和市场调整所引起的造价变化,结合施工实际,深入现场勘查,核准工程量,然后根据国家规定的定额和取费标准逐一对照,逐一审核工程量,实事求是地核定工程造价,严把竣工结算审核关。通过三级控制体系,严格地把投资控制在批准概算之内。

(5)加强招投标优选合作方。通过依法运作、规范流程、精心组织实施招投标,保证招投标的公开公平公正,形成有效地竞争机制,择优选择合作方,最大限度节约投资。

4. 安全目标管理措施

项目组全面负责安全工作,督促监理和施工单位严格遵守国家和地方有关健康、安全与环境管理方面的法律法规和政策要求,认真贯彻和落实大港油田公司健康、安全与环境管理的方针、目标;不断强化QHSE管理体系有效运行,认真落实全措施,抓实安全教育,确保工程施工安全。

在安全施工教育方面,加强对现场监理人员的安全教育,加强对施工管理人员、技术人员、施工工人的安全教育,加强对当地村民的安全教育和宣传力度,增强他们的安全意识。保证本工程在整个施工过程,一直有序、安全、平稳运行,不发生任何安全环保事故,实现了安全环保零事故的目标。

该工程始终坚持"程序不能逾越,节奏必须加快"的原则,科学组织,周密部署,严格以项目管理为核心,积极组织工程建设各项工作。工程完成后得到上级有关部门高度重视,进行了一系列的检查。通过检查,项目符合工程建设各项程序;项目管理目标、管理职责、管理办法明确;技术设计合理,施工组织设计有效;建设过程中安全环保无事故,施工进度达到预期要求,投资控制在初设概率内,工程质量合格率100%。达到了"四控四管"的管理目标。

几年来,克服了冬季施工、施工条件不利、施工工期紧张、项目管理人员少、整改工作繁杂等诸多困难,顺利完成项目前期准备、工程建设启动、工程实施及试运投产工作,圆满地完成了工程建设任务。目前板南储气库群生产运行安全、平稳、可靠,成为大港油田自主建设、自主管理的第一座储气库。通过该库的建设与运行管理,大港油田培养了一支集建设、运营为一体的精英管理团队,成为大港油田储气库领域的排头兵。

第二节 数字化管理

一、数字化储气库建设框架设计及实施

板南储气库群作为京津冀天然气季节调峰的重要工程,是中国石油天然气股份有限公司绿色工程、阳光工程和标准化示范工程。项目的实施不仅达到了设计目标,而且进一步拓宽了公司业务范围,为实现京津地区跨越式发展起到了积极作用。

板南储气库群业务在油田公司各业务中的重要性尤为明显,在板南储气库群设计、建造之初,按照新时期、新技术的发展思路,数字化储气库的建设是板南储气库群建设的主要目标。在数字化储气库建设的过程中,通过对自控技术、数字化平台综合应用技术的深入了解和研究,对数字化储气库的建设制定了相应的框架设计,并开展了相关模块的建设投入应用,取得了较好的效果,为储气库的数字化管理奠定了坚实的基础。

二、储气库工业控制系统建设及应用

为全面提升储气库数字化管控能力,板南储气库群建设了全面的储气库工业控制系统,建立了板南储气库群自控中心,包括集注站控制室、工程师室、服务器室和机柜间。其中集注站控制室负责整个储气库自控系统日常自动化生产运行管理[2]。

集注站设置集散控制系统 DCS、紧急关断系统 ESD、火气报警系统 FGS 以及注气压缩机 PLC,在井场设置 RTU 系统。实现生产过程的自动化监控,实现远程的连锁关断,实现火气探测报警,实现井场的远程调节等功能。控制系统除采集集注站数据外,还以通信方式采集板 G1 井场、白 6 井场和白 8 井场 RTU、大港分输站 RTU、注气压缩机机组、电气系统、阴保系统、UPS、热媒炉和发电机等配套的工艺参数,实现对整个采气、分离、脱水、注气压缩机、注气过程实时监控、动态显示,报警并画面显示、历史数据存储、报表打印等。

(一)过程控制系统 DCS

过程控制系统 DCS 实现对生产过程的监控,过程控制系统 DCS 的基本功能是提供数据采集、过程控制、报警指示、报警记录、历史数据存储、生产报表打印以及设备管理,并为生产操作员提供操作界面。通过终端人机界面(LCD)能够显示工艺过程参数值以及工艺设备的运行情况,多画面动态模拟显示生产流程及主要设备运行状态、工艺变量的历史趋势。通过终端人机界面,操作员能够修改工艺参数的设定点,并控制设备的启停。DCS 系统应在流程画面上显示各机泵设备的总运行时间、本次运停时间,并有更换设备的操作选项,当设备更换或大修后总运行时间清零。

对过程控制中出现的任何非正常的状况,系统将按优先级排序,通过声光报警的方式通知操作员,报警信息将通过报警打印机打印出来,在人机界面的底端自动显示报警发生的时间,报警值的大小,以及对该报警状况的描述,同时在系统中存档以备将来查询。

过程控制系统 DCS 将工艺过程控制在正常的操作参数范围内,如果工艺过程超出了正常的操作状态,过程控制系统 DCS 能检测出这非正常的操作状态。当工艺参数超出设定点时,

该状态会触发声光报警以提醒操作员注意。

在设备的操作过程中，系统能恢复保存的历史数据，并将数据转换成任意格式的报表提供给操作员。这些报表根据要求可作成周期性的报表，如日报表、月报表、年报表等。

过程控制系统 DCS 的软件配置采用模块化。用户应用软件具有友好的中文界面，方便的交互式点击操作功能；应用软件窗口的功能、大小、位置及窗口的内容可以在组态时由用户确定。在任何一个操作站上都可以调出或显示系统中任何一个信息、画面，但为了操作方便和操作的可靠性，可人为地对每个操作站所能管辖的区域和范围加以限制，这种限制可以通过"用户"或"分组"的方式来实现，对不同级别的操作员、维护人员和系统工程师规定不同的操作权限。授权的技术人员可以通过工程师界面站，很容易地对程序进行修改，并支持远程检查功能。

(二) 紧急关断系统 ESD

板南储气库群设独立的 ESD 系统，安装在一面 ESD 盘中，安全等级为 SIL3。当关键的过程参数超出安全限度时，ESD 系统控制现场的紧急切断阀、放空阀，使生产装置处于安全状态。ESD 系统与过程控制系统 DCS 通信，过程控制系统 DCS 实现数据存储、报警打印。ESD 系统设独立的声、光报警装置。ESD 系统与 DCS 系统共用操作站。

关断控制对工艺过程中的故障状况发生反应，以保护生产装置及人身的安全。紧急关断系统分为三级。L-1 一级关断：为装置关断。它由安装在控制室内的手动关断按钮来执行。此级将关断所有的生产系统，打开全部放空阀，实行紧急放空泄压，同时发出厂区报警并启动消防泵。L-2 二级关断：为生产关断。它由手动控制或天然气泄漏、仪表风、电源及导热油系统故障发生时执行关断。此级天然气处理系统及辅助生产系统的生产均关断，系统不放空。L-3 三级关断：为单元系统关断。它是由于手动控制或单元系统故障而产生的生产关断。此级只是关断该单元系统，对其他系统不影响。

(三) 火气报警系统 FGS

在机柜及集注站场站安装可燃气体报警控制器、火焰报警控制器，所有火焰探测器、可燃气体探测器信号进入火气报警盘，将可燃气体高浓度(≥20%)、超高浓度(≥40%)报警信号、火焰报警信号上传到 ESD。当可燃气体高浓度报警时，ESD 系统将打开压缩机房南部的电动门，并打开所有风机。当出现火灾报警时，所有风机断电。

(四) 井场数据采集及控制系统 RTU

同时在板 G1 井场设置 1 套 RTU 系统对井场设备进行采集及控制，白 6 井场设置 1 套 RTU 系统对井场设备进行采集及控制，白 8 井场设置 1 套 RTU 系统对井场设备进行采集及控制，RTU 系统与集注站 DCS 系统通过光纤通信，井场 RTU 有数据采集、计算功能。数据采集单元对非控制信号作采集和分配，并提供一定的算法功能，如线性化、开平方、滤波、报警及质量流量计算、累计、允许流量温压补偿计算及自定义算法等等。

随着自动系统的建成并投入使用，实现了储气库集注站、井场、管线、压缩机等重大的设备实时数据的及时采集，并将各类实时运行数据以组态图的形式在集注站中控室集中展现，通过中控室组态展示的实时数据，可以快速了解各流程、设备运行状况，同时在中控可以实现各种远程操控，实现了数字化管控目的。

三、板南储气库群数字化综合应用平台建设及应用

自 2014 年开始,伴随着板南储气库群的试投产运行,板南储气库群数字化综合应用平台建设提上日程,根据板南储气库群的业务需要,板南储气库群明确定位数字化储气库建设目标,通过大港油田板南储气库群数字化综合应用平台的建设,满足油田公司、采油厂、储气库项目部及管理站的基本管理和业务需求。实现对板南储气库群已有及今后相关资料的电子化管理;结合 GIS 平台,实现对板南储气库群集注站及管理的可视化管理;结合油田公司当前的钻、录、测、动态监测等专业数据库,实现板南储气库群钻、录、测、动态监测等专业数据的全面、统一管理,最终以 GIS 展示为向导,实现静态数据、动态数据的关联,并集中展现。

按照板南数字化储气库建设的整体目标,依据中国石油天然气集团有限公司信息系统建设规划整体设计、分步实施的思路,板南储气库群实现了储气库数字化综合应用平台的整体设计并开展了相关模块的建设和应用,取得了明显的效益,提高了各级管理效率,有力提了储气库数字化管控能力。

为支持板南储气库群数字化管理平台各项业务的高效运转,按照板南数字化储气库建设整体方案,设计构建了板南储气库群项目数据库,项目数据库数据模型在遵循中国石油 EPDM 数据模型的基础上,以钻、录、测、分析化验、试油、动态监测、油气生产等专业数据库为基础进行设计,全面地支持了储气库生产管理系统的运行。

根据板南储气库群的整体规划和业务需求,实现了板南储气库群数字化综合应用平台的框架建设,并构建了简洁、高效的首页展示界面,可快速通过 GIS 了解储气库各类相关信息,同时直观显示注气、采气、库容、压力等相关数据,为各级管理人员提供高效数据获取途径。

板南数字化储气库的建设,实现了板南储气库群 GIS 信息的采集,按照中国石油 A4 系统相关的技术及标准,实现了板南储气库群当前地理信息全部进入大港油田空间数据库,构建了板南储气库群工程 GIS 地图,同时按照板南储气库群的需求,开发了 GIS 与板南储气库群生产数据管理系统接口,实现了 GIS 界面查询单井、管线、库区动、静态数据功能。

根据储气库数字化综合应用平台的需要,实现了现场的实时视频监控集成到综合应用平台上,按照大港油田公司视频监控管理的相关管理规定,开发了相应的视频接入接口,实现了现场 26 路视频的集成,同时实现了视频信息在办公网的远程调用和查看。

板南储气库群数字化管理综合应用平台实现了储气库地质专业数据的集成,实现了储气库所有井钻、录、测、试等数据的全面集中和展示,为储气库研究人员提供了专业、集成的数据支撑。

板南储气库群数字化综合应用平台实现了储气库日常生产管理与动静态分析功能,提供了完善的数据采集、数据审核功能,同时为各级用户提供了多样的报表、曲线展示工具,为储气库动态管理和分析提供了有力的数据和技术支持。

参 考 文 献

[1] 李建中,李奇. 油气藏型地下储气库建库相关技术[J]. 天然气工业,2013,33(10):100-103.
[2] 刘士忠,马卫东,李汉林. 油田开发数据库地理信息系统的设计与开发[J]. 西部探矿工程,2005,116(12):117-118.